“十二五”普通高等教育本科

U0266826

计算物理学

(第二版)

主编　刘金远

副主编　段　萍　魏　来　王　丰　陈　龙

科学出版社

北　京

内 容 简 介

本书是在2012年第一版的基础上，经过多年不断地实践并吸收多方面意见修改补充而成。全书内容主要包括三部分：(1) 常用的典型数值方法：线性和非线性方程及方程组的数值解法、函数近似方法、数值微分和数值积分方法及常微分和偏微分方程的数值方法等；(2) 蒙特卡罗方法和分子动力学方法；(3) 有限元方法及简单应用。本书比较系统地介绍了计算物理涉及的主要方法，注重应用实例并附有相应的计算程序。

本书可作为高等学校物理及其他相关专业本科生的计算物理课程教材或参考书，也可供研究生及相关科研人员参考使用。

图书在版编目(CIP)数据

计算物理学/刘金远主编. —2版. —北京：科学出版社，2022.1
"十二五"普通高等教育本科国家级规划教材
ISBN 978-7-03-071016-1

Ⅰ. ①计…　Ⅱ. ①刘…　Ⅲ. ①物理学-数值计算-计算方法-高等学校-教材　Ⅳ. ①O411

中国版本图书馆CIP数据核字(2021) 第264223号

责任编辑：窦京涛　崔慧娴／责任校对：杨聪敏
责任印制：吴兆东／封面设计：蓝正设计

科学出版社出版
北京东黄城根北街16号
邮政编码：100717
http://www.sciencep.com
天津市新科印刷有限公司印刷
科学出版社发行　各地新华书店经销
*
2012年6月第　一　版　开本：720 × 1000　1/16
2022年1月第　二　版　印张：27 1/4
2024年11月第二十一次印刷　字数：547 000

定价：69.00元

(如有印装质量问题，我社负责调换)

前言

随着科学计算领域的不断发展及超级计算机的快速更新换代，计算物理方法已拓展应用于物理学和工程学的各个研究方面。

为了更系统地讲授计算物理学的知识体系和重要方法，本书在第一版教材《计算物理学》(2012 年 6 月科学出版社出版）基础上进行了全面的补充和修订。第一版教材于 2014 年 9 月入选教育部“十二五”普通高等教育本科国家级规划教材。鉴于近年来各个高校对教材使用的反馈意见，编者在教学和科学研究积累的基础上，对原版教材各个章节内容都作了相应的补充和修改。例如，在第二章方程的数值解法中，增加了大规模稀疏矩阵方程求解方法的介绍，以适应现代科学研究中采用有限元等方法引入的大规模稀疏矩阵数值求解；在第四章的数值微分和积分中，增加了高精度的高斯积分方法，解决在有限元方法中的数值积分；在第五章常微分方程的数值方法中增加了本征值问题的数值求解方法；在第七章蒙特卡罗方法中补充了舍选法等多种抽样方法以及相应的应用实例；在第九章有限元方法中补充拓展了更多的应用实例和三维有限元方法等。

各章修订主要分工为：段萍负责第一章；王丰负责第二、八章；陈龙负责第三、四章；魏来负责第五、六章；刘金远负责第七、九章。

本书在编写过程中参考和学习了大量的国内外优秀参考书及文献资料，由于是长时间积累，有些内容已找不到出处，难免会漏掉原作者工作的引用，在此，对于这些优秀教材的编者致以诚挚的谢意。同时，感谢本团队研究生李书翰、高放、任政豪等对书稿的认真校对，感谢李冬同学对书稿中图片的制作。也衷心感谢科学出版社给予的大力支持。

本书程序可扫描封底“本书程序”二维码下载。

由于编者水平有限，书中难免有疏漏及错误之处，恳请读者不吝批评指正。

刘金远

2021 年 3 月

第一版前言

本书以作者在大连理工大学物理与光电工程学院讲授计算物理课程的讲义为基础，参考宫野教授所著的《计算物理》(1987 年由大连工学院出版社出版) 及国内外有关教科书和文献，并结合作者 20 多年的教学研究和科研心得不断修订改进撰写而成。通过多年的计算物理教学和研究工作，作者对计算物理的内容、方法和内涵有了不少认识和理解，在本书出版之际，谈几点个人体会与计算物理界同仁商榷。

在 20 世纪中期以前，物理学可分为理论物理和实验物理两个分支。二者各有不同的特点，但在某些情况下，二者都离不开数值计算。例如，在量子力学中，必须通过数值计算得到波函数的值来理解物理量的性质；而在实验测量的数据处理，包括数据拟合以及误差分析中，也需要数值计算，所以二者都包含计算物理的内容。在计算物理发展初期，采用计算数学的方法；之后，逐步发展了一些独特的方法，例如，蒙特卡罗方法、分子动力学方法等；随着计算应用的需求和计算技术的发展，有些计算方法必须借助计算机才能实现，所以计算物理也可以称为应用计算机的物理。

现在，由于计算机科学和技术的迅速发展，计算物理课程的内容已远远超出了其开始的含义，即计算物理是物理学新的极为重要的分支，它与理论物理和实验物理一起构成了现代物理学的整体。作者认为计算物理已融合于理论物理和实验物理之中，不能分开，所以应有一个全新的定义: 计算物理就是数值物理。

首先，看看理论物理的研究过程。给定一个物理体系，根据体系特性建立物理模型（数学方程），然后，根据给定的时空条件数学求解得到描述物理系统物理量的解析解。而实际能够给出解析解的物理系统寥寥无几，即使得到解析解，也可能是由一些初等函数构成的，只是一些定义、符号而已，其值的大小还需数值计算得到。例如，初等函数的正弦函数，任意一个自变量的函数值大小还得由数值计算给出，即使在计算机中作为某种语言的内置函数其值也是给定算法的数值结果。因此，绝大多数的物理系统只能给出数值解。

其次，对于实验物理，计算物理可以模拟实验过程，处理大量的实验数据，确定近似的函数关系等。

另外，计算机技术的进步为计算物理拓展了更大空间。现在许多作者把符号计算、物理现象的可视化、物理规律的模拟等也归于计算物理的内容。

总之，计算物理在某种意义上就是数值物理，或是通过计算机对物理的数值化。

下面介绍一下本书的几个特点。

现有的计算物理教材有多种版本, 尽管在讲述方法和编排顺序上各有不同, 但内容大体包括两部分: 一是基本的数值方法, 二是计算物理中一些特定的方法。

由于本书是针对已经具备一定的数学、物理学知识, 并具有一般的计算机编程能力的读者而撰写的, 所以本书根据基本的数值计算和计算物理的特有方法比较系统地介绍计算物理方法。选择的例子更注重于物理问题中抽象出来的数学模型, 避免了有些教材选择物理问题多是作者熟悉的研究方向, 叙述物理问题占据大量篇幅, 讲述计算方法不够系统, 甚至重复的情况。本书对基本数值方法只介绍物理方程的数值解法, 不阐述物理模型的建立; 介绍方法的使用条件, 但不做方法稳定性、精确性的分析。本书对高、低年级学生都适用。

本书在内容编排上, 注意了知识本身的内在规律性、系统性及相互衔接和联系。例如, 线性代数方程组的数值解法是计算物理后续章节多处用到的知识, 将其编排在最前面; 函数近似方法应用于数值积分等, 故编排在数值积分前面; 蒙特卡罗方法可用于方程求根、数值积分、微分方程求解等应用上, 所以将其编排在这些方法的后面。

本书在内容选择上, 注重典型计算方法的介绍, 特别是前 5 章基本数值方法, 选择了一些重要的常用方法。

本书不介绍计算机编程语言, 也不限定学生使用什么编程语言, 但在课程讲授过程中会根据例题介绍一些编程语言的使用技巧。鉴于现在 MATLAB 语言编程简单、使用方便、可视化强等优点, 书中大部分例题给出 MATLAB 语言编写的程序, 有的例题同时也给出了 FORTRAN 和 C 语言编写的程序。

本书每章除了配有正常的习题外, 也在某些章节给定扩展性课题 (project), 作为学生选做的课程小论文或大作业。

本书从开始的讲义经过多年撰写和修订, 并从国内外优秀的教材中汲取了很多新知识和有价值的素材, 在此, 对于这些优秀教材的作者致以诚挚的谢意, 同时, 衷心感谢科学出版社给予的大力支持。

由于作者水平有限, 书中难免有疏漏之处, 恳请读者不吝批评指正。

作　者

2012 年 1 月

目　　录

第一章　绪　　论

半个多世纪以来，计算物理学(computational physics) 已渗透到物理学和工程学的各个方面，成为一门新兴的交叉学科。它是物理学、计算数学、计算机科学三者相结合的产物。计算物理学也是物理学的一个分支，它与理论物理、实验物理有着密切的联系，但又保持着自己相对的独立性。如果要给计算物理学做一个定义的话，可以概括为：计算物理学是以计算机及计算机技术为工具和手段，运用计算数学的方法，解决复杂物理问题的一门应用科学。计算物理学为复杂体系物理规律和物理性质的研究提供了重要手段，对物理学的发展起着极大的推动作用。

1.1　计算物理学的起源和发展

19 世纪中叶以前，物理学还基本上是一门基于实验的学科。1862 年麦克斯韦(Maxwell) 将电磁规律总结为麦克斯韦方程，进而在理论上预言了电磁波的存在，这使人们看到了物理理论思维的巨大威力，从此理论物理开始成为一门相对独立的物理学分支。20 世纪初，物理学理论经历了两次重大的突破，相继诞生了量子力学和相对论，理论物理开始成为一门成熟的学科。由于传统意义上的物理学具有了理论物理和实验物理两大支柱，物理学便成为实验物理和理论物理密切结合的学科。正是物理学这样的 “理论与实践相结合” 的探索方式，大大促进了该学科的发展，并引发了 20 世纪科学技术的重大革命。这一变革对人类的社会生活产生了重大影响，其中一个重要的方面就是电子计算机的发明和应用。

物理学研究与计算机和计算机技术紧密结合始于 20 世纪 40 年代。当时正值第二次世界大战时期，美国在研制核武器的工作中要求准确地计算出与热核爆炸有关的一切数据，迫切需要了解在短时间内发生的复杂物理过程。然而，采用传统的解析方法求解或手工数值计算是根本办不到的。这样，计算机在物理学研究中的应用就迫在眉睫，由此产生了计算物理学。第二次世界大战后，计算机技术的迅速发展又为计算物理学发展打下了坚实的基础，大大增强了人们从事科学研究的能力，促进了各个学科之间的交叉渗透，使计算物理学得以迅速发展。

理论物理是从一系列的基本物理原理出发，列出数学方程，再用传统的数学分析方法求出解析解，通过解析解所得到的结论与实验观测结果进行对比分析，从而解释已知的实验现象并预测未来的发展。实验物理是以实验和观测为基本手段来揭示新的物理现象，奠定理论物理对物理现象作进一步研究的基础，从而为发现新的理论提供依据，或者检验理论物理推论的正确性及应用范围。计算物理学则是计算机科学、数学和物理学三者间新兴的交叉学科，是物理计算科学的基础，是研究物理学中与数学求解相关的基本计算问题的学科，其主要内容是如何以高速计算机作为工具，解决物理学研究中极其复杂的计算问题。计算物理学对解决复杂物理问题的巨大能力，使其成为物理学的第三支柱，并在物理学研究中占有重要位置。

计算物理学与理论物理和实验物理有着密切的联系，它的研究内容涉及物理学的各个领域。一方面，计算物理学所依据的理论原理和数学方程是由理论物理提供的，其结论还需要理论物理来分析检验；另一方面，计算物理学所依赖的数据是由实验物理提供的，其结果还要由实验来检验。对实验物理而言，计算物理学可以帮助解决实验数据的分析、控制实验设备、自动化数据获取以及模拟实验过程等问题，对理论物理而言，计算物理学可以为理论物理研究提供计算数据，为理论计算提供进行复杂的数值和解析运算的方法和手段。总之，计算物理学是与理论物理和实验物理互相联系、互相依赖、相辅相成的，不但为理论物理研究开辟了新的途径，也对实验物理的研究发展起到了巨大的推动作用。

1.2 误差分析

科学计算中误差是不可避免的，要求计算结果准确有时是无意义的。问题的关键是怎样减少计算误差，提高计算精度。

1.2.1 基本定义

1. *误差*

误差是准确值与近似值之差，即

$$E = Z^* - Z \tag{1.2.1}$$

式中，E 表示误差；Z^* 表示准确值，又称真值；Z 表示近似值。

2. *误差限*

在实际问题中，一般准确值 Z^* 是未知的，因此定义 (1.2.1) 就失去了实际意义。通常，若存在一个小正数 ε，使不等式

$$|E| = |Z^* - Z| \leqslant \varepsilon \tag{1.2.2}$$

成立，则称 ε 为近似值 Z 的绝对误差限，简称误差限。由此可得到下面的结果

$$Z - \varepsilon \leqslant Z^* \leqslant Z + \varepsilon, \quad |E| \leqslant \varepsilon, \quad Z^* = Z \pm \varepsilon$$

这表示准确值在 $[Z-\varepsilon, Z+\varepsilon]$ 范围内。

绝对误差限不是唯一的，但是在实际应用中，一般按四舍五入的原则对准确值取近似值，所以按四舍五入方法得到近似数的绝对误差限是其末位的半个单位。

3. *相对误差*

绝对误差的大小还不能完全表示出近似值的精确程度，必须考虑相对误差的大小。

相对误差定义为

$$E_{\mathrm{r}} = \frac{|E|}{|Z^*|} = \frac{|Z^*-Z|}{|Z^*|} \tag{1.2.3}$$

由于准确值 Z^* 通常无法求得，而用其近似值代替：$E_{\mathrm{r}} = |E|/|Z|$。(试证这种近似的误差与 $(E/Z^*)^2$ 的值是同一数量级。)

相对误差的绝对值上界称为相对误差限 ε_{r}，定义为

$$E_{\mathrm{r}} = \left|\frac{E}{Z^*}\right| \leqslant \frac{\varepsilon}{|Z^*|} = \varepsilon_{\mathrm{r}} \approx \frac{\varepsilon}{|Z|} \tag{1.2.4}$$

【例题 1.2.1】

按四舍五入取 π 的近似值 3.14，试求其相对误差限。

【解】按四舍五入取近似值 $\pi = 3.14$，其绝对误差限为 $\varepsilon = 0.005$，

$$\varepsilon_{\mathrm{r}} \approx \frac{\varepsilon}{|\pi|} = \frac{0.005}{3.14} = 0.159\%$$

4. *有效数字*

定义 1 如果近似值 Z 的误差限不超过某一位上的半个单位，该位到 Z 的第一个非零数字共有 n 位，则表示 Z 有 n 位有效数字，或者 Z 准确到该位。

定义 2 设近似数 Z 表示为 $Z = 0.\,x_1x_2\cdots x_n \times 10^m$，$x_i(i=1,2,\cdots,n)$ 取 $0\sim 9$ 的任意数字，但 $x_1 \neq 0$，n 为正整数，m 为整数。若 $|Z^*-Z| \leqslant 0.5\times 10^{m-n}$，则称 Z 为 Z^* 的具有 n 位有效数字的近似值。例如，$\pi = 3.1415926\cdots$，取 3.14 作为近似值，误差为 $3.1415926\cdots - 3.14 = 0.00159\cdots < 0.005 = 0.5\times 10^{-2} = 0.5\times 10^{1-3}$，有 3 位有效数字；若取 3.141 作为近似值，误差为 $0.00059\cdots > 0.0005 = 0.5\times 10^{-3}$，仍然是 3 位有效数字；若取 3.142 作为近似值，误差为 $|-0.00041\cdots| < 0.0005 = 0.5\times 10^{-3} = 0.5\times 10^{1-4}$，有 4 位有效数字。

【例题 1.2.2】

指出下列各数有效数字的位数，误差限是多少？

2.000 4，0.002 00，900 0，9×10^3，2×10^{-3}

【解】有效数字分别为：5, 3, 4, 1, 1；误差限分别为：0.000 05, 0.000 005, 0.5, 500, 0.000 5。

【例题 1.2.3】

若近似数 $Z=\pm0.\,x_1x_2\cdots x_n\times10^m$ 有 n 位有效数字，证明其相对误差为

$$|E_{\rm r}|\leqslant\frac{1}{2x_1}\times10^{-(n-1)}$$

【证明】由于近似数 $Z=0.\,x_1x_2\cdots x_n\times10^m$ 有 n 位有效数字，有关系

$$|Z^*-Z|\leqslant\frac{1}{2}\times10^{m-n}$$

以及 $|Z|\geqslant x_1\times10^{m-1}$，所以

$$E_{\rm r}=\left|\frac{Z^*-Z}{Z}\right|\leqslant\frac{\frac{1}{2}\times10^{m-n}}{x_1\times10^{m-1}}=\frac{1}{2x_1}\times10^{-(n-1)}$$

例如，在例题 1.2.1 中，近似数 3.14 有三位有效数字，其相对误差为

$$\frac{0.005}{3.14}<\frac{0.005}{3}=\frac{0.01}{2\times3}=\frac{10^{-(3-1)}}{2\times3}$$

关于有效数字，有如下几点结论。

(1) 由测量工具测得的数据，都是有效数字。例如，用最小刻度为毫米的尺子测量桌子的长度为 1235.6 mm，有效数字为 5 位，最后一位是估计数字，前面的 4 位是准确数字；反过来，由测得的数据，可以判断所用测量工具的最小刻度。

(2) 用四舍五入取得的 n 位近似值，都是有效数字。例如：$\pi=3.141\,592\,6\cdots$，取近似值 3.14，是按四舍五入取近似值，则是 3 位有效数字；取近似值 3.141，不是按四舍五入取近似值，仍然是 3 位有效数字；取近似值 3.142，是按四舍五入取近似值，是 4 位有效数字。

(3) 由有效数字表示的近似数 300×10^3 与 300000 是不同的：前者是 3 位有效数字，误差限是 0.5×10^3；后者是 6 位有效数字，误差限为 0.5。

(4) 准确值被认为有无穷位有效数字。

1.2.2　误差来源

1. 模型误差

对实际物理问题做了某些近似假设后抽象出数学模型带来的误差称为模型误差 (modeling error)。

2. 观测误差

实验测量得到测量值带来的误差称为观测误差 (measurement error)。

3. 截断误差

近似求解的方法误差称为截断误差 (truncation error)。例如，在计算机计算函数值时，通常按泰勒展开式进行计算。实际计算时，只能取有限项，后面各项被截去了，所以产生截断误差。

【例题 1.2.4】

已知函数 $y=\mathrm{e}^x$，且 $|x|\leqslant 1$，若要求截断误差的误差限为 0.005，那么需要计算到多少项才能满足要求？

【解】 由于 $|x|\leqslant 1$，

$$\mathrm{e}^x\approx 1+x+\frac{x^2}{2!}+\cdots+\frac{x^n}{n!}+R_n(x)$$

$$R_n(x)=\frac{x^{n+1}}{(n+1)!}\mathrm{e}^{\theta x},\quad 0<\theta<1$$

且由于 $|x|\leqslant 1$，$0<\theta<1$，可以估计：$\mathrm{e}^{\theta x}<\mathrm{e}<3$，则得

$$|R_n(x)|\leqslant\frac{3}{(n+1)!}\leqslant 0.005$$

解不等式得 $n\geqslant 5$，由此取 $n=5$，当 $x=1$ 时，计算得 $\mathrm{e}\approx 2.716667$，准确值为 $\mathrm{e}=2.7182818\cdots$，误差为

$$E=2.7182818\cdots-2.716667=0.0016148<0.005$$

有 3 位有效数字。实际上，根据截断误差限为 0.005 的要求，可知有效数字为 3 位，结果一致。

4. 舍入误差 (roundoff error)

数值计算时由于计算机字长有限，对其小数指定位进行四舍五入而引起的误差称为舍入误差。

一般而言，一次舍入不会产生很大误差，但随着多次舍入运算，误差会积累放大。例如

$$Z=\sum_k\lambda_k z_k,\quad Z^*=\sum_k\lambda_k z_k^*$$

$$E=|Z^*-Z|=\left|\sum_k\lambda_k(z_k^*-z_k)\right|\leqslant\sum_k|\lambda_k|\,|z_k^*-z_k|$$

设每次舍入计算时舍入误差为 ε，则 $E_k=|z_k^*-z_k|<\varepsilon$，由此有

$$E=|Z^*-Z|\leqslant\sum_k|\lambda_k||z_k^*-z_k|\leqslant\sum_k|\lambda_k|\varepsilon$$

其中 $\sum\limits_k|\lambda_k|$ 是舍入误差的放大系数。

误差积累会造成数值计算的不稳定性。

例如，计算积分 $I_n=\int_0^1 x^n\mathrm{e}^{x-1}\mathrm{d}x$，$n=1,2,\cdots$，利用分部积分法得到

$$I_n=\int_0^1 x^n\mathrm{e}^{x-1}\mathrm{d}x=1-n\int_0^1 x^{n-1}\mathrm{e}^{x-1}\mathrm{d}x=1-nI_{n-1}$$

容易看出由 I_1 可以递推计算出 I_2，依次递推 $I_3,\cdots$。设初值 I_1 的误差为 ε，这样

$$\begin{aligned}&I_2=1-2(I_1+\varepsilon)\ =1-2I_1-2\varepsilon\\&I_3=1-3I_2=1-3(1-2I_1)+3!\varepsilon\\&\cdots\cdots\end{aligned}$$

当递推计算到 I_{20} 时，误差累积到 $20!\varepsilon$，已相当大，数值计算出现不稳定性，说明上面采用了不稳定迭代格式。如果考虑下面迭代计算格式：

$$I_{n-1}=\frac{1-I_n}{n},\quad n=\cdots,4,3,2,1$$

由关系 $I_n=\int_0^1 x^n\mathrm{e}^{x-1}\mathrm{d}x\leqslant\int_0^1 x^n\mathrm{d}x=\dfrac{1}{n+1}$，取 $I_{30}=0$，递推计算到 I_{20}，误差会减小到 $\dfrac{20!}{30!}\dfrac{1}{31}\approx3\times10^{-16}$。

一个实际计算的物理问题往往会涉及多种误差来源。例如，计算地球表面积采用的公式是 $S=4\pi r^2$，其中涉及：① 模型误差，近似认为地球是球形的；② 测量误差，近似认为地球半径 $r\approx6370\mathrm{km}$；③ 舍入误差，取 π 的近似值。

计算物理学中多数情况下关心的是截断误差和舍入误差。

1.2.3 数值运算误差

数值运算中由于数据的误差必然引起函数值的误差。如计算 $z=f(x,y)$，设 x^*,y^* 为准确值，则函数运算的误差

$$\begin{aligned}E(z)=f(x^*,y^*)-f(x,y)&\approx\frac{\partial f(x,y)}{\partial x}(x^*-x)+\frac{\partial f(x,y)}{\partial y}(y^*-y)\\&=\frac{\partial f(x,y)}{\partial x}E(x)+\frac{\partial f(x,y)}{\partial y}E(y)\end{aligned}$$

由此可得和、差、积、商的误差。例如，设积函数 $f(x,y)=xy$，则得积函数的误差：$E(xy)=yE(x)+xE(y)$。

1.3 数值计算应注意的问题

1.3.1 避免相近两数相减

一般地，两个相近数的前几位有效数字是相同的，相减后有效数字位会大大减少。例如，$\sqrt{1001} \approx 31.64$，$\sqrt{1000} \approx 31.62$，求 $\sqrt{1001} - \sqrt{1000}$ 的值。可以看到，直接相减结果为 0.02，只有 1 位有效数字。计算中损失了 3 位有效数字。为了避免两个相近的近似值相减，可改变计算方式，如采用因式分解、分母有理化、三角公式变换、泰勒展开等。

$$(\sqrt{1001} - \sqrt{1000}) = \frac{(\sqrt{1001} - \sqrt{1000})(\sqrt{1001} + \sqrt{1000})}{\sqrt{1001} + \sqrt{1000}}$$

$$= \frac{1}{\sqrt{1001} + \sqrt{1000}} = \frac{1}{31.64 + 31.62} \approx 0.01581$$

另外，还有一些其他方法。例如，当 x_1 接近 x_2 时，$\lg x_1 - \lg x_2 = \lg\left(\frac{x_1}{x_2}\right)$，当 $f(x_1)$ 与 $f(x_2)$ 很接近时，计算 $f(x_2) - f(x_1)$，可采用泰勒展开

$$f(x_2) - f(x_1) = f'(x_1)(x_2 - x_1) + \frac{1}{2}f''(x_1)(x_2 - x_1)^2 + \cdots$$

1.3.2 防止大数吃掉小数

计算机位数有限，进行加减法运算时要对阶和规格化。例如，在四位浮点机上做运算 $0.7315 \times 10^3 + 0.4506 \times 10^{-5}$，对阶是 $0.7315 \times 10^3 + 0.0000 \times 10^3$，规格化是 0.7315×10^3，结果是大数吃掉了小数。再例如，

$$S_A = \frac{1}{10^5} + \frac{1}{99999} + \frac{1}{99998} + \cdots + \frac{1}{3} + \frac{1}{2} + 1 = 12.0901476$$

$$S_B = 1 + \frac{1}{2} + \frac{1}{3} + \cdots + \frac{1}{99998} + \frac{1}{99999} + \frac{1}{10^5} = 12.05363$$

将很多较小的数加和而成较大的数后，再加之较大的数，故 S_A 的值比较准确。所以要注意运算次序，避免大数吃掉小数。

1.3.3 避免小分母溢出

1.3.4 减少运算次数

求解一个给定问题，减少运算次数，能够节省计算机时间，减少舍入误差放大。例如，求多项式的值

$$P(x) = a_1x^n + a_2x^{n-1} + \cdots + a_nx + a_{n+1} = \sum_{k=0}^{n} a_{k+1}x^{n-k}$$

直接按上式顺序计算，乘法次数为 $n(n+1)/2$，加法次数为 n。采用下面计算程序：

```
function px=polynomials(a,x)
% a(1:n+1) 是多项式的系数 p(x)=\sum_{k=0}^n a_{k+1}x^{n-k}
n=length(a)-1; p(1)=a(1);
for k=1:n
    p(k+1)=p(k)*x+a(k+1);
end
px = p(n+1);
```

乘法次数为 n，加法次数为 n，极大地减少了运算次数 (尤其是减少了乘法次数)。

例如，计算 x^{255}。$x^{255}=x\cdot x\cdot x\cdot\cdots\cdot x$，运算量是 254 个浮点运算 (计算机的运算量主要以一次乘法或除法运算为一个浮点运算)；若改为如下算法，

```
x1←x
do i=1,8
x←x · x
end do
x255←x/x1
```

则运算量是 9 个浮点运算。

1.3.5　正负项交替级数累和计算

对正负项交替级数的累和问题需要特别注意，若某些项的数量级远大于结果数量级，则可能隐含着数值相近两数求差运算，可采用其他方法。例如，

$$\mathrm{e}^{-x}=1-x+\frac{x^2}{2}-\frac{x^3}{3}+\cdots$$

可变为

$$\mathrm{e}^{-x}=\frac{1}{\mathrm{e}^x}=\frac{1}{1+x+\dfrac{x^2}{2}+\dfrac{x^3}{3}+\cdots}$$

1.4　计算机编程语言简介

计算物理学是以计算方法为基础，以计算机为工具来解决物理问题。使用计算机是通过计算机编程语言实现的。计算物理学常用的计算机编程语言通常是 Fortran 语言、C 语言、C++ 语言等，近年来 MATLAB 软件的使用愈来愈广泛。本书侧重介绍在计算方法用编程语言实现过程中的某些处理方法。下面简单介绍 Fortran 语言和 MATLAB 软件。

1.4.1 Fortran 语言

Fortran 语言是世界上广泛流行的、适于数值计算的一种计算机语言，是世界上最早出现的高级程序设计语言。从 1954 年第一个 Fortran 语言版本问世至今，已有 50 多年的历史，但其并不因为古老而显得过时，随着时间的推移也在不断发展，现已出现 Fortran2018 语言版本。另一方面，在各个领域，特别是在科学工程计算领域，多年来积累了大量成熟可靠的 Fortran 语言代码。因此，在未来相当长的一段时间里，使用 Fortran 语言进行复杂科学工程计算与分析的程序设计和软件开发，仍然有着其独特的优势。现在许多过程模拟计算、有限元分析、分子模拟等大型软件程序，还都以 Fortran 语言编写的程序作为软件的核心程序。

现在常用的 Fortran 语言的编译为 GNU fortran、intel fortran。它们与各 Fortran 语言版本的兼容性好，有 IMSL 数学和统计库、netlib、MKL 等可供直接调用，为开发和处理大型复杂计算提供了便利的手段。

1.4.2 MATLAB 软件

MATLAB 是当今科学界极具影响力与活力的软件。它起源于矩阵运算，并已经发展成一种高度集成的计算机语言。它具有强大的科学运算、灵活的程序设计流程、高质量的图形可视化与界面设计、便捷的与其他程序和语言接口的功能。MATLAB 语言在各国高校与研究单位工作中起着重大的作用。MATLAB 语言由美国 The MathWorks 开发，目前每年都有新版本推出。

1.5 习　题

【1.1】按有效数字的定义，从两个方面说出 1.0, 1.00, 1.000 的不同含义。

【1.2】设准确值为 $x^* = 3.78694$，$y^* = 10$，取它们的近似值分别为 $x_1 = 3.7869$，$x_2 = 3.780$ 及 $y_1 = 9.9999$, $y_2 = 10.1$，试分析 x_1, x_2, y_1, y_2 分别有几位有效数字。

【1.3】(1) 设 π 的近似值有 4 位有效数字，求其相对误差限；(2) 用 22/7 和 355/113 作为 $\pi = 3.14159265\cdots$ 的近似值，问它们各有几位有效数字？

【1.4】试给出一种算法计算多项式 $a_0x^8 + a_1x^{16} + a_2x^{32}$ 的函数值，使得运算次数尽可能少。

【1.5】测量一木条长为 542cm，若其绝对误差不超过 0.5cm，问测量的相对误差是多少？

【1.6】已知 $\mathrm{e} = 2.71828\cdots$，试问其近似值 $x_1 = 2.7$, $x_2 = 2.71$, $x_3 = 2.718$ 各有几位有效数字？并给出它们的相对误差限。

【1.7】设 $x_1 = -2.72$, $x_2 = 2.718$, $x_3 = 0.1718$ 均为经过四舍五入得出的近似值，试指明它们的绝对误差限与相对误差限。

【1.8】已知近似值 $x_1 = 1.42$, $x_2 = -0.018$, $x_3 = 184 \times 10^{-4}$ 的绝对误差限均为 0.5×10^{-2}，问它们各有几位有效数字？

第二章　方程的数值解法

在科学研究和工程计算中会遇到大量的方程数值求解问题，特别是得不到解析解的超越方程的数值求解问题。这些方程包括线性代数方程 (组)、非线性方程 (组) 等，其中线性代数方程 (组) 是有限差分、有限元等多种数值计算方法的基础，在后面的几章中都会被频繁使用，所以本章将首先讨论线性代数方程 (组) 的数值解法。

2.1　线性代数方程组的数值解法

定义 n 阶线性代数方程组的一般形式为

$$\begin{cases} a_{11}x_1 + a_{12}x_2 + \cdots + a_{1n}x_n = b_1 \\ a_{21}x_1 + a_{22}x_2 + \cdots + a_{2n}x_n = b_2 \\ \qquad\cdots\cdots \\ a_{n1}x_1 + a_{n2}x_2 + \cdots + a_{nn}x_n = b_n \end{cases} \tag{2.1.1}$$

或者写成矩阵形式

$$\boldsymbol{Ax} = \boldsymbol{b} \tag{2.1.2}$$

式中，$\boldsymbol{A}$ 为系数矩阵，$\boldsymbol{x}$ 为矩阵解矢量，$\boldsymbol{b}$ 为右端常矢量，分别为

$$\boldsymbol{A} = \begin{pmatrix} a_{11} & \cdots & a_{1n} \\ \vdots & & \vdots \\ a_{n1} & \cdots & a_{nn} \end{pmatrix},\ \boldsymbol{x} = (x_1, x_2, \cdots, x_n)^{\mathrm{T}},\ \boldsymbol{b} = (b_1, b_2, \cdots, b_n)^{\mathrm{T}} \tag{2.1.3}$$

若矩阵 $\boldsymbol{A}$ 为非奇异，即 $\boldsymbol{A}$ 的行列式 $\det\boldsymbol{A} \neq 0$，根据克拉默 (Cramer) 法则，方程组有唯一解

$$x_i = D_i/D \tag{2.1.4}$$

其中，D 表示 $\det\boldsymbol{A}$，D_i 表示 D 中第 i 列换成 $\boldsymbol{b}$ 后所得的行列式。

下面估计一下数值求解 n 阶线性代数方程组的计算量。对于一个 n 阶行列式，结果有 $n!$ 项，每一项又是 n 个数的乘积，所以一个 n 阶行列式乘法运算次数为 $(n-1)n!$，共有 $n+1$ 个行列式，再进行 n 次除法，总共的乘除法运算次数为

$N=(n+1)(n-1)n!+n$。对于一个实际的数值问题，n 往往是一个比较大的数，若 $n=25$，则 $N\approx 9.67\times 10^{27}$，以目前 (2017 年) 全球计算速度排名第一的超级计算机神威·太湖之光为例，其理论计算速度为 125.436 PFlops(1.25436×10^{17} 次/s)，其计算时间也需要 2447 年，可见直接计算行列式的方法的计算量太大，并不适合在实际求解中采用。因此，对于线性代数方程组的计算机求解通常使用另外两种方法：直接法和迭代法。

直接法就是根据矩阵方程的初等变换性质，将矩阵 $\boldsymbol{A}$ 变换为上 (或下) 三角阵或对角阵，进而可以通过递推直接求解方程。对于直接法，本章将分别介绍高斯消元法、LU 分解法以及 QR 分解法。

迭代法是采用某种迭代过程逐步逼近线性代数方程组解的方法。迭代法原理简单，便于计算机编程实现，但是简单构造的迭代格式对于不同的线性代数问题存在收敛性和收敛速度的问题，本章将介绍基本的迭代法，同时讨论理查森 (Richardson) 迭代法及预处理方法对迭代法的优化。

2.1.1 高斯消元法

高斯消元法是利用线性方程组的初等变换方法，将一个方程乘以某个系数后与其他方程相加或相减，最后将方程组变换成上 (或下) 三角方程组或对角方程组来求解。变换一般由“消元”和“回代”两个过程组成。下面先以一个简单的实例说明高斯消元法的基本思想。考虑三阶方程组

$$\begin{cases} a_{11}x_1+a_{12}x_2+a_{13}x_3=b_1 & (2.1.5\text{a}) \\ a_{21}x_1+a_{22}x_2+a_{23}x_3=b_2 & (2.1.5\text{b}) \\ a_{31}x_1+a_{32}x_2+a_{33}x_3=b_3 & (2.1.5\text{c}) \end{cases}$$

首先，由方程 (2.1.5a) 消去方程 (2.1.5b) 和 (2.1.5c) 中的 x_1，得

$$\frac{a_{21}}{a_{11}}\to m_{21},\quad \frac{a_{31}}{a_{11}}\to m_{31}$$

然后 (2.1.5b)$-m_{21}$(2.1.5a)，(2.1.5c)$-m_{31}$(2.1.5a), 得到

$$\begin{cases} a_{11}^{(1)}x_1+a_{12}^{(1)}x_2+a_{13}^{(1)}x_3=b_1^{(1)} & (2.1.6\text{a}) \\ a_{22}^{(2)}x_2+a_{23}^{(2)}x_3=b_2^{(2)} & (2.1.6\text{b}) \\ a_{32}^{(2)}x_2+a_{33}^{(2)}x_3=b_3^{(2)} & (2.1.6\text{c}) \end{cases}$$

其中

$$a_{22}^{(2)}=(a_{22}-m_{21}a_{12})^{(1)},\ a_{23}^{(2)}=(a_{23}-m_{21}a_{13})^{(1)},\ b_2^{(2)}=(b_2-m_{21}b_1)^{(1)}$$

$$a_{32}^{(2)} = (a_{32} - m_{31}a_{12})^{(1)},\ a_{33}^{(2)} = (a_{33} - m_{31}a_{13})^{(1)},\ b_3^{(2)} = (b_3 - m_{31}b_1)^{(1)}$$

然后利用方程 (2.1.6b) 消去方程 (2.1.6c) 中的 x_2 得

$$m_{32} \leftarrow \frac{a_{32}^{(2)}}{a_{22}^{(2)}}$$

(2.1.6c)$-m_{32}$(2.1.6b), 得到

$$\begin{cases} a_{11}^{(1)}x_1 + a_{12}^{(1)}x_2 + a_{13}^{(1)}x_3 = b_1^{(1)} & (2.1.7\text{a}) \\ a_{22}^{(2)}x_2 + a_{23}^{(2)}x_3 = b_2^{(2)} & (2.1.7\text{b}) \\ a_{33}^{(3)}x_3 = b_3^{(3)} & (2.1.7\text{c}) \end{cases}$$

其中 $a_{33}^{(3)} = a_{33}^{(2)} - m_{32}a_{23}^{(2)}, b_3^{(3)} = b_3^{(2)} - m_{32}b_2^{(2)}$, 这样由方程 (2.1.7c) 求出 x_3，回代入式 (2.1.7b) 中求出 x_2，再代入式 (2.1.7a) 求出 x_1。

由此，对于 n 阶代数方程组，递推出消元与回代的步骤如下。

(1) 消元过程

$$\begin{gathered} m_{ik} \leftarrow \frac{a_{ik}^{(k)}}{a_{kk}^{(k)}}, a_{ij}^{(k+1)} = a_{i,j}^{(k)} - m_{ik}a_{kj}^{(k)},\ \ b_i^{(k+1)} = b_i^{(k)} - m_{ik}b_k^{(k)} \\ k = 1, 2, \cdots, n-1, \qquad i, j = k+1, \cdots, n \end{gathered} \tag{2.1.8}$$

(2) 回代过程

$$x_n = \frac{b_n^{(n)}}{a_{nn}^{(n)}},\ \ x_i = \frac{1}{a_{ii}^{(i)}}\left(b_i^{(i)} - \sum_{j=i+1}^{n} a_{ij}^{(i)}x_j\right), \quad i = n-1, \cdots, 2, 1 \tag{2.1.9}$$

在第 k 步消元时，x_k 的系数 $a_{kk}^{(k)}$ 称为第 k 步的主元素。在求解线性方程组时要求其系数矩阵是非奇异的，但是若出现主元素 $a_{kk}^{(k)} = 0$，消去过程将无法进行，或者即使 $a_{kk}^{(k)} \neq 0$，但如果其绝对值很小，会出现用小数作除数导致舍入误差扩大，严重影响计算结果的精度。为了避免这类问题出现，通常在消元前先调整方程的次序，即在每一次消元之前要增加一个选主元的过程，即将绝对值大的元素交换到主对角线的位置。根据交换的方法可分为全选主元和部分选主元两种方法。全选主元是当变换到第 k 步时，从右下角 $n-k+1$ 阶子阵中选取绝对值最大的元素，然后通过行交换与列交换将其交换到 a_{kk} 的位置上，并且保留下交换的信息，以供后面调整解矢量中分量的次序时使用。通常采用列选主元的部分选主元方法。

高斯消元法算法框图见图 2.1.1。

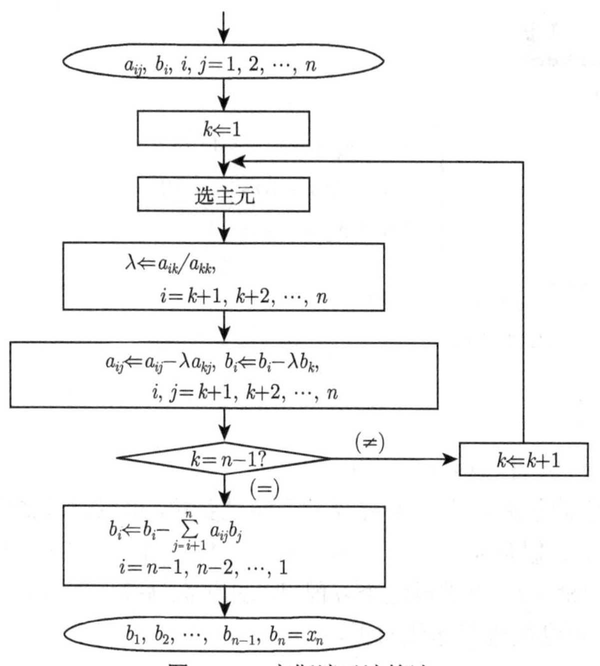

图 2.1.1 高斯消元法算法

高斯消元法程序: gauss.m。

```
function x = gauss(A, b)
% 高斯消元法求解方程:  A*x = b, 没有含选主元过程
n = length(b);
for k = 1:n -1          % 消元过程
    for i = k + 1:n
        if A(i,k)~= 0
            lambda = A(i, k)/A(k, k);
            A(i,k+1:n) = A(i,k+1:n)-lambda*A(k,k+1:n);
            b(i) = b(i) - lambda*b(k);
        end
    end
end
x(n)=b(n)/A(n,n);
for i = n-1: -1:1       % 回代过程
    s = sum(A(i,i+1:n).*x(i+1:n));
    x(i)=(b(i)-s)/A(i,i);
end
```

【例题 2.1.1】

求解方程组

$$\begin{cases} x_1 - x_2 + x_3 = -4 \\ 5x_1 - 4x_2 + 3x_3 = -12 \\ 2x_1 + x_2 + x_3 = 11 \end{cases}$$

【解】 计算程序: gauss_demo.m。

```
A=[1 -1 1;5 -4 3;2 1 1];
b=[-4 -12 11];
x=gauss(A,b)
```

结果为 $x_1 = 3$，$x_2 = 6$，$x_3 = -1$.

用消元法得到的解 x^* 如果存在误差不满足要求，可以通过如下迭代的方法修正。设真解为 x，近似解为 $x^* = x + \delta x$，$Ax^* = A(x + \delta x) = Ax + A\delta x = b + \delta b$，得到 $A\delta x = \delta b = Ax^* - b$，再求解这个方程组，求出 δx 后对 x^* 进行修正。如果还不满足误差要求，可继续进行迭代修正。

2.1.2 LU 分解法

2.1.1 节介绍的高斯消元法是将系数矩阵化成上三角矩阵后，再采用回代，很容易得到方程的解。对于一般的 n 阶线性方程组 $Ax = b$，还可以将系数矩阵 A 分解成下三角矩阵 L 和上三角矩阵 U 积的形式，即 $A = LU$，于是方程组 $Ax = b$ 可以化成如下三角形方程组:

$$Ax = LUx = L(Ux) = Ly = b, \quad Ly = b, \quad Ux = y \tag{2.1.10}$$

由此，可以由下三角方程组 $Ly = b$ 求解得 y 列解，然后由上三角方程组 $Ux = y$ 求得问题解 x。

下面介绍 LU 分解法中的杜利特尔 (Doolittle) 分解法。

$$A = \begin{pmatrix} a_{11} & \cdots & a_{1n} \\ \vdots & & \vdots \\ a_{n1} & \cdots & a_{nn} \end{pmatrix} = \begin{pmatrix} 1 & & & \\ l_{21} & 1 & & \\ \vdots & \vdots & \ddots & \\ l_{n1} & l_{n2} & \cdots & 1 \end{pmatrix} \begin{pmatrix} u_{11} & u_{12} & \cdots & u_{1n} \\ & u_{22} & \cdots & u_{2n} \\ & & \ddots & \vdots \\ & & & u_{nn} \end{pmatrix} \tag{2.1.11}$$

由式 (2.1.11)，根据矩阵乘法的规则，有关系 $u_{1i} = a_{1i}, i = 1, 2, \cdots, n, l_{i1} = a_{i1}/u_{11}, i = 2, 3, \cdots, n$。可以首先将 U 的第一行和 L 的第一列求出来，根据 LU 矩阵元特点，

推导其他矩阵元间关系

$$a_{ri}=\sum_{k=1}^{n}l_{rk}u_{ki}=\sum_{k=1}^{r}l_{rk}u_{ki}=u_{ri}+\sum_{k=1}^{r-1}l_{rk}u_{ki}$$

得到

$$u_{ri}=a_{ri}-\sum_{k=1}^{r-1}l_{rk}u_{ki},\quad i=r,r+1,\cdots,n \tag{2.1.12}$$

$$a_{ir}=\sum_{k=1}^{n}l_{ik}u_{kr}=\sum_{k=1}^{r}l_{ik}u_{kr}=l_{ir}u_{rr}+\sum_{k=1}^{r-1}l_{ik}u_{kr}$$

得到

$$l_{ir}=\frac{1}{u_{rr}}\left(a_{ir}-\sum_{k=1}^{r-1}l_{ik}u_{kr}\right),\quad i=r+1,r+2,\cdots,n \tag{2.1.13}$$

可见，在计算 u_{ri}，l_{ir} 时，用到的是已求出的 U 的前 $r-1$ 行元素和 L 的前 $r-1$ 列元素。下面给出用 LU 杜利特尔分解法求线性方程组 $Ax=b$ 的步骤。

(1) 计算: $u_{1i}=a_{1i},i=1,2,\cdots,n$; $\quad l_{i1}=a_{i1}/u_{11},i=2,3,\cdots,n$。

(2) 对于 $r=2,3,\cdots,n$，

由式 (2.1.12) 计算: $u_{ri},\quad i=r,r+1,\cdots,n$;

由式 (2.1.13) 计算: $l_{ir},\quad i=r+1,r+2,\cdots,n$。

(3) 计算中间解: 求解下三角矩阵方程 $Ly=b$，

$$y_1=b_1,\quad y_i=b_i-\sum_{k=1}^{i-1}l_{ik}y_k,\quad i=2,3,\cdots,n$$

(4) 计算最终解: 求解上三角矩阵方程 $Ux=y$，

$$x_n=\frac{y_n}{u_{nn}},\quad x_i=\frac{1}{u_{ii}}\left(y_i-\sum_{k=i+1}^{n}u_{ik}x_k\right),\quad i=n-1,\cdots,2,1$$

计算程序 lu_de.m。

```
function [L,U,x]=lu_de(A,b)
% LU 分解求线性方程 Ax=b
n = length(b);
L = eye(n); U = zeros(n,n);
x = zeros(n,1); y = zeros(n,1);
%% LU 分解
U(1,1:n)=A(1,1:n);
```

```
L(1,1) = 1; L(2:n,1)=A(2:n)/A(1,1);
for r = 2:n
    for i = r:n
        s = sum(L(r,1:r-1)*U(1:r-1,i));
        U(r,i) = A(r,i)-s;
    end
    for i = r+1:n
        s = sum(L(i,1:r-1)*U(1:r-1,r));
        L(i,r)=(A(i,r)-s)/U(r,r);
    end
end
%% 解方程 Ly=b
y(1)=b(1);
for i=2:n
    s = sum(L(i,1:i-1)*y(1:i-1));
    y(i)=b(i)-s;
end
%% 解方程 Ux=y
x(n)=y(n)/U(n,n);
for i=n-1:-1:1
    s = U(i,i+1:n)*x(i+1:n);
    x(i)=(y(i)-s)/U(i,i);
end
```

【例题 2.1.2】

利用 LU 分解法求方程组

$$\begin{cases} 2x_1 + 2x_2 + 3x_3 = 3 \\ 4x_1 + 7x_2 + 7x_3 = 1 \\ -2x_1 + 4x_2 + 5x_3 = -7 \end{cases}$$

【解】计算程序 lu_demo.m。

```
% lu_demo.m
A = [2 2 3;4 7 7; -2 4 5];b = [3 1 -7]';
[L,U,x] = lu_de(A,b)
x1 = A\b   % 利用 MATLAB 矩阵方程求解
```

结果为 $x_1=2,x_2=-2,x_3=1$。

除了 LU 分解法外，QR 分解法也是求线性方程组的一种方法。QR 分解法是将矩阵分解为 $A=QR$，其中 Q 为正交矩阵 ($Q^{\mathrm{T}}Q=I$)，而 R 是上三角矩阵，从而可以将线性方程组变换为 $Rx=Q^{\mathrm{T}}b$，进一步利用上三角矩阵的特性，可得到解。

QR 分解法有多种，如吉文斯 (Givens) 旋转、豪斯霍尔德 (Householder) 变换、格拉姆–施密特 (Gram-Schmidt) 正交化等，每一种方法都有其优缺点，其中 Householder 变换方法具有较好的数值稳定性。

2.1.3 三对角矩阵追赶法

在物理问题计算中会遇到大量的如下形式的三对角带状矩阵方程组的求解问题：

$$\begin{pmatrix} b_1 & c_1 & & & & \\ a_2 & b_2 & c_2 & & & \\ & a_3 & b_3 & c_3 & & \\ & & \ddots & \ddots & \ddots & \\ & & & a_{n-1} & b_{n-1} & c_{n-1} \\ & & & & a_n & b_n \end{pmatrix} \begin{pmatrix} x_1 \\ x_2 \\ x_3 \\ \vdots \\ x_{n-1} \\ x_n \end{pmatrix} = \begin{pmatrix} f_1 \\ f_2 \\ f_3 \\ \vdots \\ f_{n-1} \\ f_n \end{pmatrix} \tag{2.1.14}$$

将此方程改写为递推形式

$$a_i x_{i-1} + b_i x_i + c_i x_{i+1} = f_i, \quad i=2,3,\cdots,n-1 \tag{2.1.15}$$

$$b_1 x_1 + c_1 x_2 = f_1 \tag{2.1.16}$$

$$a_n x_{n-1} + b_n x_n = f_n \tag{2.1.17}$$

令

$$x_{i-1} + e_{i-1} x_i = d_{i-1}, \quad i=2,3,\cdots,n \tag{2.1.18}$$

或

$$x_i + e_i x_{i+1} = d_i, \quad i=1,2,\cdots,n-1 \tag{2.1.19}$$

将式 (2.1.18) 代入式 (2.1.15)，消去 x_{i-1}，整理得到

$$x_i + \frac{c_i}{b_i - a_i e_{i-1}} x_{i+1} = \frac{f_i - a_i d_{i-1}}{b_i - a_i e_{i-1}} \tag{2.1.20}$$

将此式与式 (2.1.19) 比较得

$$e_i = \frac{c_i}{b_i - a_i e_{i-1}}, \quad d_i = \frac{f_i - a_i d_{i-1}}{b_i - a_i e_{i-1}}, \quad i=2,3,\cdots,n-1 \tag{2.1.21}$$

将式 (2.1.16) 与式 (2.1.19) 比较得

$$e_1 = \frac{c_1}{b_1},\quad d_1 = \frac{f_1}{b_1} \tag{2.1.22}$$

由式 (2.1.21) 和式 (2.1.22) 可“追”出全部系数 $e_i, d_i (i = 1, 2, \cdots, n-1)$。再由式 (2.1.18)，令 $i = n$ 得

$$x_{n-1} + e_{n-1} x_n = d_{n-1} \tag{2.1.23}$$

与式 (2.1.17) 联立得出

$$x_n = \frac{f_n - a_n d_{n-1}}{b_n - a_n e_{n-1}} = d_n \tag{2.1.24}$$

再由式 (2.1.18) 即可“赶”出全部解。

“追”是从 e_1, d_1 出发，式 (2.1.19)$\Rightarrow e_i, d_i (i = 1, 2, \cdots, n-1)$，为求解做准备；

“赶”是从 x_n 出发，式 (2.1.18)$\Rightarrow x_i (i = n, n-1, \cdots, 1)$。

三对角矩阵方程求解程序 tri.m。

```
function x=tri(a,b,c,f)
n=length(f);
x=zeros(1,n);y=zeros(1,n);
d=zeros(1,n);u=zeros(1,n);
d(1)=b(1);
for i=1:n-1
    u(i)=c(i)/d(i);
    d(i+1)=b(i+1)-a(i+1){*}u(i);
end

% 追
y(1)=f(1)/d(1);
for i=2:n
    y(i)=(f(i)-a(i){*}y(i-1))/d(i);
end

% 赶
x(n)=y(n);
for i=n-1:-1:1
    x(i)=y(i)-u(i){*}x(i+1);
end
```

【例题 2.1.3】

求三对角矩阵方程的解

$$
\begin{pmatrix} 1 & 1 & & & \\ 1 & 2 & 1 & & \\ & 1 & 3 & 1 & \\ & & 1 & 4 & 1 \\ & & & 1 & 5 \end{pmatrix}
\begin{pmatrix} x_1 \\ x_2 \\ x_3 \\ x_4 \\ x_5 \end{pmatrix}
=
\begin{pmatrix} 3 \\ 8 \\ 15 \\ 24 \\ 29 \end{pmatrix}
$$

【解】计算程序 tri_demo.m。

```
a=[0 1 1 1 1];   % 注意 a 的第一个分量为零
b=[1 2 3 4 5] ;
c=[1 1 1 1 0];   % 注意 c 的最后一个分量为零
f=[3 8 15 24 29];
x=tri(a,b,c,f)
```

结果为 $x_1 = 1, x_2 = 2, x_3 = 3, x_4 = 4, x_5 = 5$。

注意不同的三对角矩阵求解子程序对三对角系数矩阵元的输入形式要求是不同的。三对角矩阵方程与考虑物理问题时采用的最近邻近似或最近邻关联有关，如果还要考虑次近邻的影响，可能会得到五对角矩阵方程等。后面几章中的差分方法中会遇到这样的方程。

2.1.4 迭代法

对于式 (2.1.1) 所描述的线性方程组，如果 $a_{ii} \neq 0 (i = 1, 2, \cdots, n)$，则可得

$$
\begin{cases}
x_1 = \dfrac{b_1 - a_{12}x_2 - \cdots - a_{1n}x_n}{a_{11}} \\
x_2 = \dfrac{b_2 - a_{21}x_1 - \cdots - a_{2n}x_n}{a_{22}} \\
\quad \cdots\cdots \\
x_n = \dfrac{b_n - a_{n1}x_1 - \cdots - a_{nn}x_{n-1}}{a_{nn}}
\end{cases}
\tag{2.1.25}
$$

若设

$$
g_{ij} = \begin{cases} -\dfrac{a_{ij}}{a_{ii}}, & i, j = 1, 2, \cdots, n, \ i \neq j \\ 0, & i = j \end{cases}
\tag{2.1.26}
$$

$$
d_i = b_i / a_{ii}, \quad i = 1, 2, \cdots, n
$$

式 (2.1.25) 可写为

$$x_i = \sum_{j=1}^{n} g_{ij} x_j + d_i, \quad i = 1, 2, \cdots, n \tag{2.1.27}$$

采用迭代方法求解这个代数方程组，迭代格式写为

$$x_i^{k+1} = \sum_{j=1}^{n} g_{ij} x_j^k + d_i, \quad i = 1, 2, \cdots, n \tag{2.1.28}$$

当满足关系 $\max|x_i^{(k+1)} - x_i^{(k)}| < \varepsilon$ 时迭代终止，ε 是要求解的精度。这种简单的迭代方法称为雅可比 (Jacobi) 迭代法。在采用雅可比迭代法之前，也要有一个选主元的过程，以优化迭代过程的收敛性。

【例题 2.1.4】

已知代数方程组

$$\begin{cases} x_1 + 5x_2 - 3x_3 = 2 \\ 5x_1 - 2x_2 + x_3 = 4 \\ 2x_1 + x_2 - 5x_3 = -11 \end{cases}$$

(1) 写出该方程组的雅可比迭代法的迭代格式；

(2) 选 $x^{(0)} = (0,0,0)^{\mathrm{T}}$，求出 $x^{(2)}$。

【解】选主元，调整

$$\begin{cases} 5x_1 - 2x_2 + x_3 = 4 \\ x_1 + 5x_2 - 3x_3 = 2 \\ 2x_1 + x_2 - 5x_3 = -11 \end{cases}$$

(1) 雅可比迭代法的迭代格式

$$x_1^{(k+1)} = \frac{1}{5}[4 + 2x_2^{(k)} - x_3^{(k)}]$$

$$x_2^{(k+1)} = \frac{1}{5}[2 - x_1^{(k)} + 3x_3^{(k)}]$$

$$x_3^{(k+1)} = \frac{1}{5}[11 + 2x_1^{(k)} + x_2^{(k)}]$$

(2) 选 $x^{(0)} = (0,0,0)^{\mathrm{T}}$, 则有

$$x^{(1)} = \left(\frac{4}{5}, \frac{2}{5}, \frac{11}{5}\right)^{\mathrm{T}}, \quad x^{(2)} = \left(\frac{13}{25}, \frac{39}{25}, \frac{13}{5}\right)^{\mathrm{T}}$$

在雅可比迭代法中，当计算 $x_i^{(k+1)}$ 时，$x_{i-1}^{(k+1)}, x_{i-2}^{(k+1)}, \cdots$ 已经计算出来。对于收敛的迭代过程，$x_{i-1}^{(k+1)}, x_{i-2}^{(k+2)}, \cdots$ 要比 $x_{i-1}^{(k)}, x_{i-2}^{(k)}, \cdots$ 更接近精确值，此后的迭代计

算 $x_i^{(k+1)}$，可用 $x_{i-1}^{(k+1)}, x_{i-2}^{(k+2)}, \cdots$ 代替 $x_{i-1}^{(k)}, x_{i-2}^{(k)}, \cdots$，会提高迭代收敛的速度，所以可以改变成如下迭代格式：

$$x_i^{(k+1)} = d_i + \sum_{j=1}^{i-1} g_{ij} x_j^{(k+1)} + \sum_{j=i}^{n} g_{ij} x_j^{(k)}, \quad j = 1, 2, \cdots, n \tag{2.1.29}$$

这种改进的迭代法称为高斯–赛德尔 (Gauss-Seidel) 迭代法。

高斯–赛德尔迭代法程序 gsdl.m。

```
function [x,k,flag]=gsdl(A,b)
% A: 方程组的系数矩阵 n×n
% b: 方程组的右端项
% delta: 精度1e-6
% max1: 最大迭代次数 (默认100)
n = length(A); k=0;
x = zeros(n,1); y = zeros(n,1); flag ='OK!' ;
delta = 1e-6; max1 = 100;
while 1
    y = x;
    for i=1:n
        z=b(i);
        for j=1:n
            if j~=i
                z=z-A(i,j)*x(j);
            end
        end
        if abs(A(i,i))<1e-10|k==max1
            flag='Fail!'; return;
        end
        z=z/A(i,i); x(i)=z;
    end
    if norm(y-x,inf)<delta
        break;
    end
    k=k+1;
end
```

【例题 2.1.5】

用高斯–赛德尔迭代法求解下列四阶方程组：

$$\begin{cases} 7x_1 + 2x_2 + x_3 - 2x_4 = 4 \\ 9x_1 + 15x_2 + 3x_3 - 2x_4 = 7 \\ -2x_1 - 2x_2 + 11x_3 + 5x_4 = -1 \\ x_1 + 3x_2 + 2x_3 + 13x_4 = 0 \end{cases}$$

【解】取 $\varepsilon = 0.000001$，计算程序 gsdl_demo.m。

```
A=[7 2 1 -2; 9 15 3 -2; -2 -2 11 5;1 3 2 13];
b=[4 7 -1 0]';
[x,k,flag]=gsdl(A,b)
```

结果是 $x_1 = 4.979313 \times 10^{-1}; x_2 = 1.444939 \times 10^{-1}; x_3 = 6.285805 \times 10^{-2}; x_4 = -8.131763 \times 10^{-2}$。

注意：高斯–赛德尔迭代法在计算机上有时通过巧妙的编程自然会实现。采用迭代法求解代数方程组，迭代前也要有选主元过程。

迭代法的一个缺点是：有时收敛太慢，为了加速收敛，常采用松弛法，即将高斯–赛德尔迭代的第 k 与 $k+1$ 步结果 $x_i^{(k)}$ 与 $x_i^{(k+1)}$ 加权平均，作为新的迭代结果

$$x_i^{(k+1)} = \omega x_i^{(k+1)} + (1-\omega) x_i^{(k)} \tag{2.1.30}$$

系数 ω 称为松弛因子，通常取 $0 < \omega < 2$，为了增加 $x_i^{(k+1)}$ 的权重，有时取 $1<\omega<2$，这称为超松弛迭代法 (successive over-relation, SOR)。

超松弛迭代法程序 sor.m。

```
function[x,k,flag]=sor(A,b,w)
% A: 方程组的系数矩阵
% b: 方程组的右端项
% delta: 精度1e-5
% max1: 最大迭代次数 (默认100)
% w: 超松弛因子
n=length(A);k=0;
x=zeros(n,1);y=zeros(n,1);flag='OK!';
delta=1.0e-5;max1=100;
while 1
    y=x;
    for i=1:n
```

```
        z=b(i);
        for j=1:n
             if j~=i
                  z=z-A(i,j)*x(j);
             end
        end
        if abs(A(i,i))<1e-10|k==max1
             flag='Fail!';return;
        end
        z=z/A(i,i);x(i)=(1.0-w)*x(i)+w*z;
    end
    if norm(y-x,inf)<delta
         break;
    end
    k=k+1;
end
```

【例题 2.1.6】

$$\begin{cases} x_1+x_2=2 \\ x_1+2x_2+x_3=4 \\ x_2+3x_3+x_4=5 \\ x_3+4x_4+x_5=6 \\ x_4+5x_5=6 \end{cases}$$

【解】计算程序 sor_demo.m。

```
A=[1 1 0 0 0; 1 2 1 0 0; 0 1 3 1 0; 0 0 1 4 1; 0 0 0 1 5]
b=[2 4 5 6 6]',w=1.46;
[x,k,flag]=sor(A,b,w)
```

结果为 $x_1=1,x_2=1,x_3=1,x_4=1,x_5=1$。

以上给出线性代数方程组几种典型的数值求解方法。在实际的应用中，线性代数方程组往往会以大规模稀疏矩阵的形式出现，下面将给出常见的大规模稀疏矩阵线性代数方程的常见处理及求解方法。

2.1.5 大规模稀疏矩阵

对于实际应用所对应的线性方程组 $Ax=b$ 中，A 往往是大规模的稀疏矩阵，其中三对角矩阵是一种情况，但是更多的矩阵并不一定有简单的结构，比如在非结构化网格中有限元方法所产生的系数矩阵，对于此类问题，原则上也可直接采用诸如 LU 分解、迭代等求解方法，但是由于矩阵 A 的规模过于庞大，往往受到计算机存储和运算速度的限制，前几节中所讨论的方法并不适合。因此，本节中将介绍针对大规模稀疏矩阵问题及所对应的线性方程组求解的方法。稀疏矩阵示例见图 2.1.2。

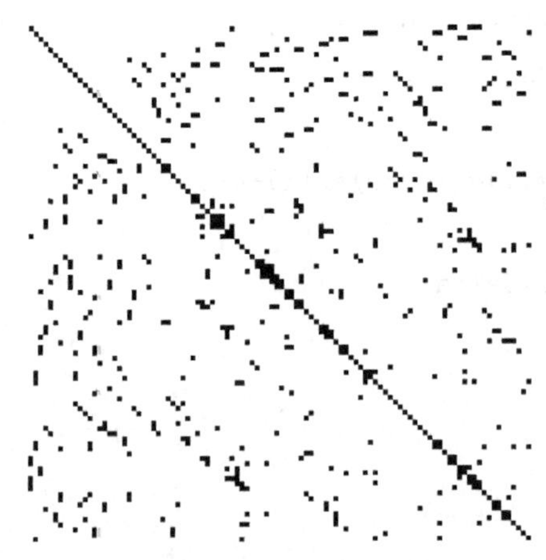

图 2.1.2　稀疏矩阵示例，其中黑色点表示非零元素

大规模稀疏矩阵所面临的第一个问题是存储问题。对于规模为 100000×100000 的矩阵 A，如果采用双精度浮点直接存储完整的矩阵，那么需要 80GB 的存储空间，这在实际应用中是完全不可行的。利用矩阵中大部分元素为 0 的特性，可以压缩存储。压缩稀疏行 (compressed sparse row, CSR) 格式是其中一种常见的存储方案。以下面的简单矩阵为例：

$$\begin{pmatrix} 1 & 0 & 0 & 8 \\ -1 & 0 & 3 & 4 \\ 0 & 5 & 0 & 0 \\ 0 & -8 & 0 & -4 \end{pmatrix} \tag{2.1.31}$$

Subscripts	1	2	3	4	5	6	7	8
LEN	2	3	1	2				
IPTR	1	3	6	7				
ICN	1	4	1	3	4	2	2	4
VALUE	1	8	−1	3	4	5	−8	−4

利用稀疏矩阵处理方法，不仅可以减少存储空间，而且由于矩阵中的 0 元素在大部分情况下并不需要计算，所以也可以极大地加快计算速度。这里用 MATLAB

内置的稀疏矩阵处理算法举例：

```
M_full=rand(5000)*10000;  % Create5000-by-5000matrix.
A_full=rand(5000)*10000;
M_full(M_full>1)=0;       % Set elements>1 to zero.
A_full(A_full>1)=0;       % Set elements>1 to zero.
M_sparse=sparse(M_full);  % Create sparse matrix of same.
A_sparse=sparse(A_full);  % Create sparse matrix of same.
whos
tic
B_f=M_full*A_full;
toc
tic
B_s=M_sparse*A_sparse;
toc
```

以上代码在 MATLAB 中随机生成了两个稀疏矩阵，同时对比了采用稠密矩阵方法和稀疏矩阵方法的对矩阵相乘运算速度，在典型的个人计算机中，两种方法的计算时间比约为 6000 倍，同时存储空间相比约为 3000 倍。当然，对于稀疏矩阵进行一些常规的运算容易遇到的一个问题是矩阵变密，比如对一个稀疏矩阵进行 LU 分解，分解后的矩阵往往会比原先的矩阵更加稠密，这就是稀疏矩阵的填充 (fill-in) 问题。举一个例子说明重新排序使得 LU 分解后仍然可以保持稀疏。

```
A=[1 1 1 1 1 1 1 1;
   1 1 0 0 0 0 0 0;
   1 0 1 0 0 0 0 0;
   1 0 0 1 0 0 0 0;
   1 0 0 0 1 0 0 0;
   1 0 0 0 0 1 0 0;
   1 0 0 0 0 0 1 0;
   1 0 0 0 0 0 0 1];
   B=rot90(A);C=rot90(B);
   [L,U]=lu(A);
   [LC,UC]=lu(C);
```

对于真实的稀疏矩阵问题，直接求逆总是会让矩阵变得稠密，所以对于大型的稀疏矩阵问题，往往不会显式地计算矩阵求逆的过程。

2.1.6　理查森迭代法

前面给出的迭代方法往往收敛速度较慢，并不能满足实际应用的要求。对于线性问题 $Ax=b$，如果将矩阵 A 写为 $A=I-(I-A)$，则可以构造出理查森迭代

$$x^{(i)}=b+(I-A)x^{(i-1)}=x^{(i-1)}+r^{(i-1)},\quad r^{(i-1)}\equiv b-Ax^{(i-1)} \tag{2.1.32}$$

将上式乘上 $-A$ 并加上 b，可以得到

$$b-Ax^{(i)}=b-Ax^{(i-1)}-Ar^{(i-1)} \tag{2.1.33}$$

换种表达方式可以写为

$$r^{(i)}=(I-A)r^{(i-1)}=(I-A)^i r^{(0)} \tag{2.1.34}$$

根据该式，如果 $||I-A||_2$ 远小于 1，则该迭代过程是快速收敛的。迭代公式可以写为

$$x^{(i)}=x^{(i-1)}+r^{(i-1)} \tag{2.1.35}$$

对于更加通用的形式，迭代可以改写为

$$x^{(i)}=x^{(i-1)}+\alpha_i r^{(i-1)} \tag{2.1.36}$$

其中，α_i 为待定的优化系数。这里不讨论如何优化该系数，对此感兴趣的读者可以参考诸如广义最小残量 (GMRES) 法等。除此之外，可以注意到，如果矩阵 A 与 I 接近，则迭代就会快速收敛。但是一般情况下 I 并不是 A 的很好近似，但是仍然可以采用类似的方法，将矩阵分解成 $A=K-(K-A)$，则可以构造出相应的迭代公式

$$x^{(i)}=x^{(i-1)}+K^{-1}(b-Ax^{(i-1)}) \tag{2.1.37}$$

事实上，也可以换一个角度去理解问题。如果定义 $B=K^{-1}A$，$c=K^{-1}b$，则可以将求解线性问题 $Ax=b$ 变换为求解线性问题 $Bx=c$，如果变换之后的矩阵 B 接近单位矩阵，则问题可以采用标准的理查森迭代方法。这个变换的过程被称为预处理。假设 $x^{(0)}=0$ (对于 $x^{(0)}\neq 0$ 的情况可以通过简单的线性变换而变为 0，所以该假设并不失一般性)，则迭代过程可以完整地写成

$$x^{(i+1)}=r^{(0)}+r^{(1)}+r^{(2)}+\cdots+r^{(i)}=\sum_{j=0}^{i}(I-A)^j r^{(0)} \tag{2.1.38}$$

同时

$$x^{(i+1)}\in\{r^{(0)},Ar^{(0)},\cdots,A^i r^{(0)}\}\equiv\mathcal{K}_{i+1}(A,r^{(0)}) \tag{2.1.39}$$

$\mathcal{K}_{i+1}(A,r^{(0)})$ 称为维度为 i 的 Krylov 子空间，由此可以发展出更多的迭代方法，

如共轭梯度法 (CG)、最小残差法 (MINRES) 和广义最小残差法 (GMRES) 等，这也是实际求解大规模稀疏矩阵问题时所采用的方法。由于这些方法有过多的数学过程，这里不展开讨论，更多详细内容可以参考文献 [21]。以下为理查森迭代方法的 MATLAB 代码：richit.m。

```
function[x,k,flag]=richit(A,b)
% A:方程组的系数矩阵
% b: 方程组的右端项
% delta:精度1e-6
% max1:最大迭代次数 (默认1000)
n=length(A);k=0;
x=zeros(n,1);y=zeros(n,1);
flag='OK!';delta=1e-6;max1=1000;
IA=eye(size(A,1))-A;
k=1;r0=b;IAk=IA;x=r0;
while 1
  y=x;x=IAk*r0+x;
  IAk=IAk*IA;
  if norm(y-x,inf)<delta
     break;
  end
  k=k+1;
  if k==max1
    flag='Fail!';
    return;
  end
end
end
```

这里针对常见的迭代方法，对于一个五对角矩阵给出了测试对比的例子：

```
n=1000;A(1:n,1:n)=0;c=1/8;c0=-0.25;
for i=1:n
  A(i,i)=1;
  if(i<n)
    A(i,i+1)=c0+c*rand();
  end
  if(i<n-1)
```

```
    A(i,i+2)=c0+c*rand();
  end
  if(i>1)
    A(i,i-1)=c0+c*rand();
  end
  if(i>2)
    A(i,i-2)=c0+c*rand();
  end
end
spy(A)
y(1:n,1)=1;
[xgs,k,flag]=gsdl(A,y);
[xit,k2,flag]=richit(A,y);
[xcg,flag,relres,iter,resvec]=pcg(A,y);
[xmin,flag,relres,itermin]=minres(A,y);
[xgm,flag,relres,itergm]=gmres(A,y,10);
```

2.2　非线性方程的数值解法

2.1 节讨论的是线性代数方程组的数值求解问题，在工程和科学研究中会遇到大量非线性方程，特别是不存在解析解的超越方程的数值求解问题。本节先讨论单变量的方程

$$f(x) = 0 \tag{2.2.1}$$

求解满足方程 (2.2.1) 的变量 x 称为方程的解或根，或称为函数 $f(x)$ 的零点。

求解方程的解，首先要确定方程解或根所在的区间。通常采用图示法或函数分析的方法大体确定根所在的位置，然后采用逐步逼近的方法得到满足一定精度的近似解。下面介绍几种求方程 (2.2.1) 根的常用方法。

2.2.1　二分法

在方程的根或零点附近，通常 $f(x)$ 要改变符号。因此，如果 $f(x)$ 在区间 $[x_l, x_u]$ 上是连续的实函数，并且 $f(x_l)$ 和 $f(x_u)$ 有相反的符号 (图 2.2.1)，即

$$f(x_l) \cdot f(x_u) < 0 \tag{2.2.2}$$

那么 $f(x)$ 在区间 $[x_l, x_u]$ 上至少有一个实根。对于多根的情况，一般采用增量搜寻的方法来确定函数变号的区间，使得每个区间只含一个根。

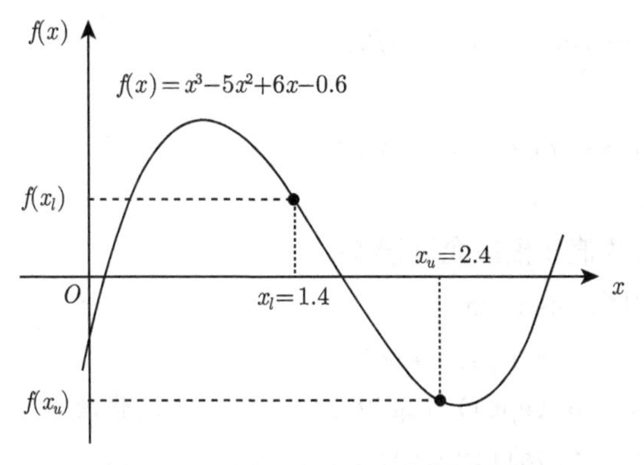

图 2.2.1 用二分法求方程根示意图

二分法 (bisection method)是求方程根较简单的一种方法，其基本思想是将方程根所在区间平分为两个小区间，再判断根在哪个小区间，然后将有根的小区间一分为二，重复上面的过程，直到有根区间小于解的精度要求为止。

二分法的误差估计：对于 n 步迭代，计算了 a_0，b_0，c_0，$\cdots$，a_n，b_n，c_n，得到的根 r 的误差为

$$|r-c_n| \leqslant \frac{b_n-a_n}{2}$$

而 $b_n-a_n=\dfrac{b_{n-1}-a_{n-1}}{2}=\dfrac{b_0-a_0}{2^n}$，所以误差为

$$|r-c_n| \leqslant \frac{b_n-a_n}{2}=\frac{b_0-a_0}{2^{n+1}}$$

因此，如果要求误差为 ε，可得迭代次数为

$$n>\frac{\ln(b_0-a_0)-\ln\varepsilon}{\ln 2}-1$$

二分法求根步骤：bisection(f，a，b，δ，ε)。

(1) $fa \leftarrow \text{sign}\,(f\,(a)), fb \leftarrow \text{sign}\,(f\,(b))$;

(2) if $fa \cdot fb < 0$;

(3) $c \leftarrow (a+b)/2$;

(4) while $b-a>\delta$;

(5) $fc \leftarrow f(c)$;

(6) if $|fc|<\varepsilon$;

(7) return c;

(8) if $\text{sign}\,(fa)\cdot\text{sign}\,(fc)<0$;

(9) $b \leftarrow c$，$fb \leftarrow fc$，$c \leftarrow (a+b)/2$;

(10) else;

(11) $a \leftarrow c$，$fa \leftarrow fc$，$c \leftarrow (a+b)/2$;

(12) return c;

ε，δ 分别是函数值和根的允许误差。

二分法求根程序：bisect.m。

```
function root=bisect(fun,a,b,eps)
n=round((log(b-a)-log(eps))/log(2))-1  % 计算迭代次数
fa=feval(fun,a);fb=feval(fun,b);
for i=1:n
     c=(b+a)/2;fc=feval(fun,c);
     if fc*fa<0
          b=c;fb=fc;
     else
          a=c;fa=fc;
     end
end
root=c;
```

【例题 2.2.1】

用二分法计算非线性方程 $\mathrm{e}^x\ln(x)-x^2=0$ 在区间 (1，2) 内的根。

【解】计算程序: bisect_demo.m。

```
format long;
f=inline('exp(x)*log(x)-x*x');
eps=1e-5; a=1; b=2;
root=bisect(f,a,b,eps)
```

结果为 $x=1.69460$，迭代次数为 16。

2.2.2 弦截法

前面介绍的二分法是取有根区间 $[x_l,x_u]$ 上的中点 $x_r=(x_l+x_u)/2$ 作为试探根，而弦截法 (secant method)用连接点 $(x_l,f(x_l))$ 和 $(x_u,f(x_u))$ 的弦与 x 轴的交点作为试探根。如图 2.2.2 所示，弦方程为

$$\frac{0-f(x_l)}{x_r-x_l}=\frac{f(x_u)-0}{x_u-x_r}$$

由此可得试探根为

$$x_r = x_u - \frac{x_u - x_l}{f(x_u) - f(x_l)} f(x_u) \tag{2.2.3}$$

然后判断 (x_l, x_r) 和 (x_r, x_u) 哪个是有根区间，即如果 $f(x_l) \cdot f(x_r) > 0$，将 $x_r \Rightarrow x_l$，否则 $x_r \Rightarrow x_u$，重复计算式 (2.2.3)，当相继两次计算的 x_r 之差满足一定精度时，则得到所要求的解。这种迭代方法与二分法一样需要两点迭代初值。弦截法有时也称为线性插值法。

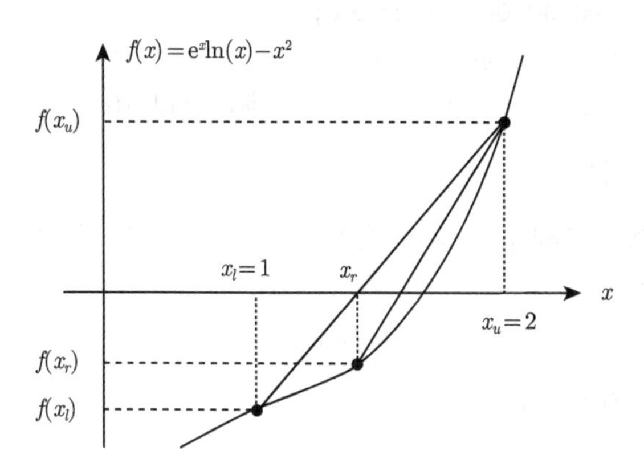

图 2.2.2 用弦截法求方程根示意图

弦截法的计算程序：secant.m。

```
function[root n]=secant(f,x0,x1,eps,nmax)
dx=x1-x0;n=0;
while((abs(dx)>=eps) & (n<nmax))
     x2=x1-f(x1)*(x1-x0)/(f(x1)-f(x0));
     if(f(x0)*f(x2)>0)
           dx=x2-x0;
           x0=x2;
     else
           dx=x2-x1;
           x1=x2;
     end
     n=n+1;
end
root=x2;
```

【例题 2.2.2】

用弦截法计算方程 $e^x\ln(x)-x^2=0$ 在区间 [1，2] 上的根。

【解】计算程序：secant_demo.m。

```
format long;
% f=inline('x^3-2*x^2-x+2');
% xl=0.4;xu=1.4;eps=0.000001;
f=inline('exp(x).*log(x)-x.*x');
x0=1.0;x1=2.0;eps=0.000001;nmax=100;
[root n]=secant(f,x0,x1,eps,nmax)
```

结果为：$x=1.694601$，迭代次数为 12，满足精度 10^{-6}。

2.2.3　不动点迭代法

给定一个非线性方程 $f(x)=0$，采用迭代方法求根时，可以先将其转换成等价方程

$$x=g(x) \tag{2.2.4}$$

然后构造如下的迭代格式：

$$x_{k+1}=g(x_k),\quad k=0,1,2,\cdots \tag{2.2.5}$$

对于给定的迭代初始值 x_0，若由此生成的迭代序列 $\{x_k\}$ 有极限，记为 $\lim\limits_{k\to\infty}x_k=x^*$，则称 x^* 是方程 (2.2.4) 的解，从而也是方程 $f(x)=0$ 的解。$g(x)$ 称为迭代函数。由于收敛点 x^* 满足 $x^*=g(x^*)$，故将 x^* 称为函数 $g(x)$ 的不动点。在迭代格式 (2.2.5) 中，x_{k+1} 仅由前一个迭代值 x_k 决定，故称该迭代格式为单步法。如果迭代格式为 $x_{k+1}=g(x_k,x_{k-1},\ldots)$，则称为多步迭代格式。可以用多种方法构造迭代函数 $g(x)$，但还要分析构造的迭代函数是否收敛于不动点 (fixed point)，收敛速度快慢。在这个意义上，二分法、弦截法都是迭代法，只是选择的迭代函数不同。

【例题 2.2.3】

用迭代法求方程 $f(x)=x^2-x-1=0$ 的解。

【解】采用两种方法构造迭代函数 $x=g_1(x)=(x+1)^{1/2}$ 和 $x=g_2(x)=x^2-1$，对应的迭代格式如下：

(1) $x_{k+1}=(x_k+1)^{1/2}$，$k=0,1,2,\cdots$；

(2) $x_{k+1}=x_k^2-1$，$k=0,1,2,\cdots$。

迭代格式 (1):

由于 $f(0)=-1$，$f(2)=5$，函数 $f(x)$ 在区间 [0，2] 上改变符号，且 $f(x)$ 连续，所以 [0，2] 是有根区间。取 $x_0=0.5$ 为迭代初值，迭代过程收敛，见图 2.2.3，迭代 10 次，得近似不动点 $x^*=1.61803068$。

计算程序：iter_demo.m。

```
f=inline('(x+1).^(1/2)');x0=0.5;
% f=inline('x.^2-1');x0=0.5;
tol=0.00001;x=f(x0);k=0;
while abs(x-x0)>=tol
   x0=x;x=f(x0);k=k+1;
   fprintf('%10.0f %14.8f\n',k,x)
end
```

迭代格式 (2):

选迭代初值 $x_0=0.5$，迭代值 x 在 0 和 -1 两点振荡，迭代过程不收敛，在程序 iter-demo.m 中切换迭代函数，结果见图 2.2.4。

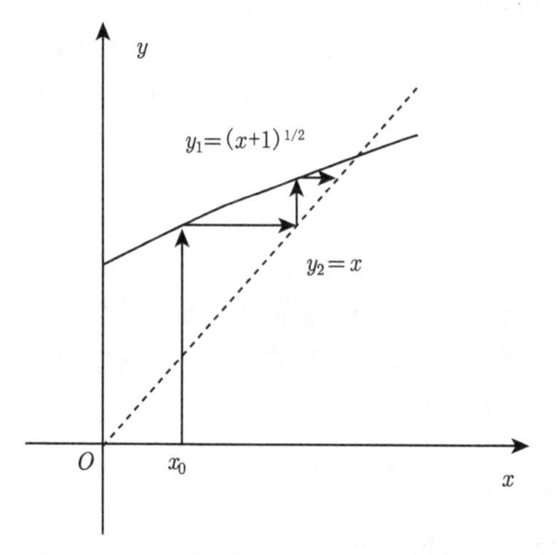

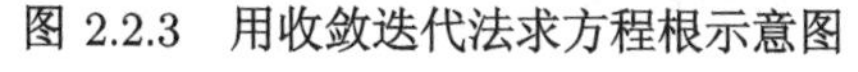

图 2.2.3 用收敛迭代法求方程根示意图

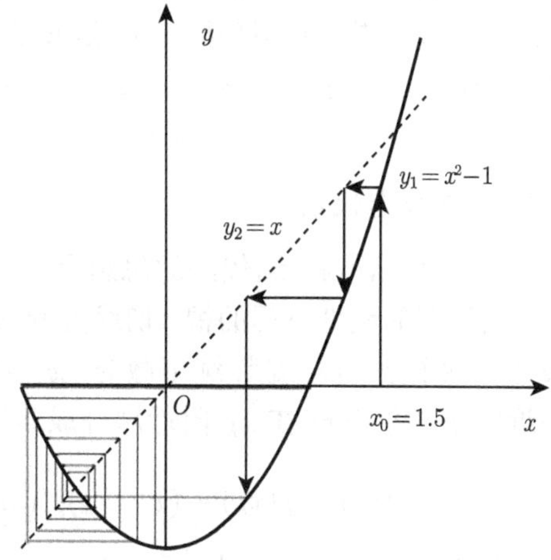

图 2.2.4 用不收敛迭代法求方程根示意图

下面讨论迭代函数收敛的条件。

设迭代方程 $x=g(x)$，x^*是解，即 $x^*=g(x^*)$，迭代格式为 $x_{n+1}=g(x_n)$，则有关系

$$x_{n+1}-x^*=g(x_n)-g(x^*)=\frac{g(x_n)-g(x^*)}{x_n-x^*}(x_n-x^*)$$

即

$$e_{n+1}=\frac{g(x_n)-g(x^*)}{x_n-x^*}e_n$$

由中值定理，在 x^*和x_n 之间存在 ξ_n，有关系 $g'(\xi_n)=\dfrac{g(x_n)-g(x^*)}{x^n-x^*}$，则

$$\left|\frac{e_{n+1}}{e_n}\right|=|g'(\xi_n)|$$

当 $|g'(\xi_n)|<1$ 时

$$|e_{n+1}|<|e_n|$$

迭代误差减小，迭代收敛。所以，设 $g(x)$ 在区间 $[a,\ b]$ 上有连续的一阶导数，并满足：

(1) 对所有的 $x\in[a,b]$，有 $g(x)\in[a,b]$；

(2) 存在 $0<L<1$ 使所有的 $x\in[a,b]$, 有

$$|g'(x)|\leqslant L$$

则有

(1) 函数 $g(x)$ 在区间 $[a,b]$ 上存在唯一的不动点，即方程的根；

(2) 在区间 $[a,b]$ 上任取迭代初值 x_0，得到的序列 $\{x_k\}$ 收敛到方程的根 x^*。判断收敛还是发散也可以用图示方法：即在同一个图上做两个曲线 $y_1=x$，$y_2=g(x)$，从初始点 x_0 出发 $\{x_0,\ g(x_0)\}\Rightarrow x_1=g(x_0)$，$\cdots$。可见迭代点向两曲线交点靠近，迭代是收敛的；否则，迭代点远离两曲线交点，迭代是发散的。

2.2.4　牛顿迭代法

牛顿 (Newton) 迭代法的思想是，在方程近似解 x_k 附近，将非线性方程线性化，用近似的线性方程的根 (切线方程与 x 轴的交点) 作为非线性方程的近似根。设非线性函数 $f(x)$ 是连续可微的，x^* 是方程 $f(x)=0$ 的实根，x_k 是迭代过程中的近似根，将 $f(x)$ 在 x_k 附近展开成泰勒级数，即

$$f(x)=f(x_k)+(x-x_k)f'(x_k)+(x-x_k)^2\frac{f''(x_k)}{2!}+\cdots=0$$

取其线性部分作为非线性方程 $f(x)=0$ 的近似方程，即

$$f(x_k)+(x-x_k)f'(x_k)=0 \tag{2.2.6}$$

若 $f'(x_k)\neq 0$，则线性方程 (2.2.6) 解的迭代格式为

$$x_{k+1}=x_k-\frac{f(x_k)}{f'(x_k)} \tag{2.2.7}$$

可将其作为求方程 $f(x)=0$ 近似解的迭代格式。这种方法称为牛顿迭代法。牛顿迭代法的几何意义是，在迭代过程中用函数 $f(x)$ 过点 $(x_k,\ f(x_k))$ 的切线

$$y=f(x_k)+(x-x_k)f'(x_k)$$

作为 $f(x)$ 的近似，并以此切线与 x 轴的交点作为新的迭代点 x_{k+1} (近似根)，见图 2.2.5，因此牛顿迭代法也称为切线法。牛顿迭代法实际上是取迭代函数 $g(x)=x-f(x)/f'(x)$，$|g'(x)|=\left|f(x)f''(x)/f'^2(x)\right|$，因为要求 $f'(x)\neq 0$，只要是在根的附近迭代求解，通常有 $f(x)\approx 0$，总能满足 $|g'(x)|<1$或$|g'(x)|\ll 1$ 的条件，所以牛顿迭代法收敛速度通常很快，是非线性方程求根的常用方法。

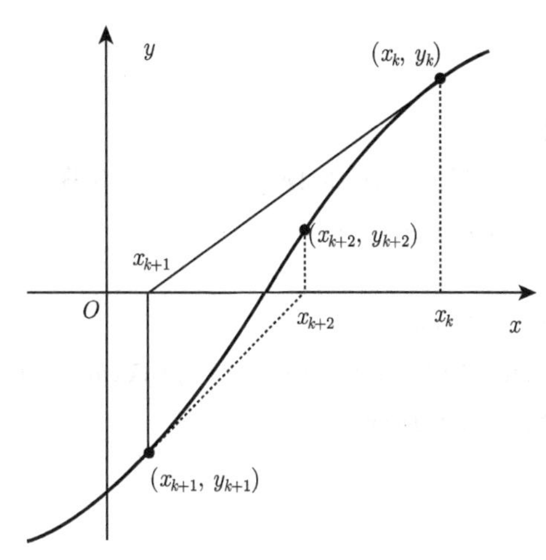

图 2.2.5 用牛顿迭代法求方程根示意图

下面给出牛顿迭代法步骤：newton(f，f'，x_0，N，tol)。

(1) $x\leftarrow x_0$，$n\leftarrow 0$;

(2) while $n\leqslant N$;

(3) $fx\leftarrow f(x)$;

(4) if $|fx|\leqslant$tol;

(5) return x;

(6) $fpx\leftarrow f'(x)$;

(7) if $|fpx|\leqslant$tol;

(8) “$f'(x)$是小的，放弃”;

(9) return x;

(10) $x\leftarrow x-fx/fpx$;

(11) $n\leftarrow n+1$。

牛顿迭代程序：newton.m。

```
function [y,z]=newton(fv,df,x0,tol)
x(1)=x0; b=1; k=1;
while abs(b)>tol*abs(x(k))
```

```
    x(k+1)=x(k)-fv(x(k))/df(x(k));
    b=x(k+1)-x(k);
    k=k+1;
end
y = x(k); z = k;
end
```

【例题 2.2.4】

用牛顿迭代法求函数 $f(x)=x^3+2x^2+3x-1=0$ 在区间 $[0,1]$ 内的根。

【解】 求解程序: newton_demo.m。

```
function newton_demo
clc; clear all; format long;
%[x1,k1]=newton(inline('x^3+2*x^2+3*x-1'),inline('3*x^2+4*x+3'),0,1e-6)
[x2,k2] = newton(@f,@df,0,1e-6)
end

function y=f(x)
y=x*x*x+2*x*x+3*x-1;
end

function yp=df(x)
yp=3*x*x+4*x+3;
end
```

结果为 $x=0.275682$，迭代 6 次满足精度 10^{-6}。

在牛顿迭代法的计算过程中，每一步都要计算导数值 $f'(x_k)$，计算量往往很大或者导函数很复杂。为了克服这些困难，利用牛顿迭代法收敛快的特点，可以用 x_k，x_{k-1} 两点处的差商代替 $f'(x_k)$，将

$$f'(x_k)\approx\frac{f(x_k)-f(x_{k-1})}{x_k-x_{k-1}}$$

代入式 (2.2.7)，得到迭代格式

$$x_{k+1}=x_k-\frac{x_k-x_{k-1}}{f(x_k)-f(x_{k-1})}f(x_k) \tag{2.2.8}$$

前面讲的弦截法 (或称割线法) 迭代的两个迭代点函数值异号，这里 $f(x_{k-1})$ 和 $f(x_k)$ 也可能是同号，见图 2.2.6。用割线法计算 x_{k+1} 时，需要 $(x_k, f(x_k))$ 和 $(x_{k-1},$

$f(x_{k-1})$) 两点迭代初值。迭代编程时可将 $x_k \to x_{k-1}$，$x_{k+1} \to x_k$ 进行新的替换两步迭代。

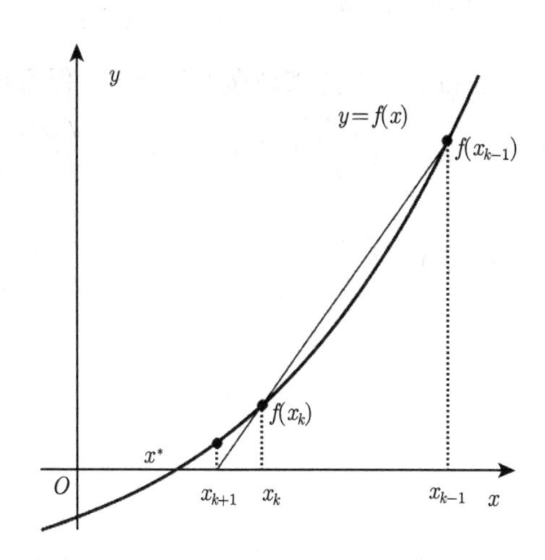

图 2.2.6 用弦截迭代法求方程根示意图

```
% secant2_demo.m
f=inline('exp(x)*log(x)-x*x');
x0=1.0;x1=2.0;eps=0.000001; nmax=100;n=0;
while((abs(x1-x0)>=eps) & (n<=nmax))
     x2=x1-f(x1)*(x1-x0)/(f(x1)-f(x0)); x0=x1;x1=x2;n=n+1;
end
x2
n
```

2.2.5 非线性方程组的数值解法

对于多变量的非线性方程组

$$
\begin{cases}
f_1(x_1, x_2, \cdots, x_n) = 0 \\
f_2(x_1, x_2, \cdots, x_n) = 0 \\
\quad\quad\cdots\cdots \\
f_n(x_1, x_2, \cdots, x_n) = 0
\end{cases}
\tag{2.2.9}
$$

的数值求解，通常采用两种方法：一种是牛顿迭代法，另一种是求函数极小值的方法。

1. **牛顿迭代法**

先以简单的有两个方程的方程组为例 $\begin{cases} f_1(x, y)=0 \\ f_2(x, y)=0 \end{cases}$，设 (x_k, y_k) 是试探解(就是第 k 次的迭代解)，在 (x_k, y_k) 的邻域做泰勒展开，保留线性项

$$\begin{cases} f_1(x_{k+1}, y_{k+1}) = f_1(x_k, y_k) + \left(\dfrac{\partial f_1}{\partial x}\right)_k (x_{k+1}-x_k) + \left(\dfrac{\partial f_1}{\partial y}\right)_k (y_{k+1}-y_k) = 0 \\ f_2(x_{k+1}, y_{k+1}) = f_2(x_k, y_k) + \left(\dfrac{\partial f_2}{\partial x}\right)_k (x_{k+1}-x_k) + \left(\dfrac{\partial f_2}{\partial y}\right)_k (y_{k+1}-y_k) = 0 \end{cases} \tag{2.2.10}$$

得到关系

$$A^{(k)} \cdot \delta^{(k)} = B^{(k)} \tag{2.2.11}$$

其中

$$A^{(k)} = \begin{bmatrix} \dfrac{\partial f_1}{\partial x} & \dfrac{\partial f_1}{\partial y} \\ \dfrac{\partial f_2}{\partial x} & \dfrac{\partial f_2}{\partial y} \end{bmatrix}_k, \quad B^{(k)} = \begin{bmatrix} -f_1 \\ -f_2 \end{bmatrix}_k, \quad \delta^{(k)} = \begin{bmatrix} x_{k+1}-x_k \\ y_{k+1}-y_k \end{bmatrix} = \begin{bmatrix} \delta_x^{(k)} \\ \delta_y^{(k)} \end{bmatrix}$$

如果行列式 $\det A^{(k)} \neq 0$，求解线性代数方程 (2.2.11)，得解 $\delta^{(k)}$，则得迭代公式

$$\begin{bmatrix} x_{k+1} \\ y_{k+1} \end{bmatrix} = \begin{bmatrix} x_k \\ y_k \end{bmatrix} + \begin{bmatrix} \delta_x^{(k)} \\ \delta_y^{(k)} \end{bmatrix} \quad \text{或} \quad \begin{bmatrix} x \\ y \end{bmatrix}^{\text{new}} = \begin{bmatrix} x \\ y \end{bmatrix}^{\text{old}} + \begin{bmatrix} \delta_x^{(k)} \\ \delta_y^{(k)} \end{bmatrix} \tag{2.2.12}$$

牛顿迭代法计算步骤如下：

(1) 给定初始近似根 (x_0, y_0) 和允许误差 $(\varepsilon_1, \varepsilon_2)$，并假定已得到第 k 次近似根 (x_k, y_k)；

(2) 计算 $A^{(k)}$，$B^{(k)}$；

(3) 计算 $s_1 = \left|f_1^{(k)}\right| + \left|f_2^{(k)}\right|$，若 $s_1 < \varepsilon_1$，则计算结束，(x_k, y_k) 作为满足精度要求的近似解，否则，执行 (4)；

(4) 求解代数方程组 $A^{(k)} \cdot \delta^{(k)} = B^{(k)}$，得到 $(\delta_x^{(k)}, \delta_y^{(k)})$；

(5) 计算 $\begin{bmatrix} x_{k+1} \\ y_{k+1} \end{bmatrix} = \begin{bmatrix} x_k \\ y_k \end{bmatrix} + \begin{bmatrix} \delta_x^{(k)} \\ \delta_y^{(k)} \end{bmatrix}$ 及 $s_2 = \left|\delta_x^{(k)}\right| + \left|\delta_y^{(k)}\right|$，若 $s_2 < \varepsilon_2$，则计算结束，(x_{k+1}, y_{k+1}) 作为满足精度要求的近似解，否则，将 $(x_{k+1}, y_{k+1}) \to (x_k, y_k) \Rightarrow (2)$。

对于多变量非线性方程组，在计算系数矩阵 $A^{(k)}$ 时，有时采用差商代替微商。

牛顿迭代法程序：newtonpro.m。

```
function[x n]=newtonpro(x0)
x1=x0-f(x0)/df(x0);
n=1;
while(norm (x1-x0)>=1.0e-6) &(n<=1000)
     x0=x1;x1=x0-f(x0)/df(x0);
     n=n+1;
end
x=x1
n
end
```

【例题 2.2.5】

用牛顿迭代法求解下列方程组，得到迭代一次的根 x_1，y_1:

$$\begin{cases} x^2-10x+y^2+4=0 \\ xy^2+x-10y+4=0 \end{cases}$$

初始值为 $(x_0, y_0)=(0, 0)$。

【解】

$$\begin{cases} f_1(x, y)=x^2-10x+y^2+4 \\ f_2(x, y)=xy^2+x-10y+4 \end{cases}$$

$$B^{(k)}=\begin{bmatrix} -f_1 \\ -f_2 \end{bmatrix}_k=\begin{bmatrix} -x_k^2+10x_k-y_k^2-4 \\ -x_ky_k^2-x_k+10y_k-4 \end{bmatrix}, B^{(0)}=\begin{bmatrix} -4 \\ -4 \end{bmatrix}$$

$$A^{(k)}=\begin{bmatrix} \dfrac{\partial f_1}{\partial x} & \dfrac{\partial f_1}{\partial y} \\ \dfrac{\partial f_2}{\partial x} & \dfrac{\partial f_2}{\partial y} \end{bmatrix}_k=\begin{bmatrix} 2x_k-10 & 2y_k \\ y_k^2+1 & 2x_ky_k-10 \end{bmatrix}, A^{(0)}=\begin{bmatrix} -10 & 0 \\ 1 & -10 \end{bmatrix}$$

$$A^{(0)}\delta^{(0)}=B^{(0)}$$

即

$$\begin{bmatrix} -10 & 0 \\ 1 & -10 \end{bmatrix}\begin{bmatrix} x_1-x_0 \\ y_1-y_0 \end{bmatrix}=\begin{bmatrix} -4 \\ -4 \end{bmatrix}$$

$x_1-x_0=0.4$，$y_1-y_0=0.44$，$(x_0, y_0)=(0, 0)$，$(x_1, y_1)=(0.4, 0.44)$

同样，由 $(x_1, y_1)=(0.4, 0.44)$ 可以迭代计算 (x_2, y_2)，$\cdots$。

【例题 2.2.6】

用牛顿迭代法和不动点迭代法求下列非线性方程组的解:

$$\begin{cases} x - 0.7\sin x - 0.2\cos y = 0 \\ y - 0.7\cos x + 0.2\sin y = 0 \end{cases}$$

【解】不动点迭代法程序 iteratepro_demo.m。

```
function iteratepro_demo
clc;clear all;format long;
x01=0.5;x02=0.5;
[x n]=iteratepro([x01 x02]);
function[x n]=iteratepro(x0)
x1=g(x0);
n=1;
while(norm(x1-x0)>=1.0e-6)&(n<=1000)
     x0=x1;
     x1=g(x0);
     n=n+1;
end
x=x1
n
function y=g(x)
y(1)=0.7*sin(x(1))+0.2*cos(x(2));
y(2)=0.7*cos(x(1))-0.2*sin(x(2));
y=[y(1)y(2)];
end
```

结果为: $x = 0.526522, y = 0.507920$，$n = 23$。

牛顿迭代法程序: newtonpro_demo.m。

```
% newtonpro_demo.m
function demo_newtonpro
clc;clear all;format long;
x01=0.5;x02=0.5;
[x n]=newtonpro([x01 x02]);
end
```

```
function y=f(x)
y(1)=x(1)-0.7*sin(x(1))-0.2*cos(x(2));
y(2)=x(2)-0.7*cos(x(1))+0.2*sin(x(2));
y=[y(1) y(2)];
end

function y=df(x)
y=[1-0.7*cos(x(1))  0.2*sin(x(2))
   0.7*sin(x(1))+1  0.2*cos(x(2))];
end
```

结果为：$[x, y] = [0.526523\ 0.507920]$，$n = 12$。

2. **最速下降法**

最速下降法也称梯度下降法，也是求函数极小值最常用的方法之一。为了简单，我们仍以两变量方程组为例

$$\begin{cases} f_1(x,\ y) = 0 \\ f_2(x,\ y) = 0 \end{cases} \tag{2.2.13}$$

首先构造一个指标函数

$$F(x,\ y) = f_1^2 + f_2^2 \tag{2.2.14}$$

通过求 F 的极小值点来得到方程的解。

从某一点 $(x_0,\ y_0)$ 出发，沿 F 下降的方向逐步接近 F 的零极小值。通常梯度的反方向是最速下降方向。函数 $F(x,\ y)$ 在 $(x,\ y)$ 点的梯度方向就是该点等值线过切点的法线方向，梯度为

$$G = \nabla F = \left(\frac{\partial F}{\partial x},\ \frac{\partial F}{\partial y}\right) \tag{2.2.15}$$

设 $(x_0,\ y_0)$ 是方程组的一个近似解，计算在该点的梯度值

$$G_0 = \left(\frac{\partial F}{\partial x},\ \frac{\partial F}{\partial y}\right)\Big|_{(x_0,\ y_0)} = (G_{0x},\ G_{0y}) \tag{2.2.16}$$

从 $(x_0,\ y_0)$ 出发，沿负梯度 $-G_0$ 方向前进一适当步长，得新点

$$\begin{cases} x_1 = x_0 - \lambda G_{0x} \\ y_1 = y_0 - \lambda G_{0y} \end{cases}$$

如何选择 λ，才能使新点 (x_1, y_1) 是 $F(x, y)$ 在 $-G_0$ 方向上的相对极小值点。将 $F(x_1, y_1)$ 在 (x_0, y_0) 附近作展开，略去 λ 的二阶以上项

$$\begin{aligned} F(x_1, y_1) &= F(x_0, y_0) + \left(\frac{\partial F}{\partial x}\right)_0 (x_1 - x_0) + \left(\frac{\partial F}{\partial y}\right)_0 (y_1 - y_0) \\ &= F(x_0, y_0) - \lambda G_0^2 = 0 \end{aligned}$$

得到

$$\lambda = \frac{F(x_0, y_0)}{G_0^2} \tag{2.2.17}$$

推广到 n 个联立方程组

$$f_i(x_1, x_2, \cdots, x_n) = 0, \quad i = 1, 2, \cdots, n \tag{2.2.18}$$

定义指标函数

$$F(x_1, x_2, \cdots, x_n) = \sum_{i=1}^{n} f_i^2 \tag{2.2.19}$$

梯度下降法的迭代公式为

$$x_i^{(k+1)} = x_i^{(k)} - \lambda^{(k)} \frac{\partial F^{(k)}}{\partial x_i^{(k)}}, \quad \lambda^{(k)} = \frac{F^{(k)}}{\sum_{j=1}^{n} \left(\frac{\partial F^{(k)}}{\partial x_j^{(k)}}\right)^2} \tag{2.2.20}$$

于是得下降法的计算步骤：

(1) 选取试探解 $\left(x_1^{(0)}, x_2^{(0)}, \cdots, x_n^{(0)}\right)$，假设已经计算到第 k 步，得 $(x_1^{(k)}, x_2^{(k)}, \cdots, x_n^{(k)})$；

(2) 计算指标函数 $F^{(k)} = F\left(x_1^{(k)}, x_2^{(k)}, \cdots, x_n^{(k)}\right)$；

(3) 若 $F^{(k)} <$eps，则认为 $\left(x_1^{(k)}, x_2^{(k)}, \cdots, x_n^{(k)}\right)$ 为所求的解，否则计算偏导数

$$\frac{\partial F^{(k)}}{\partial x_i^{(k)}} \approx \frac{F\left(\cdots, x_i^{(k)} + h_i^{(k)}, \cdots\right) - F\left(\cdots, x_i^{(k)}, \cdots\right)}{h_i^{(k)}}, \quad i = 1, 2, \cdots, n$$

这里是用差商代替微商，其中 $h_i^{(k)} = \omega \cdot x_i^{(k)}$，$\omega$ 为控制收敛常数，一般选取 10^{-5} 和 10^{-6}；eps 为控制精度常数，一般选取 10^{-5} 和 10^{-6}；

(4) 再计算新的迭代值，即式 (2.2.20)，并重复以 (2) 开始的计算过程。

最速下降法计算程序：dsense.m。

```
function[x n f}=dsense(x0)
eps=1.0e-6;
x=x0;
[f f2 g g2]=myfun(x);
lamda=f2/g2;
x=x-lamda*g;
n=0;
while(norm(x-x0)>=eps)
     x0=x;n=n+1;
     [f f2 g g2]=myfun(x);
     lamda=f2/g2;
     x=x-lamda*g;
   if(n>100000)
        disp('迭代次数太多，可能不收敛！');
        return;
   end
end
end
```

【例题 2.2.7】

用梯度法求非线性方程组

$$\begin{cases} x - 5y^2 + 7z^2 + 12 = 0 \\ 3xy + xz - 11x = 0 \\ 2yz + 40x = 0 \end{cases}$$

的一组实根。

【解】计算程序：dsense_demo.m。

```
function dsense_demo
clc;clear all;
format long;
x0=[-1.5 6.5 -5.0];
[x n f]=dsense(x0)
end

function[f f2 g g2] = myfun(x)
```

```
f(1)=x(1)-5*x(2)*x(2)+7*x(3)*x(3)+12;
f(2)=3*x(1)*x(2)+x(1)*x(3)-11*x(1);
f(3)=2*x(2)*x(3)+40*x(1);
    f=[f(1) f(2) f(3)];
    f2=f(1)*f(1)+f(2)*f(2)+f(3)*f(3);
g(1)=2*f(1)+2*f(2)*(3*x(2)+x(3)-11)+2*40*f(3);
g(2)=2*f(1)*(-10*x(2))+2*f(2)*(3*x(1))+2*f(3)*(2*x(3));
g(3)=2*f(1)*(14*x(3))+2*f(2)*(x(1))+2*f(3)*(2*x(2));
      g=[g(1) g(2) g(3)];
      g2=g(1)*g(1)+g(2)*g(2)+g(3)*g(3);
end
```

选初始迭代值 $(x, y, z) = (-1.5, 6.5, -5.0)$，迭代次数 841。结果是 $x = 1.000014$，$y = 5.000034$，$z = -4.000030$。

3. *一般迭代方法*

非线性方程组的迭代方法与线性方程组的迭代方法基本相同，下面举例说明。

【例题 2.2.8】

考虑非线性方程组 $\begin{cases} x^2 - 2x - y + 0.5 = 0 \\ x^2 + 4y^2 - 4 = 0 \end{cases}$，采用一般迭代方法求根，选迭代初值 $\left(x^{(0)}, y^{(0)}\right) = (0, 1)$。

【解】将第 2 个方程变化成 $x^2 + 4y^2 + 8y - 4 = 8y$，迭代格式为

$$\begin{cases} x^{(k+1)} = \dfrac{1}{2}\left[\left(x^{(k)}\right)^2 - y^{(k)} + 0.5\right] \\ y^{(k+1)} = \dfrac{1}{8}\left[\left(x^{(k)}\right)^2 + 4\left(y^{(k)}\right)^2 + 8y^{(k)} - 4\right] \end{cases}$$

$$\left(x^{(0)}, y^{(0)}\right) = (0, 1), \quad \left(x^{(1)}, y^{(1)}\right) = (-0.25, 1), \cdots$$

当然，也可以采用高斯–赛德尔迭代格式。

2.2.6　矛盾方程组的数值解法

矛盾方程组(有时也称超定方程，方程数超过变量数) 的解法采用函数求极值的优化方法，通常采用最小二乘法。下面以两个变量为例说明这种方法的应用。

设 $f_i(x_1, x_2, \cdots, x_m) = 0$，$i = 1, 2, \cdots, n$，$n > m$，最小二乘法的思想是构造指标函数

$$F(x_1, x_2, \cdots, x_m) = \sum_{i=1}^{n} \left[f_i(x_1, x_2, \cdots, x_m)\right]^2$$

然后取极值，得线性方程组

$$\frac{\partial F}{\partial x_i}=0,\quad i=1,2,\cdots,m$$

求解这 m 个线性方程组的解即为矛盾方程的解。

【例题 2.2.9】

求超定方程 $\begin{cases}2x+4y=11\\3x-5y=3\\x+2y=6\\2x+y=7\end{cases}$ 的最小二乘法解。

【解】构造指标函数

$$f(x,y)=(2x+4y-11)^2+(3x-5y-3)^2+(x+2y-6)^2+(2x+y-7)^2$$

$$\frac{\partial f}{\partial x}=0\Rightarrow 4x-y=11,\quad \frac{\partial f}{\partial y}=0\Rightarrow -3x+46y=48$$

$$x=\frac{830}{273}\approx 3.040,\quad y=\frac{113}{91}\approx 1.242$$

2.3 习　题

【2.1】用高斯消元法解方程组

$$\begin{cases}x_1+2x_2+x_3=0\\2x_1+2x_2+3x_3=3\\-x_1-3x_2=0\end{cases}$$

【2.2】用列主元消元法求解方程组 (注意：每次消元时主元的选取是各列中系数最大的)

$$\begin{cases}2x_1+3x_2+5x_3=5\\3x_1+4x_2+8x_3=6\\x_1+3x_2+3x_3=5\end{cases}$$

【2.3】将矩阵 A 进行 LU 三角分解 (杜利特尔分解)，其中

$$A=\begin{pmatrix}4&2&-2\\2&2&-2\\-2&-3&13\end{pmatrix}$$

【2.4】用 LU 分解法求解方程组

$$\begin{pmatrix} 4 & 2 & -2 \\ 2 & 2 & -2 \\ -2 & -3 & 13 \end{pmatrix}\begin{pmatrix} x_1 \\ x_2 \\ x_3 \end{pmatrix}=\begin{pmatrix} 8 \\ 4 \\ 5 \end{pmatrix}$$

【2.5】用 LU 分解法给出下列代数方程组的解及 L 和 U 矩阵:

$$\begin{cases} 2x_1+2x_2+3x_3=3 \\ 4x_1+7x_2+7x_3=1 \\ -2x_1+4x_2+5x_3=-7 \end{cases}$$

【2.6】

(1) 用消元法将三对角系数矩阵变成上三角阵，推出变换公式，并用 MATLAB 编程。

(2) 推导用 LU 分解法求三对角矩阵的公式。

【2.7】已知方程组

$$\begin{pmatrix} a & 2 & 1 \\ 2 & a & 2 \\ 1 & 2 & a \end{pmatrix}\begin{pmatrix} x_1 \\ x_2 \\ x_3 \end{pmatrix}=\begin{pmatrix} 1 \\ 2 \\ 1 \end{pmatrix}$$

(1) 写出解此方程组的雅可比法迭代公式;

(2) 证明当 $a>4$ 时，雅可比迭代法收敛;

(3) 取 $a=5$，$X^{(0)}=\left(\frac{1}{10},\ \frac{1}{5},\ \frac{1}{10}\right)^{\mathrm{T}}$，求出 $X^{(2)}$。

【2.8】用高斯–赛德尔迭代法解方程组

$$\begin{pmatrix} 5 & 1 & 0 \\ 1 & 5 & 1 \\ 0 & 1 & 5 \end{pmatrix}\begin{pmatrix} x_1 \\ x_2 \\ x_3 \end{pmatrix}=\begin{pmatrix} 4 \\ -3 \\ 4 \end{pmatrix}$$

(1) 证明高斯–赛德尔迭代法收敛;

(2) 写出高斯–赛德尔法迭代公式;

(3) 取 $x^{(0)}=(0,\ 0,\ 0)^{\mathrm{T}}$，求出 $x^{(2)}$。

【2.9】已知代数方程组

$$\begin{cases} x_1+2x_2+3x_3=6 \\ 4x_1+2x_2+2x_3=8 \\ 2x_1+3x_2+75x_3=17 \end{cases}$$

(1) 写出该方程组的高斯–赛德尔迭代法的迭代格式;

(2) 选 $x^{(0)}=(1,1,1)^{\mathrm{T}}$，求出 $x^{(2)}$;

(3) 写出相应的超松弛迭代法的迭代格式 (取 $\omega=1.5$)。

【2.10】已知代数方程组

$$
\begin{cases}
x_1 + 5x_2 - 3x_3 = 2 \\
5x_1 - 2x_2 + x_3 = 4 \\
2x_1 + x_2 - 5x_3 = -11
\end{cases}
$$

(1) 写出该方程组的高斯–赛德尔迭代法的迭代格式；

(2) 选 $x^{(0)} = (0,\ 0,\ 0)^{\mathrm{T}}$，求出 $x^{(2)}$；

(3) 写出相应的超松弛迭代法的迭代格式 (取 $\omega = 1.5$)。

【2.11】

(1) 采用高斯消元法；

(2) 用三对角矩阵追赶法计算方程组的数值解

$$
\begin{cases}
2x_1 - x_2 = 1 \\
-x_1 + 2x_2 - x_3 = 0 \\
-x_2 + 2x_3 - x_4 = 1 \\
-x_3 + 2x_4 = 0
\end{cases}
$$

【2.12】求解三阶三对角方程组

$$
\begin{pmatrix} 1 & 2 & \\ 2 & 2 & 3 \\ & 3 & 3 \end{pmatrix}
\begin{pmatrix} x_1 \\ x_2 \\ x_3 \end{pmatrix}
=
\begin{pmatrix} 1 \\ 2 \\ 3 \end{pmatrix}
$$

【2.13】对于 $n = 100$，数值求解三对角线性代数方程组

$$
\begin{cases}
2x_1 - x_2 = 1 \\
-x_{j-1} + 2x_j - x_{j+1} = j,\ j = 2,\ \cdots,\ n-1 \\
-x_{n-1} + 2x_n = n
\end{cases}
$$

【2.14】用计算机语言 (MATLAB，C 或者 Fortran) 实现稀疏矩阵的存储、稀疏矩阵基本运算 (加、乘)。

【2.15】用二分法。

(1) 求方程 $x^2 + x - 1 = 0$ 在区间 $[0,\ 1]$ 上的近似根，要求误差不超过 10^{-3}。

(2) 求方程 $f(x) = \mathrm{e}^x + x - 2 = 0$ 在区间 $[0,\ 1]$ 上的近似根，要求误差不超过 0.000001。

(3) 计算非线性方程 $x^3 - 2x^2 - x + 2 = 0$ 在区间 $[0.4,\ 1.5]$ 上的根。

(4) 求方程 $\tan x + \tanh x = 0$ 在区间 $[2,\ 3]$ 上的根。

【2.16】用牛顿迭代法。

(1) 求方程 $f(x) = x^2 - 3 = 0$ 的根，选 $x_0 = 1.5$，迭代计算出 x_2。

(2) 求 $\sqrt[3]{25}$ 的近似值，取 $x_0 = 3$，计算 x_1。

(3) 求方程 $f(x) = x^3 - 3x^2 + 4x - 2 = 0$ 在 $x_0 = 1.5$ 附近的一个实根 (编程计算)。

(4) 求方程 $f(x) = x^3 - x^2 - 1 = 0$ 在 $x_0 = 1.5$ 附近的一个实根。

【2.17】用弦截法

(1) 求 $x^4-x-10=0$ 在区间 (1，2) 内的根；

(2) $x-\mathrm{e}^{-x}=0$ 在区间 (0，1) 内的根。

【2.18】采用固定点迭代法

(1) 求方程 $x=\dfrac{1}{2}+\sin x$ 的根，取 $x_0=1$；

(2) 试用迭代法求解 $x^3-x^2-1=0$ 在 $x=1.5$ 附近的根，有几种迭代格式可选择，是否都收敛。

(3) 求方程 $2\cosh(x/4)-x=0$ 在区间 $[0,10]$ 上的根。

【2.19】采用牛顿迭代法

(1) 求方程组 $\begin{cases} y\cos(xy)+1=0 \\ \sin(xy)+x-y=0 \end{cases}$ 在 $x=1$，$y=2$ 附近的根。

(2) 求非线性方程组 $\begin{cases} x^2-2x-y+0.5=0 \\ x^2+4y^2-4=0 \end{cases}$ 在 $\left(x^{(0)},\ y^{(0)}\right)=(0,\ 1)$ 附近的根。

【2.20】求非线性方程组 $\begin{cases} f(x,\ y)=x^2+4y^2-9=0 \\ g(x,\ y)=18y-14x^2+45=0 \end{cases}$ 的根。

扩展题

【2.1】非线性方程数值求解的牛顿迭代公式是取 $f(x_{k+1})$ 在 x_k 点的泰勒展开的前两项得到的，如果取 $f(x_{k+1})$ 在 x_k 点的泰勒展开的前三项并利用牛顿迭代公式推导切比雪夫的迭代公式

$$x_{k+1}=x_k-\frac{f_k}{f_k'}-\frac{1}{2}\left(\frac{f_k}{f_k'}\right)^2\frac{f_k''}{f_k'},\quad k=0,\ 1,\ \cdots$$

由此迭代公式求方程 $x^3-2=0$ 的根 x_2 (取$x_0=1$)，并与改进的切比雪夫迭代公式

$$x_{k+1}^*=x_k-\frac{1}{2}\frac{f_k}{f_k'},\quad x_{k+1}=x_k-\frac{f_k}{f'\left(x_{k+1}^*\right)}$$

的结果比较。

【2.2】确定函数 $f(xy)=-8x+x^2+12y+4y^2-2xy$ 的极值点。

【2.3】Logistic 模型。

Logistic 模型可以描述生物种群的演化，它可以表示成一维非线性迭代方程

$$x_{n+1}=ax_n(1-x_n)$$

x_n 表示种群的个体数，第一项表示 $n+1$ 代 x_{n+1} 与 x_n 成正比，第二项表示环境因数对种群繁殖数目的抑制。其中 $0\leqslant x\leqslant 1$，参数 a 限制在区间 (0，4) 内。

1. 编程完成用图像代替迭代过程

图 2.3.1 是 $a = 2.707$ 时迭代初值 $x_0 = 0.1$ 时迭代值趋于不动点的过程。

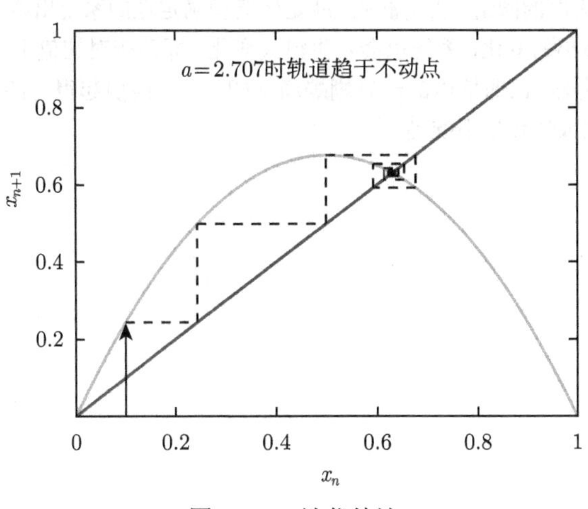

图 2.3.1 迭代轨迹

2. 费根鲍姆图

取初值 $x_0 = 0.6$，参数 a 从 2.6 变化到 4，编程画出 n 大于 150 的不动点 x_n 与参数 a 的关系图，即费根鲍姆 (Feigenbaum) 图 2.3.2。可见：

(1) 当 $a \in (0, 1)$ 时，$x = 0$ 是唯一吸引不动点 (随时间，物种走向灭绝)；

(2) 当 $a \in (1, 3)$ 时，$x = 1 - 1/a$ 是 1 周期吸引不动点 (随时间，物种维持在一个稳定的水平上)；

(3) 当 $a > 3$ 时，原有的 1 周期点失去稳定性，成为排斥不动点，出现了 2 周期点，称为倍周期分岔 (period-doubling bifurcation)；

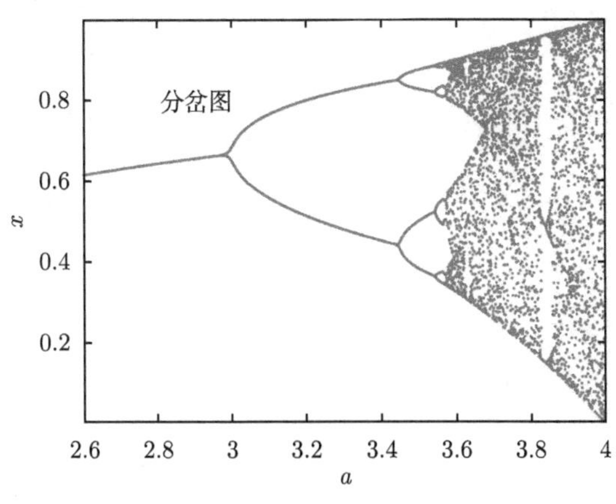

图 2.3.2 费根鲍姆图

(4) 当 $a = 3.5440\cdots$ 时，曲线分为 8 支，出现 8 个周期点；

(5) 当 $a = a_c = 3.569945672\cdots$ 时曲线分为无穷支，实际上是无周期，呈现混沌特征。

a_c 称为有序与无序的阈值。所谓混沌，就是像模型确定性的系统出现了类似随机现象。例如，即使初值产生微小的变化，系统也会发生很大变化，即系统对初值十分敏感。在气象学上有“蝴蝶效应”的说法：巴西境内的一只蝴蝶扇动翅膀，可能引起得克萨斯州的一场龙卷风，由此有人预测，长期天气预报不准确。

第三章　函数近似方法

函数近似是数值计算中常用的方法。在科学实验中，通常要给出测得的一组数据所反映的近似函数关系；在数值积分中，有时要将复杂的被积函数用简单的函数近似表示，以简化积分的数值计算等。本章将介绍函数近似中常用的两种方法：插值法和拟合法。

3.1　插　值　法

在确定两个物理量 x, y 之间的函数关系 $y = f(x)$ 时，通常先采用数值计算或实验测量的方法，得到一组分立点 $x_1, x_2, \cdots, x_n$(自变量) 及其对应的 $y_1, y_2, \cdots, y_n$ (函数值), 然后采用插值(interpolation) 或拟合(fitting) 的方法来确定 x, y 之间的近似函数关系。

本节先介绍插值法。假设一系列观测点和对应的测量值之间的关系为

$$y_i = y(x_i), \quad i = 1, 2, \cdots, n \tag{3.1.1}$$

其列表关系见表 3.1.1。

表 3.1.1

x	x_1	x_2	$\cdots$	x_n
y	y_1	y_2	$\cdots$	y_n

插值法的目标就是根据这个对应关系寻求 $y(x_i)$ 的一个近似函数关系 $f(x_i)$, 使得 $f(x_i)$ 满足函数列表，得到的 $f(x)$ 称为插值函数，x_i 称为插值点(或称为节点)。

用一个多项式函数来近似插值函数 $f(x)$，称为多项式插值。本节主要介绍多项式形式的插值函数。插值多项式 $f(x)$ 通常需根据插值函数在插值点要满足的条件来确定。插值函数在插值点要满足的最基本的条件是：在插值点 x_i($i = 1, 2, \cdots, n$) 上，要求插值函数 $f(x_i)$ 的值与插值 y_i 相等；另外，还可能要求在插值点一阶导数连续等条件，即插值多项式的阶数与插值点数和插值条件有关。对于 m 次插值多项式，要求有 $m+1$ 个插值条件，以唯一确定 $m+1$ 个系数。

3.1.1　图形插值法

最简单的插值法是图形插值法，这是早期人们常采用的方法。通常是在方格纸 (或叫图像纸) 上画出给定数据点 (x_i, y_i), $i=1,2,\cdots,n$，然后用光滑的曲线把这些点连起来。若希望求 $x=x_0$ 点的插值，就是确定过 $x=x_0$ 点垂直于 x 轴的直线与上面曲线的交点 y 的值。这种方法的精度取决于方格纸的精度，常用来近似估值。

3.1.2　两点一次插值 (线性插值)

插值曲线一般用光滑的曲线连接两插值点 (x_i, y_i) 和 (x_{i+1}, y_{i+1}), 线性插值就是用连接两点的直线代替曲线，这样在区间 $[x_i, x_{i+1}]$ 上构造的线性插值函数为

$$y=f(x)=ax+b \tag{3.1.2}$$

系数 a, b 的确定方法就是利用插值函数在插值点值等于插值的两个条件

$$f(x_i)=ax_i+b=y_i, \quad f(x_{i+1})=ax_{i+1}+b=y_{i+1}$$

确定系数 a 和 b，代入式 (3.1.2) 得插值函数

$$y(x)=y_i+\frac{y_{i+1}-y_i}{x_{i+1}-x_i}(x-x_i), \quad x_i \leqslant x \leqslant x_{i+1} \tag{3.1.3}$$

这实际上是两点式直线方程。式 (3.1.3) 又可以改写成两个线性基函数

$$l_i(x)=\frac{x-x_{i+1}}{x_i-x_{i+1}}, \quad l_{i+1}(x)=\frac{x-x_i}{x_{i+1}-x_i} \tag{3.1.4}$$

和对应插值点值 y_i, y_{i+1} 的线性组合

$$y(x)=l_i(x)y_i+l_{i+1}(x)y_{i+1}, \quad x_i \leqslant x \leqslant x_{i+1} \tag{3.1.5}$$

$l_i(x)$ 与 $l_{i+1}(x)$ 称为一次插值基函数。式 (3.1.5) 又称为拉格朗日一次插值多项式。

线性插值函数数学上的几何意义是，连接相邻两个节点的直线。物理意义是物理量 $y(x)$($x\in[x_i, x_{i+1}]$) 的值等于 $y(x_i), y(x_{i+1})$ 的加权和，即 $y(x)=l_iy(x_i)+l_{i+1}y(x_{i+1})$, 注意权重因子 (或贡献率)：$l_i=(x_{i+1}-x)/\varDelta$, $l_{i+1}=(x-x_i)/\varDelta$, $\varDelta=x_{i+1}-x_i$。当 x 趋于 x_i 时, $y(x_{i+1})$ 对 $y(x)$ 的贡献趋于零；同样，当 x 趋于 x_{i+1} 时, $y(x_i)$ 对 $y(x)$ 的贡献趋于零。

由一维线性插值的几何和物理意义，可以类推得出二维线性插值公式。如图 3.1.1 所示，设

$$\begin{cases} 1\equiv(x_i, y_j), \ 2\equiv(x_{i+1}, y_j), \ 3\equiv(x_{i+1}, y_{j+1}), \ 4\equiv(x_i, y_{j+1}), \ p\equiv(x, y) \\ f(x,y)=s_{i,j}f_{i,j}+s_{i+1,j}f_{i+1,j}+s_{i,j+1}f_{i,j+1}+s_{i+1,j+1}f_{i+1,j+1} \end{cases} \tag{3.1.6}$$

其中二维线性插值基函数或权重因子为

$$s_{i,j}=\frac{s_1}{s}=\frac{(x_{i+1}-x)(y_{j+1}-y)}{s},\quad s_{i,j+1}=\frac{s_4}{s}=\frac{(x_{i+1}-x)(y-y_j)}{s}$$

$$s_{i+1,j}=\frac{s_2}{s}=\frac{(x-x_i)(y_{j+1}-y)}{s},\quad s_{i+1,j+1}=\frac{s_3}{s}=\frac{(x-x_i)(y-y_j)}{s}$$

式中，$s=(x_{i+1}-x_i)(y_{j+1}-y_j)$ 为矩形单元 $x_i\leqslant x\leqslant x_{i+1}, y_j\leqslant y\leqslant y_{j+1}$ 的面积。可见，$1,2,3,4$ 节点值对 p 点函数值的贡献分别与 s_1,s_2,s_3,s_4 的面积大小成正比。

当然，线性插值的连续性较差，应用有一定局限性，但作为对插值法的直观理解。二维线性插值在有限元方法和粒子模拟等方法中被广泛使用。

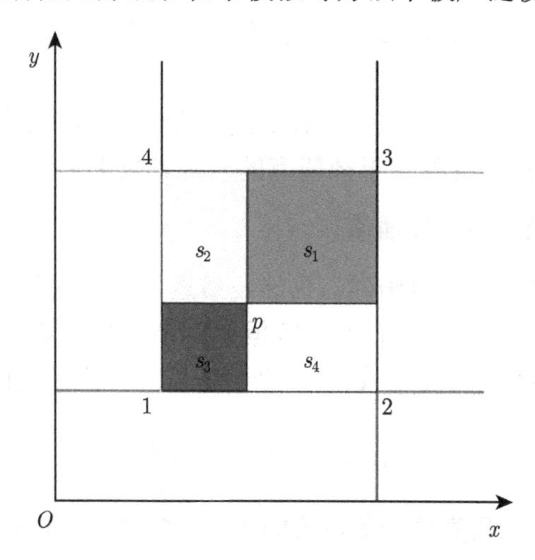

图 3.1.1 二维线性插值函数的权重因子

【例题 3.1.1】

已知：$\sqrt{100}=10, \sqrt{121}=11$，利用线性插值近似求 $\sqrt{115}$。

【解】过插值点 $x_1=100, x_2=121$ 构造线性插值函数

$$y(x)=\frac{x-x_2}{x_1-x_2}y_1+\frac{x-x_1}{x_2-x_1}y_2$$

其中 $y_1=10, y_2=11$，

$$\sqrt{115}\approx y(115)=\frac{115-121}{100-121}\times 10+\frac{115-100}{121-100}\times 11=10.714$$

$\sqrt{115}=10.7238\cdots$，可见，线性插值的近似结果也很接近真值。

3.1.3 两点二次插值 (抛物线插值)

如果用二次函数曲线连接两插值点 (x_i, y_i) 和 (x_{i+1}, y_{i+1}), 这样在区间 $[x_i, x_{i+1}]$ 上构造的二次插值函数为

$$y = f(x) = ax^2 + bx + c \tag{3.1.7}$$

系数 a, b, c 的确定方法就是利用插值函数在插值点处的两个条件

$$f(x_i) = ax_i^2 + bx_i + c = y_i, \quad f(x_{i+1}) = ax_{i+1}^2 + bx_{i+1} + c = y_{i+1}$$

和第三个一阶导数条件，例如，$f'(x_i) = y_i'$ 即 $2ax_i + b = y_i'$，得到

$$f(x) = a(x - x_i)^2 + y_i'(x - x_i) + y_i, a = \frac{\Delta y_i - y_i'\Delta x_i}{(\Delta x_i)^2}, \quad i = 1, 2, \cdots, n-1 \tag{3.1.8}$$

式中，$\Delta y_i = y_{i+1} - y_i, \Delta x_i = x_{i+1} - x_i$。通常情况下，如果已知数据点左端点的一阶导数值，那么上面的条件相当于插值点的一阶导数也是连续的。

3.1.4 三点二次插值 (抛物线插值)

利用两个节点来构造插值函数，只涉及最近邻两点的信息，是一种连续性较差的插值方法。下面利用三个节点的数据来构造插值函数。给定三个插值点为 $(x_{i-1}, y_{i-1}), (x_i, y_i), (x_{i+1}, y_{i+1})$，设过三个给定点的二次插值函数为

$$y(x) = a + bx + cx^2$$

利用在三个节点插值函数值等于节点值的条件，得到待定系数 a, b 和 c，因此三点插值函数为

$$y(x) = l_{i-1}(x)y_{i-1} + l_i(x)y_i + l_{i+1}(x)y_{i+1}, \quad x_{i-1} \leqslant x \leqslant x_{i+1} \tag{3.1.9}$$

其中

$$l_{i-1}(x) = \frac{(x - x_i)(x - x_{i+1})}{(x_{i-1} - x_i)(x_{i-1} - x_{i+1})}$$

$$l_i(x) = \frac{(x - x_{i-1})(x - x_{i+1})}{(x_i - x_{i-1})(x_i - x_{i+1})}$$

$$l_{i+1}(x) = \frac{(x - x_{i-1})(x - x_i)}{(x_{i+1} - x_{i-1})(x_{i+1} - x_i)}$$

$l_{i-1}(x), l_i(x)$ 和 $l_{i+1}(x)$ 分别为三个节点上的插值基函数。由于插值函数 (3.1.9) 是抛物线方程，所以二次插值又称为抛物线插值。插值公式 (3.1.9) 又称为拉格朗日二次插值多项式。二次插值多项式是函数近似的常用方法。

【例题 3.1.2】

关于逆插值问题，已知列表函数如表 3.1.2 所示，利用三点插值求二次插值函数 $y=f(x)$ 的零点近似值。

表 3.1.2

x	0	1	2
y	8	−7.5	−18

【解】由于 y_i 是单调函数，可用反函数插值或逆插值求其零点。反函数列表函数见表 3.1.3。

表 3.1.3

y	8	−7.5	−18
x	0	1	2

用三点插值公式

$$x(y)=\frac{(y-y_2)(y-y_3)}{(y_1-y_2)(y_1-y_3)}x_1+\frac{(y-y_1)(y-y_3)}{(y_2-y_1)(y_2-y_3)}x_2+\frac{(y-y_1)(y-y_2)}{(y_3-y_1)(y_3-y_2)}x_3$$

$$x^*=x(0)=0.445$$

对于给定的 n 个插值点 $x_1<x_2<\cdots<x_n$ 及其相应的插值 $y_1,y_2,\cdots,y_n$，如果采用分段的三点抛物线插值作为近似的插值函数，必须判断要求的插值函数自变量 x 的位置，以确定插值函数段所用的插值点：若 $x<x_2$，则取 x_1,x_2 和 x_3 三点作为抛物线插值点；若 $x>x_{n-1}$，则取 x_{n-2},x_{n-1} 和 x_n 三点作为抛物线插值点；一般情况下，若 $x_s<x<x_{s+1}$，则需判断 x 是靠近哪个插值点，当靠近 x_s 时，取 x_{s-1},x_s 和 x_{s+1} 三点为插值点；当靠近 x_{s+1} 时，取 x_s,x_{s+1} 和 x_{s+2} 三点为插值点。归纳起来，式 (3.1.9) 中 i 的取值规则可以总结为

$$i=\begin{cases}2, & x\leqslant x_2\\ s-1, & x_{s-1}<x\leqslant x_s,|x-x_{s-1}|\leqslant|x-x_s|,s=3,\cdots,n-1\\ s, & x_{s-1}<x\leqslant x_s,|x-x_{s-1}|>|x-x_s|,s=3,\cdots,n-1\\ n-1, & x>x_{n-1}\end{cases}\tag{3.1.10}$$

三点抛物线分段插值程序：lagrange3.m。

```
function [f] = lagrange3(n,t,x,y)
if t<=x(2)
    k = 2;
elseif t>x(n-1)
```

```
    k = n-1;
else
for s = 3:n-1
    if t>x(s-1)&&t<=x(s)
        if abs(t-x(s-1))<=abs(t-x(s))
            k = s-1;
        else
            k = s;
        end
    end
end
end
i = k;
    u=(t-x(i))*(t-x(i+1))/(x(i-1)-x(i))/(x(i-1)-x(i+1));
    v=(t-x(i-1))*(t-x(i+1))/(x(i)-x(i-1))/(x(i)-x(i+1));
    w=(t-x(i-1))*(t-x(i))/(x(i+1)-x(i-1))/(x(i+1)-x(i));
    f=u*y(i-1)+v*y(i)+w*y(i+1);
end
```

【例题 3.1.3】

在区间 $[0,2\pi]$ 上给出 $\sin x$ 的 9 个插值点，然后用三点抛物线插值给出拉格朗日插值多项式并计算出 21 个点，描出 $\sin x$ 的曲线。

【解】根据拉格朗日三点插值方法, 即插值公式 (3.1.9) 和 (3.1.10)。

计算程序：demo_lagrange3.m。

```
clc;clear;
nmax=9; m=21;
dt=2*pi/(nmax-1);
x(1)=0.0; y(1)=sin(x(1));
for i=1:nmax-1
x(i+1)=x(i)+dt;
y(i+1)=sin(x(i+1));
end
dt=(x(nmax)-x(1))/(m-1);
t=x(1)-dt;
for i=1:m
```

```
t1(i)=t+i*dt;
f(i) = lagrange3(nmax,t1(i),x,y);
end
figure(1);
plot(x,y,'bo',t1,f,'r','LineWidth',2)
set(gca,'FontSize',16);
legend('插值点','插值曲线');
grid on;
xlabel('x');
ylabel('y');
```

结果见图 3.1.2。

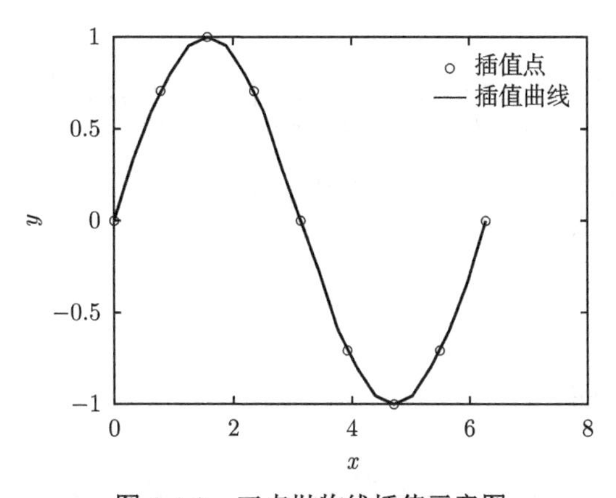

图 3.1.2 三点抛物线插值示意图

二次插值问题可以由两次线性插值方法实现。方法是：先将三个插值点 $(x_{i-1}, y_{i-1}),(x_i, y_i),(x_{i+1}, y_{i+1})$ 中 (x_{i-1}, y_{i-1}) 和 (x_i, y_i) 两点进行线性插值，得插值函数

$$y_{i-1,i}(x) = \frac{x - x_i}{x_{i-1} - x_i} y_{i-1} + \frac{x - x_{i-1}}{x_i - x_{i-1}} y_i, \qquad x_{i-1} \leqslant x \leqslant x_i$$

再将 $(x_i, y_i),(x_{i+1}, y_{i+1})$ 两点进行线性插值，得插值函数

$$y_{i,i+1}(x) = \frac{x - x_{i+1}}{x_i - x_{i+1}} y_i + \frac{x - x_i}{x_{i+1} - x_i} y_{i+1}, \qquad x_i \leqslant x \leqslant x_{i+1}$$

然后用 $(x_{i-1}, y_{i-1,i})$ 和 $(x_{i+1}, y_{i,i+1})$ 两点进行线性插值，得

$$y(x) = y_{i-1,i,i+1}(x) = \frac{x - x_{i+1}}{x_{i-1} - x_{i+1}} y_{i-1,i}(x) + \frac{x - x_{i-1}}{x_{i+1} - x_{i-1}} y_{i,i+1}(x), \quad x_{i-1} \leqslant x \leqslant x_{i+1} \tag{3.1.11}$$

化简后得到与式 (3.1.9) 相同的二次插值公式。

3.1.5　$n+1$ 点 n 次拉格朗日插值

采用逐次线性插值方法可以构造出高次的插值多项式。定义 $y_{i,i+1,\cdots,i+m}(x)$ 为通过 $m+1$ 个节点 $(x_i,y_i),(x_{i+1},y_{i+1}),\cdots,(x_{i+m},y_{i+m})$ 的 m 次插值多项式，有关系

$$y_{i,i+1,\cdots,i+m}(x)=\frac{x-x_{i+m}}{x_i-x_{i+m}}y_{i,i+1,\cdots,i+m-1}(x)+\frac{x-x_i}{x_{i+m}-x_i}y_{i+1,i+2,\cdots,i+m}(x) \tag{3.1.12}$$

或记为

$$y_{i,\cdots,j}=\frac{x-x_j}{x_i-x_j}y_{i,\cdots,j-1}+\frac{x-x_i}{x_j-x_i}y_{i+1,\cdots,j}$$

其中 $y_i=f(x_i)$，例如

$$\begin{aligned}y_{123}=&\frac{x-x_3}{x_1-x_3}y_{12}+\frac{x-x_1}{x_3-x_1}y_{23}=\frac{x-x_3}{x_1-x_3}\left(\frac{x-x_2}{x_1-x_2}y_1+\frac{x-x_1}{x_2-x_1}y_2\right)\\&+\frac{x-x_1}{x_3-x_1}\left(\frac{x-x_3}{x_2-x_3}y_2+\frac{x-x_2}{x_3-x_2}y_3\right)\\=&\left(\frac{x-x_3}{x_1-x_3}\frac{x-x_2}{x_1-x_2}\right)y_1+\left(\frac{x-x_3}{x_2-x_3}\frac{x-x_1}{x_2-x_1}\right)y_2+\left(\frac{x-x_1}{x_3-x_1}\frac{x-x_2}{x_3-x_2}\right)y_3\end{aligned}$$

为三点插值公式。再以

$$y_{12345}=\frac{x-x_5}{x_1-x_5}y_{1234}+\frac{x-x_1}{x_5-x_1}y_{2345}$$

5 个插值点为例，其逐次线性插值关系可见表 3.1.4。这种逐次线性插值思想很容易实现插值多项式的编程。

表 3.1.4　5 个插值点的逐次线性插值关系

x_1	y_1				
		y_{12}			
x_2	y_2		y_{123}		
		y_{23}		y_{1234}	
x_3	y_3		y_{234}		y_{12345}
		y_{34}		y_{2345}	
x_4	y_4		y_{345}		
		y_{45}			
x_5	y_5				

计算程序：aitken.m。

```
function [f,df] = aitken(n,xi,fi,x)
nmax=21;
if (n>nmax)
disp('dimension too large!') ;
end
ft = fi;
for i = 1:n-1
    for j = 1:n-i
    x1 = xi(j);
    x2 = xi(j+i);
    f1 = ft(j);
    f2 = ft(j+1);
    ft(j) = (x-x1)/(x2-x1)*f2+(x-x2)/(x1-x2)*f1;
    end
end
f = ft(1);
df = (abs(f-f1)+abs(f-f2))/2.0;
end
```

由递推公式 (3.1.12) 可得 n 次逐次线性插值多项式，即 n 次拉格朗日插值多项式

$$y(x)=\sum_{j=1}^{n} l_j(x)y_j \tag{3.1.13}$$

其中，$l_j(x)$ 是拉格朗日插值基函数

$$l_j(x)=\prod_{\substack{i=1\\ i\neq j}}^{n}\frac{x-x_i}{x_j-x_i} \tag{3.1.14}$$

式 (3.1.13) 和式 (3.1.14) 更一般的推导方式是：设

$$y(x)=p_n(x)=\sum_{i=0}^{n} a_i x^{n-i}$$

要求 $p_n(x_i)=y_i$，$i=0,1,\cdots,n$，给出代数方程组 $MA=Y$，

$$M=\begin{bmatrix} x_0^n & x_0^{n-1} & \cdots & x_0 & 1 \\ x_1^n & x_1^{n-1} & \cdots & x_1 & 1 \\ \vdots & \vdots & & \vdots & \vdots \\ x_n^n & x_n^{n-1} & \cdots & x_n & 1 \end{bmatrix},\ A=\begin{bmatrix} a_0 \\ a_1 \\ \vdots \\ a_n \end{bmatrix},\ Y=\begin{bmatrix} y_0 \\ y_1 \\ \vdots \\ y_n \end{bmatrix}$$

其系数行列式就是范德蒙德行列式

$$\det(M)=\prod_{i=1}^{n}\prod_{j=0}^{i-1}(x_i-x_j)$$

事实上，根据拉格朗日插值多项式的性质，可以设

$$l_j(x)=A(x-x_0)(x-x_1)\cdots(x-x_{j-1})(x-x_{j+1})\cdots(x-x_n)$$

满足 $l_j(x_k)=0,\ k\neq j$，再根据 $l_j(x_j)=1$，得到系数 A 为

$$A=\frac{1}{(x_j-x_0)(x_j-x_1)\cdots(x_j-x_{j-1})(x_j-x_{j+1})\cdots(x_j-x_n)}$$

设 $\omega(x)=\prod\limits_{i=0}^{n}(x-x_i)$, 得到

$$\omega'(x_k)=\prod_{\substack{i=0\\ i\neq k}}^{n}(x_k-x_i),\ l_j(x)=\frac{\omega(x)}{(x-x_j)\omega'(x_j)},\ L_n(x)=\sum_{j=0}^{n}l_j(x)y_j$$

拉格朗日插值余项 $R(x)=\dfrac{f^{(n+1)}(\xi)}{(n+1)!}\omega(x)$。

拉格朗日插值程序：lagrange1.m。

```
function v = lagrange1(x,y,u)
% x : 插值点
% y : 插值
% u : 计算序列点
% v : 计算序列点值
n = length(x);
v = zeros(size(u));
for k = 1:n
w = ones(size(u));
```

```
  for j = [1:k-1 k+1:n]
  w = (u-x(j))./(x(k)-x(j)).*w;
  end
v = v + w*y(k);
end
```

【例题 3.1.4】

在区间 $[0,2\pi]$ 上给出 $\sin x$ 的 9 个插值点，然后用 9 个插值点给出拉格朗日插值多项式并计算出 21 个点，描出 $\sin x$ 的曲线。

【解】计算程序：lagrange_aitken.m。

```
clc;clear;
n=9;m=21;
dx = 2*pi/(n-1);
for i = 1:n
xi(i) = (i-1)*dx;
fi(i) = sin(xi(i));
end
dx = 2*pi/(m-1);
for i = 1:m
x(i) = (i-1)*dx;
[f(i),df(i)]=aitken(n,xi,fi,x(i));
end
figure(1)
plot(xi,fi,'ro',x,f,'b','LineWidth',2)
set(gca,'FontSize',16);
legend('插值点','插值曲线');
grid on;
xlabel('x');
ylabel('y');
```

当取 9 点插值时，插值函数给出的曲线与原函数曲线几乎完全相同，见图 3.1.3。

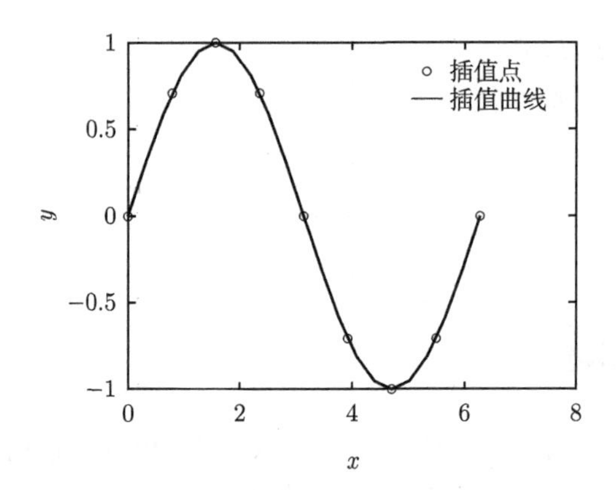

图 3.1.3　9 点拉格朗日插值示意图

【例题 3.1.5】

编写计算程序，对表 3.1.5 所示的列表函数值构造一个拉格朗日插值多项式，并给出其曲线。

表 3.1.5

x	0	1	2	3
y	−5	−6	−1	16

【解】计算程序：demo_lagrange1.m。

```
clc;clear;close all;
x = 0:3;
y =[-5,-6,-1,16];
u = -0.25:.01:3.25;
v = lagrange_1(x,y,u);
figure(1);
plot(x,y,'bo',u,v,'r','LineWidth',2)
set(gca,'FontSize',16);
legend('插值点','插值曲线','Location','northwest');
title('图3.1.4 拉格朗日插值示意图');
grid on;
xlabel('x');
ylabel('y');
```

结果见图 3.1.4。

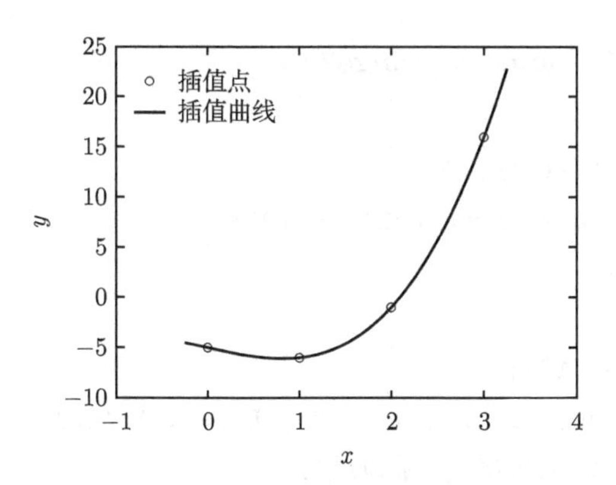

图 3.1.4 拉格朗日插值示意图

拉格朗日多项式插值并不是插值点越多越好，这是因为当插值点多时，会出现插值基函数正负剧烈的振荡情况。图 3.1.5 给出三次和六次拉格朗日插值基函数。

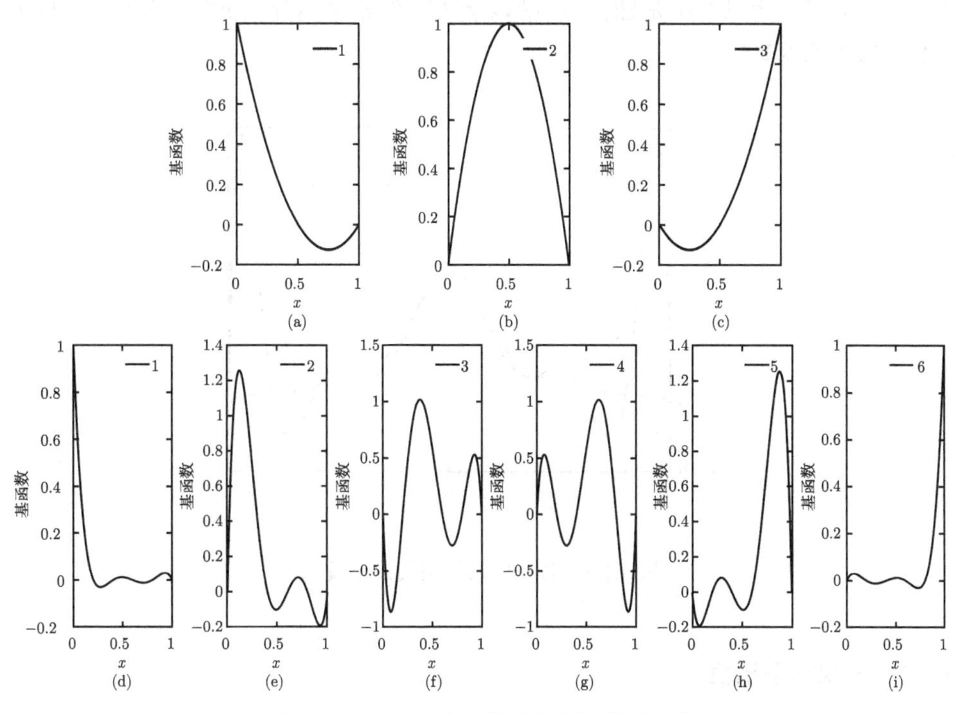

图 3.1.5 三次和六次拉格朗日插值基函数

【例题 3.1.6】

研究龙格 (Runge) 函数 $f(x)=\dfrac{1}{1+x^2}$ 在区间 $[-5,5]$ 上插值多项式的收敛情况。

【**解**】计算程序：**demo_lagrange2.m**。

```
clear;clc;
x = [-5:1:5]; y =1./(1+x.^2);
x0 = [-5:0.1:5]; y0 = lagrange2(x,y,x0);
y1 = 1./(1+x0.^2);
figure(1);
set(gca,'FontSize',16);
plot(x,y,'bo',x0,y0,'-r',x0,y1,'--k','LineWidth',2)
legend('插值点','插值曲线','原曲线');
title('图3.1.6 拉格朗日插值的龙格现象');
xlabel('x'); ylabel('y');
```

结果如图 3.1.6 所示。可见，随着 n 增大，两端插值函数振荡越大，这种现象称为龙格现象。所以并不是插值节点越多越好，通常采用分段插值，而不是全区间插值，见例题 3.1.3。

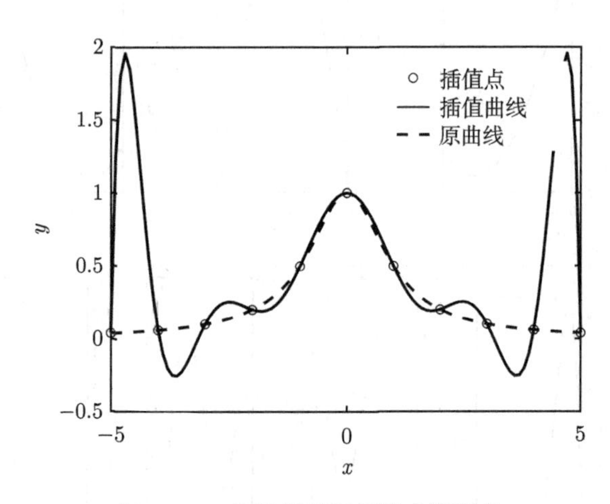

图 3.1.6 拉格朗日插值的龙格现象

3.1.6 三次样条插值

对于给定的 n 个数据点 $(x_i, y_i), i = 1, 2, \cdots, n$，在区间 $[x_i, x_{i+1}]$ 上构造三次多项式插值函数 $S_i(x)$，除了要求插值函数在节点的函数值等于节点插值，即 $S_i(x_i) = y_i, S_i(x_{i+1}) = y_{i+1}$，还要求这些插值函数在插值点上一阶导数连续，二阶导数存在，这样的插值称为三次样条插值。三次样条插值曲线光滑且连续，因此得到广泛应用。下面构造三次样条插值函数 $S_i(x)$。

由于 $S_i(x)$ 是三次多项式，则其二阶导函数应具有形式

$$S_i''(x) = a_i x + b_i, \quad x \in [x_i, x_{i+1}] \tag{3.1.15}$$

是线性函数，在区间 $[x_i, x_{i+1}]$ 两端点满足关系

$$a_i x_i + b_i = S_i''(x_i) = y_i'', \quad a_i x_{i+1} + b_i = S_i''(x_{i+1}) = y_{i+1}''$$

得到由节点坐标和节点二阶导数值表示的系数

$$a_i = \frac{y_{i+1}'' - y_i''}{x_{i+1} - x_i}, \quad b_i = \frac{x_{i+1} y_i'' - x_i y_{i+1}''}{x_{i+1} - x_i} \tag{3.1.16}$$

注意，这里 y_i'' 和 y_{i+1}'' 都是未知的, 是后面将要求出的。将 $S_i''(x) = a_i x + b_i$ 分别积分一次、二次，得

$$S_i'(x) = \frac{1}{2} a_i x^2 + b_i x + c_i \tag{3.1.17}$$

$$S_i(x) = \frac{1}{6} a_i x^3 + \frac{1}{2} b_i x^2 + c_i x + d_i \tag{3.1.18}$$

在区间 $[x_i, x_{i+1}]$ 两端点满足插值函数值等于插值的关系

$$S_i(x_i) = \frac{1}{6} a_i x_i^3 + \frac{1}{2} b_i x_i^2 + c_i x_i + d_i = y_i$$

$$S_i(x_{i+1}) = \frac{1}{6} a_i x_{i+1}^3 + \frac{1}{2} b_i x_{i+1}^2 + c_i x_{i+1} + d_i = y_{i+1}$$

将式 (3.1.16) 的 a_i, b_i 代入以上两个公式，得到系数 c_i, d_i 分别为

$$\begin{aligned} c_i = & \frac{1}{6(x_{i+1} - x_i)} \left[\left(x_i^2 - 2x_{i+1}^2 - 2x_i x_{i+1} \right) y_i'' \right. \\ & \left. + \left(2x_i^2 - x_{i+1}^2 + 2x_i x_{i+1} \right) y_{i+1}'' + 6(y_{i+1} - y_i) \right] \end{aligned} \tag{3.1.19}$$

$$\begin{aligned} d_i = & -\frac{1}{6(x_{i+1} - x_i)} \left[x_i x_{i+1} \left(-2x_{i+1} + x_i \right) y_i'' \right. \\ & \left. + x_i x_{i+1} \left(2x_i - x_{i+1} \right) y_{i+1}'' + 6(x_i y_{i+1} - x_{i+1} y_i) \right] \end{aligned} \tag{3.1.20}$$

$\{S_i(x), i = 1, 2, \cdots, n-1\}$ 含有 n 个未知的量 $y_i''(i = 1, 2, \cdots, n)$ (注意 S_i 是与 i 和 $i+1$ 两个节点相联系的)，再由 $n-2$ 个内节点上的一阶导数的连续性关系 (与 i 点对应的是区间 $[x_{i-1}, x_i]$ 上函数 $S_{i-1}(x)$ 和区间 $[x_i, x_{i+1}]$ 上函数 $S_i(x)$)

$$S_{i-1}'(x_i) = S_i'(x_i)$$

即

$$\frac{1}{2} a_{i-1} x_i^2 + b_{i-1} x_i + c_{i-1} = \frac{1}{2} a_i x_i^2 + b_i x_i + c_i$$

将含有未知量 $y_i''(i=1,2,\cdots,n)$ 的系数 $a_i, b_i, c_i, a_{i-1}, b_{i-1}, c_{i-1}$ 代入上式中，得到关系

$$\begin{cases} \alpha_{i-1}y_{i-1}''+\beta_i y_i''+\gamma_i y_{i+1}''=f_i \\ \alpha_{i-1}=x_i-x_{i-1};\ \beta_i=2(x_{i+1}-x_{i-1});\ \gamma_i=x_{i+1}-x_i \\ f_i=6\left(\dfrac{y_{i+1}-y_i}{\gamma_i}-\dfrac{y_i-y_{i-1}}{\alpha_{i-1}}\right), \quad i=2,\cdots,n-1 \end{cases} \tag{3.1.21}$$

是一个系数为三对角矩阵的代数方程

$$\begin{pmatrix} \beta_1 & \gamma_1 & & & & \\ \alpha_1 & \beta_2 & \gamma_2 & & & \\ & \ddots & \ddots & \ddots & & \\ & & \ddots & \ddots & \ddots & \\ & & & \alpha_{n-2} & \beta_{n-1} & \gamma_{n-1} \\ & & & & \alpha_{n-1} & \beta_n \end{pmatrix} \begin{pmatrix} y_1'' \\ y_2'' \\ \vdots \\ y_{n-1}'' \\ y_n'' \end{pmatrix} = \begin{pmatrix} f_1 \\ f_2 \\ \vdots \\ f_{n-1} \\ f_n \end{pmatrix} \tag{3.1.22}$$

注意，方程 (3.1.22) 包含了两个未确定的边界，还需补充两个条件以决定 n 个未知量 $y_i''(i=1,2,\cdots,n)$。常见的两种选择方法如下：

(1) 如果给定两个端点的一阶导数，即 y_1', y_n'，则将其代入式 (3.1.17) 的 S_1', S_{n-1}' 中得两个关于 $y_1'', y_2'', y_{n-1}'', y_n''$ 的方程与式 (3.1.21) 联立构成完整的线性代数方程组。

(2) 已知两端点的二阶导数值，可以得到：$\beta_1 y_1''+\gamma_1 y_2''=f_1$，$\alpha_{n-1}y_{n-1}''+\beta_n y_n''=f_n$，取 $\beta_1=\beta_n=1, \gamma_1=\alpha_{n-1}=0$，$f_1=y_1''$，$f_n=y_n''$，然后采用第二章介绍的三对角矩阵追赶法求解。求解出 $y_i''(i=1,2,\cdots,n)$，由此得到系数：a_i, b_i, c_i, d_i，再由式 (3.1.18) 得到 $S_i(x)(i=1,2,\cdots,n-1)$；由式 (3.1.17) 还可以得到 $S_i'(x),(i=1,2,\cdots,n-1)$ 导数函数。所以，利用三次样条插值，还可以求出插值曲线的一阶和二阶导数插值函数。

三次样条函数的系数计算程序：sp30.m。

```
function [a b c d p] = sp30(x,y,bc)
% bc =[ beta(1)  gamma(1)  f(1) alpha(n-1) beta(n) f(n)]'
n = length(x);
for i = 2:n-1
    alpha(i) = x(i+1)-x(i); beta(i)  = 2.*(x(i+1)-x(i-1)); gamma(i) =
              x(i+1)-x(i);
    f(i) = 6.*((y(i+1)-y(i))/(x(i+1)-x(i))-(y(i)-y(i-1))/(x(i)-x(i-1)));
```

```
end
alpha(1) = x(2)-x(1); beta(1) = bc(1);
gamma(1) = bc(2); f(1) = bc(3);
alpha(n-1) = bc(4); beta(n) = bc(5);
f(n) = bc(6);
p = tri0(alpha,beta,gamma,f); % p 是二阶导函数值
for i = 1:n-1
    a(i)= (p(i+1)-p(i))/(x(i+1)-x(i)); b(i)= (x(i+1)*p(i)-x(i)*p(i+1))/
          (x(i+1)-x(i));
    c(i)= ((x(i)*x(i)-2.*x(i+1)*x(i+1)-2.*x(i)*x(i+1))*p(i)+(2.*x(i)*
          x(i)-x(i+1)*...
    x(i+1)+2.*x(i)*x(i+1))*p(i+1)+ 6.*(y(i+1)-y(i)))/6./(x(i+1)-x(i));
    d(i)= -(x(i)*x(i+1)*((x(i)-2.*x(i+1))*p(i)+(2.*x(i)-x(i+1))*p(i+1))
          +6.*(x(i)*...
    y(i+1)-x(i+1)*y(i)))/6./(x(i+1)-x(i));
end
```

注意：(1) 对于等间隔插值，上面计算程序可以简化；(2) 对于不同的边界条件，也要做相应的修改。

【例题 3.1.7】

对函数 $y=\dfrac{1}{1+x^2}$ 在区间 $[-1,1]$ 上求出三次样条插值函数。

【解】注意：本例题中 $y''(\pm1)=0.5$。计算程序：sp30_demo.m。

```
% sp30_demo.m
x = [-1.:0.1:1.]; y = 1./(1.+x.*x); n = length(x); m =10;
% beta(1) = 1.;  gamma(1) = 0.; f(1) = 0.5;
% alpha(n-1) = 0.; beta(n) = 1.; f(n) = 0.5;
bc = [1; 0; 0.5; 0; 1; 0.5]; [a b c d p] = sp30(x,y,bc);
dx = x(2)-x(1); dz = dx/m;
for k = 1:n-1
    for j = 1:m
        i = (k-1)*m+j;  z(i) = x(k)+dz*(j-1);
        s(i) = a(k)*z(i)*z(i)*z(i)/6.+b(k)*z(i)*z(i)/2.+c(k)*z(i)+d(k);
        sp(i) = a(k)*z(i)*z(i)/2.+b(k)*z(i)+c(k); spp(i) = a(k)*z(i)+
                b(k);
```

```
    end
end
```

结果见图 3.1.7，可见插值曲线很光滑。

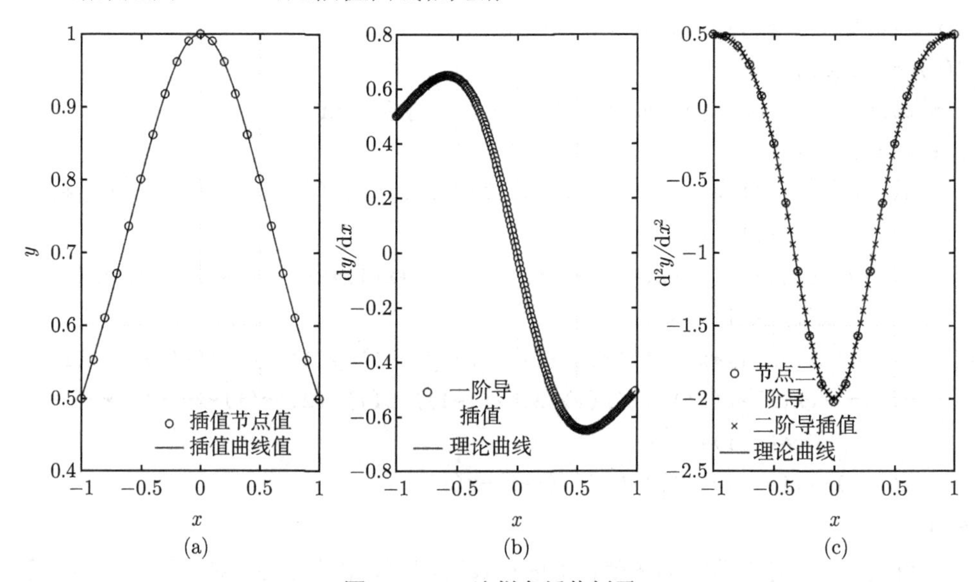

图 3.1.7　三次样条插值例子

3.1.7　牛顿插值法

拉格朗日插值法结构简单易用，在计算和数值分析中均具有重要作用。但在插值点个数变化的情况下，拉格朗日插值法的公式会随着插值点的增加和减少发生很大的变化，所以不利于计算。解决类似相关差值问题可以使用牛顿插值法，其特点是在增加插值点后，只需要在原来的基础上再计算新的差值点即可。

设 $f(x)$ 在不同的两个节点 x_i 和 x_j 处的函数值为 $f_i, f_j(i,j=0,1,\cdots,n, i\neq j)$，则称

$$f[x_i,x_j]=\frac{f(x_j)-f(x_i)}{x_j-x_i},\quad i\neq j$$

为 $f(x)$ 关于节点 x_i,x_j 的一阶差商，而一阶差商 $f[x_0,x_1], f[x_1,x_2]$ 的差商

$$f[x_0,x_1,x_2]=\frac{f[x_1,x_2]-f[x_0,x_1]}{x_2-x_0}$$

称为二阶差商。

根据递推结果可得，k 阶差商可以表示为

$$f\left[x_0,x_1,\cdots,x_k\right]=\frac{f\left[x_1,x_2,\cdots,x_k\right]-f\left[x_0,x_1,\cdots,x_{k-1}\right]}{x_k-x_0}\tag{3.1.23}$$

根据差商定义，把 x 看成是区间 $[a,b]$ 上的一点，可得

$$\begin{aligned} f(x) &= f(x_0) + f[x_0,x](x-x_0) \\ f[x_0,x] &= f[x_0,x_1] + f[x_0,x_1,x](x-x_1) \\ f[x_0,x_1,x] &= f[x_0,x_1,x_2] + f[x_0,x_1,x_2,x](x-x_2) \\ &\cdots\cdots \\ f[x_0,\cdots,x_{n-1},x] &= f[x_0,x_1,\cdots,x_n] + f[x_0,x_1,\cdots,x_n,x](x-x_n) \end{aligned}$$

把后一项依次代入前一项，可得

$$\begin{aligned} f(x) =& f(x_0) + f[x_0,x_1](x-x_0) + f[x_0,x_1,x_2](x-x_0)(x-x_1) + \cdots \\ &+ f[x_0,x_1,\cdots,x_n](x-x_0)(x-x_1)\cdots(x-x_{n-1}) \\ &+ f[x_0,x_1,\cdots,x_n,x](x-x_0)(x-x_1)\cdots(x-x_n) \\ =& N_n(x) + R_n(x) \end{aligned}$$

$$\begin{aligned} N_n(x) =& f(x_0) + f[x_0,x_1](x-x_0) + f[x_0,x_1,x_2](x-x_0)(x-x_1) + \cdots \\ &+ f[x_0,x_1,\cdots,x_n](x-x_0)(x-x_1)\cdots(x-x_{n-1}) \\ =& \sum_{j=0}^{n} c_j \omega_j(x) \end{aligned} \tag{3.1.24}$$

$$c_j = f[x_0,x_1,\cdots,x_j], \quad \omega_j(x) = \prod_{i=0}^{j-1}(x-x_i)$$

我们称 $N_n(x)$ 为牛顿差商插值多项式，$R_n(x)$ 为牛顿差商插值多项式的截断误差。$N_n(x)$ 部分又可以进一步递推为

$$\begin{aligned} &N_0(x) = f(x_0) \\ &N_1(x) = f(x_0) + f[x_0,x_1](x-x_0) = N_0(x) + f[x_0,x_1](x-x_0) \\ &N_{k+1}(x) = N_k(x) + f[x_0,x_1,\cdots,x_{k+1}](x-x_0)(x-x_1)\cdots(x-x_k) \end{aligned}$$

由此可以看出，如果增加一个插值点，只需要在原来的差值公式上再增加一项即可，而前面一系列的项不必再重复运算，由此就克服了拉格朗日插值的缺点。

根据满足给定插值条件的插值多项式存在的唯一性，可得

$$R_n(x) = f(x) - N_n(x) = \frac{f^{(n+1)}(\xi)}{(n+1)!}\omega_{n+1}(x) = f[x_0,x_1,\cdots,x_n,x]\omega_{n+1}(x)$$

牛顿插值法 MATLAB 程序: **newton.m**。

```
function yi=newton(x,y,xi)
n=length(x);
m=length(y);
if n~=m
error('The lengths of x and y must be equal!');
return;
end
% 计算均差表Y
Y=zeros(n);
Y(:,1)=y';
for k=1:n-1
for i=1:n-k
if abs(x(i+k)-x(i))<eps
error('the DATA is error!');
return;
end
Y(i,k+1)=(Y(i+1,k)-Y(i,k))/(x(i+k)-x(i));
end
end
% 计算牛顿插值公式
yi=0;
for i=1:n
z=1;
for k=1:i-1
z=z*(xi-x(k));
end
yi=yi+Y(1,i)*z;
end
```

【例题 3.1.8】

已知数据关系：$x=[1,3,2], y=[1,2,-1]$，求牛顿插值多项式，并计算 $x = 2.5$ 的值。

【解】 $N_2(x) = f(x_0)+f[x_0,x_1](x-x_1)+f[x_0,x_1,x_2](x-x_0)(x-x_1) = 2.5x^2-9.5x+8$ $f(2.5)\approx(2.5)=-0.125$

计算程序：demo_newton.m。

```
clc;clear;close all;
x0 = [1 3 2]; y0 = [1 2 -1]; x = 2.5;
y = newton(x0,y0,x)
```

对于非单值函数插值问题可引进参数方程的方法，即引进参数 t，构造参数插值方程 $X(t),Y(t)$ 使得

$$X(t_i)=x_i;\quad Y(t_i)=y_i,\quad i=0,1,2,\cdots,n$$

最简单的参数取值为：$t_i=i/n,\ \ i=0,1,\cdots,n$，分别计算出 $(t_i,x_i),(t_i,y_i)$ 的插值 $X(t),Y(t)$，见下面例题。

【例题 3.1.9】

已知数据关系：$x=[-1,0,1,0,1];y=[0,1,0.5,0,-1]$，牛顿插值曲线见图 3.1.8。

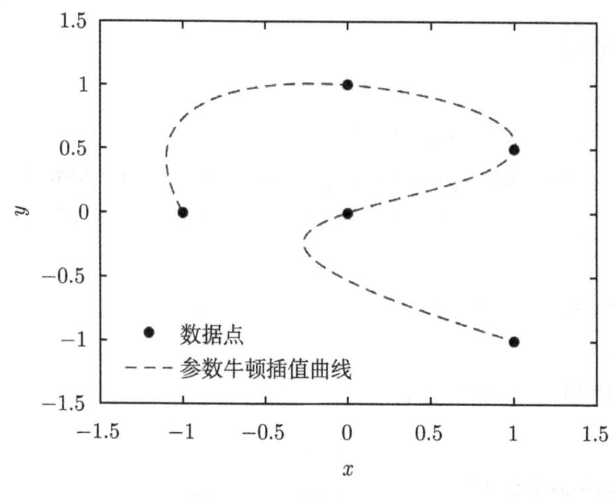

图 3.1.8 例题 3.1.9 图

【解】计算程序：exa_319.m。

```
xi = [-1,0,1,0,1]; yi = [0,1,0.5,0,-1];
ti = 0:0.25:1;
coefx = divdif(ti,xi);
coefy = divdif(ti,yi);
tau = 0:.01:1;
xx = evalnewt(tau,ti,coefx);
yy = evalnewt(tau,ti,coefy);
plot (xi,yi,'k.',xx,yy,'k--','markersize',24,'lineWidth',1);
set(gca,'FontSize',18);
```

```
legend('数据点','参数牛顿插值曲线','location','southwest');
axis([-1.5,1.5,-1.5,1.5])
xlabel('x');ylabel('y')

function [coef,table] = divdif(xi, yi)
% 构造牛顿插值表和插值系数
np1 = length(xi); n = np1-1;
table = zeros(np1,np1); xi = shiftdim(xi); yi = shiftdim(yi);
table(1:np1,1) = yi;
for k = 2:np1
  table(k:np1,k) = (table(k:np1,k-1) - table(k-1:n,k-1))./ ...
(xi(k:np1) - xi(1:np1-k+1));
end
coef = diag(table);

function p = evalnewt(x, xi, coef)
% evaluate at x the interpolating polynomial in Newton form
% based on interpolation points xi and coefficients coef
np1 = length(xi);
p = coef(np1)*ones(size(x));
for j=np1-1:-1:1
p = p.*(x - xi(j)) + coef(j);
end
```

3.1.8 离散傅里叶变换插值

对于等距节点的数据点 $(x_i, y_i,\ \ i=0,1,\cdots,n,\ \ n=2m-1,\ x_i=\pi i/m)$，$2m$ 个数据点的离散傅里叶变换插值的 $2m$ 个系数为

$$\begin{cases} a_k = \dfrac{1}{m}\displaystyle\sum_{i=0}^{n} y_i\cos(kx_i), & k=0,1,\cdots,m \\ b_k = \dfrac{1}{m}\displaystyle\sum_{i=0}^{n} y_i\sin(kx_i), & k=1,\cdots,m-1 \end{cases} \tag{3.1.25}$$

插值三角多项式函数为

$$p_n(x) = \frac{1}{2}[a_0 + a_m\cos(mx)] + \sum_{k=1}^{m-1}[a_k\cos(kx) + b_k\sin(kx)] \tag{3.1.26}$$

【例题 3.1.10】

(1) 考虑函数 $y(t)=t^2(t+1)^2(t-2)^2-\mathrm{e}^{-t^2}\sin^2(t+1)\sin^2(t-2), t\in[-1,2]$ 应用离散傅里叶变换绘出插值曲线。

(2) 给出如下方波函数的傅里叶插值曲线

$$f(x)=1(\pi-1\leqslant x\leqslant\pi+1),\quad f(x)=0(x<\pi-1, x>\pi+1)$$

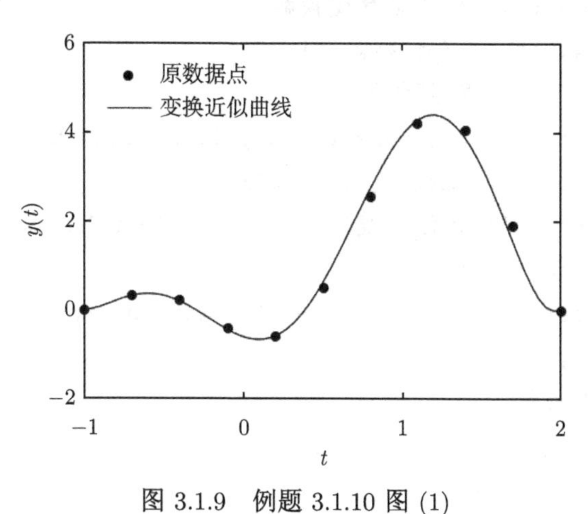

图 3.1.9 例题 3.1.10 图 (1)

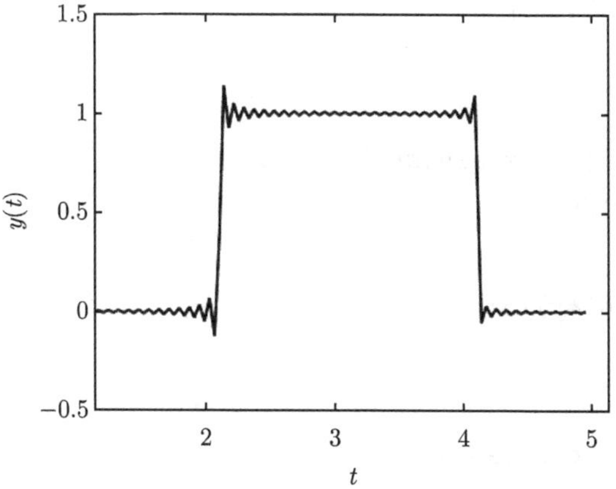

图 3.1.10 例题 3.1.10 图 (2)

【解】(1) 为了应用离散傅里叶变换，做变量变换 $x=\dfrac{2\pi}{3}(t+1), x\in[0,2\pi]$。$t=\dfrac{3}{2\pi}x-1, f(x)=y(t)$ 是周期为 2π 的函数。

计算程序：exa_319_1.m。

```
clc; clear all;
y = @(t) t.^2 .* (t+1).^2 .* (t-2).^2 - ...
```

```
exp(-t.^2) .* sin(t+1).^2 .* sin(t-2).^2;
n = 64; pi2 = 2*pi;
x = 0 : pi2/n : pi2;   % 横坐标 [0,pi2]
t = 3/pi2*x - 1;       % 变换的横坐标 [-1,2]
yf=y(t);               % 离散的函数值
[a0,a,b] = dft1e(yf);  % 求 dft 的实系数
ya = dft2e(x,a0,a,b);  % 傅里叶变换解
xx = 0:.2*pi:pi2; tt = 3/pi2*xx - 1;
ye = y(tt);            % 解析解
plot(tt,ye,'k.',t,ya,'k-','markersize',24,'LineWidth',1);
set(gca,'FontSize',18); axis([-1 2 -2 6]);
legend('原数据点','变换近似曲线','location','northwest')
xlabel('t'); ylabel('y(t)');
err_max = max(abs(yf-ya)./(abs(yf)+1)) % max interpolation error
function [a0,a,b] = dft1e(y)
% 计算三角多项式系数
y = y(:); m = length(y); n = m / 2;
pi2 = 2*pi; pi2m = pi2/m;
x = 0: pi2m: (m-1)*pi2m;
a0 = sum(y)/n;
for k=1:n
    co = cos(k*x); si = sin(k*x);
    a(k) = (co*y)/n;
    if k < n
        b(k) = (si*y)/n;
    end
end
function yy = dft2e(xx,a0,a,b)
% 计算三角多项式值
l = size(a,2);
yy = a0/2 * ones(size(xx));
for k=1:l-1
   yy = yy + a(k)*cos(k*xx) + b(k)*sin(k*xx);
end
yy = yy + a(l)/2 * cos(l*xx);
```

(2) 计算程序：exa_319_2.m。

```
% exa_319_2.m
clc; clear all; format long;
n = 128; h=5/n;
x = 0:2*pi/n : 2*pi;    % 横坐标 [0,pi2]
t1=0:h:pi-1; t2=pi-1:h:pi+1; t3=pi+1:h:5;
t = [t1 t2 t3];         % 变换的横坐标 [0,6]
y1=zeros(1,length(t1));y3=zeros(1,length(t3));y2=ones(1,length(t2));
y = [y1 y2 y3];         % 离散的函数值
 [a0,a,b] = dft1e(y);  % 求 dft 的实系数
ya = dft2e(x,a0,a,b);  % 傅里叶变换解
plot(t,ya,'k-','markersize',15,'LineWidth',2);
set(gca,'FontSize',18); axis([pi-2 pi+2 -0.5 1.5]);
% legend('变换近似曲线','location','northwest')
xlabel('t'); ylabel('y(t)');
```

3.2 拟 合 法

寻求给定 n 对 (x_i, y_i) 数据自变量 x 和因变量 y 的一个近似函数关系 $y = f(x)$，除了前面介绍的插值方法外，另一种方法就是拟合 (fitting)。在实际应用中可能会寻求某些函数的近似函数关系，这就涉及连续函数的拟合近似方法。

3.2.1 离散数据近似函数拟合

应用插值法对给定的 n 对数据点 $(x_i, y_i)(i = 1, 2, \cdots, n)$ 求近似函数关系 $y = f(x)$ 时，要求所求得的插值函数 $y = f(x)$ 在插值的节点上满足 $y_i = f(x_i)$，即要求所求的曲线通过所有已知点 (x_i, y_i)。由于在实验或科学研究中所给出的数据本身存在误差，因此要求插值曲线通过所有的插值点 (x_i, y_i) 必定会使插值函数保留这个误差。而拟合法并不要求拟合函数曲线必须通过所有的插值点 (x_i, y_i)，只要求拟合的近似曲线能够反映给定数据的整体趋势，并使拟合数据与节点数据整体的误差最小，这就是拟合法与插值法的本质区别之一；拟合法与插值法的另外一个不同点是，插值法反映了给定一组分立数据的局域性质 (分段插值)，而拟合法给出了这组分立数据的整体性质 (全部数据)。

典型的拟合方法是多项式函数拟合，通常采用最小二乘法原理来实现。例如，采用 m 次代数多项式

$$p(x) = p_m(x) = \sum_{j=1}^{m+1} a_j x^{j-1}, \quad m < n \tag{3.2.1}$$

近似拟合 n 对实验数据 (x_i, y_i) 的函数关系。一般说来，不要求选择的实系数 a_1, $a_2, \cdots, a_{m+1}$ 准确地满足 $p(x_i) = y_i$，$i = 1, 2, \cdots, n$，只要求 $p(x_i)$ 对 y_i 的误差平方和，也称为目标函数

$$q(a_1, a_2, \cdots, a_{m+1}) = \sum_{i=1}^{n} [p(x_i) - y_i]^2 \tag{3.2.2}$$

达到最小值，这种方法称为最小二乘法拟合 (least square fitting)，也称为最小方差拟合。

1. 线性拟合

假设实验中测得的一组数据 $(x_i, y_i)(i = 1, 2, \cdots, n)$ 大体满足线性关系，可近似采用线性方程

$$p(x) = a + bx \tag{3.2.3}$$

拟合 $(x_i, y_i)(i = 1, 2, \cdots, n)$ 的函数关系。于是问题变成如何选择适当的参数 a 和 b，使得所有数据点的误差的平方和

$$q(a, b) = \sum_{i=1}^{n} [(a + bx_i) - y_i]^2 \tag{3.2.4}$$

达到极小值。根据通常的求极小值的方法，要使 $q(a, b)$ 极小，a, b 必须满足下列方程组：

$$\begin{cases} \dfrac{\partial q}{\partial a} = 2\displaystyle\sum_{i=1}^{n} [(a + bx_i) - y_i] = 0 \\ \dfrac{\partial q}{\partial b} = 2\displaystyle\sum_{i=1}^{n} [(a + bx_i) - y_i]x_i = 0 \end{cases}$$

解得

$$\begin{cases} a = \dfrac{\sum y_i \sum x_i^2 - \sum x_i \sum x_i y_i}{n\sum x_i^2 - \left(\sum x_i\right)^2} \\ b = \dfrac{n\sum x_i y_i - \sum x_i \sum y_i}{n\sum x_i^2 - \left(\sum x_i\right)^2} \end{cases} \tag{3.2.5}$$

线性拟合程序：linearfit.m。

```
function [a b] = linearfit(x,y)
n = length(x); x2 = x.*x; xy = x.*y;
sx = sum(x); sy = sum(y); sxy = sum(xy); sx2 = sum(x2);
deno = n*sx2 - sx*sx;
a = (sy*sx2-sx*sxy)/deno; b = (n*sxy-sx*sy)/deno;
end
```

【例题 3.2.1】

线性拟合如表 3.2.1 所示一组数据。

表 3.2.1

x	0.5	1.2	2.1	2.9	3.6	4.5	5.7
y	2.81	3.24	3.80	4.30	4.73	5.29	6.03

【解】拟合程序：demo_linearfit.m。

```
clc;clear all;
format long;
x =[0.5 1.2 2.1 2.9 3.6 4.5 5.7];
y =[2.81 3.24 3.80 4.30 4.73 5.29 6.03];
[a b]=linearfit(x,y);
c =[b a];
x1=0:0.1:6;
y1=polyval(c,x1);
figure(1);
set(gca,'FontSize',16);
plot(x1,y1,x,y,'o');
xlabel('x');
ylabel('y');
text(1.5,6.0,['a = ',num2str(a)],'FontSize',16,'BackgroundColor',
                   [.7 .9.7]);
text(1.5,5.5,['b = ',num2str(b)],'FontSize',16,'BackgroundColor',
                   [.7 .9.7]);
```

结果为 $a = 2.50, b = 0.62, y(x) = 2.5 + 0.62x$，如图 3.2.1 所示。对于有些非线性指数函数拟合问题可以化为线性拟合问题，见下面例子。

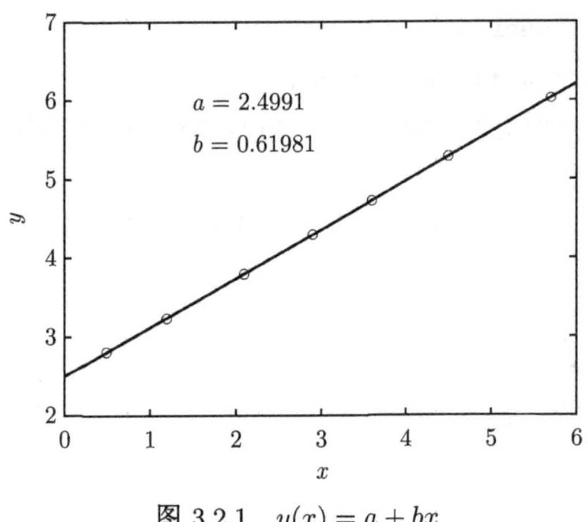

图 3.2.1　$y(x)=a+bx$

【例题 3.2.2】

将表 3.2.2 给出的观测数据用指数函数 $y=a\mathrm{e}^{bx}(a>0,a,b$ 为待定参数) 拟合，确定参数 a,b。

表 3.2.2

x	1	2	3	4	5	6	7	8
y	15.3	20.5	27.4	36.6	49.1	65.6	87.8	117.6

【解】对 $y=a\mathrm{e}^{bx}$ 取对数，得

$$\ln y=\ln a+bx \tag{3.2.6}$$

令 $Y=\ln y,A=\ln a,B=b,X=x$, 将式 (3.2.6) 化成标准线性函数形式

$$Y=A+BX$$

于是变成了线性拟合。替换后由式 (3.2.5) 求出 A,B，得 $a=\mathrm{e}^A,b=B$。利用线性拟合程序 linearfit.m 很容易给出结果如图 3.2.2 所示。

程序：nonlinearfit.m。

```
clc;clear all;
format long;
x =1:8;
y =[15.3 20.5 27.4 36.6 49.1 65.6 87.8 117.6];
yt = log(y);
xt = x;
[at bt]=linearfit(xt,yt);
```

```
a = exp(at);
b = bt;
x1=1:0.1:8;
y1 = a*exp(b*x1);
figure(1);
set(gca,'FontSize',16);
plot(x1,y1,x,y,'o');
xlabel('x');
ylabel('y');
text(1.5,80,['a = ',num2str(a)],'FontSize',16,'BackgroundColor',
                  [.7 .9 .7]);
text(1.5,70,['b = ',num2str(b)],'FontSize',16,'BackgroundColor',
                  [.7 .9 .7]);
```

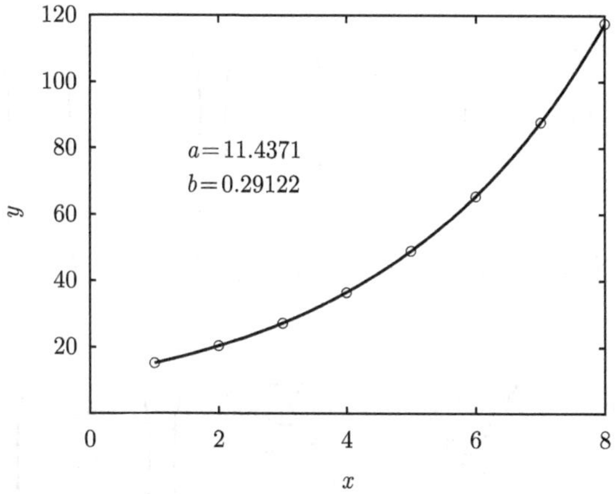

图 3.2.2 $y(x) = a\mathrm{e}^{bx}$

2. m 次多项式拟合

通常用 m 次多项式

$$p_m(x) = \sum_{j=1}^{m+1} a_j x^{j-1}, \quad m < n \tag{3.2.7}$$

去拟合 n 对已知数据点 (x_i, y_i)，要选择适当的 $m+1$ 个系数 a_i，使误差的平方和

$$Q(a_1, a_2, \cdots, a_{m+1}) = \sum_{i=1}^{n} \left(\sum_{j=1}^{m+1} a_j x_i^{j-1} - y_i \right)^2 \tag{3.2.8}$$

达到最小值。

$$\frac{\partial Q}{\partial a_k}=2\sum_{i=1}^{n}\left(\sum_{j=1}^{m+1}a_j x_i^{j-1}-y_i\right)x_i^{k-1}=0,\quad k=1,2,\cdots,m+1$$

或

$$\sum_{i=1}^{n}y_i x_i^{k-1}=\sum_{j=1}^{m+1}a_j\sum_{i=1}^{n}x_i^{j+k-2}$$

令

$$S_k=\sum_{i=1}^{n}x_i^{k-1},\quad T_k=\sum_{i=1}^{n}y_i x_i^{k-1}$$

$$\sum_{j=1}^{m+1}a_j S_{j+k-1}=T_k,\quad k=1,2,\cdots,m+1$$

这个方程可化为

$$\begin{pmatrix} S_1 & S_2 & S_3 & \cdots & S_{m+1}\\ S_2 & S_3 & S_4 & \cdots & S_{m+2}\\ S_3 & S_4 & S_5 & \cdots & S_{m+3}\\ \vdots & \vdots & \vdots & & \vdots\\ S_{m+1} & S_{m+2} & S_{m+3} & \cdots & S_{2m+1}\end{pmatrix}\begin{pmatrix}a_1\\a_2\\a_3\\\vdots\\a_{m+1}\end{pmatrix}=\begin{pmatrix}T_1\\T_2\\T_3\\\vdots\\T_{m+1}\end{pmatrix}$$

或

$$\begin{pmatrix} n & \sum x_i & \sum x_i^2 & \cdots & \sum x_i^m\\ \sum x_i & \sum x_i^2 & \sum x_i^3 & \cdots & \sum x_i^{m+1}\\ \vdots & \vdots & \vdots & & \vdots\\ \sum x_i^m & \sum x_i^{m+1} & \sum x_i^{m+2} & \cdots & \sum x_i^{2m}\end{pmatrix}\begin{pmatrix}a_1\\a_2\\\vdots\\a_{m+1}\end{pmatrix}=\begin{pmatrix}\sum y_i\\\sum x_i y_i\\\vdots\\\sum x_i^m y_i\end{pmatrix}$$

解出 $(a_1,a_2,\cdots,a_{m+1})$ 就可得到 m 次拟合多项式 $p_m(x)$。

m 次拟合多项式系数计算程序：multifit.m。

```
function a = multifit(x,y,m)
% a--输出的拟合多项式的系数
n=length(x);
c(1:(2*m+1))=0; T(1:(m+1))=0;
for j=1:(2*m+1)            % 求出 c 和 b
    for k=1:n
        c(j)=c(j)+x(k)^(j-1);
```

```
        if(j<(m+2))
            T(j)=T(j)+y(k)*x(k)^(j-1);
        end
    end
end
S(1,:)=c(1:(m+1));
for k = 2:(m+1)
    S(k,:)=c(k:(m+k));
end
a = S\T'    % 直接求解法求出拟合系数
```

【例题 3.2.3】

在区间 $[-1,1]$ 用 5 次多项式拟合 e^x 函数。

【解】模拟程序：**demo_multifit.m**。

```
clc;clear all;
format long;
x =-1:0.2:1;
y = exp(x);
m = 5;
a = multifit(x,y,m);
c =[a(6) a(5) a(4) a(3) a(2) a(1)];
x1=-1:0.02:1;
y1=polyval(c,x1);
figure(1);
plot(x1,y1,'r',x,y,'o');
set(gca,'FontSize',16);
xlabel('x');
ylabel('y');
grid on;
print(gcf,'fig323.png','-dpng','-r600');
```

结果：

$a = 1.000039998345593$

1.000018974393474

0.499218225447076

0.166500449575030

0.043807354402169

0.008681309127635

可见拟合的五次多项式函数的结果 (见图 3.2.3 的线) 和 e^x 函数值 (见图 3.2.3 的点) 非常一致。

此外，在函数拟合的方法中，除建立有限数据列表，再通过最小二乘法拟合函数以外，还可以通过无限数据的积分拟合方法求得近似函数。方法见例题 3.2.4。

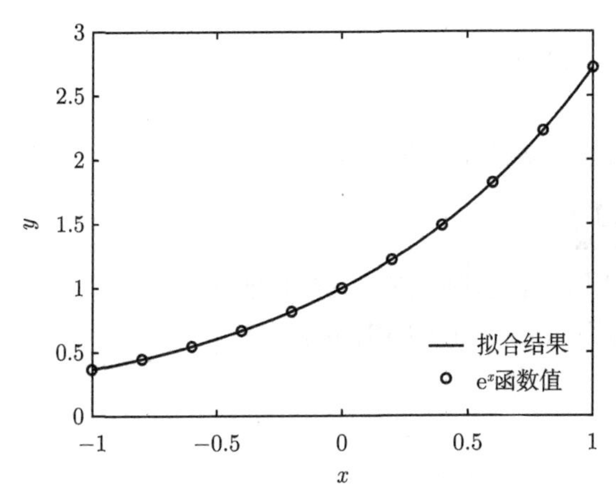

图 3.2.3　五次多项式拟合函数 e^{bx}

3.2.2　连续函数拟合近似

通常采用近似函数 $v(x)$ 拟合函数 $f(x)$，则可令

$$v(x)=\sum_{j=0}^{n} c_j\phi_j(x) \tag{3.2.9}$$

基函数 $\phi_j(x), j=0,1,\cdots,n$ 是线性无关的。系数 c_j，$j=0,1,\cdots,n$ 由最小二乘法确定，即定义指标函数 $F(c_1,c_2,\cdots,c_n)$

$$F(c)=\int_a^b [f(x)-v(x)]^2\,\mathrm{d}x,\quad c=[c_0,c_1,\cdots,c_n]^{\mathrm{T}} \tag{3.2.10}$$

注意：式 (3.2.10) 中是模方，对于复函数，模方是函数和函数的复共轭之积。指标函数的极值条件为

$$\frac{\partial F}{\partial c_k}=-2\int_a^b \left[f(x)-\sum_{j=0}^{n} c_j\phi_j(x)\right]\phi_k(x)\,\mathrm{d}x=0,\quad k=0,1,\cdots,n$$

得到确定系数的矩阵方程

$$Ac = b, \quad A_{j,k} = \int_a^b \phi_j(x)\phi_k(x)\,\mathrm{d}x, \quad b_j = \int_a^b \phi_j(x)f(x)\,\mathrm{d}x, \qquad j,k = 0,1,\cdots,n \tag{3.2.11}$$

对于多项式函数拟合，$\phi_j(x) = x^j$，$j = 0,1,\cdots,n$，

$$B_{j,k} = \int_0^1 xj + k\,\mathrm{d}x = \frac{1}{j+k+1}$$

是著名的 Hilbert 矩阵。

【例题 3.2.4】

在区间 [0, 1] 上构造函数 $\sin(\pi x)$ 的二次近似函数。

【解】定义指标函数

$$S = \int_0^1 (\sin\pi x - c_0 - c_1 x - c_2 x^2)^2 \mathrm{d}x$$

由极值条件：$\dfrac{\partial S}{\partial c_i} = 0$，$i = 0,1,2$，得到

$$c_0 \int_0^1 \mathrm{d}x + c_1 \int_0^1 x\mathrm{d}x + c_2 \int_0^1 x^2 \mathrm{d}x = \int_0^1 \sin\pi x\mathrm{d}x$$

$$c_0 \int_0^1 x\mathrm{d}x + c_1 \int_0^1 x^2\mathrm{d}x + c_2 \int_0^1 x^3 \mathrm{d}x = \int_0^1 x\sin\pi x\mathrm{d}x$$

$$c_0 \int_0^1 x^2\mathrm{d}x + c_1 \int_0^1 x^3\mathrm{d}x + c_2 \int_0^1 x^4 \mathrm{d}x = \int_0^1 x^2\sin\pi x\mathrm{d}x$$

化简以上方程组得到如下线性方程组：

$$\begin{bmatrix} 1/1 & 1/2 & 1/3 \\ 1/2 & 1/3 & 1/4 \\ 1/3 & 1/4 & 1/5 \end{bmatrix} \begin{bmatrix} c_0 \\ c_1 \\ c_2 \end{bmatrix} = \begin{bmatrix} 2/\pi \\ 1/\pi \\ (\pi^2 - 4)/\pi^3 \end{bmatrix}$$

求解以上方程组得：$c_0 \approx -0.0505$，$c_1 \approx 4.1225$，$c_2 \approx -4.1225$，因此 $\sin(\pi x)$ 近似的二次函数为 $y(x) = -0.0505 + 4.1225x - 4.1225x^2, 0 \leqslant x \leqslant 1$，结果见图 3.2.4。

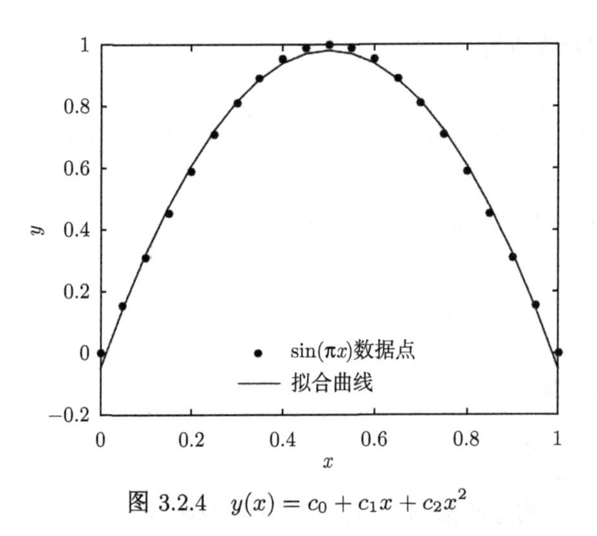

图 3.2.4　$y(x) = c_0 + c_1x + c_2x^2$

3.3 习　　题

【3.1】已知 $\sin x$ 在 $30°, 45°, 60°$ 的值分别为 $1/2, \sqrt{2}/2, \sqrt{3}/2$，分别用一次插值和二次插值求 $\sin(50°)$ 近似值。

【3.2】构造二次插值多项式计算 $\sqrt{15}$，$\sqrt[3]{100}$。

【3.3】已知 $f(4) = 2, f(9) = 3$, 用线性插值计算 $f(5)$。

【3.4】已知误差函数的数据表 (表 3.3.1)

表 3.3.1

x	0.46	0.47	0.48	0.49	⋯
$f(x)$	0.4846555	0.4937452	0.5027498	0.5116683	⋯

利用二次插值计算：(1)$f(0.472)$; (2)$f(x) = 0.5, x = ?$

【3.5】已知函数表 (表 3.3.2)

表 3.3.2

x	0	$\pi/4$	$\pi/2$
$f(x)$	1	$1/\sqrt{2}$	0

构造一个二次函数。

【3.6】已知函数的数据表 (表 3.3.3)

表 3.3.3

x	−1	0	1
y	−15	−5	−3

给出二次插值函数。

【3.7】求经过 $A(0,1),B(1,2),C(2,3)$ 三点的二次拉格朗日插值多项式。

【3.8】编写拉格朗日三点插值程序，绘出 $y=\cos(x)$ 在区间 $[0,\pi]$ 上的插值曲线，将区间 $[0,\pi]$ 分成 8 等份 (9 个插值点)，由插值函数取 25 个点绘出插值曲线。

【3.9】区间 [0,2] 上三次样条插值函数为

$$s(x)=\begin{cases}2x^3, & 0\leqslant x\leqslant 1\\ x^3+ax^2+bx+c, & 1<x\leqslant 2\end{cases}$$

求 a,b,c。

【3.10】已知 $f(1)=2,f'(1)=0,f(2)=3,f'(2)=-1$, 求 $f(x)$ 的三次插值多项式。

【3.11】确定 a,b,c,d 使

$$Q(x)=\begin{cases}x^2+x+1, & 0.5\leqslant x\leqslant 1\\ ax^2+bx+c, & 1<x\leqslant 2\\ dx^2-1, & 2<x\leqslant 3\end{cases}$$

是在 [0.5,3] 上的二次样条函数。

【3.12】求一个次数不高于 3 的多项式 $P_3(x)$，满足下列插值条件：

$$P_3(1)=2,\ P_3(2)=4,\ P_3(3)=12,\ P_3'(2)=3$$

(提示：先利用拉格朗日插值求出满足前三个条件的二次插值函数，然后用待定系数法求出满足第四个条件的 3 次多项式。)

【3.13】已知函数表 (表 3.3.4)

表 3.3.4

x	0	1	2
y	8	−7.5	−18

求在区间 [0，2] 内的零点近似值。

【3.14】已知函数表 (表 3.3.5)

表 3.3.5

x	1	2	3
y	3.8	7.2	10

求线性拟合函数 (即最小二乘一次式)。

【3.15】推导幂函数 $y=ax^b$ 的拟合公式。

(提示：取对数得 $\ln y=\ln a+b\ln x$，设 $Y=\ln y,A=\ln a,B=b,X=\ln x$，用大写 Y,A,B,X 代替相应小写字母代入线性拟合公式求得 A,B 后得到 $a=\mathrm{e}^A,b=B$。)

【3.16】已知函数表 (表 3.3.6)

表 3.3.6

x_i	1	2	3	4	6	7	8
y_i	2	3	6	7	5	3	2

试用最小二乘法求二次拟合多项式。

【3.17】给出下列数据 (表 3.3.7)

表 3.3.7

x_i	0.3	0.5	0.6	0.7	0.9
y_i	1.37731	1.48766	1.53879	1.58653	1.67

试对数据作出形如 $f(x) = a + b\sin(x)$ 的拟合函数。

扩展题

【3.1】仪器测得火箭上升的速度与时间的关系见表 3.3.8。

表 3.3.8

t/s	0	10	15	20	22.5	30
$v(t)$/(m/s)	0	227.04	362.78	517.35	602.97	901.67

(1) 采用线性插值, 确定 $t = 16$ s 时的速度值。

(2) 采用抛物线插值的方法，确定 $t = 16$ s 时的速度值。

(3) 采用三阶多项式插值，确定 $t = 16$ s 时的速度和加速度值，$t = 11$s 到 $t = 16$s 火箭上升的距离。

【3.2】二次样条插值。

已知数据点 $(x_0, y_0), (x_1, y_1), \cdots, (x_{n-1}, y_{n-1}), (x_n, y_n)$, 二次样条函数定义为 $f_i(x) = a_i x^2 + b_i x + c_i$, $i = 1, 2, \cdots, n$, $x_{i-1} \leqslant x \leqslant x_i$。如何确定二次样条函数 $3n$ 个系数 $a_i, b_i, c_i, i = 1, 2, \cdots, n$。

【3.3】应用一组压强-体积实验数据 (表 3.3.9)，根据状态方程 $\dfrac{PV}{RT} = 1 + \dfrac{a}{V} + \dfrac{b}{V^2}$ 确定拟合常数 a, b，其中 $R = 82.05\text{mL} \cdot \text{atm}/(\text{g} \cdot \text{mol} \cdot \text{K})$, $T = 303\text{K}$。

表 3.3.9

P/atm	0.985	1.108	1.363	1.631
V/mL	25000	22200	18000	15000

第四章　数值微分和积分

4.1　数值微分

设 h 是小量，函数 $f(x+h)$ 在点 x 的泰勒展开为

$$f(x+h)=f(x)+hf'(x)+\frac{h^2}{2!}f''(x)+\cdots+\frac{h^n}{n!}f^{(n)}(x)+\cdots \tag{4.1.1}$$

如果取函数 $f(x)$ 的一阶数值微商为

$$f'(x)=\frac{f(x+h)-f(x)}{h} \tag{4.1.2}$$

根据式 (4.1.1)，其误差为 $\mathcal{O}(h)$，是 h 的量级，称为一阶精度。式 (4.1.2) 称为数值微分的欧拉方法，这是两点微商公式，是用向前差商近似微商。对于泰勒展开

$$f(x-h)=f(x)-hf'(x)+\frac{h^2}{2!}f''(x)-\cdots+\frac{h^n}{n!}f^{(n)}(x)+\cdots \tag{4.1.3}$$

可以用向后差商近似微商，

$$f'(x)=\frac{f(x)-f(x-h)}{h} \tag{4.1.4}$$

这仍是一阶精度的一阶数值微商两点公式。如果将式 (4.1.1) 减去式 (4.1.3)，就会得到用中心差商近似的一阶数值微商公式

$$f'(x)=\frac{f(x+h)-f(x-h)}{2h} \tag{4.1.5}$$

误差为 $\mathcal{O}\left(h^2\right)$，是二阶精度的三点公式。

【例题 4.1.1】

采用中心差商求余弦函数的数值微分。

【解】程序：dfdx_center.m。

```
clc; clear all; format long;
N = 64; dx=2*pi/N;
x=0:dx:2*pi;
f = cos(x);
dfdx(2:N)=(f(3:N+1)-f(1:N-1))/(2*dx);
```

```
dfdx(1)=2*dfdx(2)-dfdx(3); dfdx(N+1)=2*dfdx(N)-dfdx(N-1);
figure(1);
set(gca,'FontSize',16);
plot(x,dfdx,'r-',x,-sin(x),'bo')
grid on;
title('图4.1.1 余弦函数的数值微分');
xlabel('x'); ylabel('y');
```

结果见图 4.1.1。

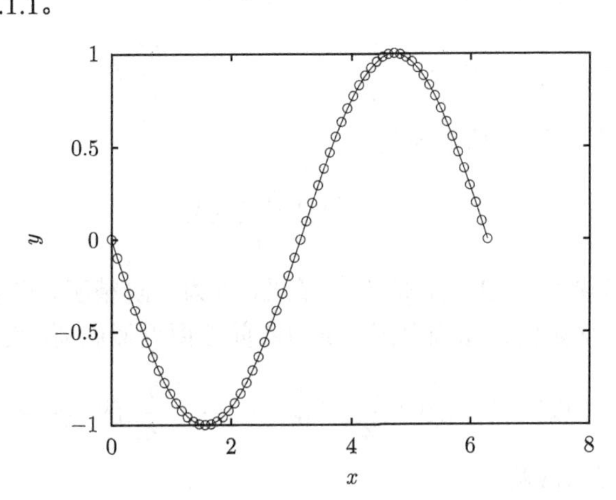

图 4.1.1　余弦函数的数值微分

对于泰勒展开

$$f(x+2h)=f(x)+2hf'(x)+2h^2f''(x)+\cdots+\frac{(2h)^n}{n!}f^{(n)}(x)+\cdots \tag{4.1.6}$$

由式 (4.1.1) 和式 (4.1.6) 可得到如下二阶精度的三点微商公式:

$$f'(x)=\frac{-f(x+2h)+4f(x+h)-3f(x)}{2h} \tag{4.1.7}$$

类似地可以得到多点一阶近似微商公式。

利用式 (4.1.1) 和式 (4.1.2) 可得二阶精度的二阶微商的中心差商公式

$$f''(x)=\frac{f(x+h)-2f(x)+f(x-h)}{h^2} \tag{4.1.8}$$

数值微分计算程序: multipoint.m。

```
function df = multipoint(func,x0,h,type)
y0 = func(x0);
y1 = func(x0+h);
```

```
y2 = func(x0+2*h);
y_1 = func(x0-h);
y_2 = func(x0-2*h);
switch type
    case 1   % 前差
        df = (y1-y0)/h;
    case 2   % 后差
        df = (y0-y_1)/h;
    case 3   % 中心差
        df = (y1-y_1)/(2*h);
    case 4   % 3~点前差
        df = (-3*y0+4*y1-y2)/(2*h);
    case 5   % 3~点后差
        df = (3*y0-4*y_1+y_2)/(2*h);
end
```

【例题 4.1.2】

计算正弦函数 $y = \sin x$ 在区间 $[0,\pi]$ 上的导数。

【解】计算程序：demo_multipoint.m。

```
clc; clear all; format long;
x = 0:pi/16:pi;
y1 = sin(x);
yp = cos(x);
fun = @(x) sin(x);
df1 = multipoint(fun,x,pi/64,1);
df3 = multipoint(fun,x,pi/64,3);
figure(1);
plot(x,df1,'r-.',x,df3,'k-',x,y1,'b--',x,yp,'o');
set(gca,'FontSize',16);
grid on;
xlabel('x');
ylabel('y');
legend('前差','中心差','原函数','导数函数')
```

结果见图 4.1.2，中心差和导数函数几乎重合。

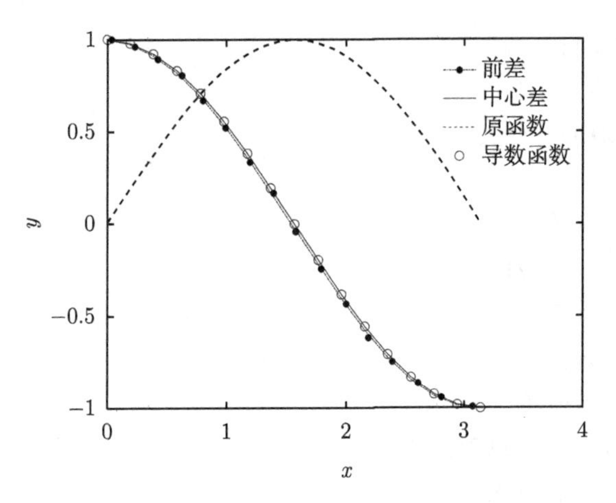

图 4.1.2　$y = \sin(x)$ 的导函数

【例题 4.1.3】

已知如表 4.1.1 所示函数，计算 $f'(0.0)$。

表 4.1.1

x	0.0	0.1	0.2	0.3	0.4
$f(x)$	0.0000	0.0819	0.1341	0.1646	0.1797

【解】(1) 采用两点前差公式 (4.1.2)，得

$$f'(0.0) = \frac{f(0.1) - f(0.0)}{0.1 - 0.0} = 0.819$$

(2) 利用三点公式 (4.1.7)，得

$$f'(0.0) = \frac{-3f(0.0) + 4f(0.1) - f(0.2)}{2 \times 0.1} = 0.9675$$

【例题 4.1.4】

已知函数 $f(x)$ 在等距节点 $(x_0, x_1, \cdots, x_n)$ 的函数值 $f(x_k), k = 0, 1, \cdots, n$，及边界条件 $f'(x_0)$ 和 $f'(x_n)$，则如何求得其他节点上导数值 (以正弦函数为例在区间 $[0, 2\pi]$ 上取 65 个节点计算)。

【解】设 $m_k = f'(x_k)(k = 1, 2, \cdots, n-1)$，由前面各差商公式，取

$$\begin{cases} m_{k-1} = \dfrac{1}{h}\left[f(x_k) - f(x_{k-1})\right] \\ m_k = \dfrac{1}{2h}\left[f(x_{k+1}) - f(x_{k-1})\right] \\ m_{k+1} = \dfrac{1}{h}\left[f(x_{k+1}) - f(x_k)\right] \end{cases}$$

可得到代数递推方程或矩阵方程

$$m_{k-1} + 4m_k + m_{k+1} = \frac{3}{h}\left[f(x_{k+1}) - f(x_{k-1})\right], \quad k = 1, 2, \cdots, n-1$$

写成矩阵方程形式

$$\begin{pmatrix} 4 & 1 & & & \\ 1 & 4 & 1 & & \\ & \ddots & \ddots & \ddots & \\ & & 1 & 4 & 1 \\ & & & 1 & 4 \end{pmatrix} \begin{pmatrix} m_1 \\ m_2 \\ \vdots \\ m_{n-2} \\ m_{n-1} \end{pmatrix} = \frac{3}{h} \begin{pmatrix} f_2 - f_0 \\ f_3 - f_1 \\ \vdots \\ f_{n-1} - f_{n-3} \\ f_n - f_{n-2} \end{pmatrix} - \begin{pmatrix} m_0 \\ 0 \\ \vdots \\ 0 \\ m_n \end{pmatrix} \tag{4.1.9}$$

这是隐式一阶导数方程组，称为辛普森数值微分法。

它是严格对角占优的三对角方程组，有 $n-1$ 个方程，$n-1$ 个未知变量 (两个边界量 $m_0 = f'(x_0)$, $m_n = f'(x_n)$ 已知)。利用追赶法求解方程组。下面是以正弦函数为例计算其数值微分的程序：demo_simpson.m。

```
function demo_simpson
clc;clear;close all;
n=64;
dx = 2.0*pi/n;
fp(1) = 1.0;
fp(n+1) = 1.0;
x(1:n+1) = [0:n]*dx;
f(1:n+1) = sin(x(1:n+1));

a = ones(1,n-1); a(1) = 0;
b = 4*ones(1,n-1);
c = ones(1,n-1); c(n-1) = 0;
for i = 1:n-1
   r(i) = 3.0*(f(i+2)-f(i))/dx;
end
```

```
r(1) = r(1)-fp(1); r(n-1) = r(n-1)-fp(n+1);
u(2:n) = tri(a,b,c,r);
u(1) = fp(1); u(n+1) = fp(n+1);

figure(1)
plot(x,f,'r--',x,u,'b-','LineWidth',2)
set(gca,'FontSize',16);
legend('f(x)=sin(x)','数值微分df(x)/dx');
hold on;

xlabel('x');
ylabel('y');
grid on;
end
```

结果如图 4.1.3 所示。

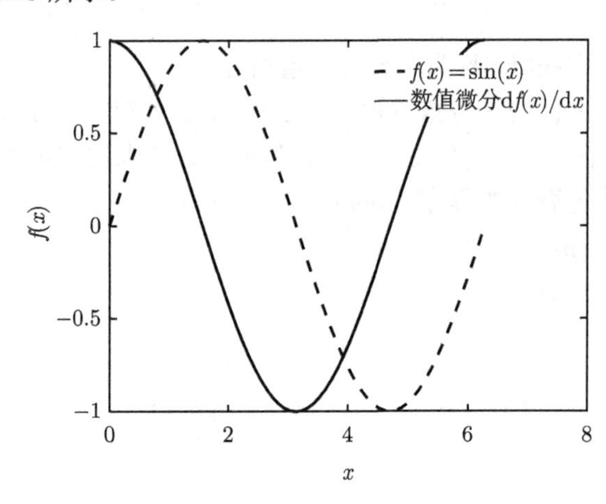

图 4.1.3　$\sin x$ 数值微分

另外，还可以用第三章讲过的拉格朗日插值对某些列表函数求得近似插值函数, 然后进行数值微分，或采用三次样条插值方法，直接数值求出一阶或二阶导函数。

【例题 4.1.5】

给定 $(x_i, f(x_i))$，$i = 0, 1, 2$，设 $x_2 - x_1 = x_1 - x_0 = h$，用拉格朗日插值计算 $f'(x_0), f'(x_1), f'(x_2)$。

【解】过三点 (x_0,x_1,x_2) 的二次拉格朗日插值函数为

$$L_2(x)=\frac{(x-x_1)(x-x_2)}{(x_0-x_1)(x_0-x_2)}f(x_0)+\frac{(x-x_0)(x-x_2)}{(x_1-x_0)(x_1-x_2)}f(x_1)+\frac{(x-x_1)(x-x_0)}{(x_2-x_1)(x_2-x_0)}f(x_2)$$

$$f'(x)\approx L_2'(x)=\frac{1}{2h}\left[\left(\frac{2x-x_1-x_2}{h}\right)f(x_0)-2\left(\frac{2x-x_0-x_2}{h}\right)f(x_1)+\left(\frac{2x-x_0-x_1}{h}\right)f(x_2)\right]$$

$$\begin{cases} f'(x_0)=\dfrac{1}{2h}\left[-3f(x_0)+4f(x_1)-f(x_2)\right] \\ f'(x_1)=\dfrac{1}{2h}\left[-f(x_0)+f(x_2)\right] \\ f'(x_2)=\dfrac{1}{2h}\left[f(x_0)-4f(x_1)+3f(x_2)\right] \end{cases} \tag{4.1.10}$$

从结果可以看出，左右边界点的一阶导数与内点的一阶导数是不一样的，这个关系在数值差分计算时如何处理边界条件是很有用的。

【例题 4.1.6】

利用误差修正求得高精度的数值微分公式。

【解】令 $\phi_1(h)=\dfrac{f(x+h)-f(x-h)}{2h}$，由式 (4.1.1) 和式 (4.1.3) 得到关系

$$\phi_1(h)=f'(x)-\sum_{n=1}a_{2n}h^{2n},\ a_{2n}=\frac{f^{(2n+1)}(\xi)}{(2n+1)!},\quad \xi\in(x-h,x+h) \tag{4.1.11}$$

将步长减半 $h\to h/2$，得到

$$\phi_1\left(\frac{h}{2}\right)=f'(x)-\sum_{n=1}a_{2n}\frac{h^{2n}}{2^{2n}} \tag{4.1.12}$$

这样，$2^2\phi_1\left(\dfrac{h}{2}\right)-\phi_1(h)=(2^2-1)f'(x)-\displaystyle\sum_{n=2}\left(\frac{1}{2^{2n-2}}-1\right)a_{2n}h^{2n}$，再令

$$\phi_2(h)=\frac{2^2\phi_1\left(\dfrac{h}{2}\right)-\phi_1(h)}{2^2-1}\quad \text{或}\quad \phi_2(h)=\frac{4}{3}\phi_1\left(\frac{h}{2}\right)-\frac{1}{3}\phi_1(h) \tag{4.1.13}$$

这相当于进行了一个超松弛迭代，超松弛因子 $\omega=4/3$，得到

$$\phi_2(h)=f'(x)-\sum_{n=2}\left(\frac{1}{2^{2n-2}}-1\right)\frac{a_{2n}}{2^2-1}h^{2n} \tag{4.1.14}$$

这样，用 $\phi_2(h)$ 近似 $f'(x)$ 将是 $\mathcal{O}(h^4)$ 的精度。继续逐次将步长减半，会得到递推关系

$$\phi_m(h) = \frac{2^{2(m-1)}\phi_{m-1}(\frac{h}{2}) - \phi_{m-1}(h)}{2^{2(m-1)} - 1} \tag{4.1.15}$$

或另外两种变形

$$\phi_m(h) = \frac{2^{2(m-1)}}{2^{2(m-1)} - 1}\phi_{m-1}\left(\frac{h}{2}\right) - \frac{1}{2^{2(m-1)} - 1}\phi_{m-1}(h)$$
$$\phi_m(h) = \phi_{m-1}\left(\frac{h}{2}\right) + \frac{1}{2^{2(m-1)}-1}\left[\phi_{m-1}(\frac{h}{2}) - \phi_{m-1}(h)\right]$$

前一种是超松弛迭代形式，后一种是误差补偿形式，当误差满足精度要求时停止迭代。

$$f'(x) = \phi_m(h) - \sum_{n=m}\prod_{k=1}^{m-1}\left(\frac{2^{2k-2n} - 1}{2^{2k} - 1}\right)a_{2n}h^{2n} \tag{4.1.16}$$

由此，可以得到高精度的一阶微分。这个数值微分公式也称为理查森外推算法。

计算程序：Richason.m。

```
function df = Richason(func, x0, n, h)
for(i=1:n)
    y1 = subs(sym(func), findsym(sym(func)),x0+h/(2^i));
    y2 = subs(sym(func), findsym(sym(func)),x0-h/(2^i));
    G(i) = 2^(i-1)*(y1-y2)/h;
end
G1 = G;
for(i=1:n-1)
    for(j=(i+1):n)
        G1(j)=(G(j)-(0.5)^(2*i)*G(j-1))/(1-(0.5)^(2*i));
    end
    G = G1;
end
df = G(n);
```

例如，求 $y = 2^x$ 在 $x = 1$ 处的导数。

```
df = richason('2^x',1,8,0.1)
df = vpa(df,20)
xdf=vpa(2*log(2),20)
% 输出20位结果
 df=1.3862943611198906188
```

```
xdf=1.3862943611198905725
```

与精确值比较：$y'(1) = 2\log 2 = 1.3862943611198905725$，准确到小数点后 15 位。

4.2 数值积分

在定积分计算中经常会遇到下面三种情况: ① 很难得到被积函数 $f(x)$ 的原函数；② 虽然被积函数的原函数存在，但不能用初等函数表示成有限形式；③ 被积函数没有具体的表达式，其函数关系可能是数据列表或图形等，这时就必须采用数值积分的方法。

现在考虑区间 $[a,b]$ 内连续有界的函数 $f(x)$ 的定积分

$$I(f) = \int_a^b f(x)\mathrm{d}x \tag{4.2.1}$$

式 (4.2.1) 的近似数值积分基本上是求出如下形式的值：

$$\int_a^b f(x)\mathrm{d}x \approx I_n(f) = \sum_{i=0}^{n} f(x_i)w_i \tag{4.2.2}$$

就是全部求积节点函数值的加权和。式中，求积节点 $x_i(i=0,1,2,\cdots,n)$ 满足关系 $a = x_0 < x_1 < \cdots < x_{n-1} < x_n = b$；$f(x_i)$ 是求积节点上的函数值；求积系数 $w_i(i=0,1,2,\cdots,n)$ 是求积节点 x_i 上的与 $f(x_i)$ 无关的权重因子。不同的权重因子形式的取法给出不同的数值积分方法。求积公式 (4.2.2) 的误差或余项为

$$E_n(f) = I(f) - I_n(f)$$

4.2.1 牛顿–科特斯求积公式

将积分区间 $[a,b]$ n 等分，步长 $h=(b-a)/n$，取等距节点 $x_i = a + ih(i = 0,1,\cdots,n)$, 牛顿–科特斯 (Newton-Cotes) 数值积分方法就是将被积函数 $f(x)$ 用 n 次拉格朗日插值多项式近似

$$f(x) \approx L_n(x) = \sum_{i=0}^{n} l_i(x)f(x_i), \quad l_i(x) = \prod_{j=0,j\neq i}^{n} \frac{x-x_j}{x_i-x_j} \tag{4.2.3}$$

其中，$l_i(x)$ 是拉格朗日基函数，均为 n 次多项式。以 $L_n(x)$ 近似代替被积函数 $f(x)$，计算原定积分，得到求积公式

$$I_n(f) = \int_a^b L_n(x)\mathrm{d}x = \int_a^b \left[\sum_{i=0}^{n} f(x_i)l_i(x)\right]\mathrm{d}x = \sum_{i=0}^{n} w_i f(x_i) \tag{4.2.4}$$

$$w_i = \int_a^b l_i(x)\mathrm{d}x = \int_a^b \left(\prod_{j=0,j\neq i}^{n} \frac{x-x_j}{x_i-x_j}\right)\mathrm{d}x, \quad i=0,1,2,\cdots,n \tag{4.2.5}$$

式 (4.2.4) 称为牛顿–科特斯积分公式。注意到积分权因子 w_i 是与 $f(x)$ 无关的常数。

取步长：$h=(b-a)/n$, 节点坐标：$x_i=a+ih,\quad i=0,1,\cdots,n$, 设

$$x=a+th,\ \mathrm{d}x=h\mathrm{d}t,\ \ x-x_j=(a+th)-(a+jh)=h(t-j)$$
$$x_i-x_j=(a+ih)-(a+jh)=h(i-j)$$

$$\begin{aligned} w_i &= \int_a^b \left(\prod_{j=0,j\neq i}^{n} \frac{x-x_j}{x_i-x_j}\right)\mathrm{d}x = \int_0^n \left(\prod_{j=0,j\neq i}^{n} \frac{t-j}{i-j}\right)h\mathrm{d}t \\ &= \frac{h\displaystyle\int_0^n \prod_{j=0,j\neq i}^{n}(t-j)\mathrm{d}t}{i(i-1)(i-2)\cdots(2)(1)(-1)(-2)\cdots(i-n)} = \frac{h(-1)^{n-i}}{i!(n-i)!}\int_0^n \frac{\displaystyle\prod_{j=0}^{n}(t-j)}{t-i}\mathrm{d}t \end{aligned}$$

通常将 $C_i=w_i/(b-a)$ 称为牛顿–科特斯系数

$$C_i = \frac{(-1)^{n-i}}{n\cdot i!(n-i)!}\int_0^n \frac{1}{t-i}\prod_{j=0}^{n}(t-j)\mathrm{d}t \tag{4.2.6}$$

1. 梯形积分公式

取 $n=1$ 时，步长 $h=b-a$，有两个求积节点为 $x_0=a, x_1=b$，对应线性插值近似。由式 (4.2.5), 得到积分节点上的权因子

$$w_0 = \int_a^b l_0(x)\mathrm{d}x = \int_a^b \frac{x-b}{a-b}\mathrm{d}x = \frac{1}{2}h, \quad w_1 = \int_a^b l_1(x)\mathrm{d}x = \int_a^b \frac{x-a}{b-a}\mathrm{d}x = \frac{1}{2}h$$

代入式 (4.2.4) 得到求积公式

$$I_1(f) = f(x_0)w_0 + f(x_1)w_1 = \frac{h}{2}\left[f(a)+f(b)\right], \quad h=b-a \tag{4.2.7}$$

称为梯形积分公式。其积分的几何意义为函数 $f(x)$ 曲线下梯形的面积 (图 4.2.1)。

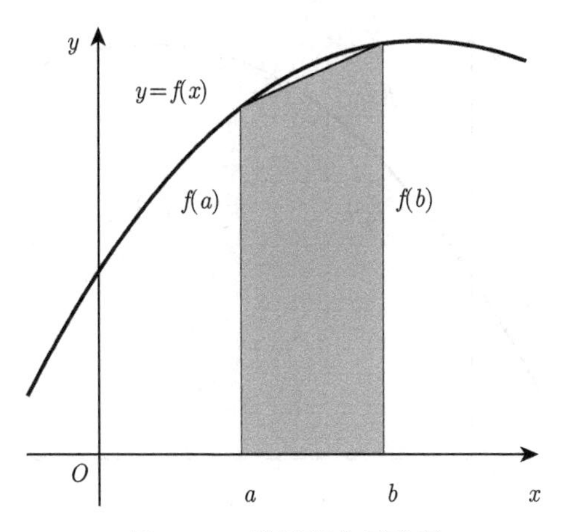

图 4.2.1 梯形积分示意图

2. 辛普森积分公式

取 $n=2$, 步长为 $h=(b-a)/2$，积分节点 $x_0=a, x_1=(a+b)/2, x_2=b$，节点权重因子

$$w_0=\int_a^b \frac{x-x_1}{x_0-x_1}\frac{x-x_2}{x_0-x_2}\mathrm{d}x=\frac{1}{3}h$$
$$w_1=\int_a^b \frac{x-x_0}{x_1-x_0}\frac{x-x_2}{x_1-x_2}\mathrm{d}x=\frac{4}{3}h$$
$$w_2=\int_a^b \frac{x-x_0}{x_2-x_0}\frac{x-x_1}{x_2-x_1}\mathrm{d}x=\frac{1}{3}h$$

可得到的求积公式

$$\begin{aligned} I_2(f) &= f(x_0)w_0+f(x_1)w_1+f(x_2)w_2 \\ &= \frac{h}{3}\left[f(a)+4f(\frac{a+b}{2})+f(b)\right], \quad h=\frac{b-a}{2} \end{aligned} \tag{4.2.8}$$

称为辛普森 (Simpson) 积分公式。其积分的几何意义为函数 $f(x)$ 曲线下抛物曲线下的面积 (图 4.2.2)。

3. 科特斯积分公式

类似地，取 $n=4$ 时得到的求积公式称为科特斯积分公式($h=(b-a)/4$)

$$I_4=\frac{2h}{45}[7f(a)+32f(a+h)+12f(a+2h)+32f(a+3h)+7f(b)], \quad h=\frac{b-a}{4} \tag{4.2.9}$$

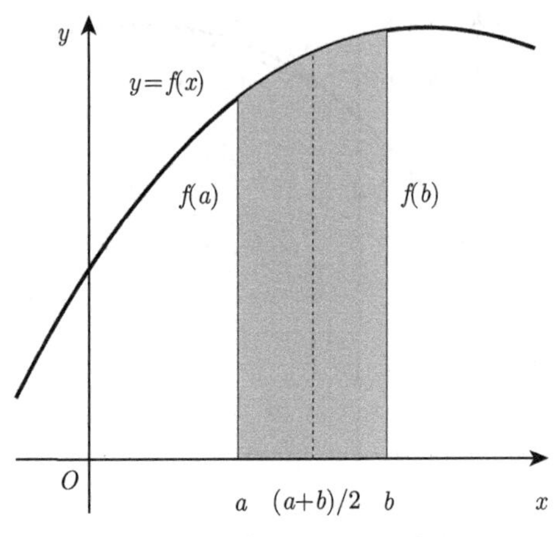

图 4.2.2　辛普森积分示意图

【例题 4.2.1】

证明梯形积分公式的余项为

$$R_1 = -\frac{h^3}{12}f''(\xi), \quad \xi \in (a,b),\ h = b - a \tag{4.2.10}$$

【证明】对梯形公式

$$I_1 = \frac{h}{2}\left[f(a) + f(b)\right]$$

在 a 点对 $f(b)$ 做泰勒展开

$$I_1 = \frac{h}{2}\left[f(a) + f(a) + hf'(a) + \frac{h^2}{2}f''(a) + \cdots\right] = hf(a) + \frac{h^2}{2}f'(a) + \frac{h^3}{4}f''(a) + \cdots$$

由积分 $I(x) = \int_a^x f(t)\mathrm{d}t$，对 $I(b)$ 在 a 点做泰勒展开 (注意 $I(a) = 0$ 和 $I'(x) = f(x)$ 等关系)

$$I(b) = hf(a) + \frac{h^2}{2}f'(a) + \frac{h^3}{6}f''(a) + \cdots$$

梯形积分公式的余项为 $R_1 = I(b) - I_1 = -\frac{h^3}{12}f''(\xi),\ \xi \in (a,b),\ h = b - a$。

同理，可证辛普森积分公式余项为

$$R_2 = -\frac{h^5}{90}f^{(4)}(\xi), \quad \xi \in (a,b),\ h = (b - a)/2 \tag{4.2.11}$$

梯形公式和辛普森公式是牛顿–科特斯公式最简单的两个情形。由于高阶多项式插值的数值不稳定性，通常并不采用高阶的牛顿–科特斯公式。

【例题 4.2.2】

采用其他方法求区间 $[x_i, x_{i+1}]$ 上梯形积分公式和区间 $[x_{i-1}, x_{i+1}]$ 上的 1/3 辛普森公式。

【解】对于均匀分布节点 $h = x_{i+1} - x_i$，设 $f(x) = ax + b$，得到在区间 $[x_i, x_{i+1}]$ 上的梯形积分公式

$$\begin{aligned}\int_{x_i}^{x_{i+1}} f(x)\mathrm{d}x &= \int_{x_i}^{x_{i+1}} (ax+b)\mathrm{d}x = \frac{1}{2}a(x_{i+1}^2 - x_i^2) + b(x_{i+1} - x_i)\\ &= \frac{1}{2}(x_{i+1} - x_i)\left[a(x_{i+1} + x_i) + 2b\right]\\ &= \frac{h}{2}\left[f(x_i) + f(x_{i+1})\right]\end{aligned} \tag{4.2.12}$$

设 $f(x) = ax^2 + bx + c$，得到在区间 $[x_{i-1}, x_{i+1}]$ 上的 1/3 辛普森公式为

$$\begin{aligned}\int_{x_{i-1}}^{x_{i+1}} f(x)\mathrm{d}x &= \int_{x_{i-1}}^{x_{i+1}} (ax^2 + bx + c)\mathrm{d}x\\ &= \frac{h}{3}\left[f(x_{i-1}) + 4f(x_i) + f(x_{i+1})\right]\end{aligned} \tag{4.2.13}$$

设 $f(x) = ax^3 + bx^2 + cx + d$，得到在区间 $[x_i, x_{i+3}]$ 上的 3/8 辛普森公式为 (请证明)

$$\int_{x_i}^{x_{i+3}} f(x)\mathrm{d}x = \frac{3h}{8}\left[f(x_i) + 3f(x_{i+1}) + 3f(x_{i+2}) + f(x_{i+3})\right] \tag{4.2.14}$$

【例题 4.2.3】

分别用梯形公式、1/3 和 3/8 辛普森积分公式求下面积分：

$$I = \int_0^1 \frac{4}{1+x^2}\mathrm{d}x$$

【解】 $a = 0$，$b = 1$，$f(x) = \dfrac{4}{1+x^2}$。

(1) 梯形公式： $h = b - a = 1$，

$$I_1 = \frac{h}{2}\left[f(a) + f(b)\right] = \frac{1}{2}[f(0) + f(1)] = 3.0$$

(2) 1/3 辛普森积分公式: $h = \dfrac{b-a}{2} = \dfrac{1}{2}$，

$$I_2 = \frac{h}{3}[f(a) + 4f(a+h) + f(b)] = \frac{1}{6}[f(0) + 4f(0.5) + f(1)] = \frac{47}{15} \approx 3.1333$$

(3) 3/8 辛普森积分公式: $\left(h=\frac{1}{3}(b-a)=\frac{1}{3}\right)$ 为

$$\begin{aligned}I_3 =&\frac{3h}{8}\left[f(a)+3f(a+h)+3f(a+2h)+f(b)\right]\\ =&\frac{1}{8}\left[f(0)+3f\left(\frac{1}{3}\right)+3f\left(\frac{2}{3}\right)+f(1)\right]=3.1385\end{aligned}$$

精确的结果是 π。

4.2.2 复化求积公式

当积分区间较大时, 为了提高数值积分精度，通常并不使用高阶求积公式，而是将区间 $[a,b]$ 分成 n 个子区间，子区间长度为 $h=(b-a)/n$，在每个子区间上或几个子区间上使用低阶求积公式 (如梯形或辛普森公式)，然后把所有子区间上的计算结果求和，就得到区间 $[a,b]$ 上积分的近似值。这种求积方法叫做复化求积。

最简单的积分是将积分区间分为 n 个矩形区间，$h=\dfrac{b-a}{n}$，积分公式分为

左矩形公式 $I_{\rm l}=h\sum\limits_{i=0}^{n-1}f(a+ih)$

右矩形公式 $I_{\rm r}=h\sum\limits_{i=1}^{n}f(a+ih)$

中点矩形公式 $I_{\rm m}=h\sum\limits_{i=0}^{n-1}f(a+(i+1/2)h)$

【例题 4.2.4】

利用矩形公式求 $I=\displaystyle\int_0^{\pi}\sin x{\rm d}x$。

计算程序：rectangle.m。

```
% rectangle.m
clc; clear; close all;format long;
n1 = 3; n2 = 40;
for k = n1:n2
    dx = pi/k;
    x = 0:dx:pi;
    xm = dx/2:dx:pi-dx/2;
    f = sin(x); fm = sin(xm);
    Il(k) = sum(f(1:k))*dx;
```

```
    Ir(k) = sum(f(2:k+1))*dx;
    Im(k) = sum(fm)*dx;
end
figure(1);
kk = n1:n2;
plot(kk,Il(kk),'r:',kk,Ir(kk),'ko',kk,Im(kk),'b^-','LineWidth',1.8);
axis([0 40 1.8 2.1])
xlabel('网格数');ylabel('积分值');
legend('左矩形公式','右矩形公式','中点矩形公式');

set(gca,'FontSize',14);
grid on;
print(gcf,'fig423.png','-dpng','-r600');
```

结果如图 4.2.3 所示。

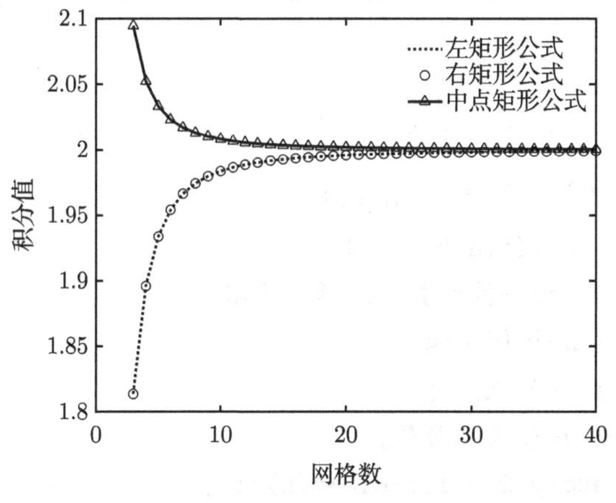

图 4.2.3　三种求积公式结果比较

1. 复化梯形公式

将区间 $[a,b]$ 等分成 n 个子区间，每个子区间的长度 $h=(b-a)/n$，取等距节点

$$x_k = a + kh, \quad k = 0,1,\cdots,n$$

在子区间 $[x_k, x_{k+1}](k=0,1,\cdots,n-1)$ 上使用梯形公式进行积分，见式 (4.1.13)，

$$\int_{x_k}^{x_{k+1}} f(x)\mathrm{d}x \approx \frac{h}{2}[f(x_k)+f(x_{k+1})]$$

则在区间 $[a,b]$ 上求和，得积分近似值

$$\int_a^b f(x)\mathrm{d}x \approx T_n = \sum_{k=0}^{n-1}\int_{x_k}^{x_{k+1}} f(x)\mathrm{d}x \approx \sum_{k=0}^{n-1}\frac{h}{2}[f(x_k)+f(x_{k+1})]$$

$$= \frac{h}{2}\begin{bmatrix} f(x_0) + f(x_1) \\ \quad f(x_1) + f(x_2) \\ \cdots \\ + f(x_{n-2}) + f(x_{n-1}) \\ + f(x_{n-1}) + f(x_n) \end{bmatrix}$$

$$= \frac{h}{2}\left[f(a)+2\sum_{k=1}^{n-1} f(x_k)+f(b)\right] \tag{4.2.15}$$

称式 (4.2.15) 为复化梯形公式, 写成明显的形式为

$$T_n = \frac{(b-a)}{2n}WF, \quad W=(1,2,\cdots,2,1), \quad F=(f_0,f_1,\cdots,f_{n-1},f_n)^{\mathrm{T}}$$

误差为

$$E(T_n) = nR_1 = -\frac{h^2}{12}(b-a)f''(\xi), \quad \xi\in(a,b), \ h=(b-a)/n$$

复化梯形积分公式的计算程序：TrapInt1.m。

```
function T = TrapInt1(f,a,b,nsub)
n = nsub + 1;    % nsun-区间数, n-总节点数
h = (b-a)/nsub; % h-区间步长
x = a:h:b;       % x-节点坐标
y = f(x);        % y-节点函数值;
T = h*(0.5*y(1)+sum(y(2:n-1))+0.5*y(n));
end
```

2. 复化辛普森公式

将区间 $[a,b]$ 等分成 $2n$ 个子区间，子区间的长度 $h=(b-a)/2n$, 取等距节点

$$x_k = a+kh, \quad k=0,1,\cdots,2n$$

设 $k=2m$，$m=0,1,\cdots,n-1$，在区间 $[x_{2m},x_{2m+2}](m=0,1,\cdots,n-1)$ 上用辛普森积分公式，

$$\int_{x_{2m}}^{x_{2m+2}} f(x)\mathrm{d}x \approx \frac{h}{3}[f(x_{2m})+4f(x_{2m+1})+f(x_{2m+2})]$$

在区间 $[a,b]$ 上求和得积分近似值

$$
\begin{aligned}
\int_a^b f(x)\mathrm{d}x \approx S_{2n} &= \sum_{m=0}^{n-1}\int_{x_{2m}}^{x_{2m+2}} f(x)\mathrm{d}x \\
&= \frac{h}{3}\sum_{m=0}^{n-1}\Big[f(x_{2m})+4f(x_{2m+1})+f(x_{2m+2})\Big] \\
&= \frac{h}{3}\begin{pmatrix} f_0+4f_1+f_2 & & & \\ & +f_2+4f_3+f_4 & & \\ & & \cdots & \\ & & +f_{2n-4}+4f_{2n-3}+f_{2n-2} & \\ & & & +f_{2n-2}+4f_{2n-1}+f_{2n} \end{pmatrix} \\
&= \frac{h}{3}\left[f(a)+4\sum_{m=1}^{n} f\left(x_{2m-1}\right)+2\sum_{m=1}^{n-1} f\left(x_{2m}\right)+f(b)\right]
\end{aligned} \tag{4.2.16}
$$

式 (4.2.16) 称为复化辛普森公式，可见 $2n+1$ 个节点的积分值除了两个端点 0 和 $2n$ 函数值外，还含偶数节点函数值和的 4 倍加上奇数节点函数值和的 2 倍，写成明显的形式为

$$
S_{2n}=\frac{b-a}{6n}WF,\ W=(1,4,2,\cdots,2,4,1),\ F=(f_0,f_1,\cdots,f_{2n-1},f_{2n})^{\mathrm{T}}
$$

误差为

$$
E(S_{2n})=nR_2=-\frac{h^4}{180}(b-a)f^{(4)}(\xi),\ \xi\in(a,b),\ h=(b-a)/2n
$$

复化辛普森积分公式的计算程序 SimpInt1.m：

```
function S = SimpInt1(f,a,b,ndouble_sub)
n = 2*ndouble_sub + 1;    %  n-总节点数
h = (b-a)/(n-1);          %  h-区间步长
x = a:h:b;                %  x-节点坐标
y = f(x);                 %  y-节点函数值;
S = (h/3)*( y(1) + 4*sum(y(2:2:n-1)) + 2*sum(y(3:2:n-2)) + y(n) );
end
```

式 (4.2.16) 是将区间 $[a,b]$ 等分成 $2n$ 个子区间，在每两个小区间上应用辛普森积分公式。如果仍然将区间 $[a,b]$ n 等分，在区间 $[x_k,x_{k+1}](k=0,1,\cdots,n-1)$ 上用辛普森积分公式，$h=(b-a)/n$，需要增加每个小区间的中点为积分节点

$$
\int_{x_k}^{x_{k+1}} f(x)\mathrm{d}x \approx \frac{x_{k+1}-x_k}{6}[f(x_k)+4f(x_{k+1/2})+f(x_{k+1})]
$$

则复化辛普森公式为

$$S_n = \frac{h}{6}\left[f(a) + 4\sum_{k=0}^{n-1} f(x_{k+1/2}) + 2\sum_{k=1}^{n-1} f(x_k) + f(b)\right] \tag{4.2.17}$$

【例题 4.2.5】

利用定步长梯形和辛普森公式求例题 4.2.3 积分。

【解】积分程序：demo_TrapInt.m，demo_SimpInt.m。

```
function demo_TrapInt
format long;
TrapInt1(@f01,0,1,16)
end

function demo_SimpInt
format long;
SimpInt1(@f01,0,1,8)
end

function y = f01(x)
y=4./(1+x.^2);
end
```

结果为 16 个区间：梯形法 $T = 3.140941612041389$，辛普森法 $S = 3.141592651224822$。

4.2.3 变步长求积公式

复化求积公式对于提高数值积分精度是有效的，但是在给定计算精度的情况下，难以确定积分范围的区间数。所以实际计算中通常采用变步长的求积公式，即在步长逐次折半 (区间数倍增) 的过程中反复应用复化求积公式进行计算，直到相邻两次计算结果之差小于给定精度 ε 时终止，该方法称为变步长求积方法，也称为区间逐次半分法。

1. 变步长的梯形公式

变步长梯形积分公式与定步长梯形积分公式是一样的，

$$T_n = \frac{h}{2}\left[f(a)+2\sum_{k=1}^{n-1} f(x_k)+f(b)\right], \quad \int_{x_k}^{x_{k+1}} f(x)\mathrm{d}x \approx \frac{h}{2}\left[f(x_k)+f(x_{k+1})\right] \tag{4.2.18}$$

然后将步长 h 折半，则在区间 $[x_k, x_{k+1}]$ 上

$$\int_{x_k}^{x_{k+1}} f(x)\mathrm{d}x \approx \frac{1}{2}\cdot\frac{h}{2}\left[f(x_k)+f(x_{k+1/2})\right]+\frac{1}{2}\cdot\frac{h}{2}\left[f(x_{k+1/2})+f(x_{k+1})\right]$$
$$=\frac{1}{4}h\left[f(x_k)+2f(x_{k+1/2})+f(x_{k+1})\right]$$

求和得

$$T_{2n} \approx \frac{h}{4}\sum_{k=0}^{n-1}[f(x_k)+f(x_{k+1})]+\frac{h}{2}\sum_{k=0}^{n-1}f(x_{k+1/2})=\frac{1}{2}T_n+\frac{h}{2}\sum_{k=0}^{n-1}f\left(x_k+\frac{h}{2}\right) \tag{4.2.19}$$

递推公式，将 $2n \Rightarrow n, \dfrac{h}{2} \Rightarrow h$，计算每次二等分步长后的积分值，直到满足 $|T_{2n}-T_n| < \varepsilon$ 为止。注意，为了计算二分步长后的积分值，只要计算新增加的分点值 $f(x_{k+1/2})$ 就可以了，而原来节点的函数值不必重新计算，因为它包含在第一项中。

变步长梯形积分算法:

(1) 输入 a, b, ε;

(2) $b-a \Rightarrow h$, $(h/2)[f(a)+f(b)] \Rightarrow T_1$;

(3) $0 \Rightarrow s$, $a+h/2 \Rightarrow x$;

(4) $s+f(x) \Rightarrow s$, $x+h \Rightarrow x$;

(5) 如果 $x < b \rightarrow (4)$;

(6) $T_1/2+(h/2)\cdot s \Rightarrow T_2$;

(7) 如果 $|T_2-T_1| \geqslant \varepsilon$，那么 $h/2 \Rightarrow h$, $T_2 \Rightarrow T_1 \rightarrow (3)$，否则，输出 T_2，结束。

变步长梯形积分程序：trap.m。

```
function [I n] = trap(f,a,b,eps)
n = 1;                          % n 是子区间数
h = (b-a)/n;
I1 = 0.5*h*(f(a)+f(b));
tol=1;
while tol>eps
    I0 = I1;
    n = 2*n; h = (b-a)/n;       %  区间逐次分半
x = a:h:b;  y = f(x);
    I1 = h * ( 0.5*y(1) + sum(y(2:n)) + 0.5*y(n+1) );
    tol= abs(I1-I0);
end
```

```
I = I1;
end
```

这个程序简单，但二等分步长后重新计算积分和，有重复计算。下面程序 aTrapInt.m 只计算新增加的节点。

```
function [T nsub]= aTrapInt(f,a,b,eps)
tol = 1; nsub = 1;
inall = 0;
T = 0.5*(b-a)*(f(a)+f(b));
while tol > eps
T0 = T;
nsub = 2*nsub;
n = nsub + 1;          % 总节点数
h = (b-a)/nsub;        % 步长
x = a:h:b;             % 节点坐标
inall = inall + sum(f(x(2:2:n-1)));
T =  0.5*h * (f(a)+2*inall+f(b));
tol = abs(T-T0);
end
end
```

变步长 1/3 辛普森积分程序：simp.m。

```
function [I n] = simp(f,a,b,eps)
n = 2;        % n 是子区间数
h = (b-a)/n;
I1 = h*(f(a)+4*f(a+h)+f(b))/3;
tol=1;
while tol>eps
    I0 = I1;
    n = 2*n;      h = (b-a)/n;
x = a:h:b;  y = f(x);
    I1 = h * ( y(1) + 4*sum(y(2:2:n)) +2*sum(y(3:2:n-1))+ y(n+1) )/3;
    tol= abs(I1-I0);
end
I = I1;
end
```

这个程序有重复计算。下面程序 **aSimpInt.m** 没有重复计算节点值。

```
function [S nsub] = aSimpInt(f,a,b,eps)
nsub = 2;
even = f((a+b)/2); odd = 0;
S = (b-a)*(f(a) + 4*even + 2*odd + f(b))/6;
inall = even + odd;
tol = 1;
while tol > eps
    S0 = S;
    nsub = 2*nsub;
    n = nsub + 1;
    h = (b-a)/nsub;
    x = a:h:b;
    even = sum(f(x(2:2:n-1))); % 新增加的节点为偶节点
    odd = inall;               % 二分前的节点都变为新的奇节点
    S = (h/3)*( f(a) + 4*even +2*odd + f(b));
    inall = even + odd;
    tol = abs(S - S0);
end
```

【例题 4.2.6】

采用变步长计算定积分 $T=\int_0^1 \mathrm{e}^{-x^2}\mathrm{d}x, \varepsilon=0.000001$。

【解】变步长梯形积分程序：trapezia.m。

```
function trapezia
clc;clear;format long;
[I n] = trap(@f02,0,1,0.000001)
end
function y = f02(x)
  y = exp(-x.*x);
end
```

结果为：$I=0.746823898920948$，$n=512$。

变步长辛普森积分程序：Simpsona.m。

```
function simpsona
clc;clear;format long;
[I n] = simp(@f02,0,1,0.000001)
```

```
end
```

结果为：$I=0.746824140606985$，$n=32$。

2. 龙贝格积分公式

当把积分区间 $[a,b]$ 分成 n 等份，用复化梯形公式计算积分 I 的近似值 T_n 时，根据式 (4.2.10)，梯形积分公式的截断误差为

$$R_n=I-T_n=-\frac{b-a}{12}\left(\frac{b-a}{n}\right)^2 f''(\xi_n)$$

若把区间再分半为 $2n$ 等份，计算积分 I 的近似值 T_{2n} 时，截断误差为

$$R_{2n}=I-T_{2n}=-\frac{b-a}{12}\left(\frac{b-a}{2n}\right)^2 f''(\xi_{2n}),\quad \frac{R_{2n}}{R_n}=\frac{I-T_{2n}}{I-T_n}\approx\frac{1}{4}$$

可得变步长后的误差为

$$I-T_{2n}\approx\frac{1}{3}(T_{2n}-T_n) \tag{4.2.20}$$

由此可见，只要二分前后的积分值 T_n 与 T_{2n} 相当接近，就可以保证计算结果 T_{2n} 的误差很小。

龙贝格算法就是逐次分半加速法，它是在复化梯形公式误差估计的基础上，应用线性外推的方法构造出的一种加速算法。将积分区间分成 n 等份和 $2n$ 等份时，得到的误差估计公式 (4.2.20) 又可写成

$$I\approx T_{2n}+\frac{1}{3}(T_{2n}-T_n)$$

即可以用误差进行修正，从而得到接近精确值的更好结果，或再写成

$$I\approx\frac{4}{3}T_{2n}-\frac{1}{3}T_n \tag{4.2.21}$$

又可以看成是迭代求积的超松弛加速。将式 (4.2.19) 和式 (4.2.15) 代入式 (4.2.21) 得到

$$I\approx\frac{h}{6}\left[f(a)+4\sum_{k=0}^{n-1}f(x_{k+1/2})+2\sum_{k=1}^{n-1}f(x_k)+f(b)\right] \tag{4.2.22}$$

正是复化辛普森公式 (4.2.17)，即

$$S_n=\frac{4}{3}T_{2n}-\frac{1}{3}T_n \tag{4.2.23}$$

这就是说，用梯形法二分前后两个积分值 T_n 与 T_{2n} 作线性外推或叫加权平均，可得到辛普森方法的积分值公式 S_n。

同样可以利用辛普森计算积分误差公式，给出二分前后两个积分值 S_n 与 S_{2n}，得到

$$I \approx \frac{16}{15}S_{2n} - \frac{1}{15}S_n$$

此式正是科特斯积分公式

$$C_n \approx \frac{16}{15}S_{2n} - \frac{1}{15}S_n \tag{4.2.24}$$

用同样的方法，依据科特斯法的误差公式，可进一步导出龙贝格 (Romberg) 公式

$$R_n = \frac{64}{63}C_{2n} - \frac{1}{63}C_n \tag{4.2.25}$$

在步长二分的过程中，运用 S_n, C_n, R_n 表达式加工三次，就能将粗糙的积分值 T_n 逐步加工成精度较高的龙贝格值积分公式 R_n。通常将 n 取为 $n = 2^m$, 写成统一的递推公式

$$T_{m+1}(h) = \frac{4^m T_m(h/2) - T_m(h)}{4^m - 1} \tag{4.2.26}$$

龙贝格积分算法如下。

(1) 首先用梯形公式计算

$$T_1 = \frac{b-a}{2}\left[f(a) + f(b)\right]$$

(2) 用变步长梯形法则计算

$$T_{2n} = \frac{1}{2}T_n + \frac{h}{2}\sum_{k=0}^{n-1} f\left(x_k + \frac{h}{2}\right), \quad h = \frac{b-a}{2^m},\ n = 2^m\ , m = 1, 2, \cdots$$

(3) 再用变步长辛普森积分递推公式计算

$$S_n = T_{2n} + \frac{T_{2n} - T_n}{3}$$

(4) 用科特斯求积公式计算

$$C_n = S_{2n} + \frac{S_{2n} - S_n}{15}$$

(5) 最后用龙贝格求积公式计算：

$$R_n = C_{2n} + \frac{(C_{2n} - C_n)}{63}$$

直到相邻两次的积分近似值 R_{2n} 和 R_n 满足如下关系：

$$|R_{2n}| \leqslant 1, \quad |R_{2n} - R_n| < \varepsilon$$
$$|R_{2n}| \geqslant 1, \quad \left|\frac{R_{2n} - R_n}{R_{2n}}\right| < \varepsilon$$

上面的计算过程可以构造如表 4.2.1 所示的龙贝格表(也称 T 表)。

表 4.2.1　龙贝格表

T_1			
	S_1		
T_2		C_1	
	S_2		R_1
T_4		C_2	
	S_4		R_2
T_8		C_4	
	S_8		$\vdots$
T_{16}		$\vdots$	
	$\vdots$		
$\vdots$			

龙贝格积分程序：Roberg.m。

```
function [I,step]=Roberg(f,a,b,eps)
M = 1; tol=10;
k = 0;
T = zeros(1,1);
h = b-a;
T(1,1)=(h/2)*(f(a)+f(b));
while tol > eps
    k=k+1;
    h=h/2;
    Q=0;
    for i=1:M
        x=a+h*(2*i-1);
        Q=Q+f(x);
    end
    T(k+1,1)=T(k,1)/2+h*Q;
    M=2*M;
    for j=1:k
        T(k+1,j+1)=T(k+1,j)+(T(k+1,j)-T(k,j))/(4^j-1);
    end
    tol=abs(T(k+1,j+1)-T(k,j));
end
```

```
I=T(k+1,k+1);
step=k;
end
```

【例题 4.2.7】

计算积分 $S=\int_0^1 \frac{\ln(1+x)}{1+x^2}\mathrm{d}x$，$\varepsilon=0.000001$。

【解】计算程序：demo_roberg.m。

```
function demo_roberg
[I step] = Roberg(@f03,0,1,0.000001)
end

function y = f03(x)
  y = log(1+x)./(1+x.*x);
end
```

结果：$I=0.272198261272719$，step $=5$。

【例题 4.2.8】

计算积分 $S=\int_0^1 \frac{4}{1+x^2}\mathrm{d}x$，$\varepsilon=0.000001$。

【解】程序 demo_rombergT.m 的运行结果如表 4.2.2 所示。

```
function demo_rombergT
clc;clear all;
f = @(x) 4./(1+x.^2); % a = 0, b = 1
T = rombergT(f,0,1,5)
end

function T = rombergT(fun,a,b,n)
for i=1:(n+1)
    m = 2^(i-1); h = (b-a)/m; x = a:h:b;
    y = feval(fun,x);
   T(i,1) = h*(0.5*y(1)+sum(y(2:m))+0.5*y(m+1));
end
for j=2:(n+1)
    for i=j:(n+1)
        T(i,j)=(4^(j-1)*T(i,j-1)-T(i-1,j-1))/(4^(j-1)-1);
```

```
    end
end
end
```

表 4.2.2　程序 demo_rombergT.m 的运行结果

T 表		
3.000000000000000	0	0
3.100000000000000	3.133333333333333	0
3.131176470588235	3.141568627450981	3.142117647058824
3.138988494491089	3.141592502458707	3.141594094125888
3.140941612041389	3.141592651224822	3.141592661142563
3.141429893174975	3.141592651224822	3.141592661142563
T 表		
0	0	0
0	0	0
0	0	0
3.141592638396796	0	0
3.141592638396796	3.141592665277717	0
3.141592638396796	3.141592653649611	3.141592653638244

4.2.4　高斯积分方法

牛顿–科特斯积分方法的特点：一是取积分区间等间隔节点；二是 $n+1$ 个节点构造的牛顿–科特斯公式对于任何低于 n 阶多项式的积分都是精确成立的，但限制了积分精度。为了利用有限个节点的函数值得到更为精确的积分公式，下面考虑区间 $[-1,1]$ 上的积分

$$\int_{-1}^{1} f(x)\,\mathrm{d}x \approx 2\sum_{i=0}^{n} \lambda_i f(x_i)$$

其中包括 $n+1$ 个节点参数 (非等间距) x_i 和 $n+1$ 个权重参数 λ_i 。适当选取这些参数，可以使积分公式具有 $2n+1$ 阶精度。

取 $f(x)=x^k, k=0,1,\cdots,2n+1$

$$\int_{-1}^{1} x^k\,\mathrm{d}x = \frac{1-(-1)^{k+1}}{k+1} = \frac{1+(-1)^k}{k+1}$$

则

$$\sum_{i=0}^{n} \lambda_i f(x_i) = \frac{1+(-1)^k}{2(k+1)}, \quad k=0,1,2,\cdots,2n,2n+1 \tag{4.2.27}$$

利用式 (4.2.27) 给出 λ_i, x_i；即可得到高斯求积分式。

若积分区间为 $[a,b]$，可引进变换

$$x=\frac{a+b}{2}+\frac{b-a}{2}t,\quad f(x)=g(t),\quad t=\frac{1}{b-a}(2x-a-b)$$

这时积分

$$\int_a^b f(x)\,\mathrm{d}x=\frac{b-a}{2}\int_{-1}^{1} f\left(\frac{a+b}{2}+\frac{b-a}{2}t\right)\mathrm{d}t$$

$$\int_{-1}^{1} g(t)\,\mathrm{d}t\approx 2\sum_{i=0}^{n}\lambda_i g(t_i)$$

得到高斯积分公式

$$G_{n+1}\equiv\int_a^b f(x)\,\mathrm{d}x=(b-a)\sum_{i=0}^{n}\lambda_i f\left(\frac{a+b}{2}+\frac{b-a}{2}t_i\right)\tag{4.2.28}$$

1. **一点高斯公式** $(n=0)$

$$\int_{-1}^{1} f(x)\,\mathrm{d}x\approx 2\lambda_0 f(x_0)$$

对于 $n=0,\Rightarrow k=0,1$，即对于 $f(x)=1,x$ 准确成立，利用公式 (4.2.27)

$$\begin{cases}\lambda_0 x_0^0=1\\ \lambda_0 x_0^1=0\end{cases}\Rightarrow\begin{cases}\lambda_0=1\\ x_0=0\end{cases}$$

得到一阶精度 (相当于梯形公式精度) 一点高斯公式

$$G_1=2f(0)$$

即为中矩形公式。区间 $[a,b]$ 上的一点高斯积分公式为

$$G_1=(b-a)f\left(\frac{a+b}{2}\right)\tag{4.2.29}$$

2. **两点高斯公式** $(n=1)$

$$\int_{-1}^{1} f(x)\,\mathrm{d}x\approx 2[\lambda_0 f(x_0)+\lambda_1 f(x_1)]$$

对于 $n=1,\Rightarrow k=0,1,2,3$，即对于 $f(x)=1,x,x^2,x^3$ 准确成立，利用公式 (4.2.27) 可得

$$\begin{cases}\lambda_0 x_0^0+\lambda_1 x_1^0=1\\ \lambda_0 x_0^1+\lambda_1 x_1^1=0\\ \lambda_0 x_0^2+\lambda_1 x_1^2=1/3\\ \lambda_0 x_0^3+\lambda_1 x_1^3=0\end{cases}\Rightarrow\begin{cases}\lambda_0=\lambda_1=\dfrac{1}{2}\\ x_1=-x_0=\dfrac{1}{\sqrt{3}}\end{cases}$$

注意，上面第 4 式与第 2 式 (移项后) 之比得到 $x_0^2 = x_1^2, \Rightarrow\ x_0 = \pm x_1$ ，解 $x_0 = x_1$ 因取不同位置舍去，得解 $x_0 = -x_1$。代入第 2 式得到 $\lambda_0 = \lambda_1$ ，由第 1 式得解：$\lambda_0 = \lambda_1 = 1/2$；代入第 3 式得解 $x_1 = -x_0 = 1/\sqrt{3}$，得到具有三阶精度 (相当于辛普森积分公式精度) 的两点高斯积分公式

$$G_2 = g(-1/\sqrt{3}) + g(1/\sqrt{3})$$

由于方程具有对称性，其解也一定具有对称性：设 $\lambda_0 = \lambda_1$，$x_1 = -x_0$，可方便得到对称解。区间 $[a,b]$ 上的两点高斯积分公式为

$$G_2 = \frac{(b-a)}{2}\left[f\left(\frac{a+b}{2} - \frac{b-a}{2\sqrt{3}}\right) + f\left(\frac{a+b}{2} + \frac{b-a}{2\sqrt{3}}\right)\right] \tag{4.2.30}$$

3. **三点高斯公式** $(n=1)$

$$\int_{-1}^{1} f(x)\,\mathrm{d}x \approx 2[\lambda_0 f(x_0) + \lambda_1 f(x_1) + \lambda_2 f(x_2)]$$

对于 $n = 1, \Rightarrow k = 0,1,2,3,4,5$ ，即对于 $f(x) = 1, x, x^2, x^3, x^4, x^5$ 准确成立，利用公式 (4.2.27)，可得

$$\begin{cases} \lambda_0 x_0^0 + \lambda_1 x_1^0 + \lambda_2 x_2^0 = 1 \\ \lambda_0 x_0^1 + \lambda_1 x_1^1 + \lambda_2 x_2^1 = 0 \\ \lambda_0 x_0^2 + \lambda_1 x_1^2 + \lambda_2 x_2^2 = 1/3 \\ \lambda_0 x_0^3 + \lambda_1 x_1^3 + \lambda_2 x_2^3 = 0 \\ \lambda_0 x_0^4 + \lambda_1 x_1^4 + \lambda_2 x_2^4 = 1/5 \\ \lambda_0 x_0^5 + \lambda_1 x_1^5 + \lambda_2 x_2^5 = 0 \end{cases} \Rightarrow \begin{cases} \lambda_0 = \lambda_2 = \dfrac{5}{18},\ \ \lambda_1 = \dfrac{4}{9} \\ x_2 = -x_0 = \sqrt{\dfrac{3}{5}},\ x_1 = 0, \end{cases}$$

上式是很复杂的非线性方程，考虑其方程的对称性和解的对称性，设 $x_2 = -x_0$，$x_1 = 0$，$\lambda_2 = \lambda_0$，可简化方程而得到解，由此得到的三点高斯公式为

$$G_3 = \frac{5}{9} f\left(-\sqrt{\frac{3}{5}}\right) + \frac{8}{9} f(0) + \frac{5}{9} f\left(\sqrt{\frac{3}{5}}\right)$$

其具有五阶精度。对应的区间 $[a,b]$ 上三点高斯积分公式为

$$G_3 = \frac{b-a}{2}\left[\frac{5}{9} f\left(\frac{a+b}{2} - \sqrt{\frac{3}{5}}\frac{b-a}{2}\right) + \frac{8}{9} f\left(\frac{a+b}{2}\right) + \frac{5}{9} f\left(\frac{b+a}{2} + \sqrt{\frac{3}{5}}\frac{b-a}{2}\right)\right] \tag{4.2.31}$$

更高阶的高斯公式构造比较复杂，以上低阶的高斯公式更为实用。

【例题 4.2.9】

利用三点高斯公式计算积分

$$G=\int_0^1 \frac{x}{4+x^2}\,\mathrm{d}x$$

【解】 计算程序：TGauss.m。

```
function G=TGauss(f,a,b)
% f--   被积函数
% a,b-- 积分区间端点
x1=(a+b)/2-sqrt(3/5)*(b-a)/2; x2=(a+b)/2+sqrt(3/5)*(b-a)/2;
G=(b-a)*(5*f(x1)+8*f((a+b)/2)+5*f(x2))/18;
end

format long;
f=@(x) x./(4+x.*x); a=0; b=1;
G =TGauss(f,a,b)
% G = 0.111573833073052
```

$n=0,1,2,3,4$ 高斯积分程序：Gauss.m。

```
function I = Gauss(f,a,b,n)
ta = (b-a)/2; tb = (a+b)/2;
switch n
    case 0,
        w = 2; t = 0;
    case 1,
        w=[1 1]; t = [-1/sqrt(3) 1/sqrt(3)];
    case 2,
        w=[5/9 8/9 5/9]; t=[-sqrt(3/5) 0 sqrt(3/5)];
    case 3,
        t = [-0.8611363 -0.3398810  0.3398810 0.8611363];
        w = [ 0.3478548  0.6521452  0.6521452 0.3478548];
    case 4,
        t = [-0.9061793  -0.5384693  0.0        0.5384693  0.9061793];
        w = [ 0.2369269   0.4786287  0.5688889 0.4786287  0.2369269];
end
```

例如，计算例题 4.2.8 的积分。

```
format long
I=Gauss(@(x) 4./(1+x.*x),0,1,4)
% I=3.141592852774619
```

4.2.5　反常积分的计算

反常积分分为两类，一类是积分区间有限，但在积分区间内被积函数有奇点；另一类是积分区间为无限。对于二者兼而有之的积分，可以分为两个或多个积分来处理，使每个积分为上述两类情形之一。

1. 积分区间内含有奇点的积分

1) 可去奇点

设 x_0 为可去奇点，且已知被积函数在 x_0 点的极限，则在计算积分时，在 x_0 的一个邻域内用极限取代函数值即可。例如，$\sin x/x$ 在 $x=0$ 是可去奇点，当 $x\to 0$ 时取

$$\frac{\sin x}{x}\approx 1-\frac{x^2}{6}+\cdots \tag{4.2.32}$$

计算函数时，可用下列语句：

```
if(abs(x)<1.0e-4)
  f=1.0-x*x/6
else
  f=sin(x)/x
end
```

2) 极限的方法

有时不知道奇点处的极限表达式，可采用逼近极限的方法

$$\int_{x_0}^{b} f(x)\mathrm{d}x=\lim_{r\to x_0}\int_{r}^{b} f(x)\mathrm{d}x$$

首先定义一个收敛于 x_0 的序列 $b>r_1>r_2>\cdots>r_{n\to\infty}=x_0$，取 $r_n=x_0+2^{-n}$，积分可写为

$$\int_{x_0}^{b} f(x)\mathrm{d}x=\int_{r_1}^{b} f(x)\mathrm{d}x+\int_{r_2}^{r_1} f(x)\mathrm{d}x+\int_{r_3}^{r_2} f(x)\mathrm{d}x+\cdots \tag{4.2.33}$$

式中每一项积分都是正常积分，当

$$\left|\int_{r_{n+1}}^{r_n} f(x)\mathrm{d}x\right|\leqslant\varepsilon$$

时，积分终止。如果上式不收敛，则原积分不存在。

3) 变量变换消除奇点

有些奇点可以通过变量变换的方法而消去，例如，

$$\int_0^1 \frac{\cos(x)}{\sqrt{x}}\mathrm{d}x \xrightarrow{x=t^2,\mathrm{d}x=2t\mathrm{d}t} 2\int_0^1 \cos(t^2)\mathrm{d}t \tag{4.2.34}$$

2. 无限区间的积分

对于积分区间为无限的情形

$$I = \int_0^\infty f(x)\mathrm{d}x \tag{4.2.35}$$

常采用变量替换法和极限法。

1) 变量替换法

通过变量替换，可把无穷区间的积分化为有限区间上的积分。例如，令 $x = -\ln t, \mathrm{d}x = -\mathrm{d}t/t$，

$$\int_0^\infty f(x)\mathrm{d}x = \int_0^1 \frac{f(-\ln t)}{t}\mathrm{d}t = \int_0^1 g(t)\mathrm{d}t \tag{4.2.36}$$

这里，若 $g(t)$ 在 $t=0$ 的邻域内有界，则上式的积分是一个正常积分，否则就是前面讨论过的有限区间上的反常积分，可以用前面的方法来处理。其他常用的变换还有 $x = \dfrac{t}{1-t}$，$\mathrm{d}x = \dfrac{1}{(1-t)^2}\mathrm{d}t$ 和 $t = \tanh x$ 等

2) 极限法

由

$$\int_0^\infty f(x)\mathrm{d}x = \lim_{r\to\infty}\int_0^r f(x)\mathrm{d}x$$

定义一个趋于 ∞ 的序列 $0 < r_1 < r_2 < \cdots$，例如可取 $r_n = 2^n$，则上述积分可写为一个积分的和

$$\int_0^\infty f(x)\mathrm{d}x = \int_0^{r_1} f(x)\mathrm{d}x + \int_{r_1}^{r_2} f(x)\mathrm{d}x + \int_{r_2}^{r_3} f(x)\mathrm{d}x + \cdots \tag{4.2.37}$$

式中每一项都是正常积分，当 $\left|\int_{r_n}^{r_{n+1}} f(x)\mathrm{d}x\right| < \varepsilon$ 时，终止计算。如果上式不收敛，则原积分很可能不存在。

4.2.6 快速振荡函数的 Filon 积分

在各种函数变换中，特别是傅里叶变换，经常会遇到快速振荡函数的积分，例如，傅里叶变换

$$C = \int_a^b f(x)\cos(kx)\mathrm{d}x, \quad S = \int_a^b f(x)\sin(kx)\mathrm{d}x \tag{4.2.38}$$

傅里叶–贝塞尔变换

$$\int_0^1 f(x)xJ_n(\gamma_m x)\mathrm{d}x \tag{4.2.39}$$

这里 $0<\gamma_1<\gamma_2<\cdots$ 是贝塞尔函数的根。一般把这类函数积分写为

$$I(t)=\int_a^b f(x)K(x,t)\mathrm{d}x,\quad -\infty<a<b<\infty \tag{4.2.40}$$

式中，$K(x,t)$ 为振荡核，而 $f(x)$ 为非振荡部分。由于振荡型函数在积分区间内多次取几乎相等的正值和负值，如果用通常的方法计算，则由于正负数相加，有效数字的损失，几乎得不到正确的结果。下面介绍计算积分 C 和 S 的 Filon 方法。

把区间 $[a,b]$ $2n$ 等分，每份间隔 $h=(b-a)/2n$，则

$$x_i=a+ih,\ x_0=a,\ x_{2n}=b,\quad f_i=f(x_i),\quad i=0,1,\cdots,2n \tag{4.2.41}$$

设 $\theta=kh$，在区间 $[x_{i-1},x_{i+1}]$ 上用二次函数

$$g_i(x)=a_0+a_1(x-x_i)+a_2(x-x_i)^2$$

近似函数 $f(x)$，得关系

$$\begin{cases} a_0=f_i \\ a_1=f_i'=\dfrac{f_{i+1}-f_{i-1}}{2h} \\ a_2=\dfrac{1}{2}f_i''=\dfrac{f_{i+1}-2f_i+f_{i-1}}{2h^2} \end{cases} \tag{4.2.42}$$

对 $g_i(x)$ 微分，有关系

$$\begin{cases} g_i'(x_{i+1})=a_1+2a_2(x_{i+1}-x_i)=\dfrac{3f_{i+1}-4f_i+f_{i-1}}{2h} \\ g_i'(x_{i-1})=a_1+2a_2(x_{i-1}-x_i)=-\dfrac{f_{i+1}-4f_i+3f_{i-1}}{2h} \end{cases} \tag{4.2.43}$$

记

$$I_i=\int_{x_{i-1}}^{x_{i+1}} f(x)\cos(kx)\mathrm{d}x$$

$$I_i^*=\int_{x_{i-1}}^{x_{i+1}} g_i(x)\cos(kx)\mathrm{d}x$$

利用分部积分

$$
\begin{aligned}
I_i^* &= \int_{x_{i-1}}^{x_{i+1}} g_i(x)\cos(kx)\mathrm{d}x = \int_{x_{i-1}}^{x_{i+1}} g_i(x)\frac{1}{k}\mathrm{d}\sin(kx) \\
&= \left[g_i(x)\frac{\sin(kx)}{k} + \frac{1}{k^2}g_i'(x)\cos(kx)\right]_{x_{i-1}}^{x_{i+1}} - \frac{1}{k^2}\int\cos(kx)g_i''(x)\mathrm{d}x \\
&= \left[g_i(x)\frac{\sin(kx)}{k} + \frac{1}{k^2}g_i'(x)\cos(kx) - \frac{2a_2}{k^3}\sin(kx)\right]_{x_{i-1}}^{x_{i+1}}
\end{aligned}
$$

将 a_2 代入，并注意到 $x_{i+1} = x_i + h$，$\theta = kh$ 和 $kx_i = kx_{i+1} - \theta = kx_{i-1} + \theta$，再利用三角公式，整理得

$$
\begin{aligned}
k\theta I_i^* =& (f_{i+1} - f_{i-1})(\theta\cos\theta - \sin\theta)\sin(kx_i) \\
&+(f_{i+1} + f_{i-1})(\theta\sin\theta - 2\theta^{-1}\sin\theta + 2\cos\theta)\cos(kx_i) \\
&+4f_i(\theta^{-1}\sin\theta - \cos\theta)\cos(kx_i)
\end{aligned}
$$

上式中的 f_{i+1}, f_{i-1} 的系数分别是

$$
\begin{aligned}
&(1+\cos^2\theta - 2\theta^{-1}\sin\theta\cos\theta)\cos(kx_{i+1}) + (\theta + \sin\theta\cos\theta - 2\theta^{-1}\sin^2\theta)\sin(kx_{i+1}) \\
&(1+\cos^2\theta - 2\theta^{-1}\sin\theta\cos\theta)\cos(kx_{i+1}) - (\theta + \sin\theta\cos\theta - 2\theta^{-1}\sin^2\theta)\sin(kx_{i+1})
\end{aligned}
$$

化简得到

$$
\begin{aligned}
I_i^* =& h\bigg\{\alpha[f_{i+1}\sin(kx_{i+1}) - f_{i-1}\sin(kx_{i-1})] + \frac{\beta}{2}[f_{i+1}\cos(kx_{i+1}) \\
&+f_{i-1}\cos(kx_{i-1})] + \gamma f_i\cos(kx_i)\bigg\}
\end{aligned} \tag{4.2.44}
$$

其中

$$
\left\{
\begin{aligned}
&\alpha = \frac{1}{\theta} + \frac{\sin 2\theta}{2\theta^2} - \frac{2\sin^2\theta}{\theta^3}, \\
&\beta = 2\left(\frac{1+\cos^2\theta}{\theta^2} - \frac{\sin 2\theta}{\theta^3}\right), \quad \theta = kh \\
&\gamma = 4\left(\frac{\sin\theta}{\theta^3} - \frac{\cos\theta}{\theta^2}\right)
\end{aligned}
\right.
$$

近似得积分

$$
C = \sum_{i=1}^{n} I_{2i-1}^* = h\left\{\alpha[f_{2n}\sin(kx_{2n}) - f_0\sin(kx_0)] + \beta C_{2n} + \gamma C_{2n-1}\right\} + E_c \tag{4.2.45}
$$

其中

$$\begin{cases} C_{2n} = \sum_{i=0}^{n} f_{2i}\sin(kx_{2i}) - 0.5[f_0\cos(kx_0) + f_{2n}\cos(kx_{2n})] \\ C_{2n-1} = \sum_{i=1}^{n} f_{2i-1}\cos(kx_{2i-1}) \end{cases}$$

E_c 是积分余项。同样可得到积分

$$S = h\left\{\alpha[f_0\cos(kx_0) - f_{2n}\cos(kx_{2n})] + \beta S_{2n} + \gamma S_{2n-1}\right\} + E_s \tag{4.2.46}$$

其中

$$\begin{cases} S_{2n} = \sum_{i=0}^{n} f_{2i}\sin(kx_{2i}) - 0.5[f_0\sin(kx_0) + f_{2n}\sin(kx_{2n})] \\ S_{2n-1} = \sum_{i=1}^{n} f_{2i-1}\sin(kx_{2i-1}) \end{cases}$$

当 $\theta \leqslant 1/6$ 时

$$\begin{cases} \alpha = \dfrac{2\theta^3}{45} - \dfrac{2\theta^5}{315} + \dfrac{2\theta^7}{4725} \\ \beta = \dfrac{2}{3} + \dfrac{2\theta^2}{15} - \dfrac{4\theta^4}{105} + \dfrac{2\theta^6}{567} - \dfrac{4\theta^8}{22275} \\ \gamma = \dfrac{4}{3} - \dfrac{2\theta^2}{15} + \dfrac{\theta^4}{210} - \dfrac{\theta^6}{11340} \end{cases} \tag{4.2.47}$$

通常选 $n_1, n_2 = 2n_1, n_3 = 2n_2, \cdots, n = 2^{n_i}$，计算序列 $S_{n1}, S_{n2}, \cdots; C_{n1}, C_{n2}, \cdots$，对于给定精度 ε，计算直到 $|S_{n_{i+1}} - S_{n_i}| < \varepsilon, |C_{n_{i+1}} - C_{n_i}| < \varepsilon$ 同时满足为止。

计算式 (4.2.38) 积分程序：filon.m。

```
function [s,c]=filon(fx,a,b,n,k)
nr = n-1;
h=(b-a)/nr;
theta=k*h;
for i=1:n
 x(i)=a+(i-1)*h;
 xk=k*x(i);
 si(i)=sin(xk);
 cs(i)=cos(xk);
 f(i)=fx(x(i));
end
sn1=0.;sn2=0.;cn1=0.;cn2=0.;
```

```
for i=1:2:n
 sn2=sn2+f(i)*si(i);
 cn2=cn2+f(i)*cs(i);
end
sn2=sn2-0.5*(f(1)*si(1)+f(n)*si(n));
cn2=cn2-0.5*(f(1)*cs(1)+f(n)*cs(n));
for i=2:2:nr
 sn1=sn1+f(i)*si(i);
 cn1=cn1+f(i)*cs(i);
end
op = theta*theta;
if(theta<=0.16666667)
 rf=((op/4725.-1./315.)*op+1./45.)*op*theta*2.;
 bt=((((-2.*op/22275.+1./567.)*op-2./105.)*op+1./15.)*op+1./3.)*2.;
 gm=((-op/11340.+1./210.)*op-2./15.)*op+4./3.;
else
 rf=((-2.*sin(theta)^2/theta+sin(theta+theta)/2.)/theta+1.)/theta;
 bt=(-sin(theta+theta)/theta+1.+cos(theta)^2)/op*2.;
 gm=4*(sin(theta)/theta-cos(theta))/op;
end
s =h*(rf*(f(1)*cs(1)-f(n)*cs(n))+bt*sn2+gm*sn1);
c =h*(rf*(f(n)*si(n)-f(1)*si(1))+bt*cn2+gm*cn1);
return
end
```

【例题 4.2.10】

计算积分

$$\begin{cases} S = \int_0^{\infty} \mathrm{e}^{-x} \sin(100x)\mathrm{d}x \\ C = \int_0^{\infty} \mathrm{e}^{-x} \cos(100x)\mathrm{d}x \end{cases}$$

【解】计算程序：demo_filon.m。

```
function demo_filon
clc; clear all; format long;
a  = 0.0; b  = 200.0; n= 401; k = 100.0;
[s,c] = filon(@fx,a,b,n,k)
```

```
end
function y = fx(x)
y = exp(-x);
end
```

结果：$s = 9.997344 \times 10^{-3}$，$c = 9.693749 \times 10^{-5}$。

4.3 习　　题

【4.1】已知数据见表 4.3.1。

表 4.3.1

x	2.5	2.6	2.7	2.8	2.9
y	12.1825	13.4637	14.8797	16.4446	18.1741

(1) 用前差、后差和中心差求 $x = 2.7$ 的一阶导数值；

(2) 用中心差求 $x = 2.7$ 的二阶导数值。

【4.2】根据数值微分定义，编写数值微分计算 $f(x) = \sin(x), 0 \leqslant x \leqslant 2\pi$ 的程序。

【4.3】采用泰勒展开方法确定下列数值微分公式的系数 a, b, c。

$$\varphi(x_0, h) = af(x_0) + bf(x_0 + h) + cf(x_0 + 2h)$$

提示：取 $\varphi(x_0, h) = f'(x_0)$，$\varphi(x_0, h) = f''(x_0)$。

【4.4】在区间 $[-1, 1]$ 上，求以 $x_1 = -1$，$x_2 = 0, x_3 = 1$ 为节点的内插求积公式。

【4.5】使用辛普森积分方法近似计算 $\displaystyle\int_0^2 \mathrm{e}^{-x^2}\mathrm{d}x$。

【4.6】按表 4.3.2 所示数据，分别用复化梯形和复化辛普森公式计算 $\displaystyle\int_{0.6}^{1.8} f(x)\mathrm{d}x$。

表 4.3.2

x	0.6	0.8	1.0	1.2	1.4	1.6	1.8
$f(x)$	5.7	4.6	3.5	3.7	4.9	5.2	5.5

【4.7】计算积分 $I = \displaystyle\int_0^1 \frac{4}{1+x^2}\mathrm{d}x$。

(1) 将积分区间 [0,1] 分成 4 等份，用梯形求积公式和辛普森求积公式计算；

(2) 采用辛普森积分法 (3/8 公式)

$$\int_a^b f(x)\mathrm{d}x = \frac{b-a}{8}\left\{f(a) + 3f\left(\frac{b-a}{3}\right) + 3f\left[\frac{2(b-a)}{3}\right] + f(b)\right\}$$

【4.8】求积分 $I = \displaystyle\int_0^1 \frac{\mathrm{d}x}{1+x}$。

(1) 用梯形公式和 $n=4$ 的复化梯形公式计算，并估计误差；

(2) 用辛普森公式和复化辛普森公式计算积分，使误差小于 10^{-3}。

【4.9】采用梯形公式、辛普森公式和龙贝格求积方法计算积分 $\int_0^1 \frac{4}{1+x^2}$，要求误差不超过 10^{-5}，并且采用龙贝格求积方法人工计算 T_1，T_2，S_1，T_4，S_2，C_1。

扩展题

【4.1】

(1) 二阶微分写为

$$f''(x_j)=\frac{f(x_{j+1})-2f(x_{j+1/2})+f(x_j)}{(h/2)^2}$$

$$f''(x_{j+1/2})=\frac{f(x_{j+1})-2f(x_{j+1/2})+f(x_j)}{(h/2)^2}$$

有什么区别?

(2)

$$f''(x_j)=\frac{f'(x_{j+1})-f'(x_j)}{h}=\frac{\dfrac{f(x_{j+1})-f(x_{j+1/2})}{h/2}-\dfrac{f(x_{j+1/2})-f(x_j)}{h/2}}{h}$$

$$=\frac{f(x_{j+1})-2f(x_{j+1/2})+f(x_j)}{h^2/2}$$

结果对否，为什么?

【4.2】利用泰勒展开证明 5 点微分公式

$$f'(x)=\frac{1}{12h}\left[f(x-2h)-8f(x-h)+8f(x+h)-f(x+2h)\right]+O\left(h^4\right)$$

【4.3】给定 $(x_i,f(x_i))$，$i=0,1,2$ 数据点，设 $x_2-x_1=x_1-x_0=h$，用拉格朗日三点插值函数计算 $f'(x_0),f'(x_1),f'(x_2)$，并说明三个数值微分公式适用数据点的范围。

【4.4】拉格朗日插值近似在区间 [0,2] 上以 $x_0=0,x_1=0.5,x_2=2$ 为节点，建立积分

$$\int_0^2 f(x)\mathrm{d}x$$

的数值计算公式。

【4.5】试确定求积公式

$$\int_{-1}^1 f(x)\mathrm{d}x\approx Af\left(-\frac{1}{2}\right)+Bf(0)+Cf\left(\frac{1}{2}\right)$$

中的系数 A,B,C，要求代数精度尽量高，并确定代数精度。

【4.6】计算中矩形求积公式的误差

$$I(f)=\int_a^b f(x)\mathrm{d}x\approx f\left(\frac{a+b}{2}\right)(b-a)$$

【4.7】求积分

$$\int_0^1 f(x)\mathrm{d}x \approx a_0 f(0) + a_1 f(1) + b_0 f'(0)$$

又知其误差 $R = kf''(\xi), \xi \in (0,1)$，确定系数 a_0, a_1, b_0, k。

【4.8】利用泰勒展开近似构造高精度的积分近似公式

$$\begin{aligned} I_j &= \int_{x_j}^{x_{j+1}} f(x)\mathrm{d}x = \sum_{n=0} \frac{1}{n!} f^{(n)}(x_j) \int_{x_j}^{x_{j+1}} (x - x_j)^n \mathrm{d}x \\ &= \sum_{n=0} \frac{h^{n+1}}{(n+1)!} f^{(n)}(x_j) \\ &= hf(x_j) + \frac{1}{2}h^2 f'(x_j) + \frac{1}{6}h^3 f''(x_j) + \frac{1}{24}h^4 f'''(x_j) + \cdots \end{aligned}$$

其中，$\int_{x_j}^{x_{j+1}} (x - x_j)^n \mathrm{d}x = \dfrac{h^{n+1}}{n+1}$。

第五章　常微分方程的数值方法

在自然科学和工程技术中，通常会将某些现象所遵循的基本规律抽象为数学模型，这些数学模型的分析求解与微分方程理论直接相关。对于一些较特殊的微分方程，可利用高等数学课程中给出的基本方法进行解析求解，但在实际应用中有大量的微分方程是无法确定其解析解的。本章和第六章将分别介绍常微分方程(ODE)和偏微分方程(PDE) 的数值求解方法。

5.1　微分方程数值方法的相关概念

首先回顾微分方程的定义与分类。含有自变量、未知函数及其导数 (微分或偏导数) 的方程称为微分方程：如果未知函数只含有一个变量，从而方程中只出现关于该变量的一阶或高阶导数，则称该方程为常微分方程；如果未知函数含有若干个变量，并出现相应变量的偏导数，则称该方程为偏微分方程。微分方程中未知函数的导数或偏导数的最高阶次称为微分方程的阶。

例如，微分方程

$$\frac{\mathrm{d}y}{\mathrm{d}t}=a-by \tag{5.1.1}$$

是一阶常微分方程，而

$$\frac{\partial^2 u(x,t)}{\partial t^2}=a^2\frac{\partial^2 u(x,t)}{\partial x^2} \tag{5.1.2}$$

是二阶偏微分方程。

若函数满足微分方程，则称此函数为该微分方程的解。在 n 阶微分方程中，微分方程的解中一般含有 n 个任意常数，该解称为微分方程的通解。为确定微分方程通解中的任意常数而需要附加的条件，即所谓的定解条件。定解条件可以分为初始条件和边界条件两类。由微分方程和定解条件一起构成的问题称为微分方程定解问题。

根据定解条件的不同，常微分方程可分为初值问题和边值问题。若定解条件是描述函数在一点 (或初始点) 处状态的，则称为初值问题。一阶常微分方程初值问题的一般形式为

$$\begin{cases} \dfrac{\mathrm{d}y}{\mathrm{d}x}=y'(x)=f(x,y), \quad a\leqslant x\leqslant b \\ y(a)=y_0 \end{cases} \tag{5.1.3}$$

若定解条件描述函数在至少两点 (或边界) 处状态，则称为边值问题。例如

$$\begin{cases} \dfrac{\partial^2 y}{\partial x^2} = y''(x) = f(x, y.y'), \quad a \leqslant x \leqslant b \\ y(a) = y_a, \ \ y(b) = y_b \end{cases} \tag{5.1.4}$$

本章将对常微分方程的初值问题、边值问题及微分方程数值方法的软件实现等进行讨论。

5.2　初值问题的数值方法

本节主要讨论求解常微分方程 (组)初值问题 (5.2.1) 的数值方法

$$\begin{cases} u'(x) = f(t, u), \quad a \leqslant t \leqslant b \\ u(a) = u_0 \end{cases} \tag{5.2.1}$$

下面将给出最简单、最直观的求解初值问题的欧拉方法，然后介绍两类更有效的方法: 龙格–库塔 (Runge-Kutta) 方法和线性多步方法。

5.2.1　欧拉方法

数值求解微分方程就是要计算求解区间上 $N+1$ 个节点 t_k $(k=0,1,\cdots,N)$ 处微分方程解的近似值，所以要先对初值问题 (5.2.1) 的求解区间 $[a,b]$ 进行剖分，得到计算节点 t_k, 满足 $a=t_0<t_1<\cdots<t_N=b$。一般可将求解区间 $[a,b]$ 均匀分成 N 等份, 即得到

$$t_k = a + kh, \quad k = 0, 1, 2\cdots, N, \ h = (b-a)/N \tag{5.2.2}$$

欧拉方法的具体计算公式可以由以下三种不同的方法推导得到。

1. *差商近似方法*

将初值问题 (5.2.1) 在节点 t_k 处的导数 $u'(t_k)$ 用向前差商代替

$$u'(t_k) \approx \frac{u(t_{k+1}) - u(t_k)}{h} \tag{5.2.3}$$

记 $u_k = u(t_k)$，则微分方程 (5.2.1) 可近似写成

$$u_{k+1} \approx u_k + hf(t_k, u_k) \tag{5.2.4}$$

由初始条件 $u_0 = u(t_0)$ 出发，逐步计算得到 $u_1, u_2, \cdots, u_N$ 。式 (5.2.4) 称为显式欧拉公式。

如果将节点 t_{k+1} 处的导数 $u'(t_{k+1})$ 用向后差商代替

$$u'(t_{k+1}) \approx \frac{u(t_{k+1}) - u(t_k)}{h} \tag{5.2.5}$$

则类似可得递推公式

$$u_{k+1} \approx u_k + hf(t_{k+1}, u_{k+1}) \tag{5.2.6}$$

由于方程关于 u_{k+1} 是隐式格式，所以式 (5.2.6) 称为隐式欧拉公式。前面显式欧拉公式在计算 u_{k+1} 时，只用到前一步的结果 u_k，称为单步方法，该方法只需做简单的迭代计算就可以得到全部解，而隐式方法通常需要求解非线性方程 (组)。如果将节点 t_k 处的导数 u'_k 用中心差商代替

$$u'(t_k) \approx \frac{u(t_{k+1}) - u(t_{k-1})}{2h} \tag{5.2.7}$$

可得到的递推公式

$$u_{k+1} \approx u_{k-1} + 2hf(t_k, u_k) \tag{5.2.8}$$

在计算 u_{k+1} 时，需要用到前两步的结果 u_{k-1} 和 u_k, 称为两步法公式。

2. *积分近似方法*

将式 (5.2.1) 的微分方程写成 $\mathrm{d}u = f(t,u)\mathrm{d}t$, 在区间 $[t_k, t_{k+1}]$ 上积分，有

$$u(t_{k+1}) \approx u(t_k) + \int_{t_k}^{t_{k+1}} f(t,u)\mathrm{d}t$$

上式右边的定积分用不同的积分方法就可得到不同的递推公式。例如，用左矩形公式近似计算，可以得到显式欧拉公式 (5.2.4)；用右矩形公式近似计算，可以得到隐式欧拉公式 (5.2.6)；用梯形公式近似计算，则有

$$u_{k+1} = u_k + \frac{h}{2}[f(t_k, u_k) + f(t_{k+1}, u_{k+1})] \tag{5.2.9}$$

即梯形公式。梯形公式是显式和隐式欧拉公式的平均。

一般来说，隐式公式的每一次递推计算都需要求解一个非线性方程，虽然可用迭代法求解，但是计算量较大。为了简化计算过程，可以采用所谓的预测–校正方法，即先用显式公式计算，得到一个预测值作为隐式公式的迭代初值，然后用隐式公式迭代一次作为非线性方程的解。例如，梯形公式 (5.2.9) 可先用显式欧拉公式预测，再用梯形公式来校正，即

$$\begin{cases} \overline{u}_{k+1} \approx u_k + hf(t_k, t_k) \\ u_{k+1} = u_k + \dfrac{h}{2}[f(t_k, u_k) + f(t_{k+1}, \overline{u}_{k+1})] \end{cases} \tag{5.2.10}$$

式 (5.2.10) 称为预测–校正公式或改进的欧拉公式，也可写成

$$u_{k+1}=u_k+\frac{h}{2}[f(t_k,u_k)+f(t_{k+1},u_k)+hf(t_k,u_k)] \tag{5.2.11}$$

变成了显式计算，提高了计算速度。

3. Taylor 展开方法

将初值问题 (5.2.1) 在节点 t_{k+1} 处的函数值 $u(t_{k+1})$ 用节点 t_k 处的 Taylor 展开式近似表示成

$$u(t_{k+1})=u(t_k)+hu'(t_k)+\frac{1}{2}h^2u''(t_k)+\cdots\approx u(t_k)+hf(t_k)+\frac{1}{2}h^2f'(t_k)+\cdots$$

如果取到一阶 Taylor 展开，则可以得到显式欧拉公式 (5.2.4)。

改进欧拉方法的计算程序 euler_pc.m 如下：

```
function [x p y] = euler_pc(f,x0,y0,xn,n)
h = (xn-x0)/n; x = x0:h:xn;
y(1) = y0; p(1) = y0;
for i = 1:n
    p(i+1) = y(i) + h*f(x(i),y(i));  % 显式格式，并作为预测值
    y(i+1) = y(i)+h/2*(f(x(i),y(i)) + f(x(i+1),p(i+1))); % 校正格式
end
```

【例题 5.2.1】

描述指数衰减问题的微分方程

$$\frac{\mathrm{d}y}{\mathrm{d}t}=-\lambda y$$

λ 是衰减常数, 取 $t=0, y(0)=1, \lambda=1$，求 t 在 区间 $[0,8]$ 上的衰减函数曲线。

【解】 这个微分方程的解析解是 $y(t)=y(0)\mathrm{e}^{-\lambda t}$，采用最简单的显式欧拉方法，$\Delta t=0.1$，数值计算格式为

$$y_{k+1}=y_k+\Delta t\cdot f(y_k,t_k)=y_k+\Delta t\cdot(-\lambda y_k)=(1-\lambda\Delta t)y_k=0.9y_k$$

$$y_0=1,\quad y_1=0.9y_0=0.9,\quad y_2=0.9y_1=0.81,\ \cdots$$

计算程序为 decay.m。

```
function decay              % using Euler method
dt1 = 0.2; dt2 = 0.8;       % time step
lambda = 1.0;               % decay constant
```

```
n1 =25; n2 = 10          % loop index and no. of steps
t1(1) = 0; y1(1) = 1.0; % initial y0
t2(1) = 0; y2(1) = 1.0
for i = 1:n1
    t1(i+1) = i*dt1;
    f1(i) = -lambda*y1(i);
    y1(i+1) = y1(i) + dt1*f1(i);
end
for i = 1:n2
    t2(i+1) = i*dt2;
    f2(i) = -lambda*y2(i);
    y2(i+1) = y2(i) + dt2*f2(i);
end
plot(t1, y1, 'ro-',t2, y2,'bs-',t1,y1(1)*exp(-lambda.*t1),'c-',
   'LineWidth',2);
set(gca,'FontSize',16);
legend(['数值解dt=',num2str(dt1)],['数值解dt=',num2str(dt2)],'解析解');
xlabel('t');ylabel('y(t)');
grid on;
end
```

结果如图 5.2.1 所示。可见，简单欧拉方法的数值结果与步长的选取有关。

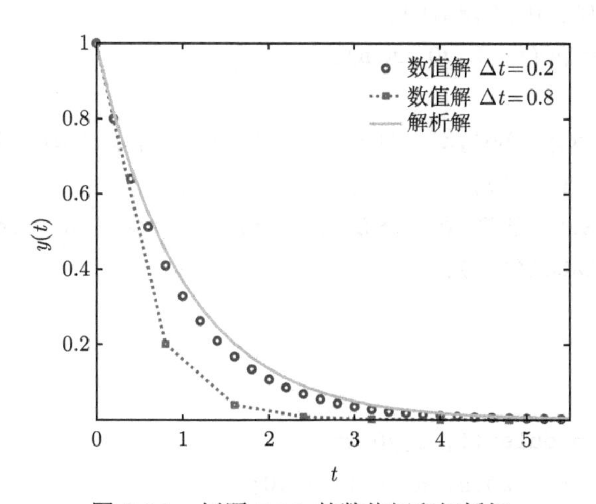

图 5.2.1 例题 5.2.1 的数值解和解析解

【例题 5.2.2】

解初值问题 $y'=y-2x/y,\ \ y(0)=1$。(1) 取步长 $h=0.1$，计算 y_1、y_2；(2) 采用预测–校正方法编程数值求解。

【解】该方程的精确解是 $y=(1+2x)^{1/2}$。

简单数值求解步骤如下：取步长 $h=0.1,\ \ x_k=hk\ (k=0,1,\cdots),\ \ y_0=1$。

(1) 显式格式：$y_{k+1}=y_k+h\cdot f(x_k,y_k)=y_k+h(y_k-2x_k/y_k)=1.1y_k-0.02k/y_k$，即

$$\begin{cases} y_1=1.1 \\ y_2=1.1y_1-0.02\times 1/y_1=1.1918 \end{cases}$$

(2) 采用预测–校正方法编程数值求解：

$$\begin{cases} \overline{y}_{k+1}=y_k+hf(x_k,y_k) \\ y_{k+1}=y_k+\dfrac{h}{2}[f(x_k,y_k)+f(x_{k+1},\overline{y}_{k+1})] \\ \qquad\ \ =y_k+\dfrac{h}{2}[(y_k-2x_k/y_k)+(\overline{y}_{k+1}-2x_{k+1}/\overline{y}_{k+1})] \end{cases}$$

计算程序为：demo_euler_pc.m。

```
function demo_euler_pc
clc; clear all; format long;
f =@(x,y) y -2*x/y;
x0 = 0; xn = 1; y0 = 1; n = 9;
[x ye] = euler(f,x0,y0,xn,n);
[x p y] = euler_pc(f,x0,y0,xn,n);
z = sqrt(1+2*x);
plot(x,ye,'rs',x,y,'bo',x,z,'k--','markersize',10,'LineWidth',2);
set(gca,'FontSize',16);
legend('显式方法','预测-校正方法','解析解','location','southeast');
xlabel('x'); ylabel('y');
grid on;
end

function [x y] = euler(f,x0,y0,xn,n)
h = (xn-x0)/n;  x = x0:h:xn; y(1) = y0;
for i = 1:n
    y(i+1) = y(i) + h*f(x(i),y(i));    % 显式格式
```

```
end
```

结果见图 5.2.2。欧拉方法是常微分方程初值问题数值解法中最简单的一种，其精度较低。

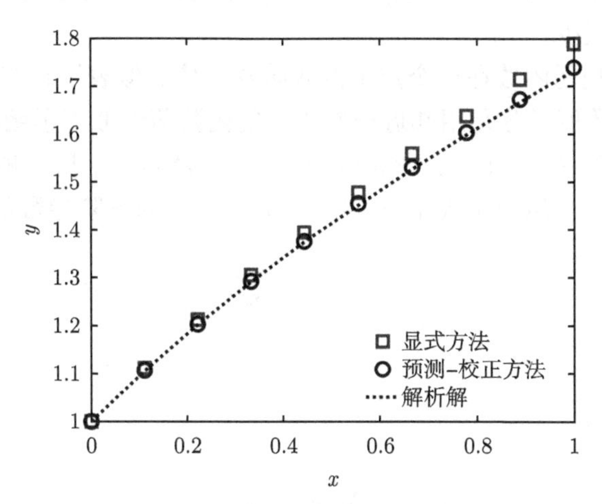

图 5.2.2 欧拉显式方法和预测–校正方法比较

求解初值问题的数值方法可以分为单步法和多步法。单步法一般可以表示为

$$u_{k+1} = u_k + h\varphi(t_k, u_k, h) \tag{5.2.12}$$

即只利用 t_k, u_k, h 计算 u_{k+1}；如果递推计算需要用 $u_k, u_{k-1}, \cdots, u_{k-s+1}$ 的线性组合来计算 u_{k+1}，则称为线性多步法。若记 $f_i = f(t_i, u_i)$，线性多步法可以表示为

$$u_{k+1} = \sum_{i=0}^{r} \alpha_i u_{k-i} + h \sum_{j=0}^{r} \beta_j f_{k-j} \tag{5.2.13}$$

单步法只要一个初值就可以启动递推计算；而式 (5.2.13) 所示的线性多步法则需要 $r+1$ 个初值 $u_0, u_1, \cdots, u_r$，才能够开始递推计算。如果递推式的右端不含有待计算的 u_{k+1}，则称为显式方法，只要进行简单递推计算就可得到 u_{k+1}；如果右端含有 u_{k+1}，则称为隐式方法，通常需要求解方程 (组) 方可确定 u_{k+1}。

5.2.2 龙格–库塔方法

欧拉方法比较简单，但它的收敛阶数低。可以利用 Taylor 展开式构造高阶的单步方法。欧拉公式可以看成是由一阶 Taylor 展开式得到的，所以应用高阶 Taylor 展开就可以得到高阶单步法。例如，将 $u(t_{k+1})$ 在 t_k 处作 q 阶 Taylor 展开

$$u(t_{k+1}) = u(t_k) + hu'(t_k) + \frac{1}{2!}h^2 u''(t_k) + \cdots + \frac{h^q}{q!}u^{(q)}(t_k) + \mathcal{O}(h^{q+1}) \tag{5.2.14}$$

由于 $u(t)$ 满足微分方程，因此它的各阶导数 $u^{(j)}(t)$ 可以通过函数 $f(t,u(t))$ 对 t 进行 $j-1$ 次复合求导获得。将式 (5.2.14) 中的余项 $\mathcal{O}(h^{q+1})$ 舍去，就得到 q 阶单步方法。但是, 复合函数 $f(t,u(t))$ 的高阶导数运算计算量较大，因此高阶 Taylor 展开方法的应用很少。

Taylor 展开是用函数在一个点上的各阶导数值近似表示它在另一个邻近节点上的函数值，而数值微分是用邻近一些点上的函数值近似表示函数在一个点上的各阶导数值。龙格–库塔 (Runge-Kutta，RK) 方法就是基于后一种思路：用一些特殊点上函数值的线性组合来表示 Taylor 展开中某点的各阶导数值。N 级 RK 方法的一般形式为

$$u_{k+1} = u_k + h\sum_{i=1}^{N} c_i k_k \tag{5.2.15}$$

其中

$$\begin{cases} k_1 = f(t_k, u_k), \\ k_i = f\left(t_k + a_i h, u_k + h\displaystyle\sum_{j=1}^{i-1} b_{ij}k_j\right), \quad i = 2,3,\cdots,N \\ \displaystyle\sum_{i=1}^{N} c_i = 1, \quad \sum_{j=1}^{i-1} b_{ij} = a_i \end{cases} \tag{5.2.16}$$

将近似公式和 $u(t_{k+1})$ 在 t_k 处的 Taylor 展开式相比较，确定相应系数，使近似公式具有尽可能高的收敛阶数。如果式 (5.2.15) 和式 (5.2.16) 的局部截断误差为 $R_{k+1} = \mathcal{O}(h^{p+1})$，则称式 (5.2.15) 为 N 级 p 阶的 RK 方法。

下面给出 2 阶 RK 方法的推导。取

$$u_{i+1} = u_i + h(ak_1 + bk_2), \quad k_1 = f(t_i, u_i), \quad k_2 = f(t_i + \alpha h, u_i + h\beta k_1) \tag{5.2.17}$$

u_{i+1} 在 t_i 的 Taylor 展开可写为

$$u_{i+1} = u_i + hf(t_i, u_i) + \frac{h^2}{2} f'(t_i, u_i) + \cdots \tag{5.2.18}$$

由关系 $f' = f_t + f_u f$，式 (5.2.18) 可改写为

$$u_{i+1} = u_i + hf(t_i, u_i) + h^2\left(\frac{1}{2}f_t + \frac{1}{2}f_u f\right)_i \tag{5.2.19}$$

重写式 (5.2.17) 为

$$u_{i+1} = u_i + ahf(t_i, u_i) + bhf(t_i + \alpha h, u_i + \beta hf(t_i, u_i)) \tag{5.2.20}$$

将式 (5.2.20) 的最后一项展开

$$f(t_i+\alpha h, u_i+\beta hf(t_i,u_i)) \approx (f+f_t\alpha h+f_u\beta hf)_i \tag{5.2.21}$$

再代入式 (5.2.20)，然后同式 (5.2.19) 比较，可得 $a+b=1$, $\alpha b=\beta b=1/2$。将满足该条件的系数 (a,b,α,β) 代入式 (5.2.17) 即可得到二阶的 RK 公式。

需注意的是系数 (a,b,α,β) 的取法并不唯一，例如，

(1) 若取 $a=b=1/2$，$\alpha=\beta=1$，则 2 阶 RK 公式就是前面给出的修正的欧拉公式

$$u_{i+1}=u_i+\frac{1}{2}h(k_1+k_2),\quad k_1=f(t_i,u_i),\quad k_2=f(t_i+h,u_i+hk_1) \tag{5.2.22}$$

(2) 若取 $a=0$, $b=1$，$\alpha=\beta=1/2$，则可给出另一种 2 阶 RK 公式

$$u_{i+1}=u_i+hk_2,\quad k_1=f(t_i,u_i),\quad k_2=f(t_i+\frac{h}{2},u_i+hk_1) \tag{5.2.23}$$

下面直接给出常用的 4 级 4 阶龙格–库塔公式

$$\begin{cases} k_1=f(t_i,u_i), \\ k_2=f\left(t_i+\dfrac{h}{2},u_i+\dfrac{hk_1}{2}\right) \\ k_3=f\left(t_i+\dfrac{h}{2},u_i+\dfrac{hk_2}{2}\right) \\ k_4=f(t_i+h,u_i+hk_3) \\ u_{i+1}=u_i+\dfrac{h(k_1+2k_2+2k_3+k_4)}{6} \end{cases} \tag{5.2.24}$$

4 阶龙格–库塔程序 rk4.m 如下：

```
function y = rk4(f,a,b,ya,n)
h = (b-a)/n; x = a:h:b;
y(1) = ya;
for i = 1:n
    k1 = h*feval(f,x(i),y(i));
    k2 = h*feval(f,x(i)+h/2,y(i)+k1/2);
    k3 = h*feval(f,x(i)+h/2,y(i)+k2/2);
    k4 = h*feval(f,x(i)+h,y(i)+k3);
    y(i+1) = y(i)+(k1+2*k2+2*k3+k4)/6;
end
```

4 阶龙格–库塔的 Fortran 程序 rk4.for 如下：

```
subroutine rk4(t,y,m,h,n,z,d)
real(8) y(m),d(m),z(m,n),a(4),b(m),t,h,xx,tt
```

```
a(1)=h/2.0
a(2)=a(1)
a(3)=h
a(4)=h
do 5 i=1,m
5 z(i,1)=y(i)
xx=t
do 100 j=2,n
  call f(t,y,m,d)
  do 10 i=1,m
10    b(i)=y(i)
  do 30 k=1,3
    do 20 i=1,m
      y(i)=z(i,j-1)+a(k)*d(i)
      b(i)=b(i)+a(k+1)*d(i)/3.0
20     continue
    tt=t+a(k)
    call f(tt,y,m,d)
30    continue
  do 40 i=1,m
40    y(i)=b(i)+h*d(i)/6.0
  do 50 i=1,m
50    z(i,j)=y(i)
  t=t+h
100 continue
t=xx
return
end
```

【例题 5.2.3】

采用龙格–库塔方法求微分方程 $y' = x\sqrt{y},\quad y(2) = 4$ 在区间 $[2,3]$ 上的数值解。

【解】 计算过程见程序: demo_rk4.m。

```
function demo_rk4
clc; clf; clear all
```

```
n = 11 ; a = 2 ; b = 3; y(1) = 4 ;
h = (b-a)/n ; x = a:h:b;
f = @(x,y) x*sqrt(y);
y  = rk4(f,a,b,y(1),n);
xe = linspace(a,b,100);
ye = (1+0.25*xe.*xe).^2;
plot(xe,ye,'c-',x,y,'ro','LineWidth',2);
set(gca,'FontSize',16);
xlabel('x');ylabel('y');
legend('解析解','数值解','location','northwest');
grid on;
```

结果见图 5.2.3。

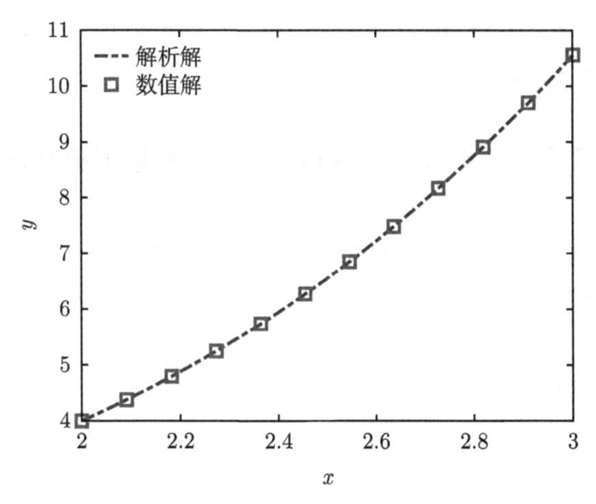

图 5.2.3 例题 5.2.3 的数值解和解析解

5.2.3 微分方程组与高阶微分方程

一阶 n 维常微分方程组初值问题的描述为

$$\frac{\mathrm{d}y_i}{\mathrm{d}x}=f_i(x,y_1,y_2,\cdots y_n),\quad y_i(x_0)=y_{i0},\quad i=1,2,\cdots,n \tag{5.2.25}$$

若把其中的未知函数，方程右端和初值都表示成矩阵形式

$$Y=(y_1,y_2,\cdots,y_n)^{\mathrm{T}},\quad F=(f_1,f_2,\cdots,f_n)^{\mathrm{T}},\quad Y_0=(y_{10},y_{20},\cdots,y_{n0})^{\mathrm{T}}$$

则方程组可表示成

$$\frac{\mathrm{d}Y}{\mathrm{d}x}=F(x,Y),\quad Y(x_0)=Y_0 \tag{5.2.26}$$

这种写法同单变量微分方程的初值问题类似，其数值解法也一样。

n 维一阶微分方程组数值求解程序 rk4n.m 如下：

```
function y = rk4n(deriv,n,x,dx,y)
% 计算从x到x+dx一个步长y(x+dx)
x0 = x; y0 = y;
dy1 = feval(deriv,x0,y);
    y(1:n) = y0(1:n) + 0.5*dx*dy1(1:n);
dy2 = feval(deriv,x0 + 0.5*dx,y);
    y(1:n) = y0(1:n) + 0.5*dx*dy2(1:n);
dy3 = feval(deriv,x0 + 0.5*dx,y);
    y(1:n) = y0(1:n) + dx*dy3(1:n);
dy4 = feval(deriv,x0 + dx,y);
dy(1:n) = (dy1(1:n) + 2*(dy2(1:n) + dy3(1:n)) + dy4(1:n))/6;
y(1:n) = y0(1:n) + dx*dy(1:n);
end
```

4 阶龙格–库塔子程序 rk4n.m 在求解 n 维方程组数值解时只计算了一个步长，使用方法见例题 5.2.4。

```
function [tout, yout] = rk4s(fun, tspan, y0, n)
t0=tspan(1); tf=tspan(2);
h = (tf - t0)/n;
t = t0; y = y0(:);
tout = t;
yout = y.';
while (t < tf)
        if t + h > tf, h = tf - t; end
    s1 = feval(fun, t, y); s1 = s1(:);
    s2 = feval(fun, t + h/2, y + h*s1/2); s2=s2(:);
    s3 = feval(fun, t + h/2, y + h*s2/2); s3=s3(:);
    s4 = feval(fun, t + h,    y + h*s3);   s4=s4(:);
    t = t + h;
    y = y + h*(s1 + 2*s2 + 2*s3 +s4)/6;
    tout = [tout; t];
    yout = [yout; y.'];
end;
```

程序 **rk4s.m** 是计算 n 维方程组在整个求解区间 [tspan(1), tspan(2)] 的解，

使用方法见例题 5.2.5。

【例题 5.2.4】

对带电粒子在均匀磁场中受洛伦兹力作用的运动轨迹的数值计算。

【解】 带电粒子在均匀磁场中的运动方程为

$$m\frac{\mathrm{d}\boldsymbol{v}}{\mathrm{d}t} = \boldsymbol{v} \times \boldsymbol{B}$$

或写为

$$\frac{\mathrm{d}\boldsymbol{v}}{\mathrm{d}t} = q\boldsymbol{v} \times \boldsymbol{\omega}_{\mathrm{c}}, \quad \boldsymbol{\omega}_{\mathrm{c}} = q\boldsymbol{B}/m$$

其中，ω_{c} 是回旋频率。如果取均匀磁场方向为 z 轴方向，则有如下分量关系：

$$\frac{\mathrm{d}x}{\mathrm{d}t} = v_x, \ \frac{\mathrm{d}y}{\mathrm{d}t} = v_y, \ \frac{\mathrm{d}z}{\mathrm{d}t} = v_z, \ \frac{\mathrm{d}v_x}{\mathrm{d}t} = \omega_{\mathrm{c}} v_y, \ \frac{\mathrm{d}v_y}{\mathrm{d}t} = -\omega_{\mathrm{c}} v_x, \ \frac{\mathrm{d}v_z}{\mathrm{d}t} = 0$$

若设

$$y_1 = x, \ \ y_2 = y, \ \ y_3 = z, \ \ y_4 = v_x, \ \ y_5 = v_y, \ \ y_6 = v_z$$

则有

$$\frac{\mathrm{d}y_1}{\mathrm{d}t} = y_4, \quad \frac{\mathrm{d}y_2}{\mathrm{d}t} = y_5, \quad \frac{\mathrm{d}y_3}{\mathrm{d}t} = y_6,$$
$$\frac{\mathrm{d}y_4}{\mathrm{d}t} = \omega_{\mathrm{c}} y_5, \quad \frac{\mathrm{d}y_5}{\mathrm{d}t} = -\omega_{\mathrm{c}} y_4, \quad \frac{\mathrm{d}y_5}{\mathrm{d}t} = 0$$

求解例题 5.2.4 中 6 维一阶微分方程组的程序 charge_particle.m 如下：

```
function charge_particle
clc; clear all; format long;
n = 6; t0 = 0; dt = 0.1;
y = [1 1 0 1 0 1];
for i = 1:500
    t(i) = t0 + (i-1)*dt;
    y = rk4n(@dfun,n,t(i),dt,y);
    y1(i) = y(1); y2(i) = y(2); y3(i)=y(3);
end
figure(1);
set(gca,'FontSize',16);
plot3(y1,y2,y3,'LineWidth',2);
xlabel('x(t)');
ylabel('y(t)');
```

```
zlabel('z(t)');
title('图5.2.4带电粒子在均匀磁场中的运动轨迹');
grid on;
end

function dy = dfun(t,y)
dy = [y(4),y(5),y(6),y(5),-y(4),0];
end
```

带电粒子在均匀磁场中的运动轨迹如图 5.2.4 所示。

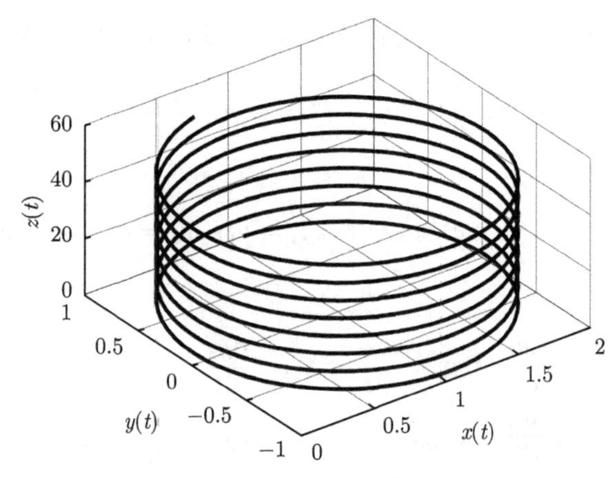

图 5.2.4　带电粒子在均匀磁场中的运动轨迹

对于高阶微分方程

$$\begin{cases} y^{(n)} = f(x, y, y', \cdots, y^{(n-1)}) \\ y(x_0) = y_0, y'(x_0) = y'_0, \cdots, y^{(n-1)}(x_0) = y_0^{(n-1)} \end{cases} \tag{5.2.27}$$

的初值问题，可以引进新的未知函数 $y_1 = y$，$y_2 = y', \cdots$，$y_n = y^{(n-1)}$，则微分方程 (5.2.27) 可转化为

$$\begin{cases} y'_1 = y_2, \quad y_1(x_0) = y_0 \\ y'_2 = y_3, \quad y_2(x_0) = y'_0 \\ \quad \cdots \\ y'_{n-1} = y_n, \quad y_{n-1}(x_0) = y_0^{(n-2)} \\ y'_n = f(x, y_1, y_2, \cdots, y_n), \quad y_n(x_0) = y_0^{(n-1)} \end{cases} \tag{5.2.28}$$

即把 n 阶的微分方程降阶变换成 n 维的一阶微分方程组问题。例如，二阶微分方

程的初值问题

$$\begin{cases} y'' = f(x, y, y') \\ y(x_0) = y_0, \quad y'(x_0) = y'_0 \end{cases}$$

若引进新变量 $z = y'$，方程可转化为 2 维一阶微分方程组

$$\begin{cases} y' = z, \quad y(x_0) = y_0 \\ z' = f(x, y, z), \quad z(x_0) = y'_0 \end{cases}$$

【例题 5.2.5】

求二阶微分方程 $y'' - 2y' + 2y = \mathrm{e}^{2x}\sin(x)$，$y(0) = -0.4$，$y'(0) = -0.6$ 的数值解。

【解】 设 $y_1 = y, y_2 = y'$，原二阶微分方程可化为

$$\begin{cases} y'_1 = y_2, \quad y_1(0) = -0.4 \\ y'_2 = 2y_2 - 2y_1 + \mathrm{e}^{2x}\sin(x), \quad y_2(0) = -0.6 \end{cases}$$

计算程序 demo_rk4s.m 如下：

```
function demo_rk4s
[x,y]=rk4s(@f21,[0, 1],[-0.4; -0.6],40);
% [x y] = ode23(@f21,[0,1],[-0.4;-0.6])
figure(1);
set(gca,'FontSize',16);
plot(x,y(:,1),'r',x,y(:,2),'LineWidth',2);
xlabel('x');ylabel('y');
legend('y(1) = y(x) ','y(2) = dy/dx');
grid on;
end

function dy = f21(x,y)
dy = [y(2); 2*y(2)-2*y(1)+exp(2*x)*sin(x)];
end
```

事实上 MATLAB 程序库中有 RK 方法求解微分方程 (组) 的内置程序，如 ode23 等。具体用法见上面程序中 % 注释的部分，结果见图 5.2.5。

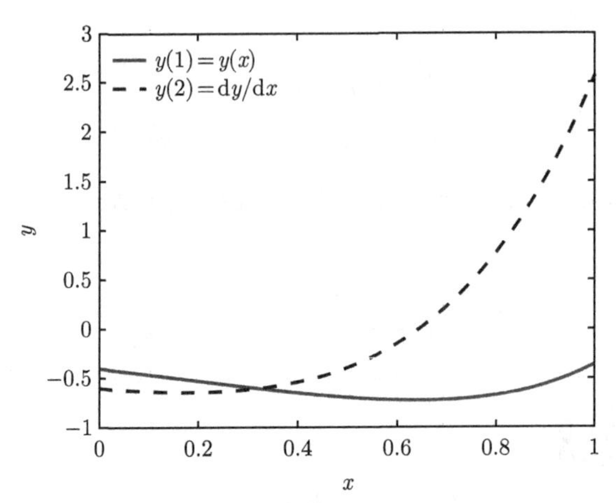

图 5.2.5　例题 5.2.5 数值结果

5.2.4　初值问题的差分方法

高阶微分方程可以通过降阶的方法化为一阶的微分方程组。当然也可以通过差分的方法直接求解 (这种差分方法将在下面边值问题中详细介绍)。这种解法用得不多，本节对其做简单介绍。例如二阶微分方程，可以将其中的一阶和二阶微分用中心差商表示，具体见下面的例题。

【例题 5.2.6】

采用差分方法求解 n 阶贝塞尔方程

$$x^2\frac{\mathrm{d}^2y}{\mathrm{d}x^2}+x\frac{\mathrm{d}y}{\mathrm{d}x}+(x^2-n^2)y=0,\quad y(0)=\alpha,\quad y'(0)=\beta$$

以 $n=1,\ \alpha=0,\ \beta=0.5$ 为例数值求解。

【解】 取步长 $h=(x_b-x_a)/(n-1), x_i=x_a+(i-1)h\ (i=1,\cdots,n)$，对于本题 $x_a=0$。

微分方程的差分形式为

$$x_i^2\frac{y_{i+1}-2y_i+y_{i-1}}{h^2}+x_i\frac{y_{i+1}-y_{i-1}}{2h}+(x_i^2-n^2)y_i=0,\quad i=2,\cdots,n-1$$

该差分格式可整理为

$$y_{i+1}=p_iy_i+q_iy_{i-1},\quad i=2,\cdots,n-1,\quad p_i=\frac{x_i^2(2-h^2)+n^2h^2}{x_i(0.5h+x_i)},\quad q_i=\frac{0.5h-x_i}{0.5h+x_i}$$

由初值条件可知 $y_1=y(x_a)=\alpha,\ y'(x_a)=\beta$。如果设

$$y'(x_a)=\frac{y_2-y_1}{h}=\beta,\quad y_2=y_1+\beta h$$

代入上面的递推公式即可求解每个节点的函数值 y_{i+1}。计算程序 liti_526.m 如下：

```
m = 1;
xa = 0; xb = 10; dx = 0.1;
ya = besselj(m,xa); yap = 0.5;
x=xa:dx:xb; n = length(x);
y = zeros(size(x));
y(1) = ya; y(2) = y(1) + dx * yap;
for j = 2:n-1
    a(j)=x(j)*(x(j)+0.5*dx);
    p(j)=((2-dx*dx)*x(j)*x(j)+m*m*dx*dx)/a(j);
    q(j)=x(j)*(0.5*dx-x(j))/a(j);
    y(j+1) = p(j)*y(j)+q(j)*y(j-1);
end
plot(x,y,'ro',x,besselj(m,x),'c-','LineWidth',2);
set(gca,'FontSize',16);grid on;
xlabel('x'); ylabel('J_{1}(x)');
legend('数值解','解析解');
```

结果见图 5.2.6。

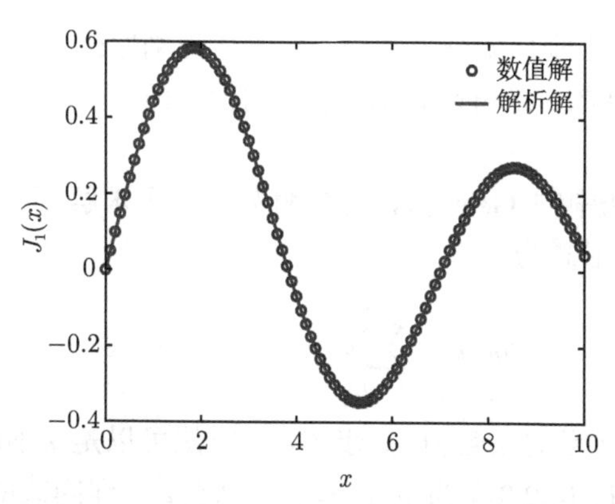

图 5.2.6 例题 5.2.6 的数值解和解析解

5.2.5 刚性微分方程

在某些物理问题中，可能涉及的研究对象的时间尺度相差很大 (例如，在等离子体物理中，电子和离子的时间尺度相差很大，相应的运动方程通常是刚性微分方程组)。

对于微分方程组

$$\begin{cases} x' = 98x + 1998y \\ y' = -999x - 1999y \\ x(0) = 1, \quad y(0) = 0 \end{cases} \tag{5.2.29}$$

其解析解是

$$\begin{cases} x(t) = 2\mathrm{e}^{-t} - \mathrm{e}^{-1000t} \\ y(t) = -\mathrm{e}^{-t} + \mathrm{e}^{-1000t} \end{cases} \tag{5.2.30}$$

解中的 e^{-1000t} 为快变分量，e^{-t} 为慢变分量 (解的分量变化快慢相差很大)。相应的微分方程组为刚性微分方程组。

用数值方法求解刚性微分方程组时，计算步长是由快变分量决定的，而计算的步数则是由慢变分量和步长共同确定的，因此该问题的数值求解需要用较小的计算步长和较大的计算区间。虽然从理论上说，快变分量很快趋于 0，影响范围很小，但是在数值方法中，快变分量的存在对求解带来了很大的困难。

一般地，对于常系数线性微分方程组

$$\frac{\mathrm{d}Y}{\mathrm{d}t} = AY + B \tag{5.2.31}$$

如果系数矩阵 A 的本征值的实部 $\mathrm{Re}(\lambda_i) < 0, i = 1, 2, \cdots, n$, 且

$$s = \frac{\max|\mathrm{Re}(\lambda_i)|}{\min|\mathrm{Re}(\lambda_i)|} \gg 1$$

则称方程组 (5.2.31) 为刚性微分方程组，其中 s 为刚性比。一般 $s > 10$，就可以认为微分方程组是刚性的。求解刚性微分方程组的数值方法一般采用高阶单步法和线性多步法。

隐式线性多步法中的 Gear 方法稳定性好，适于求解刚性微分方程组问题，k 步 Gear 方法的一般形式为

$$y_{n+k} = \sum_{j=0}^{k-1} a_j y_{n+j} + h\beta_k f_{n+k} \tag{5.2.32}$$

其中 $\beta_k \neq 0$，选择适当的参数值, k 步 Gear 方法可以是 k 阶收敛的。当 $k = 1$, $\alpha_0 = \beta_1 = 1$ 时，公式 (5.2.32) 为 $y_{n+1} = y_n + hf_{n+1}$，即隐式欧拉公式。下面给出 $k = 2, 3$ 时的 Gear 公式。

2 阶 Gear 公式:

$$y_{n+2} = \frac{1}{3}(4y_{n+1} - y_n + 2hf_{n+2}) \tag{5.2.33}$$

3 阶 Gear 公式:

$$y_{n+3} = \frac{1}{11}(18y_{n+2} - 9y_{n+1} + 2y_n + 6hf_{n+3}) \tag{5.2.34}$$

Gear 方法的计算程序 Gear.m 如下:

```
function [t Y]=Gear(A,h,tsn,Y0,Gn)
t=tsn(1):h:tsn(2);n=length(Y0);
A1=[eye(n)-h*A];
A2=[3*eye(n)-2*h*A];
A3=[11*eye(n)-6*h*A];
Y(:,1)=Y0';
Y(:,2)=A1\Y(:,1);
Y(:,3)=A2\(4*Y(:,2)-Y(:,1));
for i=2:length(t)
    if Gn==1||i==2
        Y(:,i)=A1\Y(:,i-1); % k=1
    elseif Gn==2||i==3
        Y(:,i)=A2\(4*Y(:,i-1)-Y(:,i-2)); % k=2
    elseif Gn==3
        Y(:,i)=A3\(18*Y(:,i-1)-9*Y(:,i-2)+2*Y(:,i-3)); % k=3
    end
end
```

【例题 5.2.7】

数值求解微分方程组 (5.2.29)。

【解】 计算程序 Demo_Gear.m 如下：

```
clear,clc
A=[998 1998;-999 -1999];
h=1E-5;tsn=[0 5];Y0=[1 0];
[t Y1]=Gear(A,h,tsn,Y0,1); % k=1
[t Y2]=Gear(A,h,tsn,Y0,2); % k=2
[t Y3]=Gear(A,h,tsn,Y0,3); % k=3
xp=2*exp(-t)-exp(-1000*t); % x-解析解
yp=-exp(-t)+exp(-1000*t);  % y-解析解
Yp=[xp;yp];                % (x,y)精确解
Er1=Y1-Yp;                 % k=1时的计算误差
Er2=Y2-Yp;                 % k=2时的计算误差
Er3=Y3-Yp;                 % k=3时的计算误差
% semilogx(t,xp,'-b',t,yp,':r')
Nt1  =1:10^3; % Nt2=10^3:5*10^5;
```

```
subplot(2,2,1)
plot(t(Nt1),Y2(1,Nt1),'--b',t(Nt1),Y2(2,Nt1),'-r','LineWidth',2);
set(gca,'FontSize',12);
xlabel('t');ylabel('x(t),y(t)');
legend('x(t)','y(t)');
title('t<0.01');
subplot(2,2,2)
t1=0.01/h:5/h;
% plot(t(Nt2),Y1(1,Nt2),'--b',t(Nt2),Y1(2,Nt2),'-r','LineWidth',2);
plot(t,Y2(1,:),'--b',t,Y2(2,:),'-r','LineWidth',2);
set(gca,'FontSize',12);
xlim([0 5]);xlabel('t');ylabel('x(t),y(t)');
legend('x(t)','y(t)');
title('t<5');
subplot(2,2,[3 4])
semilogx(t,sqrt(Er1(1,:).^2+Er1(2,:).^2),'--b','LineWidth',2),
hold on
semilogx(t,sqrt(Er3(1,:).^2+Er3(2,:).^2),'-r','LineWidth',2),
set(gca,'FontSize',12);
xlim([1E-5 5]),xlabel('t');ylabel('error');
legend('k=1','k=3');
% title('error');
end
```

从数值结果可见 (图 5.2.7)，在 [0,0.01] 时间段, $x(t),y(t)$ 快速增加 (减少)，而在 [0.01, 5] 时间段, $x(t),y(t)$ 缓慢减少 (增加)。另外，由相应误差值可见 $k=3$ 的 Gear 公式比 $k=1$ 的 Gear 公式精度高。

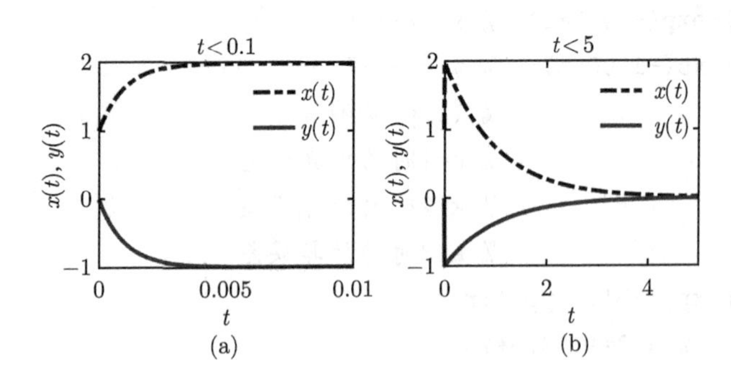

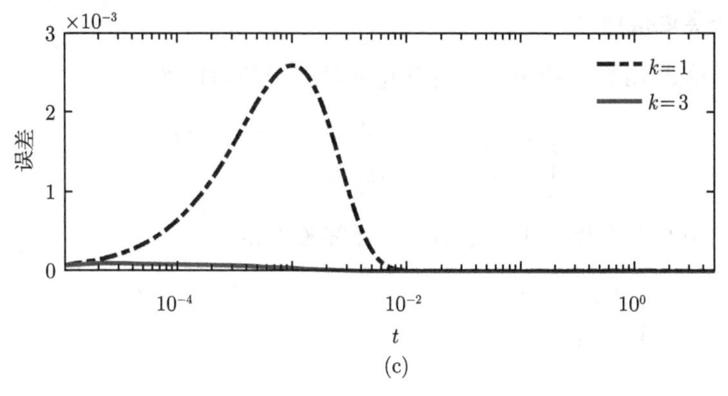

(c)

图 5.2.7 例题 5.2.7 数值结果

5.3 边值问题的数值方法

两点边值问题的微分方程的一般形式是

$$y''(x)=f(x,y,y') \tag{5.3.1}$$

$$\begin{cases}\alpha_0 y(a)+\beta_0 y'(a)=r_0\\ \alpha_1 y(b)+\beta_1 y'(b)=r_1\end{cases} \tag{5.3.2}$$

当 $\beta_0=\beta_0=0$ 时式 (5.3.2) 是第一类边界条件，当 $\alpha_0=\alpha_1=0$ 时式 (5.3.2) 是第二类边界条件，其他情况是第三类混合边界条件。

5.3.1 差分方法

边值问题最简单的数值求解方法是有限差分方法。首先在计算区间离散化微分方程，将 $[a,b]$ 分成 $n-1$ 个相等的小区间 (注意 n 个节点)，取

$$h=\frac{b-a}{n-1},\quad x_i=a+(i-1)h,\quad i=1,\cdots,n$$

称 x_i 为节点，用中心差商公式代替微分方程在节点 x_i 的一阶和二阶微商，

$$y''(x_i)=\frac{y_{i+1}-2y_i+y_{i-1}}{h^2},\quad y'(x_i)=\frac{y_{i+1}-y_{i-1}}{2h}$$

得差分方程

$$\frac{y_{i+1}-2y_i+y_{i-1}}{h^2}=f\left(x_i,y_i,\frac{y_{i+1}-y_{i-1}}{2h}\right),\quad i=2,\cdots,n-1 \tag{5.3.3}$$

由式 (5.3.3) 再加上两个边界条件的方程，即可得到 n 个变量 n 维代数方程组。相应的差分方程组可采用第二章介绍的线性或非线性方程组的解法进行求解。

1. 第一类边值问题

下面讨论式 (5.3.1) 给出的一种常见的第一类边值问题

$$\begin{cases} u(x)y''+v(x)y'+w(x)y=f(x) \\ y(a)=\alpha, \quad y(b)=\beta \end{cases} \tag{5.3.4}$$

将 y'', y' 的中心差商代入式 (5.3.4) 后，化简整理得

$$\begin{cases} a_i y_{i-1}+b_i y_i+c_i y_{i+1}=d_i, \quad i=2,3,\cdots,n-1 \\ y_1=\alpha, \quad y_n=\beta \end{cases} \tag{5.3.5}$$

其中，$a_i=u(x_i)-\dfrac{h}{2}v(x_i), b_i=h^2w(x_i)-2u(x_i), c_i=u(x_i)+\dfrac{h}{2}v(x_i), d_i=h^2f(x_i)$，用矩阵表示

$$\begin{bmatrix} b_1 & c_1 & & & \\ a_2 & b_2 & c_2 & & \\ & \ddots & \ddots & \ddots & \\ & & a_{n-1} & b_{n-1} & c_{n-1} \\ & & & a_n & b_n \end{bmatrix} \begin{bmatrix} y_1 \\ y_2 \\ \vdots \\ y_{n-1} \\ y_n \end{bmatrix} = \begin{bmatrix} d_1 \\ d_2 \\ \vdots \\ d_{n-1} \\ d_n \end{bmatrix}$$

其中，$b_1=1, c_1=0, d_1=\alpha, a_n=0, b_n=1, d_n=\beta$，为三对角矩阵方程组，可用追赶法求解。

计算程序 bvp1.m 如下：

```
% bvp1.m    第一类边界条件
function y = bvp1(u,v,w,f,x,y1,yn,n)
h = (x(n)-x(1))/(n-1);
a(1:n)=u(1:n)-0.5*h*v(1:n);
b(1:n)=h*h*w(1:n)-2*u(1:n);
c(1:n)=u(1:n)+0.5*h*v(1:n);
d(1:n)=h*h*f(1:n);
a(1)=0;b(1)=1;c(1)=0;d(1)=y1;
a(n)=0;b(n)=1;c(n)=0;d(n)=yn;
y = tri(a,b,c,d)
end
```

bvp1.m 子程序使用方法见例题 5.3.1。

【例题 5.3.1】

设二阶微分方程边值问题如下：

$$-y'' + \frac{2}{x^2}y = \frac{1}{x}, \quad y(2) = 0, \quad y(3) = 0$$

【解】求解区间为 [2,3]，取步长 $h = 0.1$，共 11 个节点，

$$u(x) = -1, v(x) = 0, w(x) = \frac{2}{x^2}, f(x) = \frac{1}{x}$$

代入 bvp1.m 程序即可计算。求解程序 demo_bvp1.m 如下：

```
% demo_bvp1.m
function demo_bvp1
clc; clear all; format long;
x1 = 2; xn = 3; n = 100;
y1 = 0; yn = 0;
h = (xn-x1)/(n-1); x = x1:h:xn;
u(1:n) = -1; v(1:n) = 0;
w(1:n) = 2./x(:)./x(:); f(1:n) = 1./x(:);
y = bvp1(u,v,w,f,x,y1,yn,n);
plot(x,y,'c-','LineWidth',3);
set(gca,'FontSize',16);grid on;
xlabel('x'); ylabel('y');
%title('图5.3.1例题5.3.1的数值结果');
end
```

计算结果见图 5.3.1。

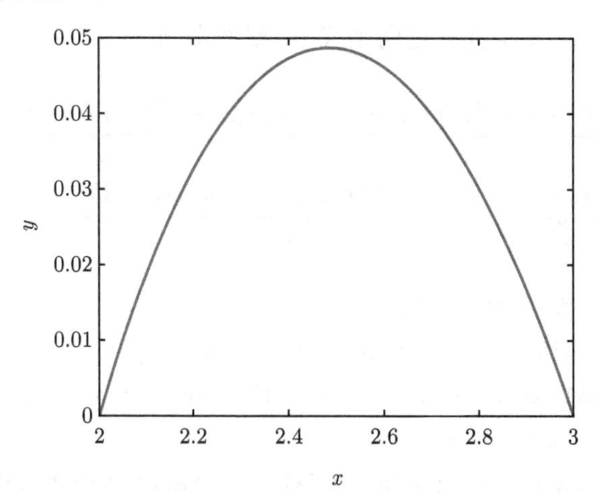

图 5.3.1 例题 5.3.1 的数值结果

2. 混合边值问题

对于第二类边值问题，例如式 (5.3.4) 中的右边界 $y'(b)=\beta$，这时最简单的方法是设 $y_n=y_{n-1}+\beta h$。取 $a_n=-1, b_n=1, d_n=h\beta$，代入程序 bvp1.m 即可计算。但是这样简单处理降低了问题的精度。对于内节点都是采用二阶精度的中心差分，边界也尽量采用二阶精度处理。

对于求解一般混合边界条件的边值问题

$$\begin{cases} u(x)y''+v(x)y'+w(x)y=f(x) \\ \alpha_1 y(a)+\beta_1 y'(a)=r_1, \quad \alpha_n y(b)+\beta_n y'(b)=r_n \end{cases}$$

可采用多种方法处理第二类边界条件。

(1) 中心差分：

$$y'(a)=\frac{y_2-y_0}{2h}, \quad y'(b)=\frac{y_{n+1}-y_{n-1}}{2h}$$

y_0, y_{n+1} 是两个虚拟点, 由边界条件可以消去虚拟点。

$$\alpha_1 y_1+\beta_1\frac{y_2-y_0}{2h}=r_1, \quad \alpha_n y_n+\beta_n\frac{y_{n+1}-y_{n-1}}{2h}=r_n$$

整理得

$$-\beta_1 y_0+2h\alpha_1 y_1+\beta_1 y_2=2hr_1, \quad -\beta_n y_{n-1}+2h\alpha_n y_n+\beta_n y_{n+1}=2hr_n$$

再由微分方程的差分方程：$a_iy_{i-1}+b_iy_i+c_iy_{i+1}=d_i, i=1,2,3,\cdots,n$ 给出 $i=1,n$ 的情况.

$$a_1y_0+b_1y_1+c_1y_2=d_1, \quad a_ny_{n-1}+b_ny_n+c_ny_{n+1}=d_n$$

将边界条件中的 y_0, y_{n+1} 代入这两个式中, 整理得到

$$\begin{cases} \underbrace{(2h\alpha_1 a_1+\beta_1 b_1)}_{b_1}y_1+\underbrace{\beta_1(a_1+c_1)}_{c_1}y_2=\underbrace{2ha_1r_1+\beta_1 d_1}_{d_1} \\ \underbrace{-\beta_n(a_n+c_n)}_{a_n}y_{n-1}+\underbrace{(2hc_n\alpha_n-\beta_n b_n)}_{b_n}y_n=\underbrace{2hc_nr_n-\beta_n d_n}_{d_n} \end{cases}$$

边界中心差分程序 bcc.m 如下：

```
function [a,b,c,d]= bcc(n,h,alpha1,beta1,r1,alphan,betan,rn,a,b,c,d)
b(1) = 2*h*alpha1*a(1)+beta1*b(1); c(1) = beta1*(a(1)+c(1));
d(1) = 2*h*a(1)*r1+beta1*d(1);
a(n) = -betan*(a(n)+c(n)); b(n) = 2*h*c(n)*alphan-betan*b(n);
d(n) = 2*h*c(n)*rn-betan*d(n);
end
```

注意：这里 a, b, c, d 带状系数矩阵元与微分方程系数 u, v, w, f 的关系。

(2) 内点前后差分：

$$y'(a) = \frac{y_2 - y_1}{h}, \quad y'(b) = \frac{y_n - y_{n-1}}{h}$$

代入边界条件, 整理得

$$\alpha_1 y_1 + \beta_1 \frac{y_2 - y_1}{h} = r_1, \quad \alpha_n y_n + \beta_n \frac{y_n - y_{n-1}}{h} = r_n$$

$$\begin{cases} \underbrace{(\alpha_1 h - \beta_1)}_{b_1} y_1 + \underbrace{\beta_1}_{c_1} y_2 = \underbrace{h r_1}_{d_1} \\ \underbrace{-\beta_n}_{a_n} y_{n-1} + \underbrace{(\alpha_n h + \beta_n)}_{b_n} y_n = \underbrace{h r_n}_{d_n} \end{cases}$$

边界前后差分程序 bcbf.m 如下：

```
function [a,b,c,d]= bcbf(n,h,alpha1,beta1,r1,alphan,betan,rn,a,b,c,d)
b(1) = alpha1*h-beta1; c(1) = beta1; d(1) = h*r1;
a(n) = -betan; b(n) = h*alphan+betan; d(n) = h*rn;
end
```

(3) 虚拟点前后差分：

$$y'(a) = \frac{y_1 - y_0}{h}, \quad y'(b) = \frac{y_{n+1} - y_n}{h}$$

代入边界条件, 整理得

$$-\beta_1 y_0 + (\alpha_1 h + \beta_1) y_1 = h r_1, \quad (\alpha_n h - \beta_n) y_n + \beta_n y_{n+1} = h r_n$$

利用差分方程对应的递推公式

$$a_1 y_0 + b_1 y_1 + c_1 y_2 = d_1, \quad a_n y_{n-1} + b_n y_n + c_n y_{n+1} = d_n$$

消去 y_0, y_{n+1} 可整理得到

$$\begin{cases} \underbrace{[a_1(\alpha_1 h + \beta_1) + b_1 \beta_1]}_{b_1} y_1 + \underbrace{c_1 \beta_1}_{c_1} y_2 = \underbrace{d_1 \beta_1 + a_1 h r_1}_{d_1} \\ \underbrace{a_n \beta_n}_{a_n} y_{n-1} + \underbrace{[b_n \beta_n - c_n(\alpha_n h - \beta_n)]}_{b_n} y_n = \underbrace{d_n \beta_n - c_n h r_n}_{d_n} \end{cases}$$

(4) 三点差分:

$$y'(a) = \frac{-y_3 + 4y_2 - 3y_1}{2h}, \quad y'(b) = \frac{y_{n-2} - 4y_{n-1} + 3y_n}{2h}$$

代入边界条件:

$$\alpha_1 y_1+\beta_1\frac{-y_3+4y_2-3y_1}{2h}=r_1,\quad \alpha_n y_n+\beta_n\frac{y_{n-2}-4y_{n-1}+3y_n}{2h}=r_n$$

整理得到

$$\begin{cases}(2h\alpha_1-3\beta_1)y_1+4\beta_1 y_2-\beta_1 y_3=2hr_1\\ \beta_n y_{n-2}-4\beta_n y_{n-1}+(2h\alpha_n+3\beta_n)y_n=2hr_n\end{cases}$$

利用递推公式:

$$a_2y_1+b_2y_2+c_2y_3=d_2,\quad a_{n-1}y_{n-2}+b_{n-1}y_{n-1}+c_{n-1}y_n=d_{n-1}$$

消去 y_3, y_{n-2}, 使之成为三对角矩阵方程

$$\begin{cases}\underbrace{[(2h\alpha_1-3\beta_1)c_2+\beta_1 a_2]}_{b_1}y_1+\underbrace{\beta_1(4c_2+b_2)}_{c_1}y_2=\underbrace{2c_2hr_1+\beta_1 d_2}_{d_1}\\ \underbrace{-(4a_{n-1}+b_{n-1})\beta_n}_{a_n}y_{n-1}+\underbrace{[(2h\alpha_n+3\beta_n)a_{n-1}-\beta_n c_{n-1}]}_{b_n}y_n=\underbrace{2a_{n-1}hr_n-\beta_n d_{n-1}}_{d_n}\end{cases}$$

边界三点差分程序 bc3.m 如下:

```
function [a,b,c,d]=bc3(n,h,alpha1,beta1,r1,alphan,betan,rn,a,b,c,d)
b(1)=(2*h*alpha1-3*beta1)*c(2)+beta1*a(2); c(1) = beta1*(4*c(2)+b(2));
d(1)=2*h*c(2)*r1+beta1*d(2); a(n) = -betan*(4*a(n-1)+b(n-1));
b(n)=(2*h*alphan+3*betan)*a(n-1)-betan*c(n-1);
d(n)=2*h*a(n-1)*rn-betan*d(n-1);
end
```

将边界差分程序代入边值问题的主程序 bvp_tri.m (三对角矩阵追赶法), 即可得相应的数值解, 如下:

```
function y = bvp_tri(u,v,w,f,n,x,alpha1,beta1,r1,alphan,betan,rn,type)
% 求u(x)y''+v(x)y'+w(x)y=f(x),
% alpha1*y(1)+beta1*y'(1)= r1; alphan*y(n)+betan*y'(n)=rn
h = (x(n)-x(1))/(n-1); a(1:n)=u(1:n)-0.5*h*v(1:n); b(1:n)=h*h*w(1:n)
    -2*u(1:n);
c(1:n) = u(1:n)+0.5*h*v(1:n); d(1:n) = h*h*f(1:n);
switch type
    case 1,[a,b,c,d]=bcc(n,h,alpha1,beta1,r1,alphan,betan,rn,a,b,c,d);
    case 2,[a,b,c,d]=bcfb(n,h,alpha1,beta1,r1,alphan,betan,rn,a,b,c,d);
    case 3,[a,b,c,d]=bc3(n,h,alpha1,beta1,r1,alphan,betan,rn,a,b,c,d);
end
```

```
a(1)=0; c(n)=0; y = tri(a,b,c,d);
end
```

【例题 5.3.2】

求解二阶微分方程边值问题

$$y''(x)+9y(x)=x,\quad y(0)=0,\quad y'(2)=0$$

【解】 计算程序 liti_532.m 如下：

```
function liti_532
clc; clear all;
% y''+9y = x
% y(0) = 0; y'(2) = 0;
clc; clear all; format long;
x1 = 0; xn = 2; n = 11;
h = (xn-x1)/(n-1); x = x1:h:xn;
u(1:n) = 1; v(1:n) = 0;
w(1:n) = 9; f(1:n) = x(1:n);
a1 = 1; b1 = 0; c1 = 0;
an = 0; bn = 1; cn = 0;
y1 = bvp_tri(u,v,w,f,n,x,a1,b1,c1,an,bn,cn,1);
y2 = bvp_tri(u,v,w,f,n,x,a1,b1,c1,an,bn,cn,2);
y3 = bvp_tri(u,v,w,f,n,x,a1,b1,c1,an,bn,cn,3);
plot(x,y1,'c-',x,y2,'r--',x,y3,'ko','LineWidth',2);
set(gca,'FontSize',16);grid on;
xlabel('x'); ylabel('y');
legend('bcc','bcfb','bc3','location','southeast');
% title('图5.3.2例题5.3.2 的数值结果');
end
```

结果见图 5.3.2，本例题中三种处理边界的方法的结果几乎没有差别。

5.3.2 打靶法

打靶法(shooting method) 的基本思想是：将微分方程的边值问题化为初值问题，然后对初值问题采用前面介绍的方法进行求解。考虑第一类边界条件, $y(a)=\alpha, y(b)=\beta$，需要先猜测给定边界 $x=a$ 点的一阶导数值 $y'(a)=m_1$，则问题变为

$$y''(x)=f(x,y,y'),\quad y(a)=\alpha,\quad y'(a)=m_1 \tag{5.3.6}$$

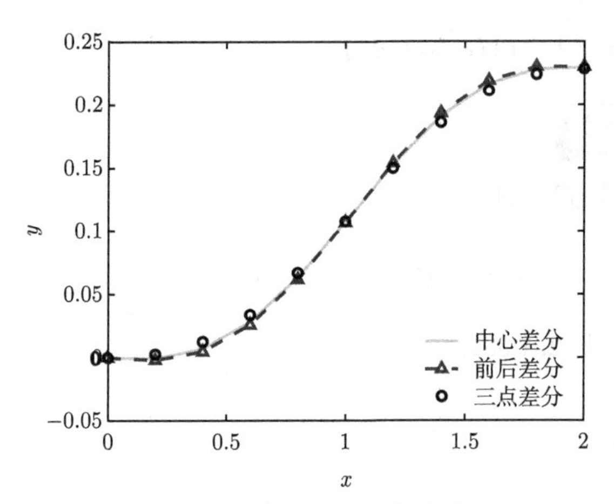

图 5.3.2　例题 5.3.2 的数值结果

用初值问题求解式 (5.3.6) 得到相应的解 $y_1(x)$。如果 $|y_1(b)-\beta|<\varepsilon$，则认为 $y_1(x)$ 即为所求；否则，取 $m_2=m_1\beta/y_1(b)$，再解初值问题

$$y''(x)=f(x,y,y'),\quad y(a)=\alpha,\quad y'(a)=m_2 \tag{5.3.7}$$

又可求得解 $y_2(x)$。判断 $|y_2(b)-\beta|<\varepsilon$ 是否满足精度要求，若满足则认为 $y_2(x)$ 即为所求；如果仍然不满足，取 $m_3=m_2\beta/y_2(b)$，重复前述过程，直到得到满足要求 $|y_n(b)-\beta|<\varepsilon$ 的解为止。事实上，从 m_3 开始可以采用割线法

$$\frac{m_3-m_2}{\beta-y_2(b)}=\frac{m_2-m_1}{y_2(b)-y_1(b)}$$

得到

$$m_3=m_2+\frac{[\beta-y_2(b)](m_2-m_1)}{y_2(b)-y_1(b)}$$

一般情况下

$$m_{n+1}=m_n+\frac{m_n-m_{n-1}}{y_n(b)-y_{n-1}(b)}[\beta-y_n(b)],\quad n\geqslant 2 \tag{5.3.8}$$

注意，若令 $m=y'(a)$，上述割线法即为非线性方程 $g(b,m)=y(b,m)-\beta=0$ 的近似牛顿迭代法：

$$\begin{aligned}m_{k+1}&=m_k-\frac{y(m_k)-\beta}{\dfrac{\mathrm{d}y(b,m)}{\mathrm{d}m}}\approx m_k-\frac{y(m_k)-\beta}{\dfrac{y(b,m_k)-y(b,m_{k-1})}{m_k-m_{k-1}}}\\&=m_k-\frac{y(m_k)-\beta}{y(b,m_k)-y(b,m_{k-1})}(m_k-m_{k-1})\end{aligned}$$

【例题 5.3.3】

为了使烟花从地面发射 5min 后在距地面 40m 的空中爆炸，初始的发射速度应该多大? (考虑空气阻力与速度成正比，阻力系数为 $a=0.01$。)

【解】 这是考虑空气阻力的抛体运动，其描述方程为

$$\begin{cases} \dfrac{\mathrm{d}^2 y}{\mathrm{d}t^2} = -9.8 - 0.01\dfrac{\mathrm{d}y}{\mathrm{d}t} \\ y(0)=0, \quad y(5)=40 \end{cases}$$

采用打靶法求此边值问题，可先将方程化为一阶微分方程组。设 $y_1=y$, $y_2=\mathrm{d}y/\mathrm{d}t$, 则

$$\begin{cases} \dfrac{\mathrm{d}y_1(t)}{\mathrm{d}t} = y_2(t), \quad y_1(0)=0, \quad y_1(5)=40 \\ \dfrac{\mathrm{d}y_2(t)}{\mathrm{d}t} = -9.8 - 0.01 y_2(t), \quad y_2(0)=? \end{cases}$$

计算程序 shoot_fireworks.m 如下：

```
function shoot_fireworks
clc; clear all; format short;
ya = 0.0; yb = 40.0; m1 = 30.0; % g1是第一次猜测导数值
a = 0.0; b = 5.0;
eps = 1e-5; n = 100;
c = [0 0.1];                          % c 是空气阻力系数
y(1) = ya; y(2) = m1;
for k =1:2
[t,z] = ode45(@(t,y) fun(t,y,c(k)),[a,b],[ya;m1]);
y1b = z(end,1);
m2 = yb*m1/y1b;
[t,z] = ode45(@(t,y) fun(t,y,c(k)),[a,b],[ya m2]);
if(abs(y(end,1)-yb)>eps)
    m3 =m2+(yb-z(end,1))*(m2-m1)/(z(end,1)-y1b);
    m1 = m2; m2 = m3; y1b = z(end,1);
    [t,z] = ode45(@(t,y) fun(t,y,c(k)),[a,b],[ya,m2]);
end
f(k,:) = z(:,1); v0(k) = z(1,2);
end
hold on;
```

```
plot(t,f(1,:),'k-',t,f(2,:),'c-','LineWidth',2);
set(gca,'FontSize',16);grid on;
%title('图5.3.3  打靶法解二阶微分方程');
xlabel('time(秒)'); ylabel('y(米)');
legend(['无阻力: v_0=',num2str(v0(1)),'m/s'],...
       ['有阻力: v_0=',num2str(v0(2)),'m/s'],'Location','Southeast');
end

function dy = fun(t,y,coef)
dy =[y(2); -9.8 - coef*y(2)];
end
```

结果见图 5.3.3。注意程序中调用了 MATLAB 内置的求解常微分方程程序 ode45。

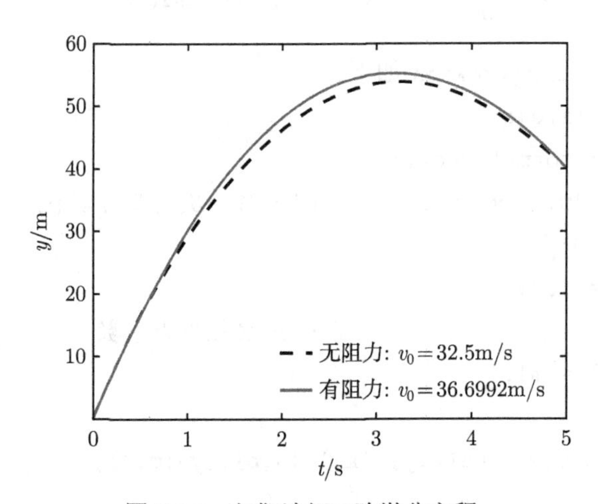

图 5.3.3　打靶法解二阶微分方程

对于第二类边值问题 $y(a)=\alpha$, $y'(b)=\beta$，若令 $m=y'(a)$，由非线性方程 $g(b,m)=y'(b,m)-\beta=0$ 的牛顿迭代法同样可以推出其割线公式为

$$m_{n+1}=m_n+\frac{m_n-m_{n-1}}{y_n'(b)-y_{n-1}'(b)}[\beta-y_n'(b)],\quad n\geqslant 2 \tag{5.3.9}$$

具体求解过程见例题 5.3.4。

【例题 5.3.4】

采用打靶法求解第二类边值问题

$$y''+y=\sqrt{x+1},\quad y(0)=1,\quad y'(1)=3$$

的数值解 $y(x)$, $y'(x)$。

【解】 先给出左边界导数的初始猜测值 $m_1 = y'(0)$, 然后求解相应的初值问题解 $y_1(x), y_1'(x)$。如果 $|y_1'(b) - \beta| < \varepsilon$，则认为 $y_1(x), y_1'(x)$ 即为所求。否则，取 $m_2 = m_1\beta/y_1'(b)$，再解初值问题可得解 $y_2(x), y_2'(x)$。判断 $|y_2'(b) - \beta| < \varepsilon$ 满足精度与否，若满足则认为 $y_2(x), y_2'(x)$ 即为所求；如果仍然不满足，即可采用上述割线法给出下一步的左边界导数猜测值。重复前述过程，直到得到满足 $|y_n'(b) - \beta| < \varepsilon$ 的解为止。计算程序 shoot_second_BC.m 如下：

```
function shoot_second_BC
% 第二类边界条件打靶法
clc;clear all;
ya=1.0;ypb0=3.0;ypa1=1.0;% ypa1是第一次猜测导数值
a=0.0;b=1.0;eps=1e-5;
[x,z]=ode45(@fun,[a,b],[ya;ypa1]);
ypb1=z(end,2);
ypa2=ypb0*ypa1/ypb1;
[x,z]=ode45(@fun,[a,b],[ya;ypa2]);
ypb2=z(end,2);
while (abs(z(end,2)-ypb0)>eps)
    ypa3=ypa2-(ypb2-ypb0)*(ypa2-ypa1)/(ypb2-ypb1);
    [x,z]=ode45(@fun,[a,b],[ya;ypa3]);
    ypa1=ypa2; ypa2=ypa3; ypb1=ypb2; ypb2=z(end,2);
end
plot(x,z(:,1),x,z(:,2),'LineWidth',2);
set(gca,'FontSize',16);grid on;
%title('图5.3.4打靶法解第二类边值问题');
xlabel('x');ylabel('y,dy/dx');
legend('y(x)','dy/dx','Location','Southeast');
end


function dy=fun(x,y)
dy=[y(2);sqrt(x+1)-y(1)];
end
```

结果见图 5.3.4。

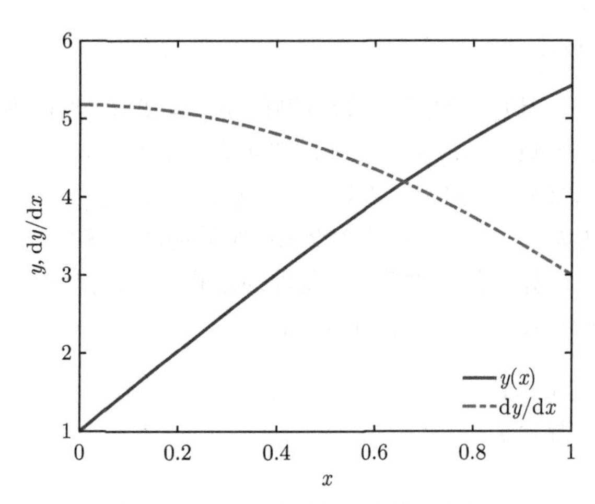

图 5.3.4　打靶法解第二类边值问题

5.3.3　本征值问题

本征值 (eigenvalue) 问题是物理学中一个很重要的问题，即在一定边界条件下求解满足一定本征值和对应的本征函数。如量子力学中描述一维无限深势阱的薛定谔方程

$$\frac{\mathrm{d}^2\phi}{\mathrm{d}x^2} = -k^2\phi, \quad \phi(a) = \phi(b) = 0 \tag{5.3.10}$$

可采用中心差分格式将方程 (5.3.10) 在区间 $[a,b]$ 上进行离散化 (同边值问题的差分方法)，取 $h=(b-a)/n, x_i=a+(i-1)h(i=1,\cdots,n+1)$ 及 $\phi''(x_i)=\dfrac{\phi_{i+1}-2\phi_i+\phi_{i-1}}{h^2}$, 得差分方程

$$\frac{\phi_{i+1}-2\phi_i+\phi_{i-1}}{h^2} = -k^2\phi_i, \quad i=2,\cdots,n$$

代入边界条件，并令 $\lambda=k^2$ 可得如下矩阵

$$\frac{1}{h^2}\begin{bmatrix} 2 & -1 & & & \\ -1 & 2 & -1 & & \\ & \ddots & \ddots & \ddots & \\ & & -1 & 2 & -1 \\ & & & -1 & 2 \end{bmatrix}\begin{bmatrix} \phi_1 \\ \phi_2 \\ \vdots \\ \phi_{n-1} \\ \phi_n \end{bmatrix} = \lambda\begin{bmatrix} \phi_1 \\ \phi_2 \\ \vdots \\ \phi_{n-1} \\ \phi_n \end{bmatrix}$$

即原微分方程可转化为矩阵本征值的求解问题 $A\phi=\lambda\phi$，其中 A 是微分方程离散

的系数矩阵，$\lambda = k^2$ 为本征值，离散的函数值 $\phi = (\phi_1, \phi_2, \cdots, \phi_{n-1}, \phi_n)'$ 为特征矢量。具体计算过程见例题 5.3.5。

【例题 5.3.5】

分别采用本征值法和打靶法求解微分方程 (5.3.10) 的本征值 k 和相应的本征函数 ϕ。

【解】 (1) 本征值方法的计算程序 Demo_Eigenvalue.m 如下：

```
function Demo_Eigenvalue
clc,clear
Lx=1;dx=1E-3;x=0:dx:Lx;
dx2=dx^2;Nx=length(x)-2;
Ni=1:Nx;Nr=2:Nx;Nl=1:Nx-1;
A=sparse(Ni,Ni,2*ones(1,Nx),Nx,Nx)+···
    sparse(Nl,Nr,-ones(1,Nx-1),Nx,Nx)+···
    sparse(Nr,Nl,-ones(1,Nx-1),Nx,Nx);
[V,D]=eig(full(A/dx2));
[Dd, iN]=sort(diag(D),'ascend');
Ed=sqrt(Dd)/pi;
subplot(211)
plot(Ed,'LineWidth',2),set(gca,'FontSize',12);
xlim([1 25]),xlabel('N');ylabel('k/\pi');
grid on,legend('k/\pi','location','northwest');
title('Eigenvalue');
subplot(212)
plot(x(Ni),V(:,iN(1))','-r','LineWidth',2)
set(gca,'FontSize',12);hold on
plot(x(Ni),-V(:,iN(2))','-.b','LineWidth',2)
plot(x(Ni),-V(:,iN(3))','--k','LineWidth',2)
xlim([0 1]),xlabel('x');ylabel('\phi(x)');
grid on,legend('k=\pi','k=2\pi','k=3\pi','location','southwest');
title('Eigenvector');
```

计算结果如图 5.3.5 所示：本征值为 $k = n\pi$，相应的本征函数为 $\phi = \alpha\sin(kx)$，其中 α 为任意常数。可见本征值的计算结果与理论结果一致。

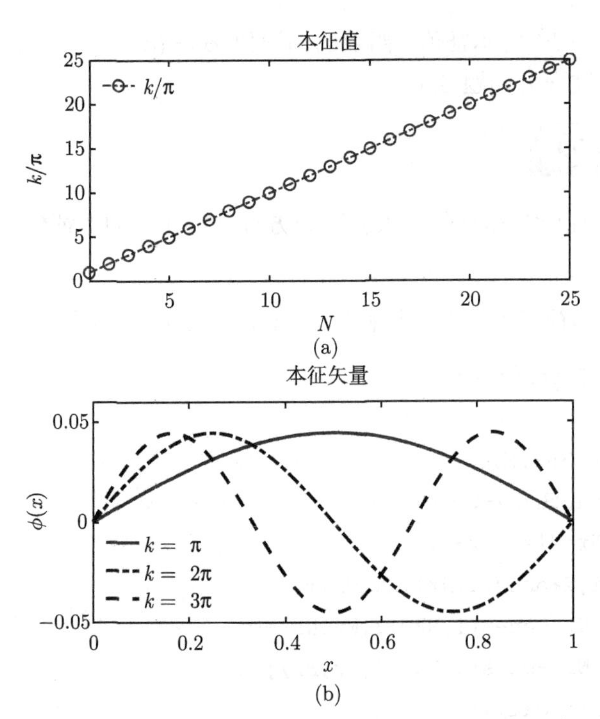

图 5.3.5　例题 5.3.5 中本征值方法的计算结果

(2) 打靶方法程序 shootev3.m 如下：

```
function tt=shootev3
clc;clear all;format long;global k
tol=1e-8;beta=0;
t(1)=3; p=1.4142*pi;%基态 k=3.14
%t(1)=6; p=1.4142*2*pi;%第一激发态 k=6.28
%t(1)=7; p=1.4142*3*pi;% k=9.42
k=t(1);
[x,phi]=ode45(@evfun,[0,1],[0,p]);
phib1=phi(end,1);
t(2)=t(1)*beta/phib1;k=t(2);
[x,phi]=ode45(@evfun,[0,1],[0,p]);
phib2=phi(end,1);
while abs(phi(end,1)-beta)>tol
    t(3)=t(2)-(phib2-beta)/(phib2-phib1)*(t(2)-t(1));
    k=t(3);
```

```
    [x,phi]=ode45(@evfun,[0,1],[0,p]);
    t(1)=t(2);phib1=phib2;
    t(2)=t(3);phib2=phi(end,1);
end
plot(x,phi(:,1),'LineWidth',2);
set(gca,'FontSize',16);grid on;
title(['本征值k=',num2str(k)]);
xlabel('x');ylabel('\phi');
end

function yy=evfun(x,phi)
global k
yy=[phi(2);-k^2*phi(1)];
end
```

运行 shootev3.m 可得到本征函数和对应的本征值 k：3.1416，6.2830，9.4239。其中前三个本征值对应的本征函数见图 5.3.6，与本征值方法计算的结果一致。

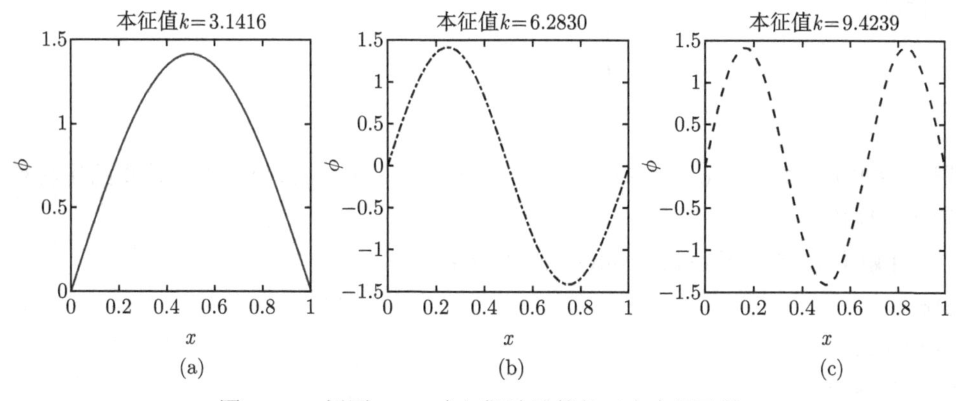

图 5.3.6　例题 5.3.5 中打靶法计算的三个本征函数

5.4　微分方程数值方法的软件实现

5.4.1　MATLAB 解微分方程

在 MATLAB 软件中，有一些专门求解常微分方程的函数，如 ode23、ode45 等，以函数 ode45 为例，其调用形式为：[T, Y] = ode45('F', tspan, y0, options, p1, p2, $\cdots$)，其中 F 表示微分方程函数，函数默认的变量为 t，tspan 表示求解区间或范围，y_0 表示微分方程的初始条件向量，options 为积分参数设置，p_1，$p_2, \cdots$ 为传递参数可以直接输入到函数中。调用结束后输出变量 t 和函数在给定点处的值。

可以调用符号计算工具箱(symbolic toolbox) 中的函数 dsolve 求微分方程 (组) 的解析解，其调用方式为：R = dsolve('eql, eq2, ⋯', 'condl, cond2', ⋯, 'v')。在 MATLAB 中，还有一个偏微分方程工具箱(partial differential equations toolbox)，采用有限元方法求解偏微分方程，可参考相应 MATLAB 工具箱的使用介绍。

为了进一步了解使用 MATLAB 内置程序数值求解微分方程的方法，下面给出几个有趣的例子。

【例题 5.4.1】

求解弱肉强食模型：① 设种群甲 (弱者、食饵) 靠丰富的自然资源生长，种群乙 (强者、捕食者) 靠捕食甲为生；② 设食饵甲和捕食者乙在时刻 t 的数量分别为 $x(t)$ 和 $y(t)$；③ 当甲独立生存时它的相对增长率为 r (即 $\mathrm{d}x/\mathrm{d}t = rx$)，而乙的存在使甲的增长率降低，设降低的程度与乙的数量成正比，比例常数为 a；④ 乙离开甲无法生存，乙独立生存时它的相对死亡率为 c，即 $\mathrm{d}y/\mathrm{d}t = -cy$，甲为乙提供食物，使其死亡率降低并促使其增长，而乙的增长与本身数量及甲的数量成正比，比例常数为 b；⑤ 设甲、乙两种群的初始数量为 $x(0) = x_0$ 和 $y(0) = y_0$，则可建立如下模型：

$$\begin{cases} x' = rx - axy \\ y' = -cy + bxy \\ x(0) = x_0, \quad y(0) = y_0 \end{cases}$$

假定参数 $r = 1$，$c = 0.5$，$a = 0.1$，$b = 0.022$，$x_0 = 25$，$y_0 = 2$，数值计算给出种群的变化规律。

【解】 计算程序 demo_volterra.m 如下：

```
clc;
ts=0:0.1:20;
x0=[20,4];
[t,x]=ode45('volterra',ts,x0);
subplot(121);
set(gca,'FontSize',16);
plot(t,x,'LineWidth',2);grid on;
legend('x1(t)','x2(t)');
title('食饵-捕食者模型数值解');
xlabel('t');ylabel('x1,x2');
subplot(122);
set(gca,'FontSize',16);
```

```
plot(x(:,1),x(:,2));grid on;
xlabel('x1');ylabel('x2');
title('食饵-捕食者相图');

function y=volterra(t,x)
    r=1; d=0.5; a=0.1; b=0.02;
    y=[(r-a*x(2))*x(1),(-d+b*x(1))*x(2)]';
end
```

结果见图 5.4.1。显然这两个种群的数量随着时间呈周期性变化。在给定的参数下，两个种群会相互依存稳定的周期性的繁衍生存 (程序使用了 MATLAB 求解微分方程的内部函数 ode45)。

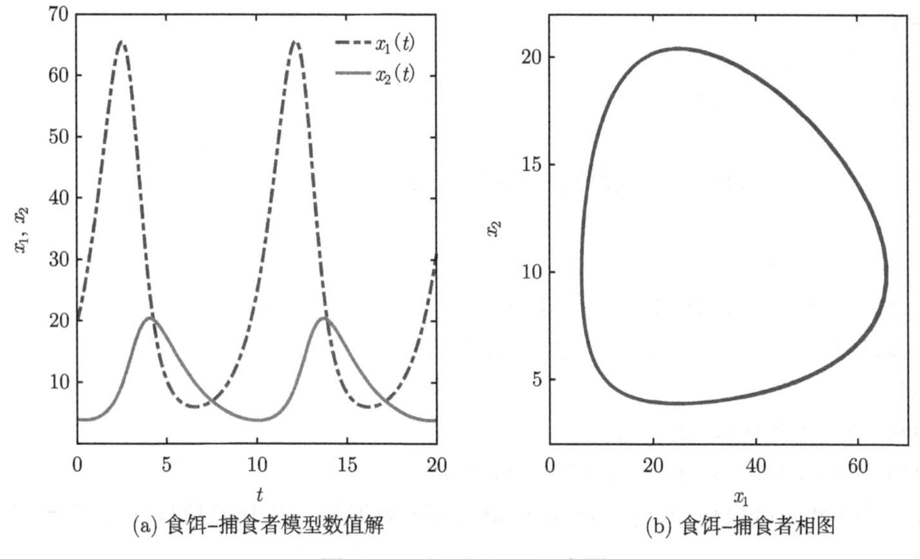

(a) 食饵-捕食者模型数值解 (b) 食饵-捕食者相图

图 5.4.1 例题 5.4.1 示意图

【例题 5.4.2】

洛伦茨吸引子: 洛伦茨吸引子是 MIT 的数学家和气象学家 Eaward Lorenz 在 1963 年提出的，他的主要研究方向是地球大气的流体模型，其中涉及的微分方程如下:

$$\begin{bmatrix} \dot{y}_1 \\ \dot{y}_2 \\ \dot{y}_3 \end{bmatrix} = \begin{bmatrix} -\beta & 0 & y_2 \\ 0 & -\sigma & \sigma \\ -y_2 & \rho & -1 \end{bmatrix} \begin{bmatrix} y_1 \\ y_2 \\ y_3 \end{bmatrix}$$

这个微分方程组不是线性的: 方程中 $y_1(t)$ 与大气对流有关，另外两个分量分别与温度的竖直和水平变化有关。方程包含三个常参数：参数 σ 称普朗特数；ρ 是规范化的瑞利数；β 与区域的几何形状相关。通常取 $\sigma = 10, \rho = 28, \beta = 8/3$，这些值与地球大气直接相关。系数中 $y_2(t)$ 的引入，极大地改变了系统的性质。方程组中没有随机因数，但解却由上面的参数和初始条件决定，并很难预测解的特性。取某些参数值时，三维空间中 $y(t)$ 的轨迹是著名的奇异吸引子，有界，无周期，不收敛，也不自交。轨道混乱地围绕两个不动点，即吸引子。对某些参数，解可能收敛于一个固定点、分叉到无穷或有周期性地摆动。

【解】 程序 demo_lorenz.m 如下：

```
function demo_Lorenz
clear all; format long;
[T,Y]=ode45('Lorenz',[0,30],[12;4;0]);
subplot(121);
set(gca,'FontSize',16);
plot3(Y(:,1),Y(:,2),Y(:,3))
view(-20,60);
xlabel('y_1');ylabel('y_2');zlabel('y_3');
subplot(122);
set(gca,'FontSize',16);
plot(T,Y(:,1),T,Y(:,2),T,Y(:,3));
xlabel('t');ylabel('y_1,  y_2,  y_3');
end
function dydt=Lorenz(t,y)
beta = 8.0/3.0; sigma = 10.0; rho = 28.;
dydt=[-beta*y(1)+y(2)*y(3);-sigma*(y(2)-y(3));-y(2)*y(1)+rho*y(2)-y(3)];
end
```

结果见图 5.4.2。

【例题 5.4.3】

化学反应动力学：描述化学反应定律可以用非线性微分方程组。例如，6 种反应物的化学反应可表示为

$$\begin{cases} \mathrm{A} \xrightarrow{v_1} \mathrm{X} \\ \mathrm{B}+\mathrm{X} \xrightarrow{v_2} \mathrm{Y}+\mathrm{D} \\ 2\mathrm{X}+\mathrm{Y} \xrightarrow{v_3} 3\mathrm{X} \\ \mathrm{X} \xrightarrow{v_4} \mathrm{E} \end{cases}$$

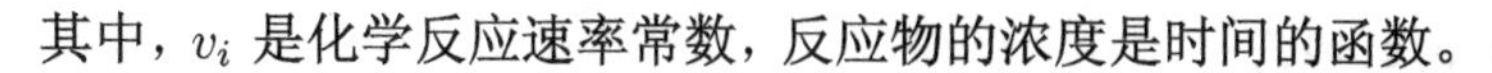

其中，v_i 是化学反应速率常数，反应物的浓度是时间的函数。

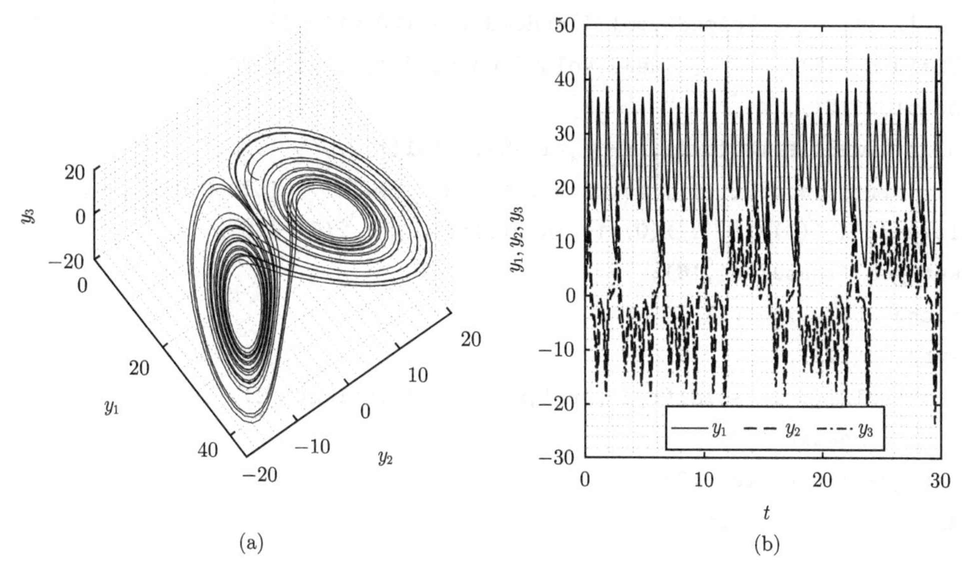

图 5.4.2 例题 5.4.2 的相图 (a) 及演化图 (b)

【解】 描述上述反应的微分方程可写为

$$
\begin{cases}
A' = -v_1 A \\
B' = -v_2 BX \\
D' = v_2 BX \\
E' = v_4 X \\
X' = v_1 A - v_2 BX + v_3 X^2 Y - v_4 X \\
Y' = v_2 BX - v_3 X^2 Y
\end{cases}
$$

其中，D 和 E 是两个独立的方程 (其他四个方程与 D，E 无关)。如果假设 A 和 B 为常数，所有的反应速率为 1，则方程可简化为

$$
U'(t) = F(U), \quad U(0) = U_0 = (X_0, Y_0)^{\mathrm{T}}
$$

式中，$U(t) = [X(t), Y(t)]^{\mathrm{T}}$ 是物质的浓度。

$$
F(U) = \begin{pmatrix} A - (B+1)X + X^2 Y \\ BX - X^2 Y \end{pmatrix}
$$

取 $A = 1, B = 0.9, t_0 = 0, t_1 = 20$ 或 $A = B = 0.5, t_0 = 0, t_1 = 20$ 的计算程序 chemistry.m 如下：

```
fun='ODE_fun2';t0=0;t1=20;
U0=[2;1];       [timeS1,solS1]=ode45(fun,[t0,t1],U0);
U0=[0.5;0.5];       [timeS2,solS2]=ode45(fun,[t0,t1],U0);
subplot(121),
plot(timeS1,solS1(:,1),'r--',timeS1,solS1(:,2),'b:',...
    timeS2,solS2(:,1),'m',timeS2,solS2(:,2),'k-.','LineWidth',2);
legend('X_1(0)=2','Y_1(0)=1','X_2(0)=0.5','Y_2(0)=0.5');
set(gca,'fontsize',16);
xlabel t; ylabel('X, Y');
subplot(122),
plot(solS1(:,1),solS1(:,2),'r-',solS2(:,1),solS2(:,2),'b-.',
    'LineWidth',2)
set(gca,'FontSize',16);
xlabel X; ylabel Y;

function y=ODE_fun2(t,x)
A=1;B=0.9;
y=[A+x(1)^2*x(2)-(B+1)*x(1);B*x(1)-x(1)^2*x(2)];
end
```

计算结果如图 5.4.3 所示。其中 (a) 为 $A=1, B=0.9$ 和 $A=B=0.5$ 时反应

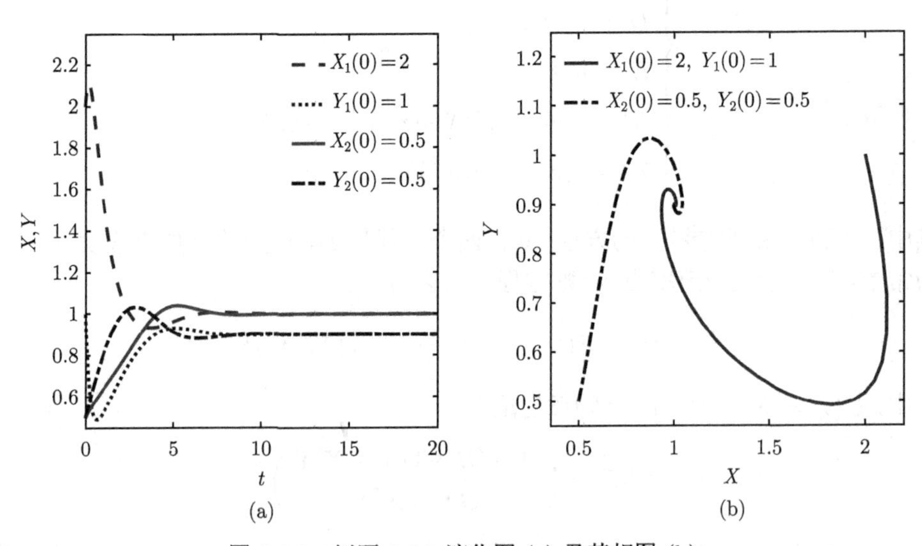

图 5.4.3　例题 5.4.3 演化图 (a) 及其相图 (b)

物浓度随时间的演化，(b) 为相应的相图。

5.4.2 IMSL 程序库解微分方程

在 IMSL 程序库中，有一个求解微分方程的 Differential Equations 子程序库，它将微分方程问题分成不同的类型，包括常微分方程的初值问题、常微分方程的边值问题、偏微分方程和微分代数方程等，采用了诸如高阶 RK 方法、 Adams 方法或 Gear 方法、有限差分方法、打靶法等求解微分方程问题。表 5.4.1 列出了求解微分方程问题的部分程序及说明。

表 5.4.1 求解微分方程问题的部分程序及说明

程序	说明
IVPRK	用 5 阶或 6 阶 RK 方法求解常微分方程组初值问题
IVPRG	用 Adams-Moulton 或 Gear 方法求解常微分方程组初值问题
BVPFD	用带校正的变阶次变步长有限差分方法求解两点边值问题
BVPMS	用多点打靶法求解两点边值问题
DASPG	用 Petzold-Gear 后向差分格式求解微分代数系统
MOLCH	用线上法求解微分方程系统并用 Hermite 多项式表示结果

下面通过一个调用 IMSL 库中程序 IVPRK 求解微分方程初值问题的例题，来说明如何调用 IMSL 程序库求解微分方程系统。

【例题 5.4.4】

试用 IMSL 程序库求解电子、离子一维等离子体直流鞘层问题：

$$\frac{\mathrm{d}^2y}{\mathrm{d}x^2} = -\mathrm{e}^{-y} + (1+2y)^{-1/2}, \quad y(0)=0,\ y'(0)=0.01$$

【解】 计算程序 dcsheath.f90 如下：

```
USE NUMERICAL_LIBRARIES
      INTEGER     MXPARM, N,IDO,  NOUT
      PARAMETER  (MXPARM=50, N=2)
      REAL        PARAM(MXPARM), T, TEND, TOL, Y(N),TSTEP,STEP,TMAX
      EXTERNAL    FCN
      CALL UMACH (2, NOUT)
       OPEN(UNIT=3,FILE='DCsheath.DAT')
      T     = 0.0                        ! here is the initial values
```

```
      Y(1) = 0.0
      Y(2) = 0.01
      TOL = 0.001                         ! Set error tolerance
      CALL SSET (MXPARM, 0.0, PARAM, 1)  ! Set PARAM to default
      PARAM(10) = 1.0                     ! Select absolute error control
      WRITE (NOUT,99998)                  ! Print header on the screen
      IDO = 1
      TSTEP = 0.0
      TMAX=40.0
      STEP=0.1
   10 CONTINUE
      TSTEP = TSTEP + STEP
      TEND = TSTEP
      CALL IVPRK (IDO, N, FCN, T, TEND, TOL, PARAM, Y)
      IF (TSTEP .LE. TMAX) THEN
      WRITE (NOUT,'(4F12.3)') T, Y(1),EXP(-Y(1)),1.0/SQRT(1.0+2.0*Y(1))
   WRITE (3,'(4F12.3)') T, Y(1),EXP(-Y(1)),1.0/SQRT(1.0+2.0*Y(1))
         IF (TSTEP .EQ. TMAX) IDO = 3! Final call to release workspace
         GO TO 10
      END IF
      WRITE (NOUT,99999) PARAM(35)
99998 FORMAT (4X, 'ISTEP', 5X, 'Time', 9X, 'Y1', 11X, 'Y2')
99999 FORMAT (4X, 'Number of fcn calls with IVPRK =', F6.0)
      END

      SUBROUTINE FCN (N, T, Y, YPRIME)
      INTEGER    N
      REAL       T, Y(N), YPRIME(N)
      YPRIME(1) = Y(2)
      YPRIME(2) =- EXP(-Y(1))+1.0/SQRT(1.0+2.0*Y(1))
      RETURN
      END
```

结果见图 5.4.4。

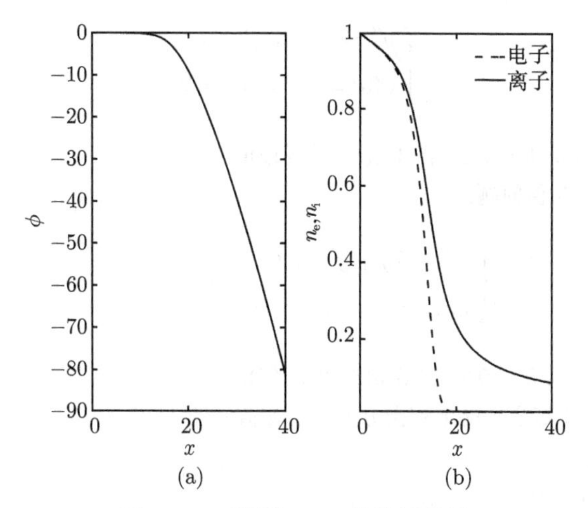

图 5.4.4　例题 5.4.4 的计算结果

5.5 习　　题

【5.1】采用欧拉方法求初值问题。

$$\begin{cases} y' = y - 2x/y, & 0 \leqslant x \leqslant 1 \\ y(0) = 1 \end{cases}$$

【5.2】用欧拉预测–校正公式求初值问题。

$$\begin{cases} y' = x^2 - y^2 \\ y(0) = 1 \end{cases}$$

【5.3】用欧拉公式和梯形公式建立的预测–校正公式求初值问题。

$$\begin{cases} y' = 2x + 3y, & x \geqslant 0 \\ y(0) = 1 \end{cases}$$

取 $h = 0.1$，(1) 求 $y(0.1)$; (2) 编程计算 $x = 0 : 0.01 : 2$。

【5.4】用显式欧拉方法、梯形方法和预测–校正欧拉方法写出微分方程

$$\begin{cases} \dfrac{\mathrm{d}y}{\mathrm{d}x} = -y + x + 1, & 0 < x < 1 \\ y(0) = 1 \end{cases}$$

的迭代公式 (取步长 $h = 0.1$)。

【5.5】考虑下面的初值问题：

$$\begin{cases} y'' = -y^2 + y' + t \\ y(0) = 1, \quad y'(0) = 2 \end{cases}$$

使用中点 RK2, 取步长 $h = 0.1$, 求出 $y(h)$ 的近似值。

【5.6】考虑下面初值问题:

$$\begin{cases} y''' = 2y + y''^2 + t \\ y(0) = 1, \quad y'(0) = 0, \quad y''(0) = -2 \end{cases}$$

使用中点 RK2, 取步长 $h = 0.2$, 求出 $y(h)$ 的近似值。

【5.7】采用 RK4 编程求解下列微分方程的初值问题:

(1) $y' = 1 + y^2 + x^3, \quad y(0) = 0$;

(2) $y' = 2 + (y - x - 1)^2, \quad y(1) = 2$;

(3) $y'' = -y, y(\pi) = 0, \quad y'(\pi) = 3$。

【5.8】求下面微分方程组的数值解:

$$\begin{cases} x' = x - y + 2t - t^2 - t^3 \\ y' = x + y - 4t^2 + t^3 \\ x(0) = 1, \quad y(0) = 0 \end{cases}$$

【5.9】数值求解微分方程

$$\begin{cases} u''' = 1 + u + t, \quad t > 0 \\ u(0) = 1, \quad u'(0) = 2, \quad u''(0) = 3 \end{cases}$$

取 $h = 0.2$, 使用中点 RK2 方法求 $u(h)$。

【5.10】采用中心差分方法数值求解下列微分方程:

$$\frac{\mathrm{d}^2 y}{\mathrm{d}x^2} - 3\frac{\mathrm{d}y}{\mathrm{d}x} + 2y = 0, \quad y(0) = \alpha = 1, \quad y'(0) = \beta = 1$$

取步长 $h = \Delta x = 0.1, \ y'(0) = \dfrac{1}{2h}[-3y(0) + 4y(h) - y(2h)]$。

【5.11】求解下列边值问题:

(1) $y'' + \dfrac{1}{x}y' + \left(1 - \dfrac{1}{x^2}\right)y = x, \quad y(0) = 0, \quad y(5) = 1$;

(2) $y'' + \sin(x)y' + \mathrm{e}^x y = x^2, \quad y(0) = 0, \quad y(5) = 3$。

【5.12】用差分方法数值求解下列二阶微分方程:

$$\begin{cases} -y'' + \dfrac{2}{x^2}y = \dfrac{1}{x} \\ y(2) = 1, \quad y'(3) = 1 \end{cases}$$

取步长 $h=0.2$，如果边界条件用公式 $y_n'=\dfrac{1}{2h}(y_{n-2}-4y_{n-1}+3y_n)$ 表示，写出差分方程的矩阵形式。

【5.13】数值求解微分方程

$$\begin{cases} y''(x)+9y(x)=\sin(x) \\ y(0)=c_0, \quad y(\pi)=c_n \end{cases}$$

(1) 取 $h=\pi/(n-1)$, $x_j=(j-1)h, j=1,2,\cdots,n$, 写出差分方程的矩阵形式;

(2) 如果边界条件 $y'(\pi)=c_n$, 并设边界条件取 $y_n'=\dfrac{y_{n-2}-4y_{n-1}+3y_n}{2h}$ 的形式，重复上面工作。

【5.14】数值求解微分方程：

$$\begin{cases} u''(x)+q(x)u(x)=x, \quad 0<x<1 \\ u(0)=u(1)=0 \end{cases}$$

$$q(x)=\begin{cases} 1+x, \quad x<0.5 \\ 1, \quad x>0.5 \end{cases}$$

取 $h=1/4$, $x_j=jh, j=0,1,2,3,4$, 用差分方法求 u_1,u_2,u_3。

【5.15】用打靶法求解二阶微分方程：

$$u''=-\pi^2(u+1)/4, \quad u(0)=0, \quad u(1)=1$$

扩展题

【5.1】对微分方程 $y'=f(x,y)$，用辛普森求积公式推出数值微分公式。

【5.2】将下列方程组化成一阶微分方程组，并数值求解：

$$\begin{cases} x''=x-y-(3x')^2+(y')^3+6y''+2t \\ y'''=y''-x'+\mathrm{e}^x-t \\ x(1)=2, x'(1)=-4, \ y(1)=-2, y'(1)=7, y''(1)=6 \end{cases}$$

【5.3】理想单摆的运动方程为

$$\ddot{\theta}=(g/l)\sin\theta$$

θ 是摆与竖直方向的夹角，l 是摆长 (取 $l=0.3\mathrm{m}$)，$g=9.98\mathrm{m/s}$ 是重力加速度。设初始条件是 $\theta(0)=\theta_0,\dot{\theta}(0)=0$。可以证明摆动的周期为

$$T(\theta_0)=4\sqrt{l/g}K[\sin^2(\theta_0/2)]$$

其中，$K(s^2)$ 是第一类椭圆积分

$$K(s^2)=\int_0^1\frac{\mathrm{d}p}{\sqrt{1-s^2p^2}\sqrt{1-p^2}}$$

(1) 数值计算并绘制区间 $0\leqslant\theta_0\leqslant0.9999\pi$ 上的 $T(\theta_0)$;

(2) 取不同的 θ_0 值 (包括 0 和 π 附近的值)，计算大于一个周期上的解，并绘制出相图。

【5.4】采用差分的方法求解微分方程

$$\frac{\mathrm{d}^2y}{\mathrm{d}x^2}+y=0,\quad y'(0)+y(0)=1,\quad y'\left(\frac{\pi}{2}\right)+y\left(\frac{\pi}{2}\right)=0$$

取空间步长 $h=\pi/8$。

第六章　偏微分方程的数值方法

在科学研究和工程计算中，大量的物理问题可以由偏微分方程来描述。然而绝大多数偏微分方程解析求解困难，只能通过数值方法求解。因此本章将讨论偏微分方程 (PDE) 的数值求解问题。

要得到偏微分方程的唯一解，需要定解条件，即问题的初始条件和边界条件。边界条件有三类：第一类是在边界上直接给出未知函数的数值 $u|_s = \alpha$，也称为 Dirichlet 条件；第二类是在边界上给定未知函数的法向导数值 $\partial u/\partial n|_s = \beta$，也称 Neumann 条件；第三类是 Dirichlet 条件和 Neumann 条件的线性组合 $(u + \partial u/\partial n)|_s = \gamma$，也称 Robbins 条件。

偏微分方程种类很多，数值解法也有多种。本章主要介绍最基本的有限差分方法。下面就几种常见类型的偏微分方程给出不同的数值解法。

6.1　对 流 方 程

对流方程可写为

$$\frac{\partial u}{\partial t} + a\frac{\partial u}{\partial x} = 0 \tag{6.1.1}$$

这里，a 是不为零的常数。下面给出对流方程数值求解的差分格式。

6.1.1　迎风格式

$$\frac{u_k^{n+1} - u_k^n}{\Delta t} + \frac{a}{\Delta x}\begin{cases} (u_k^n - u_{k-1}^n), & a > 0 \\ (u_{k+1}^n - u_k^n), & a < 0 \end{cases} = 0$$

或

$$u_k^{n+1} = \begin{cases} (1-r)u_k^n + ru_{k-1}^n, & a > 0 \\ (1+r)u_k^n - ru_{k+1}^n, & a < 0 \end{cases} \tag{6.1.2}$$

其中 $r = a\Delta t/\Delta x$。在迎风格式 (up-wind scheme)中时间微商用前差商近似，空间微商对于 $a > 0$ 用后差商近似，对于 $a < 0$ 用前差商近似。这里所谓的“迎风”是指：差分方向总是迎着流动方向 (在 k 点，对于 $a > 0$，波从 $k-1$ 点过来，$k-1$ 点状态已变化，$k+1$ 点状态还未变化，所以差分采用 $u_k^n - u_{k-1}^n$。同样意义可分析 $a < 0$ 情况。见图 6.1.1。迎风格式的精度为 $\mathcal{O}(\Delta t, \Delta x)$，稳定性条件为 $\Delta t < \Delta x/|a|$。

对于迎风格式的程序，一个时间步的物理量的空间变化为

```
    If a<0
    u(1:n-1) = (1 + r)*u(1:n-1) - r*u(2:n);
else
    u(2:n) = (1 - r)*u(2:n) + r*u(1:n - 1);
end
```

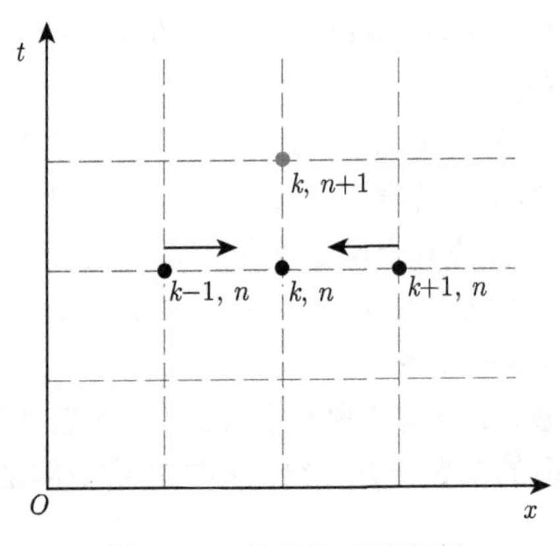

图 6.1.1　迎风格式示意图

【例题 6.1.1】

设初始波形为方波，波速 $a=-1$，采用迎风格式数值计算波的传播。

【解】 设 $r=a\Delta t/\Delta x$，$u_k^{n+1}=(1+r)u_k^n-ru_{k+1}^n$，$a<0$。计算程序 upwind.m 如下：

```
% upwind.m
clc;clf; clear all;
L = 15; dx = 0.1;dt = 0.01;a = -1.;r = a*dt/dx;
x =[-L+dx:dx:0]'; n = length(x);
t =[0:dt:10]; m = length(t);
u = zeros(m,n);[T X]=meshgrid(t,x);
% Initial value
u(1,n-29:n-10)=1;
surf(T,X,u'); axis([0 10 -15 0  0 1.5]);set(gca,'FontSize',16);
for j=1:m-1
     u(j+1,1:n-1) = (1+r)*u(j,1:n-1)-r*u(j,2:n);   % Upwind_Method
    % u(j+1,2:n-1)=0.5*((1.-r)*u(j,3:n) +(1.+r)*u(j,1:n-2)); % Lax
        scheme
```

```
    surf(T,X,u');set(gca,'FontSize',16);
    axis([0 10 -15 0 0 1.5]);
    shading interp; view(36,24);drawnow;
  end
xlabel('t');ylabel('x');zlabel('u(x,t)');
```

结果见图 6.1.2，可见数值的误差造成波形改变。

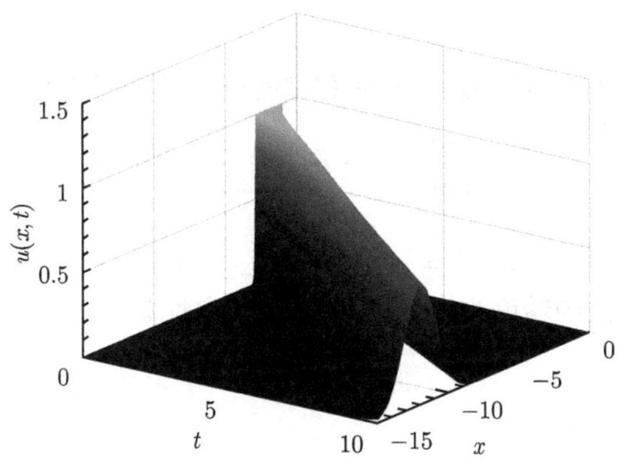

图 6.1.2 波传播示意图

值得注意的是，迎风格式在 $|r|>1$ 时是不稳定的。如在例题 6.1.1 中取 $\mathrm{d}x=0.1$, $\mathrm{d}t=0.101$，则可以观测到明显的数值不稳定性，见图 6.1.3(c)。波形在向左对流的过程中出现了按网格点的振荡。若取 $\mathrm{d}x=0.1$, $\mathrm{d}t=0.099$，即 $|r|<1$ 时，格式是稳定的。但波形在对流的过程中出现了数值耗散，见图 6.1.3(a)。这主要是由于迎风格式的精度是 1 阶的，微分方程在离散化的过程中会出现 2 阶的数值误差(类似于下文介绍的扩散项)，这将导致波形在对流的过程中出现展平现象 (尤其是在梯度较大的地方)。当取 $\mathrm{d}x=0.1$, $\mathrm{d}t=0.1$，即 $|r|=1$ 时，可以正好得到线性对流方程的行波解，见图 6.1.3(b)。

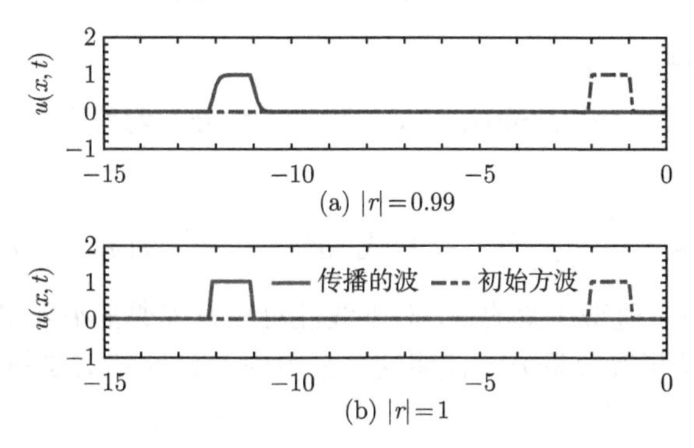

(a) $|r|=0.99$

(b) $|r|=1$

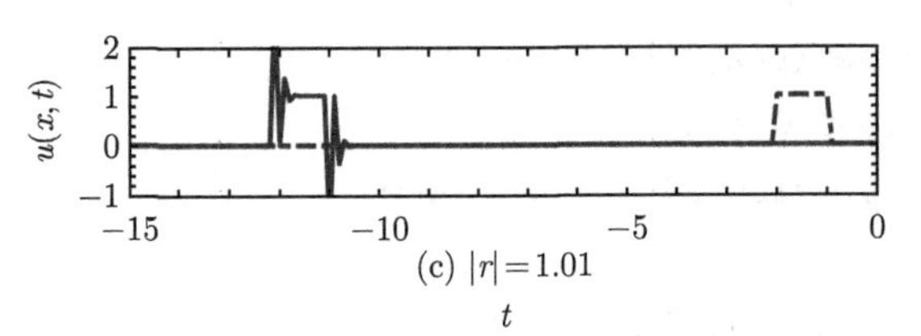

图 6.1.3　取不同计算参数的数值结果

6.1.2　蛙跳格式

蛙跳格式 (leapfrog scheme)对时间和空间微商都采用中心差商近似，即

$$\frac{u_k^{n+1}-u_k^{n-1}}{2\Delta t}+a\frac{u_{k+1}^n-u_{k-1}^n}{2\Delta x}=0$$

或

$$u_k^{n+1}=u_k^{n-1}-r(u_{k+1}^n-u_{k-1}^n) \tag{6.1.3}$$

见图 6.1.4，蛙跳格式的精度为 $\mathcal{O}(\Delta t^2,\Delta x^2)$，稳定性条件为 $\Delta t<\Delta x/|a|$。

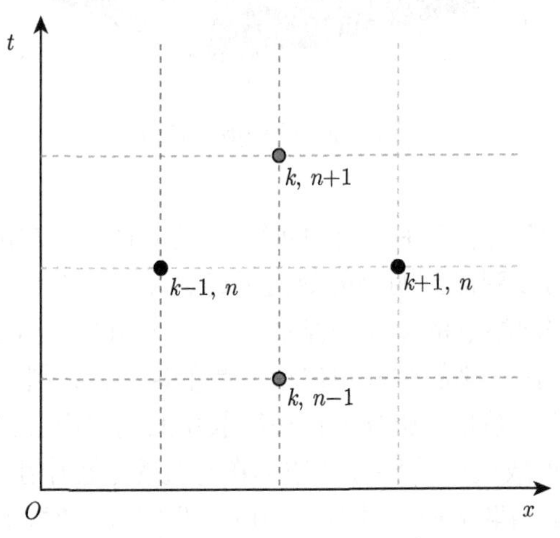

图 6.1.4　蛙跳格式示意图

6.1.3　FTCS 格式

FTCS (forward time centered space) 即时间微分取前差商，空间微分取中心差商

$$\frac{u_k^{n+1}-u_k^n}{\Delta t}+a\frac{u_{k+1}^n-u_{k-1}^n}{2\Delta x}=0 \quad 或 \quad u_k^{n+1}=u_k^n-r(u_{k+1}^n-u_{k-1}^n) \tag{6.1.4}$$

其中 $r=a\Delta t/2\Delta x$。值得注意的是，对于线性对流方程通常不采用 FTCS 格式。下面的例子将采用傅里叶分析方法证明这里采用的 FTCS 格式是恒不稳定的。

【例题 6.1.2】

采用傅里叶分析的方法, 证明对流方程的显式 FTCS 格式是恒不稳定的.

【证明】 已知: FTCS 格式为时间微分取前差商，空间微分取中心差商，即

$$\frac{u_j^{n+1}-u_j^n}{\Delta t}+a\frac{u_{j+1}^n-u_{j-1}^n}{2\Delta x}=0$$

于是我们可以得到

$$u_j^{n+1}=u_j^n-\frac{1}{2}r\left(u_{j+1}^n-u_{j-1}^n\right)$$

其中 $r=a\Delta t/\Delta x$。

将 $u_j^n=\sum\limits_{k=1}^{\infty}\hat{u}_k^n\mathrm{e}^{ijk\Delta x}$, $u_{j\pm1}^n=\sum\limits_{k=1}^{\infty}\hat{u}_k^n\mathrm{e}^{i(j\pm1)k\Delta x}$ 代入上式，可得到

$$\hat{u}_k^{n+1}=G\hat{u}_k^n$$

其中放大因子

$$G=1-\frac{r}{2}\left(\mathrm{e}^{\mathrm{i}k\Delta x}-\mathrm{e}^{-\mathrm{i}k\Delta x}\right)=1-\mathrm{i}r\sin(k\Delta x)$$

由于 $|G|=\left[1+r^2\sin^2(k\Delta x)\right]^{1/2}>1$，因此对流方程 FTCS 格式是恒不稳定的。

6.1.4 Lax 格式

$$u_k^{n+1}=\frac{1}{2}(u_{k+1}^n+u_{k-1}^n)-\frac{a\Delta t}{2\Delta x}(u_{k+1}^n-u_{k-1}^n) \tag{6.1.5}$$

Lax 格式 (Lax scheme)可以看成是将式 (6.1.4) 中 FTCS 格式的 u_k^n 采用邻近空间节点近似，即

$$u_k^n\approx\frac{1}{2}(u_{k+1}^n+u_{k-1}^n)$$

Lax 格式的精度为 $\mathcal{O}(\Delta t,\Delta x^2/\Delta t,\Delta x^2)$，稳定性条件为 $\Delta t<\Delta x/|a|$。

【例题 6.1.3】

对于偏微分方程 $u_t=au_x$，求采用 Lax 格式

$$\frac{1}{\Delta t}\left[u_j^{n+1}-\frac{1}{2}\left(u_{n+1}^k+u_{n-1}^k\right)\right]=\frac{a}{2\Delta x}\left(u_{j+1}^n-u_{j-1}^n\right)$$

的稳定性条件。

【解】设 $u_j^n=\rho^n\mathrm{e}^{\mathrm{i}kx_j}$, 则

$$\frac{1}{\Delta t}\left[\rho-\frac{1}{2}\left(\mathrm{e}^{\mathrm{i}k\Delta x}+\mathrm{e}^{-\mathrm{i}k\Delta x}\right)\right]=\frac{a}{2\Delta x}\left(\mathrm{e}^{\mathrm{i}k\Delta x}-\mathrm{e}^{-\mathrm{i}k\Delta x}\right)$$

可得 $|\rho|^2=\cos^2(k\Delta x)+r^2\sin^2(k\Delta x)$，其中 $r=\dfrac{a\Delta t}{\Delta x}$。

如果 $r\leqslant 1$，$|\rho|^2\leqslant 1$，差分方法是稳定的。

如果 $r>1$，当 $\sin^2(\beta\Delta x)\neq 1$ 时，则 $|\rho|^2>1$，差分方法是不稳定的。

6.1.5 Lax-Wendroff 格式

$$u_k^{n+1}=u_k^n-\frac{a\Delta t}{2\Delta x}(u_{k+1}^n-u_{k-1}^n)+\frac{1}{2}\left(\frac{a\Delta t}{\Delta x}\right)^2(u_{k+1}^n-2u_k^n+u_{k-1}^n) \tag{6.1.6}$$

该格式等效于两步格式

$$u_{k+1/2}^{n+1/2}=\frac{1}{2}(u_{k+1}^n+u_k^n)-\frac{a\Delta t}{2\Delta x}(u_{k+1}^n-u_k^n),\quad u_k^{n+1}=u_k^n-\frac{a\Delta t}{\Delta x}\left(u_{k+1/2}^{n+1/2}-u_{k-1/2}^{n+1/2}\right)$$

前步是半步 Lax 格式，后步是半步蛙跳格式。采用例题 6.1.3 的方法可知

$$\rho=1-\frac{r}{2}\left(\mathrm{e}^{\mathrm{i}k\Delta x}+\mathrm{e}^{-\mathrm{i}k\Delta x}\right)+\frac{r^2}{2}\left(\mathrm{e}^{\mathrm{i}k\Delta x}+\mathrm{e}^{-\mathrm{i}k\Delta x}-2\right)$$

其中 $r=\dfrac{a\Delta t}{\Delta x}$。整理可得 $|\rho|^2=1+4(r^2-1)r^2\sin^4\left(\dfrac{k\Delta x}{2}\right)$，即 Lax-Wendroff 格式的稳定性条件为 $\Delta t<\Delta x/|a|$。另外，Lax-Wendroff 格式的精度为 $\mathcal{O}(\Delta t^2,\Delta x^2)$。

6.1.6 两层加权平均格式

$$u_k^{n+1}=u_k^n-\frac{a\Delta t}{2\Delta x}[\theta(u_{k+1}^{n+1}-u_{k-1}^{n+1})+(1-\theta)(u_{k+1}^n-u_{k-1}^n)] \tag{6.1.7}$$

两层加权平均格式的精度为 $\mathcal{O}(\Delta t,\Delta x^2)$，稳定性条件为 $\theta\geqslant 1/2$。

当 $\theta=1/2$ 时, 两层加权平均格式变为

$$u_k^{n+1}=u_k^n-\frac{a\Delta t}{4\Delta x}\left(u_{k+1}^{n+1}-u_{k-1}^{n+1}+u_{k+1}^n-u_{k-1}^n\right)$$

称为两层算术平均格式或称 Crank-Nicolson 格式，精度为 $\mathcal{O}(\Delta t^2,\Delta x^2)$，该格式是稳定的。

当 $\theta=1$ 时，两层加权平均格式变为

$$u_k^{n+1}=u_k^n-\frac{a\Delta t}{2\Delta x}\left(u_{k+1}^{n+1}-u_{k-1}^{n+1}\right)$$

称为全隐格式，精度为 $\mathcal{O}(\Delta t^2,\Delta x^2)$，全隐格式是恒稳定的。

当 $\theta=0$ 时，

$$u_k^{n+1}=u_k^n-\frac{a\Delta t}{2\Delta x}(u_{k+1}^n-u_{k-1}^n)$$

该格式是时间微商用前差近似，空间微商用中心差商近似，称为 FTCS 格式。

【例题 6.1.4】

用三种格式计算对流方程

$$\frac{\partial u}{\partial t}+c\frac{\partial u}{\partial x}=0$$

采用周期边界条件。

【解】 计算程序 advect.m 如下：

```
method = menu('Choose a numerical method:', ...
      'FTCS','Lax','Lax-Wendroff');
N = 100;                      % 格点数
L = 1.;                       % 系统大小
h = L/N;                      % 格点间距
c = 1;                        % 波速
tau = 0.001;                  % 时间步长
coeff = -c*tau/(2.*h);        % 所有方法用的系数
coefflw = 2*coeff^2;          % L-W方法用的系数
nStep = 1000;                 % 循环步数
                              % 初始化和边界条件
sigma = 0.1;                  % 高斯脉冲宽度
k_wave = pi/sigma;            % 波数
x = ((1:N)-1/2)*h - L/2;      % 格点坐标
                              % 初始取高斯余弦分布
a = cos(k_wave*x) .* exp(-x.^2/(2*sigma^2));
                              % 周期性边界条件
ip(1:(N-1)) = 2:N;  ip(N) = 1;
im(2:N) = 1:(N-1);  im(1) = N;
                              %* 初始画图变量.
iplot = 1;                    % 画计数
aplot(:,1) = a(:);            % 初始态
tplot(1) = 0;                 % 初始时间(t=0)
plotStep = nStep/50;
for iStep=1:nStep             %% 主循环 %%
  if(method ==1 )           % FTCS 方法
    a(1:N) = a(1:N) + coeff*(a(ip)-a(im));
```

```
  elseif(method == 2)   % Lax 方法
    a(1:N) = .5*(a(ip)+a(im)) + coeff*(a(ip)-a(im));
  else                     % Lax-Wendroff 方法
    a(1:N) = a(1:N) + coeff*(a(ip)-a(im)) + ...
        coefflw*(a(ip)+a(im)-2*a(1:N));
  end
    if(rem(iStep,plotStep) < 1)
    iplot = iplot+1;
    aplot(:,iplot) = a(:);
    tplot(iplot) = tau*iStep;
  end
end
figure(1); clf;
plot(x,aplot(:,1),'-',x,a,'--');
legend('Initial  ','Final');
xlabel('x');  ylabel('a(x,t)');
pause(1);
figure(2); clf;
set(gca,'FontSize',16);
surf(tplot,x,aplot);
shading interp;
ylabel('位置');  xlabel('时间'); zlabel('幅值');
% title('图6.1.5  例题6.1.4示意图');
```

结果见图 6.1.5。

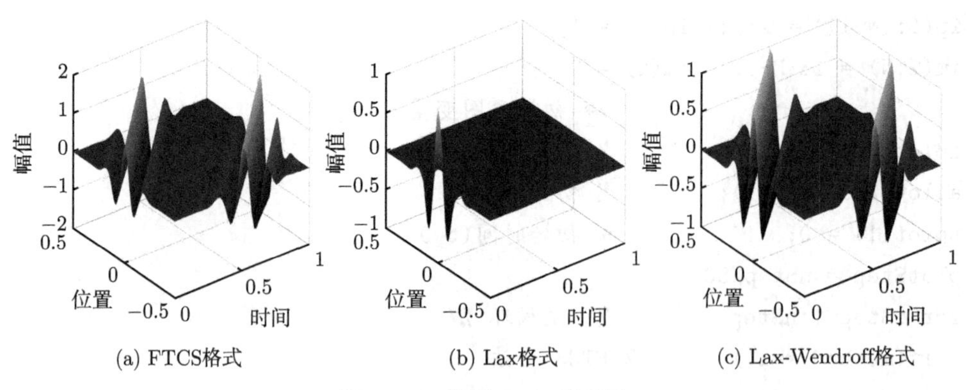

(a) FTCS格式　　(b) Lax格式　　(c) Lax-Wendroff格式

图 6.1.5　例题 6.1.4 示意图

6.2 抛物型方程

6.2.1 线上法

所谓线上法 (method of lines，MOL)，就是对偏微分方程中的部分变量进行差分离散化，只保留一个变量的微分。这样，采用 MOL 后的 PDE就变成了 ODE。

例如，扩散方程：$\partial u/\partial t = a\partial^2 u/\partial x^2$，对空间 x 离散化 $x_0, x_1, \cdots, x_N$ 后有

$$\frac{\mathrm{d}u_i}{\mathrm{d}t} = \alpha(u_{i+1} - 2u_i + u_{i-1}), \quad i = 0, 1, \cdots, N \tag{6.2.1}$$

其中 $\alpha = a/(\Delta x)^2$。原 PDE 问题变成了在时间方向上求解常微分方程组的初值问题，只要给定初始条件 $u(x, 0)$，即 $u_i(0) = u(x_i, 0)$，就很容易得到数值解。

【例题 6.2.1】

对于扩散方程

$$\frac{\partial u}{\partial t} = a \cdot \frac{\partial^2 u}{\partial x^2}, \quad u(x,0) = \sin(x), \quad u(0,t) = 0, u(\pi,t) = 0$$

取 $\alpha = a/\Delta x^2 = 1$，利用线上法数值求解 $u(x,t)$ 随时间的演化关系。

【解】 取 $\Delta x = \pi/15$，计算程序 demo_MOL.m 如下：

```
function demo_MOL
clc;clear all;format long;
n = 15; dpi=pi/n;
x = dpi:dpi:pi-dpi;
u = sin(x);
t=0:0.4:40;
[t u] = ode45(@fun,t,u);
uu(:,2:n)=u(:,1:n-1);
uu(:,1)=0;uu(:,n+1)=0;
x = [0 x pi];[xx yy]=meshgrid(x,t);
set(gca,'FontSize',16);
surf(xx,yy,uu);
xlabel('x');ylabel('t');zlabel('u(x,t)');
title('图6.2.1  MOL方法数值解扩散方程');
end
function y =fun(t,u)
n = 15;
```

```
x(1)   = -2*u(1)+u(2);
x(n-1) = u(n-2)-2*u(n-1);
x(2:n-2)=u(1:n-3)-2*u(2:n-2)+u(3:n-1);
y = x';
end
```

结果见图 6.2.1。

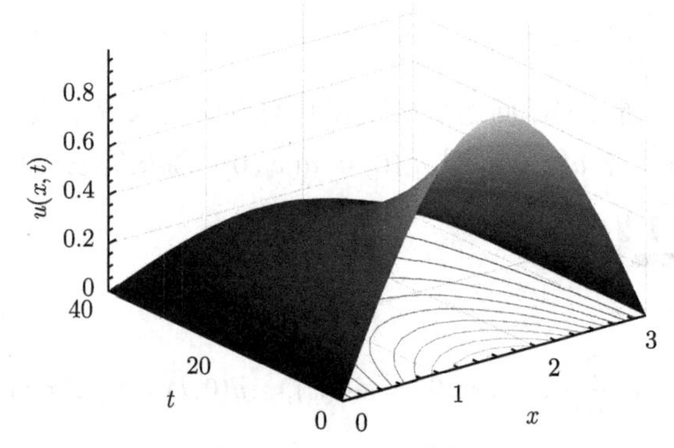

图 6.2.1　MOL 方法数值解扩散方程

6.2.2　FTCS 格式

以热传导方程为例

$$\frac{\partial T}{\partial t}=\kappa\frac{\partial^2 T}{\partial x^2} \tag{6.2.2}$$

采用显式 FTCS 格式对方程离散化，则有

$$\frac{T_i^{l+1}-T_i^l}{\Delta t}=\kappa\frac{T_{i+1}^l-2T_i^l+T_{i-1}^l}{\Delta x^2}$$

整理得

$$T_i^{l+1}=T_i^l+\lambda(T_{i+1}^l-2T_i^l+T_{i-1}^l) \tag{6.2.3}$$

其中 $\lambda=\kappa\Delta t/(\Delta x)^2$，收敛和稳定性条件是 $\lambda\leqslant 1/2$。

采用隐式 FTCS 格式差分，则有

$$\frac{T_i^{l+1}-T_i^l}{\Delta t}=\kappa\frac{T_{i+1}^{l+1}-2T_i^{l+1}+T_{i-1}^{l+1}}{\Delta x^2}$$

整理得

$$-\lambda T_{i-1}^{l+1}+(1+2\lambda)T_i^{l+1}-\lambda T_{i+1}^{l+1}=T_i^l \tag{6.2.4}$$

采用显式和隐式加权平均 (如 Crank-Nicolson 格式)，则有

$$\frac{T_i^{l+1}-T_i^l}{\Delta t}=\frac{\kappa}{2}\left[\frac{T_{i+1}^l-2T_i^l+T_{i-1}^l}{\Delta x^2}+\frac{T_{i+1}^{l+1}-2T_i^{l+1}+T_{i-1}^{l+1}}{\Delta x^2}\right] \tag{6.2.5}$$

整理得

$$-\lambda T_{i-1}^{l+1}+2(1+\lambda)T_i^{l+1}-\lambda T_{i+1}^{l+1}=\lambda T_{i-1}^l+2(1-\lambda)T_i^l+\lambda T_{i+1}^l \tag{6.2.6}$$

式 (6.2.3) 可以通过简单迭代计算。式 (6.2.4) 和式 (6.2.6) 可采用三对角矩阵追赶法求解。

【例题 6.2.2】

采用 FTCS 格式数值计算热传导方程：$\dfrac{\partial T}{\partial t}=\kappa\dfrac{\partial^2 T}{\partial x^2}$，其中取 $\kappa=0.835$。

(1) 设初始时刻在杆的中点温度分布呈 δ 函数形式，计算整个杆中温度随时间的演化；

(2) 设开始时杆的一端温度为 100℃，另一端为 0℃，计算杆中温度分布随时间的变化。

【解】 采用 FTCS 格式，计算程序 demo_ftcs.m 如下：

```
tau = 0.0001;                       % 时间步长
N = 50;                             % 空间网格点数
L = 1.;                             % 系统从x=-L/2到x=L/2
h = L/(N-1);                        % 步长
kappa = 0.835;                      % 扩散系数
coeff = kappa*tau/h^2;
                                    % 初始化和边界条件
tt = zeros(N,1);                    % 全部格点初始温度为零
tt(round(N/2)) = 1/h;               % (1)中心温度取 delta 函数
%tt(1)=100;tt(N)=0;                 % (2)杆的一端温度为 100℃，另一端为 0℃
% 设置循环和画图变量.
xplot = (0:N-1)*h - L/2;            % 设 x 画图点坐标
iplot = 1;
nstep = 300;                        % 最大迭代步数
plot_step = nstep/50;               % 图示间的时间步数
                                    % 时间步循环
for istep=1:nstep
  %* 应用FTCS方法计算每个时间步空间各点新的温度
```

```
  tt(2:(N-1)) = tt(2:(N-1)) + ...
      coeff*(tt(3:N) + tt(1:(N-2)) - 2*tt(2:(N-1)));
  % 每plot_step 时间步记录画图数据.
  if( rem(istep,plot_step) < 1 )
    ttplot(:,iplot) = tt(:);
    tplot(iplot) = istep*tau;
    iplot = iplot+1;
  end
end
% 画各点温度随时间演化及等温线随时间演化
figure(1); clf;
set(gca,'FontSize',16);
mesh(tplot,xplot,ttplot);
xlabel('t');  ylabel('x');  zlabel('T(x,t)');
% title('图6.2.2  例题6.2.2温度分布');
pause(1);
figure(2); clf;
set(gca,'FontSize',16);
cs = contour(tplot,xplot,ttplot,0:0.1:10);
clabel(cs,0:10);
xlabel('t'); ylabel('x');
% title('图6.2.3  例题6.2.2等温线');
```

结果见图 6.2.2 和图 6.2.3。

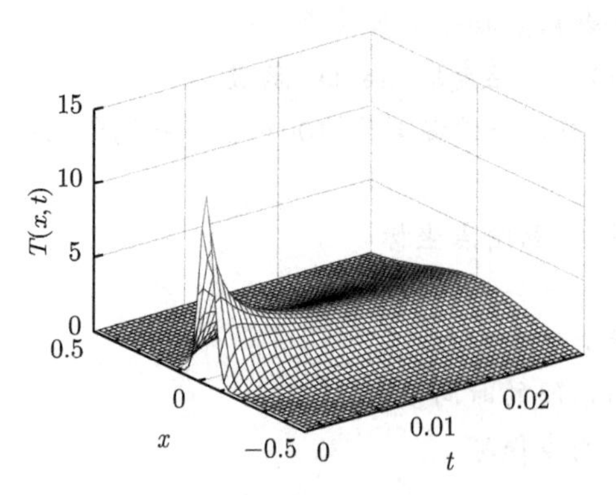

图 6.2.2　例题 6.2.2 温度分布

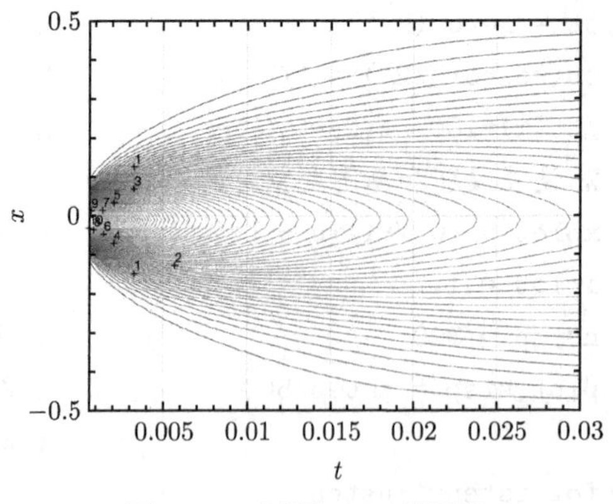

图 6.2.3　例题 6.2.2 等温线

6.2.3 其他差分方法

$$\frac{\partial u}{\partial t}=b\frac{\partial^2 u}{\partial x^2},\quad b>0$$

(1) 蛙跳格式

$$u_k^{n+1}=u_k^{n-1}+\frac{2b\Delta t}{(\Delta x)^2}[(u_{k+1}^n+u_{k-1}^n)-(u_k^{n+1}+u_k^{n-1})] \tag{6.2.7}$$

蛙跳格式精度为 $\mathcal{O}(\Delta t^2,\Delta x^2,(\Delta t/\Delta x)^2)$，蛙跳格式是恒稳定的。

(2) 两层加权平均格式

$$u_k^{n+1}=u_k^n+\frac{b\Delta t}{(\Delta x)^2}[\theta(u_{k+1}^{n+1}-2u_k^{n+1}+u_{k-1}^{n+1})+(1-\theta)(u_{k+1}^n-2u_k^n+u_{k-1}^n)] \tag{6.2.8}$$

两层加权平均格式的精度为 $\mathcal{O}(\Delta t,\Delta x^2)$，稳定性条件为

$$\theta>1/2\ \text{时恒稳定;}\ 0<\theta<1/2\ \text{时},\Delta t\leqslant\Delta x^2/[2(1-2\theta)b]$$

$\theta=1/2$ 时，两层加权平均格式就是两层算术平均格式，或称 Crank-Nicolson 方法，精度为 $\mathcal{O}(\Delta t^2,\Delta x^2)$，恒稳定。$\theta=0$ 为显式格式

$$u_k^{n+1}=u_k^n+\frac{b\Delta t}{\Delta x^2}(u_{k+1}^n-2u_k^n+u_{k-1}^n) \tag{6.2.9}$$

$\theta=1$ 为全隐格式 (6.2.4)。

6.3 椭 圆 方 程

6.3.1 差分方法

Helmholtz 方程

$$\begin{cases}\dfrac{\partial^2 u(x,y)}{\partial x^2}+\dfrac{\partial^2 u(x,y)}{\partial y^2}+g(x,y)u(x,y)=f(x,y),\quad x_0\leqslant x\leqslant x_f,\quad y_0\leqslant y\leqslant y_f\\ u(x_0,y)=b_{x0}(y),\quad u(x_f,y)=b_{xf}(y)\\ u(x,y_0)=b_{y0}(x),\quad u(x,y_f)=b_{yf}(x)\end{cases} \tag{6.3.1}$$

首先空间网格化，取

$$\Delta x=\frac{x_f-x_0}{N},\quad \Delta y=\frac{y_f-y_0}{M}$$

$$x_i = x_0 + (i-1)\Delta x,\quad y_j = y_0 + (j-1)\Delta y$$

其中，$i = 1,2,\cdots,N+1$，$j = 1,2,\cdots,M+1$；N, M 分别是 x,y 方向的网格数。

然后给出微分方程 (6.3.1) 的差分形式

$$\frac{u_{i+1,j} - 2u_{i,j} + u_{i-1,j}}{\Delta x^2} + \frac{u_{i,j+1} - 2u_{i,j} + u_{i,j-1}}{\Delta y^2} + g_{i,j}u_{i,j} = f_{i,j} \tag{6.3.2}$$

整理得

$$\begin{cases} u_{i,j} = r_y(u_{i+1,j} + u_{i-1,j}) + r_x(u_{i,j+1} + u_{i,j-1}) + r_{xy}(g_{i,j}u_{i,j} - f_{i,j}) \\ u_{0,i} = b_{x0}(y_i), u_{M_x,i} = b_{xf}(y_i) \\ u_{i,0} = b_{y0}(x_i), u_{i,M_y} = b_{yf}(x_i) \end{cases} \tag{6.3.3}$$

$$r_x = \frac{\Delta x^2}{2(\Delta x^2 + \Delta y^2)},\quad r_y = \frac{\Delta y^2}{2(\Delta x^2 + \Delta y^2)},\quad r_{xy} = \frac{\Delta x^2 \Delta y^2}{2(\Delta x^2 + \Delta y^2)}$$

Helmholtz 方程差分方法迭代计算程序 Helmholtz.m 如下：

```
function [u,x,y] = Helmholtz(f,g,bx0,bxf,by0,byf,D,N,M,MinErr,MaxIter)
% 解方程: u_xx + u_yy + g(x,y)u = f(x,y)
% 自变量取值区域 D=[x0,xf,y0,yf]={(x,y) |x0 <= x <= xf, y0 <= y <=yf}
% 边界条件
% u(x0,y) = bx0(y), u(xf,y) = bxf(y)
% u(x,y0) = by0(x), u(x,yf) = byf(x)
% x 轴均分为 N 段; y 轴均分为 M 段
% tol 误差因子; MaxIter: 最大迭代次数
x0 = D(1); xf = D(2); y0 = D(3); yf = D(4);
dx = (xf - x0)/N; x = x0 + [0:N]*dx;  % 构造内点数组
dy = (yf - y0)/M; y = y0 + [0:M]'*dy;
N1 = N + 1;       M1 = M + 1;
% 边界条件
for m = 1:M1
    u(m,[1 N1])=[bx0(y(m)) bxf(y(m))];   % 左右边界
end
for n = 1:N1
    u([1 M1],n)=[by0(x(n)) byf(x(n))];   % 上下边界
end
% 边界平均值作迭代初值
sum_of_bv = sum(sum([u(2:M,[1 N1]) u([1 M1],2:N)']));
```

```
u(2:M,2:N) = sum_of_bv/(2*(N + M - 2));
for i = 1:M
    for j = 1:N
        F(i,j) = f(x(j),y(i)); G(i,j) = g(x(j),y(i));
    end
end
dx2 = dx*dx; dy2 = dy*dy; dxy2 = 2*(dx2 + dy2);
rx = dx2/dxy2; ry = dy2/dxy2; rxy = rx*dy2;
for itr = 1:MaxIter
    for j = 2:N
        for i = 2:M
            u(i,j) = rx*(u(i,j + 1)+u(i,j - 1)) + ry*(u(i + 1,j)+u(i -
                      1,j))...
                + rxy*(G(i,j)*u(i,j)- F(i,j)); % 迭代公式
        end
    end
    if itr > 1 & max(max(abs(u - u0))) < MinErr % 循环结束条件
        break;
    end
    u0 = u;  surf(u);  drawnow;
end
```

特别地，对于 $g(x,y)=0$，方程 (6.3.1) 就是泊松方程。如果取 x,y 两个方向的空间步长相等，$\Delta x=\Delta y=h$，则离散化的泊松方程可写为

$$\begin{cases} u_{i,j}=\dfrac{1}{4}[(u_{i+1,j}+u_{i-1,j}+u_{i,j+1}+u_{i,j-1})-h^2 f_{i,j}] \\ u_{1,j}=b_{x0}(y_j),\ u_{N+1,j}=b_{xf}(y_j) \\ u_{i,1}=b_{y0}(x_i),\ u_{i,M+1}=b_{yf}(x_i) \\ i=2,\cdots,N;\ j=2,\cdots,M \end{cases} \tag{6.3.4}$$

对于 $g(x,y)=0$，$f(x,y)=0$，方程 (6.3.1) 就是拉普拉斯方程。离散化的拉普拉斯方程可写为

$$u_{i,j}=\frac{1}{4}(u_{i+1,j}+u_{i-1,j}+u_{i,j+1}+u_{i,j-1}) \tag{6.3.5}$$

该方程在每一个格点的取值只与周围 4 个邻近的格点值有关，见图 6.3.1。

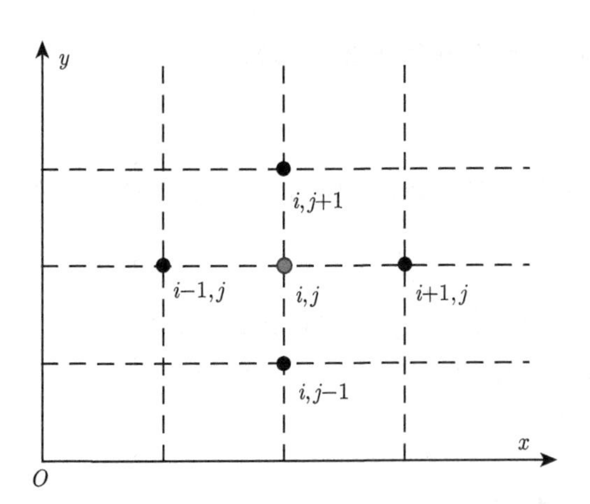

图 6.3.1　Laplace 方程差分节点示意图

若给定边界的节点值，方程 (6.3.5) 在区域内的节点值可以通过求解代数方程组得到。更为常用的方法是给定满足边值的初始分布，采用迭代的方法求解。为了加快收敛的迭代速度，通常采用超松弛迭代 (SOR)，即

$$u_{i,j}^{\text{new}} = \lambda u_{i,j}^{\text{new}} + (1-\lambda) u_{i,j}^{\text{old}} \tag{6.3.6}$$

λ 是 1 和 2 之间的权重因子，迭代到满足要求的精度。

我们会看到，用迭代方法求解不含时的偏微分方程时，需要给定初始的分布值，然后进行收敛的迭代，该迭代过程如同一个偏离平衡的系统逐渐恢复平衡的演化过程。

【例题 6.3.1】

对于 Helmholtz 方程 (6.3.1)，取 $g(x,y)=\sqrt{x}, f(x,y)=x^2+y^2$，边界条件为

$$u(0,y)=y^2,\quad u(4,y)=16\cos(y)$$

$$u(x,0)=x^2,\quad u(x,4)=16\cos(x)$$

数值求解分布 $u(x,y)$。

【解】 对于二维求解区域：$0\leqslant x\leqslant 4,\ 0\leqslant y\leqslant 4$，计算程序：demo_Helmholtz.m 如下：

```
clc; clear all; format long;
f = inline('x^2+y^2','x','y');
g = inline('sqrt(x)','x','y');
x0 = 0; xf = 4; y0 = 0; yf = 4;  % 自变量取值范围
Mx = 30;My = 30;  % 等分段数
```

```
bx0 = inline('y^2','y');  % 边界条件
bxf = inline('16*cos(y)','y');
by0 = inline('x^2','x');
byf = inline('16*cos(x)','x');
D = [x0 xf y0 yf]; MaxIter = 100; tol = 1e-4;
[u,x,y] = Helmholtz(f,g,bx0,bxf,by0,byf,D,Mx,My,tol,MaxIter);
surf(x,y,u);  shading interp;
set(gca,'FontSize',16);
xlabel('x');ylabel('y');zlabel('u')
title('图6.3.2  例题 6.3.1 Helmholtz方程数值求解');
```

结果见图 6.3.2，如果将程序中 **g=inline('sqrt(x)','x','y')** 换为 **g=inline('0','x','y')**，即可求解泊松方程。

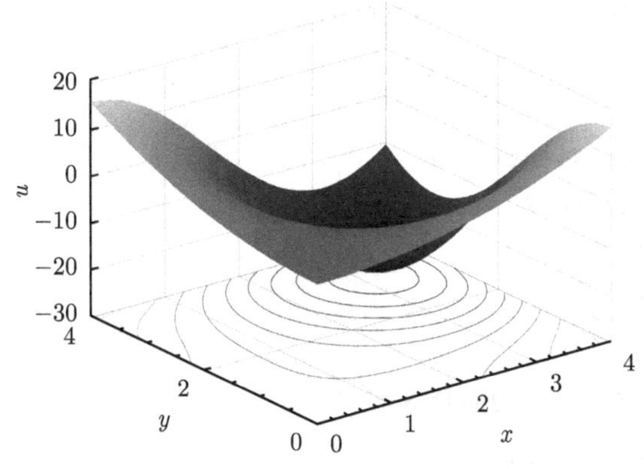

图 6.3.2　例题 6.3.1 Helmholtz 方程数值求解

【例题 6.3.2】

一个加热的铝平板四边分别保持恒定温度 100℃, 0℃, 75℃, 50℃(上、下、左、右边界)。依据傅里叶定律及差分格式 (6.3.5) 求温度分布 (取 $k = 0.49\text{cal}/(\text{s}\cdot\text{cm}\cdot℃)$，并计算热流

$$q_x = -k\frac{T_{i+1,j} - T_{i-1,j}}{2\Delta x}, \quad q_y = -k\frac{T_{i,j+1} - T_{i,j-1}}{2\Delta y}$$

【解】 计算程序 Laplace_SOR.m 如下：

```
clc;clear all;
imax=25;jmax=25;lamda=1.5;
Tu=100;Tl=75.;Tr=50.;Td=0.;dx=1.0;dy=1.0;kmax=1000;
```

```
T = zeros(imax,jmax);
T(1,:)=Tl; T(imax,:)=Tr;T(:,1)=Td;T(:,jmax)=Tu;
T(1,1)=0.5*(Td+Tl);T(1,jmax)=0.5*(Tl+Tu);
T(imax,jmax)=0.5*(Tu+Tr);T(imax,1)=0.5*(Tr+Td);
ep=1;ep0=1E-5;k=0;
while ep>ep0&&k<kmax
  a(:,:)=T(:,:);
  for i=2:imax-1
    for j=2:jmax-1
         T(i,j)=0.25*(T(i+1,j)+T(i-1,j)+T(i,j+1)+T(i,j-1));
    end
  end
  T(:,:)=lamda*T(:,:)+(1.-lamda)*a(:,:);
  ep = sum(sum(abs(T-a)))/sum(sum(T));
  k=k+1;
end
TT=T';[qx,qy] = gradient(TT);
x0 = (0:imax-1)*dx;y0=(0:jmax-1)*dy;
[x y] =meshgrid(x0,y0);
figure(1);surfc(x,y,TT);
set(gca,'FontSize',16);
title('图6.3.3  例题6.3.2温度分布');
xlabel('x');ylabel('y');
zlabel('温度');
figure(2);quiver(x,y,-0.49*qx,-0.49*qy,1.5);
hold on;contour(x,y,TT,30);
set(gca,'FontSize',16);
title('图6.3.4  例题6.3.2热流分布');
xlabel('x');ylabel('y');
axis([x(1) x(end) y(1) y(end)]);
text(12,1,'0^o');
text(12,23,'100^o');
text(1,12,'75^o');
text(23,12,'50^o');
```

结果见图 6.3.3 和图 6.3.4。

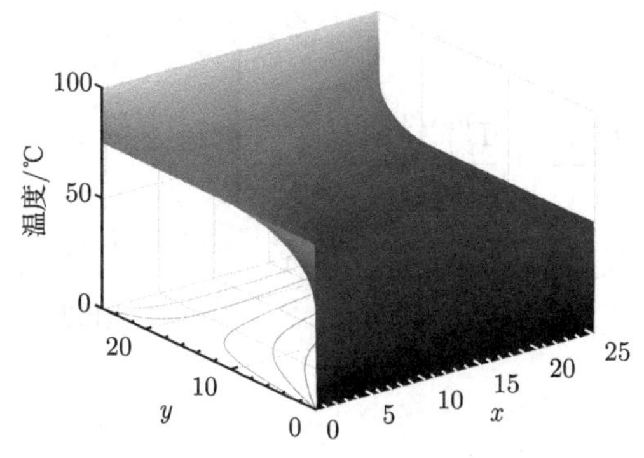

图 6.3.3 例题 6.3.2 温度分布

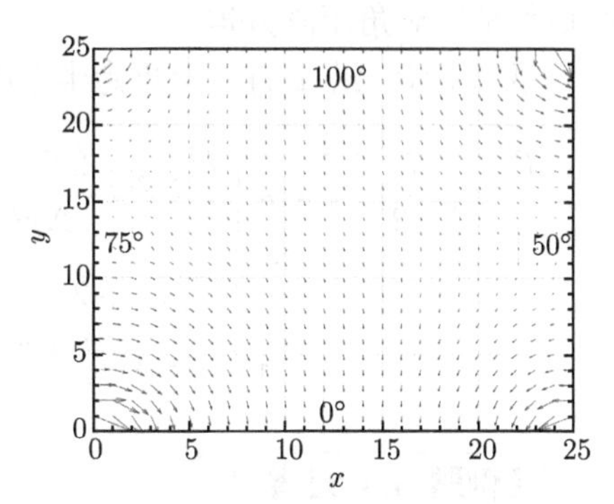

图 6.3.4 例题 6.3.2 热流分布

6.3.2 隐式交替方向法

对于二维空间的抛物型方程

$$\frac{\partial T}{\partial t}=\kappa\left(\frac{\partial^2 T}{\partial x^2}+\frac{\partial^2 T}{\partial y^2}\right) \tag{6.3.7}$$

将每一时间步分为两个半步 (图 6.3.5):

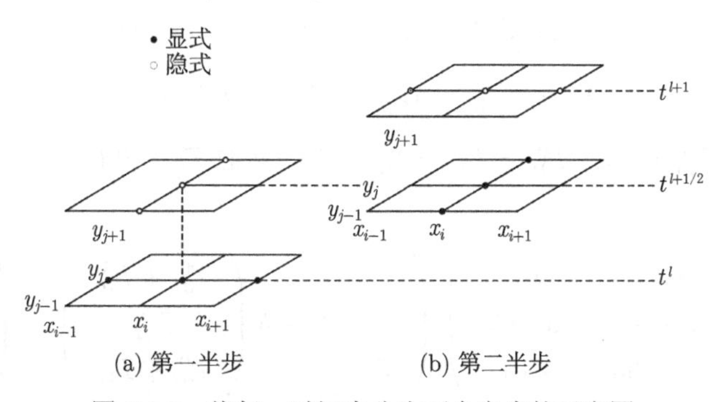

图 6.3.5 将每一时间步分为两个半步的示意图

第一半步, 沿 y 方向上走半个时间步

$$\frac{T_{i,j}^{l+1/2}-T_{i,j}^{l}}{\Delta t/2}=\kappa\left[\frac{T_{i+1,j}^{l}-2T_{i,j}^{l}+T_{i-1,j}^{l}}{\Delta x^2}+\frac{T_{i,j+1}^{l+1/2}-2T_{i,j}^{l+1/2}+T_{i,j-1}^{l+1/2}}{\Delta y^2}\right]$$

其在 x 方向上是显式, 在 y 方向上是隐式, 取 $\Delta x=\Delta y$, $\lambda=\kappa\Delta t/(\Delta x)^2$, 化简得

$$-\lambda T_{i,j-1}^{l+1/2}+2(1+\lambda)T_{i,j}^{l+1/2}-\lambda T_{i,j+1}^{l+1/2}=\lambda T_{i-1,j}^{l}+2(1-\lambda)T_{i,j}^{l}+\lambda T_{i+1,j}^{l} \tag{6.3.8}$$

两边都是三对角矩阵方程。

第二半步，沿 x 方向上再走半个时间步

$$\frac{T_{i,j}^{l+1}-T_{i,j}^{l+1/2}}{\Delta t/2}=\kappa\left[\frac{T_{i+1,j}^{l+1}-2T_{i,j}^{l+1}+T_{i-1,j}^{l+1}}{\Delta x^2}+\frac{T_{i,j+1}^{l+1/2}-2T_{i,j}^{l+1/2}+T_{i,j-1}^{l+1/2}}{\Delta y^2}\right]$$

$$-\lambda T_{i-1,j}^{l+1}+2(1+\lambda)T_{i,j}^{l+1}-\lambda T_{i+1,j}^{l+1}=\lambda T_{i,j-1}^{l+1/2}$$
$$+2(1-\lambda)T_{i,j}^{l+1/2}+\lambda T_{i,j+1}^{l+1/2} \tag{6.3.9}$$

【例题 6.3.3】

计算式 (6.3.7) 给出的热传导方程。设初始时区域内温度为零，边界上所给的温度与例题 6.3.2 相同，采用隐式交替方向法 (ADI)求得空间温度随时间的变化。

【解】 如果计算区域为 40×40，取 $\Delta x=\Delta y=10$，则可将空间分成 5×5 的网格点 (i,j)，$i,j=1,2,3$ 是内点，i 或者 $j=0,4$ 为边界点，取时间步长 $\Delta t=10$。对于 $k=0.835$，则 $\lambda=k\Delta t/(\Delta x)^2=0.0835$, $a=2(1+\lambda)=2.167$, $b=2(1-\lambda)=1.833$。

对第一半步 $(t=5)$，将式 (6.3.8) 应用到 (1, 1), (1, 2), (1, 3) 三内点 (y 方向)

$$-\lambda T_{10}^5+aT_{11}^5-\lambda T_{12}^5=\lambda T_{01}^0+bT_{11}^0+\lambda T_{21}^0$$

$$-\lambda T_{11}^5+aT_{12}^5-\lambda T_{13}^5=\lambda T_{02}^0+bT_{12}^0+\lambda T_{22}^0$$

$$-\lambda T_{12}^5+aT_{13}^5-\lambda T_{14}^5=\lambda T_{03}^0+bT_{13}^0+\lambda T_{23}^0$$

这里 $T_{10}^5=0$, $T_{14}^5=100$, $T_{01}^0=T_{02}^0=T_{03}^0=75$，其他 $T_{ij}^0=0$ $(i=1,\ 2;\ j=1,\ 2,\ 3)$，得到

$$\begin{pmatrix}2.167 & -0.0835 & 0\\ -0.0835 & 2.167 & -0.0835\\ 0 & -0.0835 & 2.167\end{pmatrix}\begin{pmatrix}T_{11}^5\\ T_{12}^5\\ T_{13}^5\end{pmatrix}=\lambda\begin{pmatrix}T_{01}^0+T_{10}^5\\ T_{02}^0\\ T_{03}^0+T_{14}^5\end{pmatrix}=\begin{pmatrix}6.2625\\ 6.2625\\ 14.6125\end{pmatrix}$$

即

$$T_{11}^5=3.01060,\ T_{12}^5=3.2708,\ T_{13}^5=6.8692$$

再应用到 (2, 1), (2, 2), (2, 3) 三内点 (y 方向), 同样方法得到

$$T_{21}^5=0.1274,\ T_{22}^5=0.2900,\ T_{23}^5=4.1291$$

再应用到 (3, 1), (3, 2), (3, 3) 三内点 (y 方向)

$$T_{31}^5=2.0181,\ T_{32}^5=2.2477,\ T_{33}^5=6.0256$$

对于第二半步 $t=10$，先应用到 (1, 1), (2, 1),(3, 1) 三内点 (x 方向)，由式 (6.3.9) 得

$$\begin{pmatrix} 2.167 & -0.0835 & 0 \\ -0.0835 & 2.167 & -0.0835 \\ 0 & -0.0835 & 2.167 \end{pmatrix}\begin{pmatrix} T_{11}^{10} \\ T_{21}^{10} \\ T_{31}^{10} \end{pmatrix}=\begin{pmatrix} 13.0639 \\ 0.2577 \\ 8.0619 \end{pmatrix}$$

即第一列解

$$T_{11}^{10}=5.5855,\ T_{21}^{10}=0.4782,\ T_{31}^{10}=3.7388,$$

再应用到 (1, 2), (2, 2), (3, 2) 三内点 (x 方向) 和 (1, 3), (2, 3), (3, 3) 三内点 (x 方向) 同样得其他两列

$$T_{12}^{10}=6.1683,\ T_{22}^{10}=0.8238,\ T_{32}^{10}=4.2359$$

$$T_{13}^{10}=13.1120,\ T_{23}^{10}=8.3207,\ T_{33}^{10}=11.3606,$$

重复上面计算 (时间步长 $\Delta t=10$)，即可计算出温度随时间的演化。

一般情况下，y 方向的式 (6.3.8) 可写为

$$a_j^{'}T_{i,j-1}^{'}+b_j^{'}T_{i,j}^{'}+c_j^{'}T_{i,j+1}^{'}=a_iT_{i-1,j}+b_iT_{i,j}+b_iT_{i+1,j}$$

$$a_j^{'}=c_j^{'}=-\lambda,\ b_j^{'}=2(1+\lambda),\quad a_i=c_i=\lambda,\ b_i=2(1-\lambda)$$

$$(i=1,2,\cdots,i_{\max}-1,\ j=1,2,\cdots,j_{\max}-1)$$

$$\begin{pmatrix} b_1' & c_1' & & & \\ a_2' & b_2' & c_2' & & \\ & \ddots & \ddots & \ddots & \\ & & a_{j_{\max}-2}' & b_{j_{\max}-2}' & c_{j_{\max}-2}' \\ & & & a_{j_{\max}-1}' & b_{j_{\max}-1}' \end{pmatrix}\begin{pmatrix} T_{i,1}' \\ T_{i,2}' \\ \vdots \\ T_{i,j_{\max}-2}' \\ T_{i,j_{\max}-1}' \end{pmatrix}$$

$$=a_i\begin{pmatrix} T_{i-1,1} \\ T_{i-1,2} \\ \vdots \\ T_{i-1,j_{\max}-2} \\ T_{i-1,j_{\max}-1} \end{pmatrix}+b_i\begin{pmatrix} T_{i,1} \\ T_{i,2} \\ \vdots \\ T_{i,j_{\max}-2} \\ T_{i,j_{\max}-1} \end{pmatrix}+c_i\begin{pmatrix} T_{i+1,1} \\ T_{i+1,2} \\ \vdots \\ T_{i+1,j_{\max}-2} \\ T_{i+1,j_{\max}-1} \end{pmatrix}-\begin{pmatrix} a_1'T_{i,0} \\ \cdots \\ c_{j_{\max}-1}'T_{i,j_{\max}} \end{pmatrix} \tag{6.3.10}$$

对于 x 方向的式 (6.3.9)，可写为

$$-\lambda T_{i-1,j}^{l+1}+2(1+\lambda)T_{i,j}^{l+1}-\lambda T_{i+1,j}^{l+1}=\lambda T_{i,j-1}^{l+1/2}+2(1-\lambda)T_{i,j}^{l+1/2}+\lambda T_{i,j+1}^{l+1/2}$$

ADI 的计算程序 demo_adi.m 如下：

```
clc; clear all;
Tu=100;Tl=66;Tr=32;Td=0;
dx=10.;dy=10.;dt=10;
ka=0.835;kmax=50;n = 20;
lamda=ka*dt/(dx*dx);
T = zeros(n,n);
T(1,1)=0.5*(Td+Tl); T(1,n)=0.5*(Tl+Tu);
T(n,n)=0.5*(Tu+Tr); T(n,1)=0.5*(Tr+Td);
T(1,2:n-1)=Tl;  T(n,2:n-1)=Tr;
T(2:n-1,1)=Td;  T(2:n-1,n)=Tu;
T = T'
aj(1:n)=-lamda;      ai(1:n)=lamda;
bj(1:n)=2*(1.+lamda); bi(1:n)=2.*(1-lamda);
cj(1:n)=-lamda;    ci(1:n)=lamda;
for k = 1:kmax
    for i=2:n-1
        for j=2:n-1
            rr(j)=ai(i)*T(i-1,j)+bi(i)*T(i,j)+ci(i)*T(i+1,j);
            r(j-1) =rr(j);
        end
        rr(2)=rr(2)-aj(2)*T(i,1);
        r(1) =rr(2);
        rr(n-1)=rr(n-1)-cj(n-1)*T(i,n);
        r(n-2)=rr(n-1);
        u = tri0(aj,bj,cj,r);
        T(i,2:n-1)=u(1:n-2);
    end
    TT = T';
    for i=2,n-1
        for j=2,n-1
            rr(j)=ai(i)*TT(i-1,j)+bi(i)*TT(i,j)+ci(i)*TT(i+1,j);
            r(j-1) =rr(j);
        end
        rr(2)=rr(2)-aj(2)*TT(i,1);r(1)=rr(2);
        rr(n-1)=rr(n-1)-cj(n-1)*TT(i,n);r(n-2)=rr(n-1);
```

```
        u = tri0(aj,bj,cj,r);
      TT(i,2:n-1) = u(1:n-2);
    end
    T=TT'
    hold off;
    surf(T);shading interp;
    set(gca,'FontSize',16);
    % title('图6.3.6  例题6.3.3温度分布');
    zlabel('温度');
    xlabel('x'); ylabel('y');
    pause(0.1);
end
```

结果见图 6.3.6。

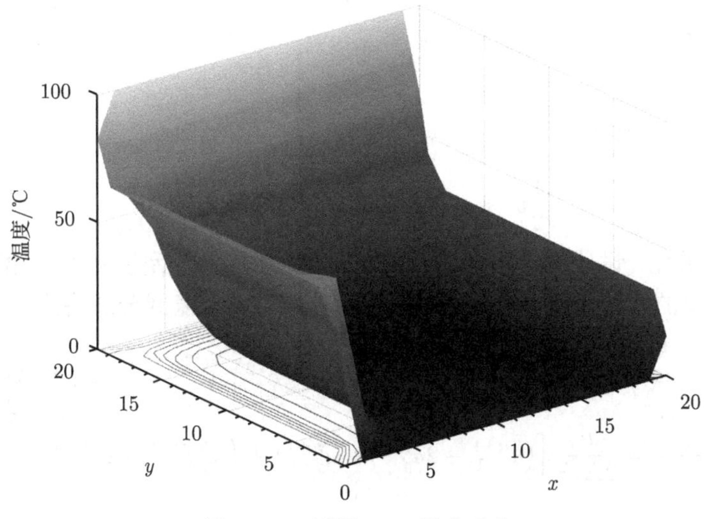

图 6.3.6 例题 6.3.3 温度分布

6.4 非线性偏微分方程

6.4.1 Burgers 方程

考虑非线性 Burgers 方程

$$u_t + uu_x = \nu u_{xx} \tag{6.4.1}$$

其中，ν 是扩散系数。这是流体力学 Navier-Stokes 方程数值研究中的一个模型方程，它既含有非线性对流项 uu_x，又含有扩散项 νu_{xx}。构造 Burgers 方程的差分格式的技巧性很强，这里列出两个经过精心设计并经数值实验结果验证了的较好格式。

1. 跳点格式

当 $j+n$ 为偶数时：

$$u_j^{n+1}=u_j^n-\frac{r}{2}(f_{j+1}^n-f_{j-1}^n)+s(u_{j+1}^n-2u_j^n+f_{j-1}^n) \tag{6.4.2}$$

当 $j+n$ 为奇数时：

$$u_j^{n+1}=u_j^n-\frac{r}{2}(f_{j+1}^{n+1}-f_{j-1}^{n+1})+s(u_{j+1}^{n+1}-2u_j^{n+1}+f_{j-1}^{n+1}) \tag{6.4.3}$$

其中，$r=\Delta t/\Delta x$，$s=\nu\Delta t/(\Delta x)^2$，$f=u^2/2$。跳点法是一种简单有效的方法，其设计思想很新颖。所谓跳点 (hopscotch)，是先用显式求 $(n+1)$ 时间层上的 $n+1+j$ 为奇数点的值 $u_j^{n+1}(I)$，(即用式 (6.4.2))；然后求 $n+1+j$ 为偶数点的值 $u_j^{n+1}(II)$ 的值，形式上用隐式求之 (即式 (6.4.3))，但实际上因奇数点的值 $u_j^{n+1}(I)$ 已求出，还是显式求解。

2. 分裂格式

将式 (6.4.1) 分裂为

$$\frac{1}{2}u_t+uu_x=0,\quad \frac{1}{2}u_t-\nu u_{xx}=0 \tag{6.4.4}$$

然后进行离散化，设计成续接格式。这样，可以用多种灵活方法设计，给格式的耗散、色散效果的调节带来方便。这里给出一种成功的全隐式分裂格式

$$\begin{aligned}\frac{u_j^{n+1/2}-u_j^n}{\Delta t}&=\frac{\overline{u_j^n}}{2\Delta x}\left[\frac{1}{2}\left(u_{j+1}^{n+1/2}-u_{j-1}^{n+1/2}\right)+\frac{1}{2}\left(u_{j+1}^n-u_{j-1}^n\right)\right]\\ \frac{u_j^{n+1}-u_j^{n+1/2}}{\Delta t}&=\frac{\nu}{2\Delta x^2}\left[\left(u_{j+1}^{n+1}-2u_j^{n+1}+u_{j-1}^{n+1}\right)+\left(u_{j+1}^{n+1/2}-2u_j^{n+1/2}+u_{j-1}^{n+1/2}\right)\right]\end{aligned} \tag{6.4.5}$$

其中，$\overline{u_j^n}=(u_{j+1}^n-u_{j-1}^n)$，数值实验的结果表明，这种全隐式分裂格式无论是计算精度，还是对不同的扩散系数 ν、不同的网格步长以及随时间变化，都是很好的。它的计算误差很小，比其他格式的计算误差要小 1~3 个数量级，只是每步要解三对角方程组，计算时间较长一些。

【例题 6.4.1】

采用跳点格式求解 Burgers 方程

$$u_t=\varepsilon u_{xx}-uu_x,\quad 0<x<1$$
$$u(0,t)=u(1,t)=0$$

【解】 设初始分布 $u(x,0) = \sin(2\pi x) + 0.5\sin(\pi x)$，模拟程序 HopscotchBurgers.m 如下：

```
clear
clc
mu=5E-3;
x0=0;xf=1;Nx=1000;dx=(xf-x0)/Nx;
x=linspace(x0,xf,Nx+1);
Tf=0.5;Nt=501;dt=Tf/Nt;
r=dt/dx;s=mu*dt/dx^2;
u0=sin(2*pi*x)+0.5*sin(pi*x);
u=u0;
for nt=1:Nt
    t=nt*dt
    if mod(nt,2)==0
        Nxvo=2:2:Nx;Nxve=3:2:Nx;
    else
        Nxve=2:2:Nx;Nxvo=3:2:Nx;
    end
    f=0.5*u.^2;
    u(Nxvo)=u(Nxvo)-0.5*r*(f(Nxvo+1)-f(Nxvo-1))+s*(u(Nxvo+1)-2*u(Nxvo)
            +u(Nxvo-1));
    f(Nxvo)=0.5*u(Nxvo).^2;
    u(Nxve)=(u(Nxve)-0.5*r*(f(Nxve+1)-f(Nxve-1))+s*(u(Nxve+1)+u(Nxve-1
            )))/(1+2*s);
    plot(x,u,'-r',x,u0,'-.k','LineWidth',2)
    str=[num2str(t)];
    legend([str '0.5秒后的波形'],'原波形');
    xlabel('x');ylabel('u(x,t)');
title('图6.4.1  例题6.4.1示意图');
    set(gca,'FontSize',12);
    pause(0.1)
end
```

结果见图 6.4.1。

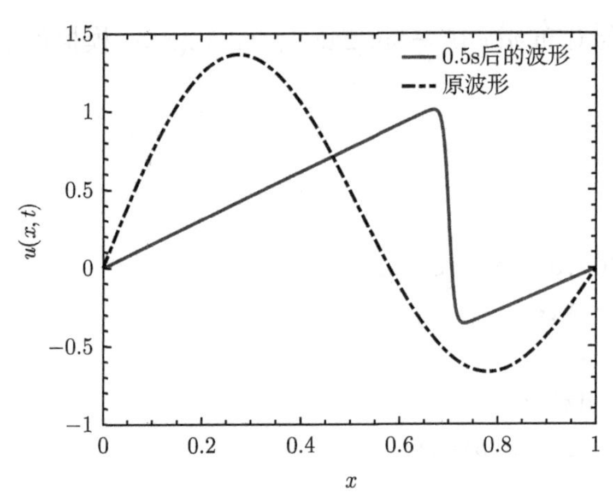

图 6.4.1　例题 6.4.1 示意图

6.4.2　KdV 方程和孤立子方程

KdV 方程

$$u_t - 6uu_x + u_{xxx} = 0 \tag{6.4.6}$$

其中，uu_x 是非线性对流项，会使波前变陡；u_{xxx} 是色散项 (即不同波长的波，其传播速度不同)。当这两项平衡时，波传播时不会变形，这在光纤通信中有很重要的应用。下面给出这个非线性偏微分方程的数值解法。

1. **线上法**

$$\frac{\mathrm{d}u_i}{\mathrm{d}t} = 6u_i\frac{u_{i+1}-u_{i-1}}{2\Delta x} - \frac{u_{i+2}-2u_{i+1}+2u_{i-1}-u_{i-2}}{2\Delta x^3} \tag{6.4.7}$$

下面给出线上法的模拟程序：kdv_MOL.m。

```
function kdv_MOL
dx = 0.1;  x = [-8+dx:dx:8-dx]';
nx = length(x);
k = dx^3; nsteps = 2.0 /k; t=linspace(0,2,nsteps);
%u =-8*exp(-x.^2);
u(:,1)=onesoliton(x,8,0)+onesoliton(x,16,4);
for ii=1:nsteps-1
  k1=k*kdvequ(u(:,ii),dx);
  k2=k*kdvequ(u(:,ii)+k1/2,dx);
  k3=k*kdvequ(u(:,ii)+k2/2,dx);
  k4=k*kdvequ(u(:,ii)+k3,dx);
```

```
  u(:,ii+1)=u(:,ii)+k1/6+k2/3+k3/3+k4/6;
end
[T,X]=meshgrid(t,x);
surf(T,X,u)
shading interp
xlabel('t'); ylabel('x');
zlabel('u(x,t)');
set(gca,'FontSize',18);

function u=onesoliton(x,v,x0)
u=-v/2./cosh(.5*sqrt(v)*(x-x0)).^2;

function dudt=kdvequ(u,dx)
u = [u(end-1:end); u; u(1:2)];
dudt = -6*(u(3:end-2)).*(u(4:end-1)-u(2:end-3))/2/dx - ...
       (u(5:end)-2*u(4:end-1)+2*u(2:end-3)-u(1:end-4))/2/dx^3;
```

计算结果见图 6.4.2。

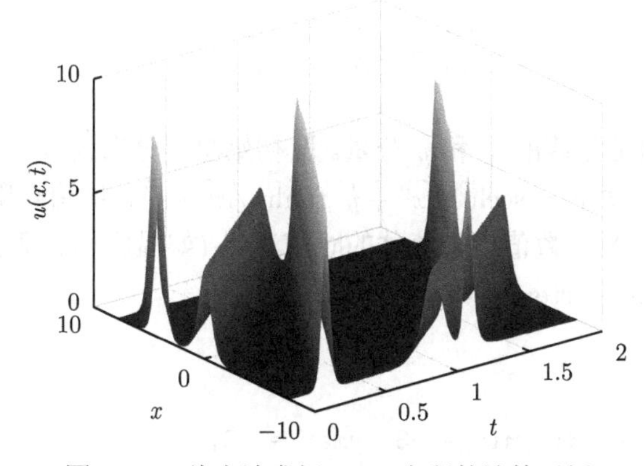

图 6.4.2 线上法求解 KdV 方程的计算示例

2. **蛙跳格式**

$$
\begin{aligned}
u_j^{n+1} = u_j^{n-1} &+ \frac{2\Delta t}{\Delta x}[(u_{j+1}^n + u_j^n + u_{j-1}^n)(u_{j+1}^n - u_{j-1}^n)] \\
&- \frac{\Delta t}{(\Delta x)^3}[(u_{j+2}^n - 2u_{j+1}^n + 2u_{j-1}^n - u_{j-2}^n)]
\end{aligned}
\tag{6.4.8}
$$

截断误差为 $O(\Delta t^2 + \Delta x^2)$。

3. 跳点格式

当 $j+n$ 为偶数时

$$u_j^{n+1}=u_j^n+\frac{3\Delta t}{\Delta x}[(f_{j+1}^n-f_{j-1}^n)]-\frac{\Delta t}{(\Delta x)^3}[(u_{j+2}^n-2u_{j+1}^n+2u_{j-1}^n-u_{j-2}^n)] \quad (6.4.9)$$

当 $j+n$ 为奇数时

$$u_j^{n+1}=u_j^n+\frac{3\Delta t}{\Delta x}[(f_{j+1}^{n+1}-f_{j-1}^{n+1})]-\frac{\Delta t}{(\Delta x)^3}[(u_{j+2}^{n+1}-2u_{j+1}^{n+1}+2u_{j-1}^{n+1}-u_{j-2}^{n+1})] \quad (6.4.10)$$

其中，$f=u^2/2$。

6.4.3 涡流问题

本小节讨论由恒定涡旋速度产生的温度场对流问题。描述问题的方程为

$$\frac{\partial T}{\partial t}+\boldsymbol{u}\cdot\nabla T=0 \quad (6.4.11)$$

下面给出二维问题的数值模拟。在直角坐标系下

$$\frac{\partial T}{\partial t}+u\frac{\partial T}{\partial x}+v\frac{\partial T}{\partial y}=0 \quad (6.4.12)$$

其中，u 和 v 分别是流速的 x 和 y 分量。取初始温度分布为 $T=\tanh(y)$，初始流速分布只有角向速度 $V=\operatorname{sech}^2\sqrt{x^2+y^2}\tanh\sqrt{x^2+y^2}$。试用有限差分方法 (分别采用 FTCS，LF，LX)，数值模拟流体的时空演化 (如温度场、流场)。

模拟程序 demo_vortex.m 如下：

```
clear all; clf
% 定义空间网格
xmin = -3; xmax = +3; ymin = -3; ymax = +3;
numx = 101; numy = 101;
dx = (xmax-xmin)/(numx-1);  dy = (ymax-ymin)/(numy-1);
x = linspace(xmin,xmax,numx); y = linspace(ymin,ymax,numy);
[XX,YY] = meshgrid(x,y);  XX = XX'; YY = YY';
% 定义时间变量
tmin = 0;  tmax = 6;  dt =1/12;
numt = (tmax-tmin)/dt;
time = linspace(tmin,tmax,numt+1);
```

```
% 定义初始温度场
T = -tanh(YY);    % 初始温度分布与x无关
% 画初始温度场
subplot(231);contourf(XX,YY,T);
title('Initial Temperature'); axis('square'); colorbar; pause
T0 = T;
% 定义固定的速度场
RR = sqrt(XX.*XX+YY.*YY);
VV = (sech(RR).^2).*tanh(RR);
% 计算直角坐标下速度分量.
THETA = atan2(YY,XX);
uu = - VV.*sin(THETA);
vv = + VV.*cos(THETA);
subplot(232);quiver(XX,YY,uu,vv);
title('Velocity field')
axis('square'); colorbar; pause

% 计算涡旋和散度
  vor = zeros(numx,numy); div = zeros(numx,numy);
  for nx=2:numx-1
  for ny=2:numy-1
    dudx = (uu(nx+1,ny)-uu(nx-1,ny))/(2*dx);
    dudy = (uu(nx,ny+1)-uu(nx,ny-1))/(2*dy);
    dvdx = (vv(nx+1,ny)-vv(nx-1,ny))/(2*dx);
    dvdy = (vv(nx,ny+1)-vv(nx,ny-1))/(2*dy);
    vor(nx,ny) = dvdx - dudy;
    div(nx,ny) = dudx + dvdy;
  end
  end

% 画涡旋和散度
subplot(233);surf(XX,YY,vor)
colorbar; shading('interp'); title('Vorticity')
axis('off'); axis('square'); view(0,90);
drawnow; pause(1)
```

```
subplot(234);surf(XX,YY,div)
colorbar; shading('interp'); title('Divergence')
axis('off'); axis('square'); view(0,90);
drawnow; pause
for ny=1:numy
for nx=1:numx
  xx = x(nx);
  yy = y(ny);
  rr = sqrt(xx^2+yy^2);
  theta = atan2(yy,xx);
  omega = ((sech(rr))^2*tanh(rr))/(rr+eps);
  omt = omega*tmax;
  r0 = rr;
  theta0 = theta - omt;
  x0 = r0*cos(theta0);
  y0 = r0*sin(theta0);
  Tanal(nx,ny) = -tanh(y0*cos(omt)-x0*sin(omt));
end
end
subplot(235);
surf(XX,YY,Tanal); view(0,90)
axis('square'); axis('off');
shading('interp'); colorbar
heading = ['T(ANAL) at Time = ' num2str(tmax) ];
title(heading); drawnow
pause
for nt=1:numt
  for nx=2:numx-1
  for ny=2:numy-1
    if(uu(nx,ny)>=0)
      dTdx = ( T(nx,ny)-T(nx-1,ny) ) / dx;
    else
      dTdx = ( T(nx+1,ny)-T(nx,ny) ) / dx;
    end
    if(vv(nx,ny)>=0)
```

```
    dTdy = ( T(nx,ny)-T(nx,ny-1) ) / dy;
   else
    dTdy = ( T(nx,ny+1)-T(nx,ny) ) / dy;
   end
   advect = uu(nx,ny)*dTdx + vv(nx,ny)*dTdy;
   T(nx,ny) = T(nx,ny) - dt*advect;
  end
  end
  subplot(236);surf(XX,YY,T); colorbar; shading('interp')
  axis('off'); axis('square'); view(0,90);
  heading = ['T(US): Time = ' num2str(time(nt+1)) ];
  title(heading); drawnow
  day = nt*dt;
  if(day==1|day==3|day==5|day==10|day==20) pause; end
end
```

结果如图 6.4.3 所示。

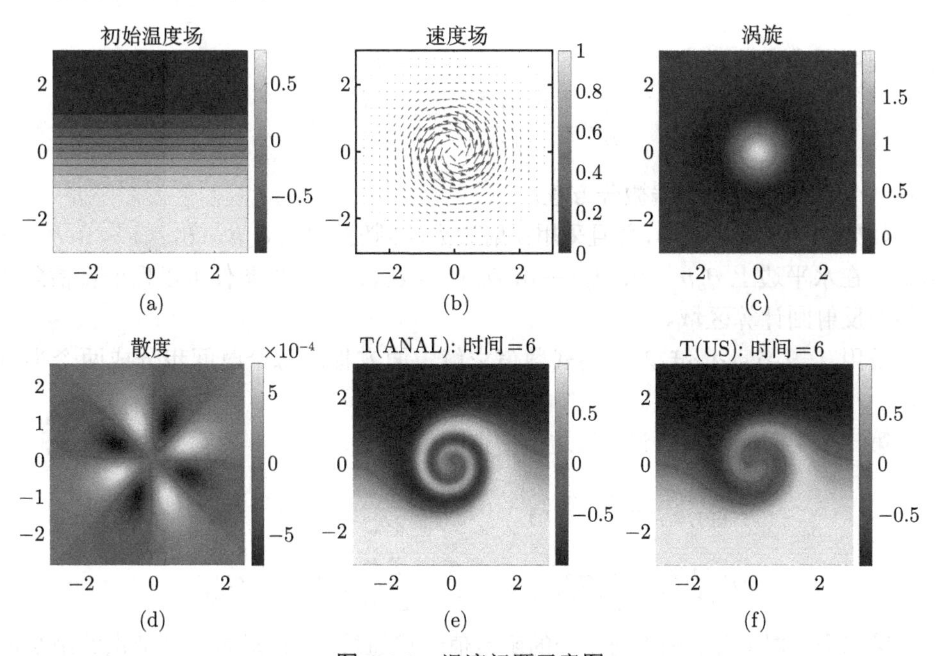

图 6.4.3 涡流问题示意图

6.4.4 浅水波方程

浅水波方程是讨论扰动在水中或不可压缩流体中的传播问题。浅水是假设水深与扰动范围相比很小。该方程是根据流体质量守恒和动量守恒方程得到的，涉及的变量是流体的高度 (或深度)h，两维流体速度 u,v。在适当的单位选择下，与质量成正比的量是 h，与动量成正比的量是 uh,vh，作用流体上的力是重力，浅水波方程可写为

$$\begin{cases}\dfrac{\partial h}{\partial t}+\dfrac{\partial(uh)}{\partial x}+\dfrac{\partial(vh)}{\partial y}=0\\[2ex] \dfrac{\partial(uh)}{\partial t}+\dfrac{\partial\left(u^2h+\dfrac{1}{2}gh^2\right)}{\partial x}+\dfrac{\partial(uvh)}{\partial y}=0\\[2ex] \dfrac{\partial(vh)}{\partial t}+\dfrac{\partial(uvh)}{\partial x}+\dfrac{\partial\left(v^2h+\dfrac{1}{2}gh^2\right)}{\partial y}=0\end{cases} \tag{6.4.13}$$

为了写出偏微分方程组的紧凑形式，引进三个矢量

$$U=\begin{pmatrix}h\\uh\\vh\end{pmatrix},\quad F(U)=\begin{pmatrix}uh\\u^2h+\dfrac{1}{2}gh^2\\uvh\end{pmatrix},\quad G(U)=\begin{pmatrix}vh\\uvh\\v^2h+\dfrac{1}{2}gh^2\end{pmatrix} \tag{6.4.14}$$

则方程可写成守恒形式

$$\frac{\partial U}{\partial t}+\frac{\partial F(U)}{\partial x}+\frac{\partial G(U)}{\partial y}=0 \tag{6.4.15}$$

这是一个典型的双曲型偏微分方程。

如果计算区域为方形，并且采用反射边界，即竖直边上 $\partial_x h=0$, $\partial_x v=0$, $\partial_n u=-\partial_x u$，在水平边上 $\partial_y h=0$，$\partial_y u=0$，$\partial_n v=-\partial_y v$。该边界条件可以保证传播到边界的波反射回计算区域。

采用 Lax-Wendroff 差分格式数值求解上面方程。每个时间步分成两个半时间步。

第一个半时间步：得到网格边上中点的值

$$U_{i+1/2,j}^{n+1/2}=\frac{1}{2}(U_{i+1,j}^n+U_{i,j}^n)-\frac{\Delta t}{2\Delta x}(F_{i+1,j}^n-F_{i,j}^n)$$

$$U_{i,j+1/2}^{n+1/2}=\frac{1}{2}(U_{i,j+1}^n+U_{i,j}^n)-\frac{\Delta t}{2\Delta y}(G_{i,j+1}^n-G_{i,j}^n)$$

第二个半时间步：利用前半个的函数值计算通量，再由通量计算节点的函数值

$$U_{i,j}^{n+1}=U_{i,j}^n-\frac{\Delta t}{\Delta x}\left(F_{i+1/2,j}^{n+1/2}-F_{i-1/2,j}^{n+1/2}\right)-\frac{\Delta t}{\Delta y}\left(G_{i,j+1/2}^{n+1/2}-G_{i,j-1/2}^{n+1/2}\right)$$

在一个方形区域采用反射边界条件，并应用 Lax-Wendroff 格式数值求解浅水方程。初始在全部区域取 $h=1$，$v=u=0$，所以解是静态的。一段时间后，一个高斯型分布被加到 h 上，模拟一个像水滴落到水面上的脉冲扰动。最后波在整个区域传播，在到达边界后反射回计算区域。需要注意 Lax-Wendroff 格式放大了人为的非物理的振荡，最终数值结果溢出。

程序 waterwave.m 如下：

```
format long
g=9.8;
T=1E2; dt=0.02; Nt=T/dt;
Lx=65; Ly=65; Nx=65; Ny=65;
x=linspace(0,Lx,Nx+1); y=linspace(0,Ly,Ny+1);[X,Y]=meshgrid(x,y);
dx=x(2)-x(1); dy=y(2)-y(1);
Ndrops=3; Dropstep=5; dropwidth=20;
Tplotstep=1E-2;
H=ones(Nx+1,Ny+1);U=zeros(Nx+1,Ny+1);V=zeros(Nx+1,Ny+1); % 初始值
Hx=H;Ux=U;Vx=V;Hy=H;Uy=U;Vy=V;
ndrop=0;
 for nt=1:Nt+1
     Ts=(nt-1)*dt;
     if mod(Ts,Tplotstep)==0
         surf(X,Y,H);axis([0 Lx 0 Ly -1 3]);
         caxis([-1 1]);shading faceted;grid off;axis off
         strT=['T=',num2str(Ts)];title(strT);
         c=linspace(0,1,Nx+1);colormap([zeros(Nx+1,1) c' c'])
         pause(1E-5)
     end
     if ndrop<Ndrops && mod(Ts,Dropstep)==0
         xd=dropwidth+rand*(Lx-2*dropwidth); yd=dropwidth+rand*(Ly-2*
            dropwidth);
         H=H+rand*exp(-5*((X-xd).^2+(Y-yd).^2)/dropwidth.^2);
         ndrop=ndrop+1
     end
     % 反射边界条件
       H(:,1)=H(:,2);U(:,1)=U(:,2);V(:,1)=-V(:,2);
       H(:,Ny+1)=H(:,Ny);U(:,Ny+1)=U(:,Ny);V(:,Ny+1)=-V(:,Ny);
```

```
H(1,:)=H(2,:);U(1,:)=-U(2,:);V(1,:)=V(2,:);
H(Nx+1,:)= H(Nx,:);U(Nx+1,:)=-U(Nx,:);V(Nx+1,:)=V(Nx,:);
% 前半步
% x方向半网格点值
i = 1:Nx;j = 1:Ny-1;
Hx(i,j)=(H(i+1,j+1)+H(i,j+1))/2-dt/(2*dx)*(U(i+1,j+1)-U(i,j+1));
Ux(i,j)=(U(i+1,j+1)+U(i,j+1))/2-dt/(2*dx)*(...
              (U(i+1,j+1).^2./H(i+1,j+1)+g/2*H(i+1,j+1).^2)...
              -(U(i,j+1).^2./H(i,j+1)+g/2*H(i,j+1).^2));
Vx(i,j) = (V(i+1,j+1)+V(i,j+1))/2-dt/(2*dx)*( ...
                    (U(i+1,j+1).*V(i+1,j+1)./H(i+1,j+1)) - ...
                    (U(i,j+1).*V(i,j+1)./H(i,j+1)));
% y方向半网格点值
i = 1:Nx-1;j = 1:Ny;
Hy(i,j)=(H(i+1,j+1)+H(i+1,j))/2-dt/(2*dy)*(V(i+1,j+1)-V(i+1,j));
Uy(i,j)=(U(i+1,j+1)+U(i+1,j))/2-dt/(2*dy)*( ...
                    (V(i+1,j+1).*U(i+1,j+1)./H(i+1,j+1)) - ...
                    (V(i+1,j).*U(i+1,j)./H(i+1,j)));
Vy(i,j)=(V(i+1,j+1)+V(i+1,j))/2-dt/(2*dy)*(...
           (V(i+1,j+1).^2./H(i+1,j+1)+g/2*H(i+1,j+1).^2) - ...
           (V(i+1,j).^2./H(i+1,j)+g/2*H(i+1,j).^2));
% 后半步
i = 2:Nx;j = 2:Ny;
H(i,j)=H(i,j)-(dt/dx)*(Ux(i,j-1)-Ux(i-1,j-1)) ...
             -(dt/dy)*(Vy(i-1,j)-Vy(i-1,j-1));
U(i,j)=U(i,j)-(dt/dx)*(...
             (Ux(i,j-1).^2./Hx(i,j-1)+g/2*Hx(i,j-1).^2)...
            -(Ux(i-1,j-1).^2./Hx(i-1,j-1)+g/2*Hx(i-1,j-1).^2))...
            -(dt/dy)*(...
             (Vy(i-1,j).*Uy(i-1,j)./Hy(i-1,j)) ...
            -(Vy(i-1,j-1).*Uy(i-1,j-1)./Hy(i-1,j-1)));
V(i,j)=V(i,j)-(dt/dx)*(...
              (Ux(i,j-1).*Vx(i,j-1)./Hx(i,j-1)) ...
             -(Ux(i-1,j-1).*Vx(i-1,j-1)./Hx(i-1,j-1))) ...
             -(dt/dy)*(...
```

```
            (Vy(i-1,j).^2./Hy(i-1,j)+g/2*Hy(i-1,j).^2) ...
           -(Vy(i-1,j-1).^2./Hy(i-1,j-1)+g/2*Hy(i-1,j-1).^2));
end
```

模拟结果如图 6.4.4 所示。

图 6.4.4 水滴波纹模拟示意图

6.4.5 流体方程数值方法

流体力学方程组的守恒形式可写为

$$\frac{\partial s}{\partial t}+\frac{\partial f(s)}{\partial x}=0$$

其中

$$s=\begin{pmatrix} s_1 \\ s_2 \\ s_3 \end{pmatrix}=\begin{pmatrix} \rho \\ \rho u \\ \rho\left(e+\frac{1}{2}u^2\right) \end{pmatrix},$$

$$f(s)=\begin{pmatrix} f_1 \\ f_2 \\ f_3 \end{pmatrix}=\begin{pmatrix} \rho u \\ \rho u^2+p \\ u\left(\rho e+\frac{1}{2}\rho u^2+p\right) \end{pmatrix}=\begin{pmatrix} s_2 \\ \frac{s_2^2}{s_1}+p \\ \frac{s_2(s_3+p)}{s_1} \end{pmatrix}$$

状态方程

$$e=\frac{p}{\rho(\gamma-1)},\quad \text{即 } p=\rho e(\gamma-1)=(\gamma-1)\left(s_3-\frac{s_3^2}{2s_1}\right)$$

其中，u 是速度，ρ 是密度，e 是比内能，γ 是绝热指数。

可采用两步的 Lax-Wendroff 差分格式计算该方程，差分格式如下：

$$s_{n+1/2}^{k+1/2}=\frac{1}{2}(s_{n+1}^k+s_n^k)-\frac{\tau_k}{2h}\Big[f(s_{n+1}^k)-f(s_n^k)\Big],\quad n=0,1,\cdots,N-1$$

$$s_n^{k+1} = s_n^k - \frac{\tau_k}{h}\left[f(s_{n+1/2}^{k+1/2}) - f(s_{n-1/2}^{k+1/2})\right] + \nu(s_{n+1}^k - 2s_n^k + s_{n-1}^k), \quad n = 0, 1, \cdots, N-1$$

式中引进了人为的黏滞参数 ν。

计算程序 gasdynamics_lw.m 如下：

```
clear;clc;
gama=1.4; Vnu=0.01;
nx=1000; Lx=1;x=linspace(0,Lx,nx+1);
nt=15000;dt=1E-5;
dx=x(2)-x(1);r=dt/dx;
% 初始值
rho=1.*ones(1,nx+1); rho(ceil(nx/2):end)=0.15;   % 左边密度为1, 右边密
    度为0.15
p=1.*ones(1,nx+1); p(ceil(nx/2):end)=0.1; % 左边压强为1, 右边压强为0.1
u=0.*ones(1,nx+1);
S(1,:)=rho;
S(2,:)=rho.*u;
S(3,:)=p./(gama-1)+0.5.*rho.*u.*u;
Sh=0*S(:,1:end-1);
F(1,:)=S(2,:);
F(2,:)=S(2,:).^2./S(1,:)+p;
F(3,:)=S(2,:).*(S(3,:)+p)./S(1,:);
Fh=0*F(:,1:end-1);
T=0;
for it=1:nt
    T=T+dt;
    Nxh=1:nx;Nxhr=Nxh+1;
    Nxm=2:nx;Nxl=Nxm-1;Nxr=Nxm+1;
    % 前半步
    Sh(:,Nxh)=0.5*(S(:,Nxhr)+S(:,Nxh))-0.5*r*(F(:,Nxhr)-F(:,Nxh));
    Fh(1,:)=Sh(2,:);
    ph=(gama-1)*(Sh(3,:)-0.5.*Sh(2,:).^2./Sh(1,:));
    Fh(2,:)=Sh(2,:).^2./Sh(1,:)+ph;
    Fh(3,:)=Sh(2,:).*(Sh(3,:)+ph)./Sh(1,:);
    % 后半步
    S(:,Nxm)=S(:,Nxm)-r*(Fh(:,Nxm)-Fh(:,Nxl))...
```

```
                        +Vnu*(S(:,Nxr)-2*S(:,Nxm)+S(:,Nxl));
    % 边界条件
    S(:,1)=S(:,2);S(:,nx+1)=S(:,nx);
    rho=S(1,:);u=S(2,:)./rho;p=(gama-1)*(S(3,:)-0.5.*rho.*u.*u);
    if mod(it,100)==0
        plot(x,rho,'-.k',x,u,'r:',x,p,'LineWidth',2);
        legend('\rho','u','p');xlabel('x');
        str=['T=' num2str(T)];title(str);
        set(gca,'FontSize',12);
        pause(0.001)
    end
end
```

数值结果如图 6.4.5 所示。

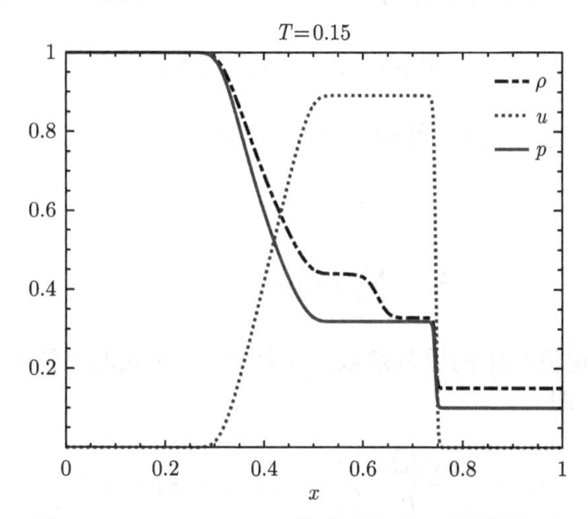

图 6.4.5 Lax-Wendroff 格式求解的一维激波问题

6.4.6 *轴对称系统偏微分方程

1. 基本方程和边界条件

取柱坐标 (R,φ,Z)，由轴对称条件 $\partial/\partial\varphi=0$，可设函数 $\Psi=\Psi(R,Z)$ 为描述等离子体系统的通量函数，定义算符

$$L=\left[R\frac{\partial}{\partial R}\left(\frac{1}{R}\frac{\partial}{\partial R}\right)+\frac{\partial^2}{\partial Z^2}\right]=L_R+L_Z \tag{6.4.16}$$

系统的方程可写为

$$L\Psi=-(\lambda^2R^2+\mu)\Psi\quad(\text{在等离子体内部})\tag{6.4.17}$$

$$L\Psi=0\quad(\text{在等离子体外部})\tag{6.4.18}$$

假设在等离子体内部，$\Psi\geqslant 0$，在等离子体外部真空区，$\Psi<0$，则可以引入阶跃函数：

$$S(\Psi)=\begin{cases}1, & \Psi\geqslant 0\\ 0, & \Psi<0\end{cases}\tag{6.4.19}$$

和 $f(R)=\lambda^2R^2+\mu$，式 (6.4.17) 和式 (6.4.18) 可以合并为

$$L\Psi+S(\Psi)f(R)\Psi=0\tag{6.4.20}$$

如果边界是导体壳，则边界条件为

$$\Psi|_{\Gamma}=A\quad(A\text{为负常数})\tag{6.4.21}$$

如果导体壳外还有通有电流的线圈，则边界条件为

$$\Psi|_{\Gamma}=A+\Psi_{\mathrm{e}}\tag{6.4.22}$$

$$\Psi_{\mathrm{e}}=\sum_i J_i\Psi_0(R,Z;R',Z')$$

Ψ_{e} 为外加线圈上电流产生的通量函数，Ψ_0 是 (R',Z') 处的单位电流环在 (R,Z) 处产生的通量函数，即

$$\Psi_0=\frac{8\pi}{c}\frac{\sqrt{RR'}}{k}\left[\left(1-\frac{1}{2}k^2\right)K(k)-E(k)\right]$$

其中，$K(k)$, $E(k)$ 为第一、第二类完全椭圆函数。

$$k^2=\frac{4RR'}{(R+R')^2+(Z-Z')^2}$$

2. 数值方法：隐式交替方向加三段迭代法

在上面的矩形区域中，采用下面的迭代格式：假设第 n 步已知，先在 R 方向走半步，然后在 Z 方向上走半步，即

$$\begin{cases}[-L_R-f(R)S(\Psi^n)+\rho]\Psi^{n+1/2}=(L_Z+\rho)\Psi^n & \text{(A-1)}\\ [-L_Z-f(R)S(\Psi^{n+1/2})+\rho]\Psi^{n+1}=(L_R+\rho)\Psi^{n+1/2} & \text{(A-2)}\end{cases}\tag{6.4.23}$$

其中，ρ 是为了迭代格式收敛待选取的参数。再把 (A-1) 和 (A-2) 迭代步骤的循环表示为

$$L\Psi_{m+1/3}+S(\Psi_m)f(R)\Psi_m=0$$

考虑如下迭代:

$$\begin{cases}L\Psi_{m+1/3}+S(\Psi_m)f(R)\Psi_m=0\\ L\Psi_{m+2/3}+S(\Psi_{m+1/3})f(R)\Psi_{m+1/3}=0\\ \Psi_{m+1}=(1-G)\Psi_m+2G\Psi_{m+1/3}-G\Psi_{m+2/3}\end{cases}\tag{6.4.24}$$

即先用 (A-1) 和 (A-2) 作一次迭代得到 $\Psi_{m+1/3}$，然后再用 (A-1) 和 (A-2) 作一次迭代得到 $\Psi_{m+2/3}$，然后再用 Ψ_m, $\Psi_{m+1/3}$, $\Psi_{m+2/3}$ 做加权平均得到 Ψ_{m+1}。这就是三段迭代方法，其中 $0<G<1/2$。对于矩形截面导体壳，选取矩形网格。将 R 方向分成 I 等份，Z 方向分成 K 等份，则

$$h=(R_{\max}-R_{\min})/I$$

$$l=(Z_{\max}-Z_{\min})/K$$

即有关系

$$\begin{cases}R_i=R_{\min}+(i-1)h, & i=1,2,\cdots,I+1\\ Z_k=Z_{\min}+(k-1)l, & k=1,2,\cdots,K+1\end{cases}$$

定义差分

$$\left(\frac{\partial}{\partial R}\frac{1}{R}\frac{\partial\Psi}{\partial R}\right)_{i,k}=\frac{1}{h^2}\left[\frac{1}{R_{i+1/2}}(\Psi_{i+1,k}-\Psi_{i,k})-\frac{1}{R_{i-1/2}}(\Psi_{i,k}-\Psi_{i-1,k})\right]\tag{6.4.25}$$

$$\left(\frac{\partial^2\Psi}{\partial Z^2}\right)_{i,k}=\frac{1}{l^2}(\Psi_{i,k+1}-2\Psi_{i,k}+\Psi_{i,k-1})\tag{6.4.26}$$

将差分代入式 (6.4.23) 的 (A-1) 中，整理得到

$$a_{i,k}^n\Psi_{i-1,k}^{n+1/2}+b_{i,k}^n\Psi_{i,k}^{n+1/2}+c_{i,k}^n\Psi_{i+1,k}^{n+1/2}=d_{i,k}^n,\quad i=2,3,\cdots,I;\quad k=2,3,\cdots,K\tag{6.4.27}$$

其中系数

$$\begin{cases}a_{i,k}^n=-\dfrac{R_i}{h^2R_{i-1/2}}\\ b_{i,k}^n=\dfrac{R_i}{h^2R_{i+1/2}}+\dfrac{R_i}{h^2R_{i-1/2}}-f(R_i)S(\Psi_{i,k}^n)+\rho\\ c_{i,k}^n=-\dfrac{R_i}{h^2R_{i+1/2}}\\ d_{i,k}^n=\dfrac{1}{l^2}\Psi_{i,k+1}^n+\left(\rho-\dfrac{2}{l^2}\right)\Psi_{i,k}^n+\dfrac{1}{l^2}\Psi_{i,k-1}^n\end{cases}\tag{6.4.28}$$

略去下角标 k 和上角标 n, $n+1/2$，将式 (6.4.27) 写成三对角矩阵形式

$$\begin{pmatrix} b_1 & c_1 & & & \\ a_2 & b_2 & c_2 & & \\ & \ddots & \ddots & \ddots & \\ & & a_I & b_I & c_I \\ & & & a_{I+1} & b_{I+1} \end{pmatrix} \begin{pmatrix} \Psi_1 \\ \Psi_2 \\ \vdots \\ \Psi_I \\ \Psi_{I+1} \end{pmatrix} = \begin{pmatrix} d_1 \\ d_2 \\ \vdots \\ d_I \\ d_{I+1} \end{pmatrix} \tag{6.4.29}$$

由边界条件 $\Psi_{1,k}^{n+1/2} = \Psi_{I+1/2,k}^{n+1/2} = A$，可取

$$b_1 = b_{I+1} = 1, \quad c_1 = a_{I+1} = 0, \quad d_1 = d_{I+1} = A$$

同样将差分代入式 (6.4.23) 的 (A-2) 中，整理得到

$$\begin{gathered} A_{i,k}^{n+1/2}\Psi_{i,k-1}^{n+1} + B_{i,k}^{n+1/2}\Psi_{i,k}^{n+1} + C_{i,k}^{n+1/2}\Psi_{i,k+1}^{n+1} = D_{i,k}^{n+1/2}, \\ i = 2,3,\cdots,I;\ k = 2,3,\cdots,K \end{gathered} \tag{6.4.30}$$

其中系数

$$\begin{cases} A_{i,k}^{n+1/2} = C_{i,k}^{n+1/2} = -\dfrac{1}{l^2} \\ B_{i,k}^{n+1/2} = \dfrac{2}{l^2} - f(R_i)S(\Psi_{i,k}^{n+1/2}) + \rho \\ D_{i,k}^{n+1/2} = \dfrac{R_i}{h^2 R_{i+1/2}}\Psi_{i+1,k}^{n+1/2} + \left(\rho - \dfrac{R_i}{h^2 R_{i+1/2}} - \dfrac{R_i}{h^2 R_{i-1/2}}\right)\Psi_{i,k}^{n+1/2} \\ \qquad + \dfrac{R_i}{h^2 R_{i-1/2}}\Psi_{i-1,k}^{n+1/2} \end{cases} \tag{6.4.31}$$

略去下角标 i 和上角标 $n+1/2$, $n+1$，将式 (6.4.30) 写成三对角矩阵形式

$$\begin{pmatrix} B_1 & C_1 & & & \\ A_2 & B_2 & C_2 & & \\ & \ddots & \ddots & \ddots & \\ & & A_K & B_K & C_K \\ & & & A_{K+1} & B_{K+1} \end{pmatrix} \begin{pmatrix} \Psi_1 \\ \Psi_2 \\ \vdots \\ \Psi_K \\ \Psi_{K+1} \end{pmatrix} = \begin{pmatrix} D_1 \\ D_2 \\ \vdots \\ D_K \\ D_{K+1} \end{pmatrix} \tag{6.4.32}$$

由边界条件 $\Psi_{i,1}^{n+1} = \Psi_{i,K+1}^{n+1} = A$，可取

$$B_1 = B_{K+1} = 1, \quad C_1 = A_{K+1} = 0, \quad D_1 = D_{K+1} = A$$

显然，只要选取适当的 ρ 值，就可以保证上述矩阵是对角占优的，可采用追赶法求解该方程组。

3. 采用如下措施进行编程计算

(1) Ψ 是关于 R 轴对称的 $\Psi(R,Z)=\Psi(R,-Z)$，所以只计算上半平面 $Z\geqslant 0$ 就够了。这时，可认为 $\left.\dfrac{\partial\Psi}{\partial Z}\right|_{Z=0}=0$，即 $\Psi_{i,1}=\Psi_{i,2}$，即只需取式 (6.4.32) 中 $C_1=-1$, $D_1=0$，其余同前。

(2) G, ρ 参数的选取：建议 $G=0.45$, $\rho=5-6f(R_{\max})$。

(3) $\lambda^2=3.0\times10^{-5}$, $\mu=10^{-3}$, $\varepsilon=5\times10^{-5}$, $R_{\max}=60$，通常取初始位形

$$\Psi_0(i,k)=1-\frac{(R_i-R_0)^2}{\left(\dfrac{R_{\max}-R_{\min}}{2}-h\right)^2}-\frac{Z_k^2}{\left(\dfrac{Z_{\max}-Z_{\min}}{2}-l\right)^2}$$

计算程序：MHD.m (略)。

6.5 偏微分方程的傅里叶变换方法

考虑离散的 N 个数据点 $h_j(j=0,1,\cdots,N-1)$，其离散的傅里叶变换为

$$H_j=\sum_{k=0}^{N-1}h_k\mathrm{e}^{ij\lambda_k}=\sum_{k=0}^{N-1}h_k\mathrm{e}^{2\pi ijk/N},\quad j=0,1,\cdots N-1 \tag{6.5.1}$$

其中，$\lambda=2\pi k/N$，实际上是将 N 个数据点 h_k 用平面波做基函数进行展开，如果 k 是空间坐标的表示，展开系数是其在动量空间或波矢空间的分布表示；如果 k 是时间序列的表示，展开系数是其在能量空间或频率空间的分布表示。离散的傅里叶变换的逆变换

$$h_k=\frac{1}{N}\sum_{j=0}^{N-1}H_j\mathrm{e}^{-ik\lambda_j}=\frac{1}{N}\sum_{j=0}^{N-1}H_j\mathrm{e}^{-2\pi ikj/N} \tag{6.5.2}$$

$\lambda_j=2\pi j/N$，定义

$$w_N=\mathrm{e}^{\mathrm{i}2\pi/N} \tag{6.5.3}$$

则式 (6.5.1) 和式 (6.5.2) 变为

$$H_j=\sum_{k=0}^{N-1}h_kw_N^{jk} \tag{6.5.4}$$

$$h_k = \frac{1}{N}\sum_{j=0}^{N-1} H_j w_N^{-jk} \tag{6.5.5}$$

简记为

$$h_j \Leftrightarrow H_k, \quad j,k = 0,1,\cdots,N-1$$

写成矩阵形式为

$$\begin{pmatrix} H_0 \\ H_1 \\ \vdots \\ H_{N-1} \end{pmatrix} = \begin{pmatrix} w_N^0 & w_N^0 & \cdots & w_N^0 \\ w_N^0 & w_N^1 & \cdots & w_N^{N-1} \\ \vdots & \vdots & & \vdots \\ w_N^0 & w_N^{N-1} & \cdots & w_N^{(N-1)(N-1)} \end{pmatrix} \begin{pmatrix} h_0 \\ h_1 \\ \vdots \\ h_{N-1} \end{pmatrix} \tag{6.5.6}$$

需要做 N^2 次乘法，计算量很大。1965 年 IBM 公司的 J.W.Cooley 和 J.W.Tukey 提出了一个离散傅里叶变换的快速算法，把计算量从 N^2 降到 $N\log_2 N$。

【例题 6.5.1】

通常取 $N=2^M$ 的形式。以 $M=3$, $N=2^3=8$ 为例 ($w_8=\mathrm{e}^{\mathrm{i}2\pi/8}$)，写出式 (6.5.4)。

【解】

$$\begin{aligned} H_j &= \sum_{k=0}^{7} h_k w_8^{jk} \\ &= (h_0 + h_2 w^{2j} + h_4 w^{4j} + h_6 w^{6j}) + w^j(h_1 + h_3 w^{2j} + h_5 w^{4j} + h_7 w^{6j}) \\ &= [(h_0 + h_4 w^{4j}) + w^{2j}(h_2 + h_6 w^{4j})] + w^j[(h_1 + h_5 w^{4j}) + w^{2j}(h_3 + h_7 w^{4j})] \end{aligned}$$

正好符合 0-7 二进制编码的逆序

$$0,1,2,3,4,5,6,7 \xrightarrow{\text{二进制}} 000,001,010,011,100,101,110,111$$

$$000,001,010,011,100,101,110,111 \ \text{的逆序：} \ 000,100,010,110,001,101,011,111$$

$$\text{对应的十进制}\ 0,4,2,6,1,5,3,7$$

其中，$w_8^{4j}=(-1)^j$。其实对于 $N=2^M$，可以将 N 个离散的傅里叶变换写成 $N/2$

个偶数位置和 $N/2$ 个奇数位置的傅里叶变换之和。

$$
\begin{aligned}
n=2^1: H_j &= h_0+(-1)^j h_1\\
n=2^2: H_j &= h_0+(-1)^j h_2+w^j[h_1+(-1)^j h_3]\\
n=2^3: H_j &= h_0+(-1)^j h_4+w^{2j}[h_2+(-1)^j h_6]\\
&\quad +w^j[h_1+(-1)^j h_5+w^{2j}(h_3+(-1)^j h_7)]\\
n=2^4: H_j &= h_0+(-1)^j h_8+w^{4j}[h_4+(-1)^j h_{12}]\\
&\quad +w^{2j}\{h_2+(-1)^j h_{10}+w^{4j}[h_6+(-1)^j h_{14}]\}\\
&\quad +w^j\{[h_1+(-1)^j h_9\\
&\quad +w^{4j}(h_5+(-1)^j h_{13})]+w^{2j}[h_3+(-1)^j h_{11}+w^{4j}(h_7+(-1)^j h_{15})]\}
\end{aligned}
$$

从前面看出，对于 $N=2^M$，从 h_0 开始，后一项是前面所有项升指标 $2^{M-i}(i=1,\cdots,M)$ 后乘上 $w^{2^{M-i}j}(i=1,\cdots,M)$，利用 w_N 的对称性和周期性，$w^{mn}=w^{mn(\mathrm{mod}N)}$，实际上傅里叶变换可以分成奇数项和偶数项，即

$$
\begin{aligned}
H_j &= \sum_{k=0}^{n-1} h_k w^{jk} = \sum_{k=0}^{n/2-1} h_{2k} w^{j2k} + \sum_{k=0}^{n/2-1} h_{2k+1} w^{j(2k+1)}\\
&= x_j + y_j w^j
\end{aligned}
$$

这样，就把一个 n 项和变成两个 $n/2$ 项的和；由于 $n=2^m$，这个过程可以重复 $m-1$ 次，直到每个求和只有两项。

【例题 6.5.2】

采用 FFT 将一个浸在噪声背景中的信号频率分辨出来。由图 6.5.1(a) 可见，混在噪声中的信号频率是分辨不出来的。但通过傅里叶变换在频率空间清楚地显现出在频率 50Hz 和 120Hz 处出现峰值，即幅值大小。

计算程序 demo_fft1.m 如下：

```
Fs = 1000;
T = 1/Fs;
L = 1000;
t = (0:L-1)*T;
x = 0.7*sin(2*pi*50*t) + sin(2*pi*120*t);
y = x + 2*randn(size(t));
subplot(121);
plot(Fs*t(1:100),y(1:100), 'ko-');
```

```
title('Signal Corrupted with Zero-Mean Random Noise')
xlabel('time (milliseconds)')
NFFT = 2^nextpow2(L);
Y = fft(y,NFFT)/L;
f = Fs/2*linspace(0,1,NFFT/2+1);
subplot(122);
plot(f,2*abs(Y(1:NFFT/2+1)));
title('Single-Sided Amplitude Spectrum of y(t)')
xlabel('Frequency (Hz)')
ylabel('|Y(f)|')
```

结果见图 6.5.1。

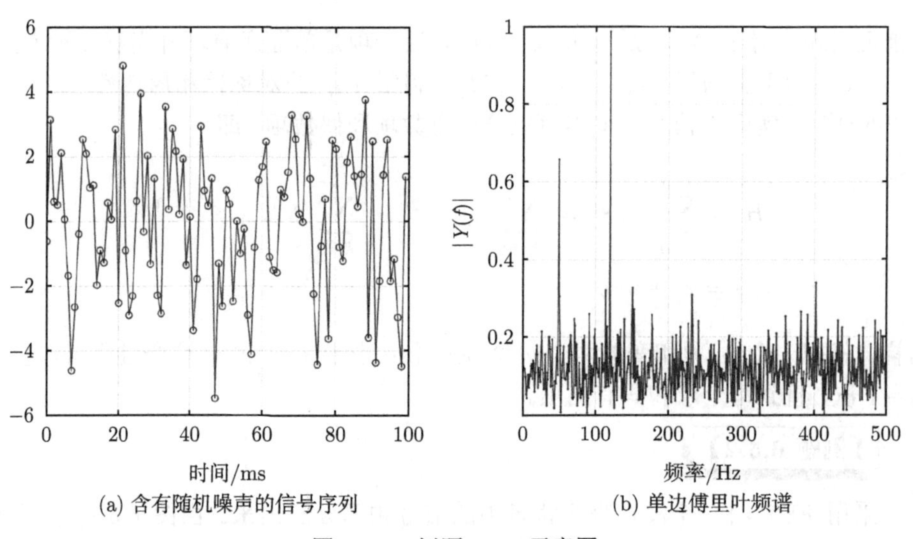

(a) 含有随机噪声的信号序列　　(b) 单边傅里叶频谱

图 6.5.1　例题 6.5.2 示意图

在空间和磁约束等离子体中，通常会观测到磁流体尺度的扰动，这些扰动的线性不稳定性通常可以由磁流体力学方程组来描述。下面以简化磁流体力学方程组中的线性撕裂模不稳定性为例介绍傅里叶展开方法在简化磁流体不稳定性中的应用。

【例题 6.5.3】

求解如下简化磁流体力学方程组的线性撕裂模不稳定性：

$$
\begin{cases}
\dfrac{\partial \psi_1}{\partial t} = -\boldsymbol{B}_0 \cdot \nabla \phi_1 - \eta J_{z1} \\
\dfrac{\partial}{\partial t} U_1 = \boldsymbol{B}_1 \cdot \nabla J_{z0} + \boldsymbol{B}_0 \cdot \nabla J_{z1}
\end{cases}
$$

其中二维平板位形时的磁场、速度、电流、涡量可分别表示如下:

$$\begin{cases} \boldsymbol{B}_{0/1} = \nabla\psi_{0/1} \times \boldsymbol{e}_z \\ \boldsymbol{v}_{0/1} = -\nabla\phi_{0/1} \times \boldsymbol{e}_z \end{cases}, \quad \begin{cases} J_{z0/1} = -\nabla_\perp^2 \psi_{0/1} \\ U_{0/1} = \nabla_\perp^2 \phi_{0/1} \end{cases}$$

下指标 0 和 1 分别为平衡量和扰动量。若假设初始的平衡磁场 $\boldsymbol{B}_0 = \tanh(x)\boldsymbol{e}_y$, 则方程可进一步简化为

$$\begin{cases} \dfrac{\partial \psi_1}{\partial t} = -B_{y0}\partial_y \phi_1 + \eta \nabla_\perp^2 \psi_1 \\ \dfrac{\partial}{\partial t} U_1 = \partial_y \psi_1 \partial_{xx}^2 B_{y0} - B_{y0}\partial_y \nabla_\perp^2 \psi_1 \end{cases}$$

若 y 方向为周期边界条件, 可对扰动量做傅里叶展开

$$\begin{cases} \psi_1 = \sum\limits_k \widetilde{\psi}_k(x,t)\mathrm{e}^{\mathrm{i}ky} + C.C \\ \phi_1 = \sum\limits_k \widetilde{\phi}_k(x,t)\mathrm{e}^{\mathrm{i}ky} + C.C \end{cases}$$

对于固定波长 $\lambda = 2\pi/k$ 的扰动, 线性化的方程可进一步化简为

$$\begin{cases} \partial_t \widetilde{\psi}_k = -B_{y0}\mathrm{i}k\widetilde{\phi}_k + \eta(\partial_{xx}^2 - k^2)\widetilde{\psi}_k \\ \partial_t[(\partial_{xx}^2 - k^2)\widetilde{\phi}_k] = \mathrm{i}k\widetilde{\psi}_k \partial_{xx}^2 B_{y0} - B_{y0}\mathrm{i}k(\partial_{xx}^2 - k^2)\widetilde{\psi}_k \end{cases}$$

令

$$\widetilde{\psi}_k = \widetilde{\psi}_a + \mathrm{i}\widetilde{\psi}_b, \widetilde{\phi}_k = \widetilde{\phi}_a + \mathrm{i}\widetilde{\psi}_b$$

则方程的实部和虚部可分别求解。方程的实部可改写如下:

$$\begin{cases} \partial_t \widetilde{\psi}_a = kB_{y0}\widetilde{\phi}_b + \eta(\partial_{xx}^2 - k^2)\widetilde{\psi}_a \\ \partial_t[(\partial_{xx}^2 - k^2)\widetilde{\phi}_b] = k\widetilde{\psi}_a \partial_{xx}^2 B_{y0} - kB_{y0}(\partial_{xx}^2 - k^2)\widetilde{\psi}_a \end{cases}$$

时间采用欧拉差分、空间中心差分, 则差分方程如下:

$$\begin{cases} \dfrac{\widetilde{\psi}_i^{j+1} - \widetilde{\psi}_i^j}{\Delta t} = kB_{y0}\widetilde{\phi}_i^j + \eta \dfrac{\widetilde{\psi}_{i-1}^j - 2\widetilde{\psi}_i^j + \widetilde{\psi}_{i+1}^j}{(\Delta x)^2} - \eta k^2 \widetilde{\psi}_i^j \\ \dfrac{\widetilde{U}_i^{j+1} - \widetilde{U}_i^j}{\Delta t} = k\widetilde{\psi}_a \partial_{xx}^2 B_{y0} - kB_{y0}\dfrac{\widetilde{\psi}_{i-1}^j - 2\widetilde{\psi}_i^j + \widetilde{\psi}_{i+1}^j}{(\Delta x)^2} + B_{y0}k^3\widetilde{\psi}_i^j \\ \dfrac{\widetilde{\phi}_{i-1}^j - 2\widetilde{\phi}_i^j + \widetilde{\phi}_{i+1}^j}{\Delta x^2} - k^2\widetilde{\phi}_i^j = \widetilde{U}_i^j \end{cases}$$

线性撕裂模不稳定性的计算程序 LTM.m如下:

```
clear;clc;
ky=0.5;Sn=1E-3;      % 波长、电阻
Lx=2;Nx=501;x=linspace(-Lx,Lx,Nx);
dx=x(2)-x(1);dx2=dx^2;dt=1.E-2;
Ni=1:Nx;Nr=2:Nx;Nl=1:Nx-1;
By=tanh(x);h=1E-3;    % 平衡磁场
Byp2=(tanh(x+h)+tanh(x-h)-2*tanh(x))/h^2;
C1=ky*By;C2=Sn*ky^2;C3=ky*Byp2;C4=C1*ky^2;C5=(ky*dx)^2;
Nt=1E5;
Psi0(1:Nx)=1E-10*exp(-x.^2);    % 初始扰动
Phi0(1:Nx)=0;U0(1:Nx)=0;
for j=1:Nt
    t(j)=j*dt;
    Psip20(2:Nx-1)=(Psi0(1:Nx-2)-2*Psi0(2:Nx-1)+Psi0(3:Nx))/dx2;
    for i=2:Nx-1
      PsiN(i)=Psi0(i)+dt*(C1(i).*Phi0(i)+Sn.*Psip20(i)-C2.*Psi0(i));
      UN(i)=U0(i)+dt*(C3(i).*Psi0(i)-C1(i).*Psip20(i)+C4(i).*Psi0(i));
    end
    PsiN(1)=0;PsiN(Nx)=0;UN(1)=0;UN(Nx)=0;
    A=sparse(Ni,Ni,-(2+C5)*ones(1,Nx),Nx,Nx)+...
    sparse(Nl,Nr,ones(1,Nx-1),Nx,Nx)+...
    sparse(Nr,Nl,ones(1,Nx-1),Nx,Nx);
    PhiN=A\UN'*dx^2;
    Psi0=PsiN;U0=UN;Phi0=PhiN';
    Epsi(j)=sum(PsiN.^2)/Nx;
    if mod(t(j),100)<dt/2
        figure(1)
        subplot(211), plot(x,PsiN,'-r','LineWidth',2)
        xlabel('x');ylabel('\psi_a');
        str=['t=' num2str(t(j))];title(str);
        set(gca,'FontSize',12);
        subplot(212), plot(x,PhiN,'--b','LineWidth',2)
        xlabel('x');ylabel('\phi_b');
        set(gca,'FontSize',12);
        pause(0.001)
```

```
    end
end
figure(2)
semilogy(t,Epsi,'-r','LineWidth',2),hold on
NT1=Nt-100;NT2=Nt;
[ca cb]=polyfit(t(NT1:NT2),log(Epsi(NT1:NT2)),1);
Gr=ca(1)/2
semilogy(t,exp(ca(1)*t+ca(2)),'--b','LineWidth',2),hold off
legend('能量曲线','拟合曲线');xlabel('t');ylabel('E')
str=['增长率=' num2str(Gr)];title(str);
set(gca,'FontSize',12);
```

计算结果见图 6.5.2。

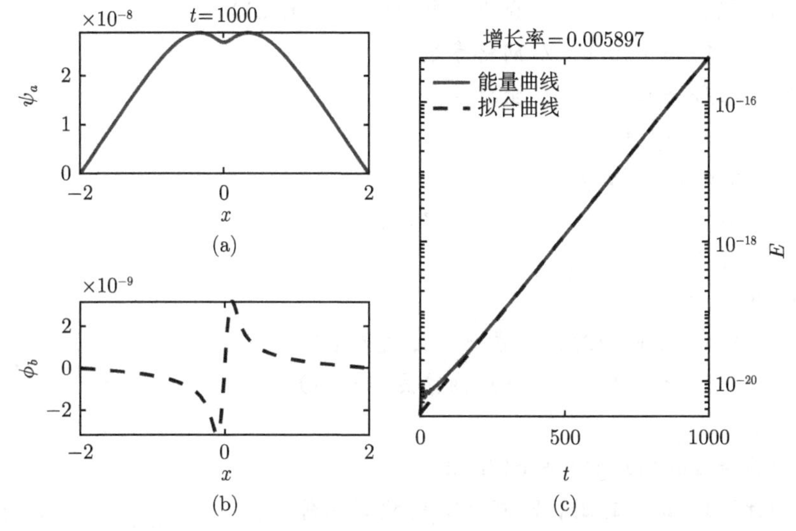

图 6.5.2 撕裂模扰动结构示意图及其线性增长率

【例题 6.5.4】

求解二维泊松方程

$$\frac{\partial^2\phi}{\partial x^2}+\frac{\partial^2\phi}{\partial y^2}=-\frac{\rho}{\varepsilon_0},\ E_x=-\frac{\partial\phi}{\partial x},\ E_y=-\frac{\partial\phi}{\partial y}$$

的傅里叶变换，得 $(\partial/\partial x\to \mathrm{i}k_x,\partial/\partial y\to \mathrm{i}k_y)$，

$$E_x(\boldsymbol{k})=-\mathrm{i}k_x\phi(\boldsymbol{k}),\quad \phi(\boldsymbol{k})=\frac{\rho(\boldsymbol{k})}{\varepsilon_0 k^2}$$

取 $x_j = j\Delta x,\ j = 0, 1, \cdots, N-1$,

$$G(k_n) = \Delta x \sum_{j=0}^{N-1} g(x_j)\mathrm{e}^{-\mathrm{i}k_n x_j},\ k_n = \frac{2\pi}{L}n, L = N\Delta x,\ g(x_j) = \frac{1}{L}\sum_{n=0}^{N-1} G(k_n)\mathrm{e}^{-\mathrm{i}k_n x_j}$$

这里 $g(x) = g(x+L)$ 代表电场、电势或电荷密度

$$\rho(x,y) \xrightarrow[\text{FFT}]{} \rho(\boldsymbol{k}) \xrightarrow[k^2]{} \phi(\boldsymbol{k}) \xrightarrow[\text{IFFT}]{} \phi(x,y) \xrightarrow[\nabla\phi]{} E(x,y)$$

用快速傅里叶变换方法求解偏微分方程。

下面是二维泊松方程的傅里叶变换方法求解的程序 demo_fftpoi.m。

```
clear all;
% 初始参数
eps0 = 8.8542e-12;        % 介电常数 (C^2/(N m^2))
N = 50; L = 1; h = L/N; % 网格参数
x = ((1:N)-1/2)*h;        % 坐标点
y = x; % Square grid
[xx yy] = meshgrid(x,y);
rho = zeros(N,N);         % 初始化电荷密度
r1 = [0.25 0.75]
r2 = [0.75 0.25]
i1=round(r1(1)/h + 1/2); % 在 r1 处放置电荷
j1=round(r1(2)/h + 1/2); % r1 网格点(i1,j1)
q1 = 1.;
rho(i1,j1) = rho(i1,j1) + q1/h^2;
i2=round(r2(1)/h + 1/2); % 在 r2 处放置电荷
j2=round(r2(2)/h + 1/2); % r2 网格点(i1,j1)
q2 = -1.;
rho(i2,j2) = rho(i2,j2) + q2/h^2;
%* Compute matrix P
tinyNumber = 1e-20;        % 避免除以0的小量
kx=2*pi/L*[0:N/2-1 -N/2:-1];ky=kx;
[kX,kY]=meshgrid(kx,ky);K2=kX.^2+kY.^2;
P=-K2.*eps0+tinyNumber;  % 诱导矩阵
rhoT = fft2(rho);          % 把电荷密度变换到kx ky空间
phiT = rhoT./P;            % 计算 k 空间的 phi
```

```
phi = real(ifft2(phiT)); % 逆变换到实空间
[Ex Ey] = gradient(flipud(rot90(phi)));
magnitude = sqrt(Ex.^2 + Ey.^2); % 计算电场强度
Ex = -Ex ./ magnitude;   % 归一化
Ey = -Ey ./ magnitude;
%* Plot potential and electric field
subplot(121);
set(gca,'FontSize',16);
surf(x,y,flipud(rot90(phi,1))); shading('interp');colorbar;
xlabel('x'); ylabel('y'); axis([0 L 0 L]);axis('square');
title('fftpoi.m')
subplot(122);
set(gca,'FontSize',16);;
quiver(x,y,Ex,Ey) % Plot E field with vectors
title('E field (Direction)'); xlabel('x'); ylabel('y');
axis([0 L 0 L]);axis('square');
```

结果见图 6.5.3。

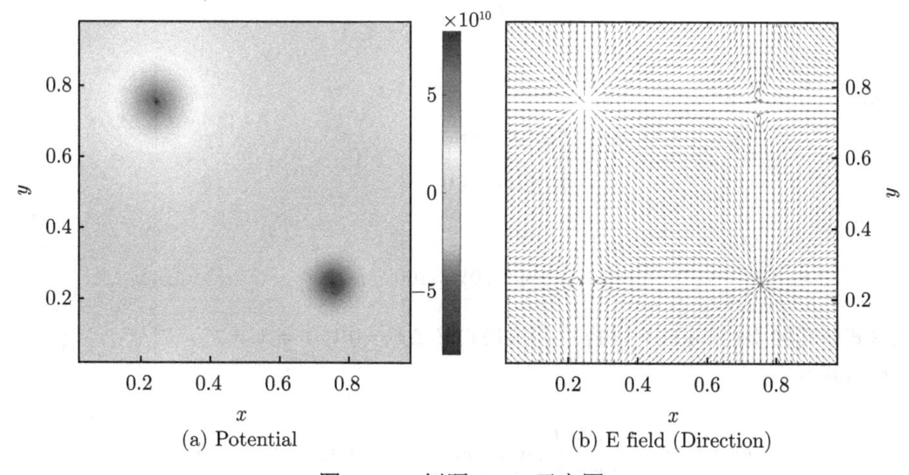

(a) Potential (b) E field (Direction)

图 6.5.3 例题 6.5.4 示意图

6.6 习 题

【6.1】熟悉各种偏微分方程的差分格式，即迎风格式、蛙跳格式、Lax 格式、Lax-Wendroff 格式、FTCS 格式及线上法等。

【6.2】对于偏微分方程 $u_t = au_x$，求采用两层加权平均差分格式的稳定性条件。

【6.3】考虑边值问题

$$\begin{cases} u_t = au_{xx}, \quad 0 < x < 1,\ t > 0 \\ u_x(0,t) = 0, \quad u(1,t) = 1 \\ u(x,0) = x \end{cases}$$

如果取 $\Delta x = \dfrac{2}{7}$，$x_j = (j - 0.5)\Delta x$，$j = 1,2,3$，$\Delta t = \dfrac{8}{49}$，$t_k = k\Delta t$，求出 u_1^1，u_2^1，u_3^1。

【6.4】用下面方法求定解问题：

$$\begin{cases} \dfrac{\partial u}{\partial t} = \dfrac{\partial^2 u}{\partial x^2} \\ u(x,0) = 4x(1-x) \\ u(0,t) = u(1,t) = 0 \end{cases}, \quad 0 < x < 1, \quad t > 0$$

(1) 取 $\Delta x = 0.1$，$\lambda = \dfrac{\Delta t}{\Delta x^2} = \dfrac{1}{6}$，用显式格式计算 u_i^1；

(2) 取 $\Delta x = 0.2$，$\Delta t = 0.01$，用隐式格式计算两个时间步。

【6.5】数值求解扩散方程

$$\frac{\partial \phi}{\partial t} = \frac{\partial^2 \phi}{\partial x^2}, \quad 0 \leqslant x \leqslant 1$$

边界条件

$$\begin{cases} \phi(0,t) = 0 \\ \phi(1,t) = 0 \end{cases}, \quad t > 0$$

初始条件

$$\phi(x,0) = 100$$

建议显式格式取 $\Delta x = 0.1$，$r = 1/2$，隐式格式取 $\Delta x = 0.1$，$r = 1$。

解析解为

$$\Phi(x,t) = \frac{\pi}{400}\sum_{k=0}^{\infty}\frac{1}{n}\sin(n\pi x)\exp(-n^2\pi^2 t), \quad n = 2k+1$$

【6.6】求下列热传导方程的数值解

$$\begin{cases} u_t = au_{xx}, \quad 0 \leqslant x \leqslant x_f,\ 0 \leqslant t \leqslant t_f \\ u(0,t) = b_0(t), \quad u(x_f,t) = b_{xf}(t) \\ u(x,0) = u_0(x) \end{cases}$$

【6.7】求解偏微分方程定解问题

$$\begin{cases} \dfrac{\partial u}{\partial t}=\dfrac{\partial^2 u}{\partial x^2}, \quad 0\leqslant x\leqslant 2,\ t\geqslant 0 \\ u(x,0)=\begin{cases} 100x, & 0\leqslant x\leqslant 1 \\ 200-100x, & 1\leqslant x\leqslant 2 \end{cases} \\ u(0,t)=u(1,t)=0 \end{cases}$$

(1) 写出显式 FTCS 格式和隐式 FTCS 格式;

(2) 时间步长取 $\tau=0.08$，空间步长取 $h=0.4$，用显式 FTCS 格式计算 u_i^1 (保留 4 位小数)。

【6.8】给出热传导方程

$$\frac{\partial T}{\partial t}=\kappa\frac{\partial^2 T}{\partial x^2}$$

显式差分和隐式差分 (FTCS 格式) 及稳定性条件。

【6.9】采用有限差分方法求解

$$\begin{cases} \partial u/\partial t=\partial^2 u/\partial x^2 \\ u(0,t)=u(1,t)=0, \quad u(x,0)=\sin\pi x \end{cases}$$

【6.10】求解拉普拉斯方程

$$u_{xx}+u_{yy}=0$$

边界是 x 轴、y 轴和直线 $x+y=1$; 边界条件是 $u(x,y)=x^2+y^2$; 取 $\Delta x=\Delta y=h=1/4$，采用有限差分方法求三个内点 $u_{1,1}$，$u_{2,1}$，$u_{1,2}$ 的值。

【6.11】数值求解波方程

$$\Phi_{tt}=\Phi_{xx}, \quad 0<x<1, \quad t\geqslant 0$$

边界条件为

$$\begin{cases} \Phi(0,t)=0 \\ \Phi(1,t)=0 \end{cases}, \quad t\geqslant 0$$

初始条件为

$$\begin{cases} \Phi(x,0)=\sin(\pi x) \\ \Phi_t(x,0)=0 \end{cases}, \quad 0<x<1$$

解析解为

$$\Phi(x,t)=\sin(\pi x)\cos(\pi t)$$

【6.12】数值求解 Helmholtz 方程

$$\frac{\partial^2 u(x,y)}{\partial x^2}+\frac{\partial^2 u(x,y)}{\partial y^2}+g(x,y)u(x,y)=f(x,y), \quad x_0\leqslant x\leqslant x_f, \quad y_0\leqslant y\leqslant y_f$$

边界条件

$$\begin{cases} u(x_0,y)=b_{x0}(y) \\ u(x_f,y)=b_{xf}(y) \end{cases},\quad \begin{cases} u(x,y_0)=b_{y0}(x) \\ u(x,y_f)=b_{yf}(x) \end{cases}$$

【6.13】用泰勒展开求下面方程的显式差分格式，并分析相应格式的稳定性

$$u_t+u_x=u^2$$

【6.14】二维泊松方程

$$\frac{\mathrm{d}^2\phi}{\mathrm{d}x^2}+\frac{\mathrm{d}^2\phi}{\mathrm{d}y^2}=-f(x,y)$$

在 x 和 y 方向上分别取空间步长 Δx，Δy，$\alpha=(\Delta x/\Delta y)^2$，采用中心差分方法给出雅可比迭代格式、高斯–赛德尔迭代格式和超松弛迭代格式，超松弛因子 ω 取值范围：

$$\phi_{i,j}^{k+1}=(1-\omega)\phi_{i,j}^{k}+\frac{\omega}{2(1+\alpha)}\begin{pmatrix} \phi_{i+1,j}^{k}+\phi_{i-1,j}^{k+1}+\alpha(\phi_{i,j+1}^{k} \\ +\phi_{i,j-1}^{k+1})+(\Delta x^2)f_{i,j}^{k} \end{pmatrix},\quad 1<\omega<2$$

【6.15】计算二维热传导方程

$$\frac{\partial u}{\partial t}=\frac{\partial^2 u}{\partial x^2}+\frac{\partial^2 u}{\partial y^2}+(2\pi^2-1)\mathrm{e}^{-t}\sin^2(\pi x)$$

边界条件

$$\begin{cases} u(0,y,t)=u(1,y,t)=0 \\ u(x,0,t)=u(x,1,t)=\mathrm{e}^{-t}\sin(\pi x) \end{cases}$$

初始条件

$$u(x,y,0)=\sin(\pi x)\cos(\pi y)$$

扩展题

【6.1】编写 6.4.6 节轴对称系统偏微分方程的数值模拟程序。

【6.2】二维不可压缩流体 Navier-Stokes 方程。

(1) 方程描述。设

$$q=(u,v),\quad \nabla\phi=\left(\frac{\partial\phi}{\partial x},\frac{\partial\phi}{\partial y}\right),\quad \Delta\phi=\left(\frac{\partial^2\phi}{\partial x^2},\frac{\partial^2\phi}{\partial y^2}\right),\quad -H=\left(\frac{\partial u^2}{\partial x}+\frac{\partial uv}{\partial y},\frac{\partial uv}{\partial x}+\frac{\partial v^2}{\partial y}\right)$$

质量守恒方程

$$\frac{\partial u}{\partial x}+\frac{\partial v}{\partial y}=0$$

即

$$\mathrm{div}(q)=0$$

动量守恒方程

$$
\begin{cases}
\dfrac{\partial u}{\partial t}+\dfrac{\partial u^2}{\partial x}+\dfrac{\partial uv}{\partial y}=-\dfrac{\partial p}{\partial x}+\dfrac{1}{Re}\left(\dfrac{\partial^2 u}{\partial x^2}+\dfrac{\partial^2 u}{\partial y^2}\right)\\
\dfrac{\partial v}{\partial t}+\dfrac{\partial uv}{\partial x}+\dfrac{\partial v^2}{\partial y}=-\dfrac{\partial p}{\partial y}+\dfrac{1}{Re}\left(\dfrac{\partial^2 v}{\partial x^2}+\dfrac{\partial^2 v}{\partial y^2}\right)
\end{cases}
$$

即

$$
\frac{\partial q}{\partial t}=-\nabla p+H+\frac{1}{Re}\Delta q
$$

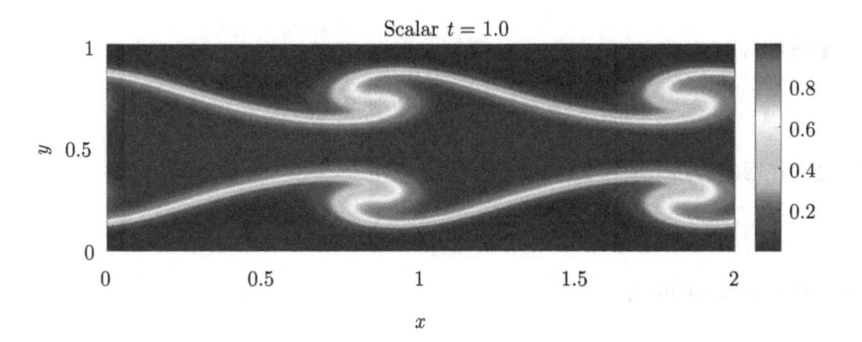

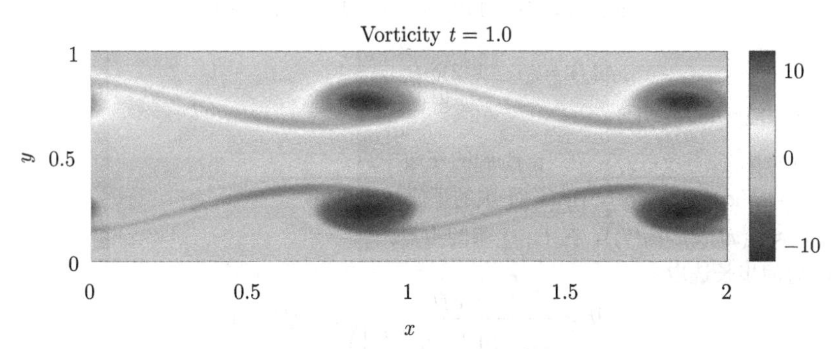

图 6.6.1　扩展题 6.2 计算结果示意图

(2) 基本数值算法。

① 显式计算 H^n：$H_u^n=-\left(\dfrac{\partial u^2}{\partial x}+\dfrac{\partial uv}{\partial y}\right)$，$H_v^n=-\left(\dfrac{\partial uv}{\partial x}+\dfrac{\partial v^2}{\partial y}\right)$。

② 由 Helmholtz 方程的解计算非螺旋场量 $q^*=(u^*,v^*)$，

$$
\left(I-\frac{\delta t}{2Re}\Delta\right)u^*=u^n+\delta t\left(-\frac{\partial p^n}{\partial x}+\frac{3}{2}H_u^n-\frac{1}{2}H_u^{n-1}+\frac{1}{2Re}\Delta u^n\right)
$$

$$
\left(I-\frac{\delta t}{2Re}\Delta\right)v^*=v^n+\delta t\left(-\frac{\partial p^n}{\partial y}+\frac{3}{2}H_v^n-\frac{1}{2}H_v^{n-1}+\frac{1}{2Re}\Delta v^n\right)
$$

③ 用解泊松方程计算中间变量 $\Delta\phi=\dfrac{1}{\delta t}\left(\dfrac{\partial u^*}{\partial x}+\dfrac{\partial v^*}{\partial y}\right)$；

④ 计算螺旋场 $q^{n+1}=(u^{n+1},v^{n+1})$，$u^{n+1}=u^*-\delta t\dfrac{\partial\phi}{\partial x}$，$v^{n+1}=v^*-\delta t\dfrac{\partial\phi}{\partial y}$；

⑤ 计算新的压强 $p^{n+1}=p^n+\phi-\dfrac{\delta t}{2Re}\Delta\phi$，在每个时间步 δt 上重复① ~ ⑤。

(3) 边界条件和 Staggered 网格选取。

取 $L_x\times L_y$ 矩形区域，边界条件为周期性速度场和压强场

$$\begin{cases} q(0,y)=q(L_x,y), & p(0,y)=p(L_x,y) \\ q(x,0)=q(x,L_y), & p(x,0)=p(x,L_y) \end{cases}$$

建立两套网格点

$$\delta x=\frac{L_x}{n_x-1},\quad \delta y=\frac{L_y}{n_y-1}$$

一套是建立在网胞的四个顶点上

$$x_{\mathrm{c}}(i)=(i-1)\delta x,\quad i=1,\cdots,n_x;\quad y_{\mathrm{c}}(j)=(j-1)\delta y,\quad j=1,\cdots,n_y$$

另一套是建立在网胞的中心

$$x_{\mathrm{m}}(i)=(i-1/2)\delta x,\quad i=1,\cdots,n_x-1$$

$$y_{\mathrm{m}}(j)=(j-1/2)\delta y,\quad j=1,\cdots,n_y-1$$

而 u,v,p 的计算点定义为

$u(i,j)\approx u(x_{\mathrm{c}}(i),y_{\mathrm{m}}(j))$，在 (i,j) 胞的左边中点；

$v(i,j)\approx v(x_{\mathrm{m}}(i),y_{\mathrm{c}}(j))$，在 (i,j) 胞的下底边中点；

$p(i,j)\approx p(x_{\mathrm{m}}(i),y_{\mathrm{m}}(j))$，在 (i,j) 胞的中点。

(4) 时间步长选取

$$\mathrm{d}t=\frac{cfl}{\max\left(\left|\dfrac{u}{\delta x}\right|+\left|\dfrac{v}{\delta y}\right|\right)},\quad cfl<1$$

(5) 编程数值模拟开尔文–亥姆霍兹不稳定性。

初始的流场分布

$$v(x,y)=0,\quad u(x,y)=u_1(y)[1+u_2(x)]$$

u_1 是平均速度分布，取

$$u_1(y)=\frac{U_0}{2}\left\{1+\tanh\left[\frac{1}{2}P_j\left(1-\frac{|L_y/2-y|}{R_j}\right)\right]\right\}$$

u_2 是触发 Kelvin-Helmholtz 不稳定性的扰动强度

$$u_2(x)=A_x\sin\frac{2\pi x}{\lambda_x}$$

参数建议

$$L_x = 2,\quad L_y = 1,\quad n_x = 65,\quad n_y = 65,\quad cfl = 0.2$$
$$Re = 1000,\quad U_0 = 1,\quad P_j = 20,\quad R_j = \frac{L_y}{4},\quad A_x = 0.5,\quad \lambda_x = 0.5L_x$$

可以改变某些参数 (如初始分布)，数值模拟系统的演化情况。

第七章　蒙特卡罗方法

蒙特卡罗 (Monte Carlo, MC) 方法又称随机抽样法(random sampling)、随机模拟(random simulation) 或统计试验法(statistic testing)。这个方法的起源可以追溯到 19 世纪或更早的年代。Monte Carlo 是摩纳哥 (Monaco) 的一个著名城市，位于地中海之滨，以旅游、赌博闻名。Von Neumann 等把计算机随机模拟方法定名为 Monte Carlo 方法，显然反映了这种方法带有随机性。

简单地说，MC 方法是一种利用随机统计规律进行计算和模拟的方法。它可用于数值计算，也可用于数字仿真。在数值计算方面，可用于多重积分、代数方程求解、矩阵求逆以及微分方程求解，包括常微分方程、偏微分方程、本征方程、非齐次线性积分方程和非线性方程等。在数字仿真方面，常用于核系统临界条件模拟、反应堆模拟以及实验核物理、高能物理、统计物理、真空、地震、生物物理和信息物理等领域。

7.1　蒙特卡罗方法的基础知识

7.1.1　基本概念

为了对 MC 方法有初步的认识，先介绍几个 MC 方法应用的例子。

1. 蒲丰投针问题

蒲丰 (Buffon，法国著名数学家) 在 1777 年发现随机投针的概率与无理数 π 之间的关系。若在平面上画有距离为 a 的平行线束，向平面上投掷长为 $l(l < a)$ 的针，试求针与一平行线相交的概率。

这个问题的解法如下，设 M 表示针落下后针的中点，x 表示 M 与最近一平行线的距离，ϕ 表示针与此平行线的交角，见图 7.1.1。x, ϕ 的取值范围如下：

$$0 \leqslant x \leqslant a/2, \quad 0 \leqslant \phi \leqslant \pi$$

这两式决定了 (x, ϕ) 平面上一矩形区域 R；为了使针与一平行线 (该线必定是与针中点 M 最近的平行线) 相交，充分而且必要条件是 $x \leqslant (l/2)\sin\phi$，这个不等式决定 R 中一个子集 G (图中的阴影部分)。因此，我们的问题等价于向 R 中均匀分布地掷点而求点落于 G 中的概率 p，根据概率的几何意义，得

$$p=\frac{1}{0.5\pi a}\int_0^{\pi}\frac{l}{2}\sin\phi\mathrm{d}\phi=\frac{2l}{\pi a}$$

此式提供了求 π 值的一个方法：可以通过投针事件求得针与平行线相交概率 p，求得

$$\pi=\frac{2l}{pa} \tag{7.1.1}$$

若投针次数为 m，针与平行线相交的次数为 n，那么 $p\approx n/m$，即

$$\pi\approx\frac{2l}{a}\frac{m}{n}$$

于是，可用投针实验来求无理数 π 的近似值。表 7.1.1 列举了历史上若干学者用投针实验计算 π 值的结果。

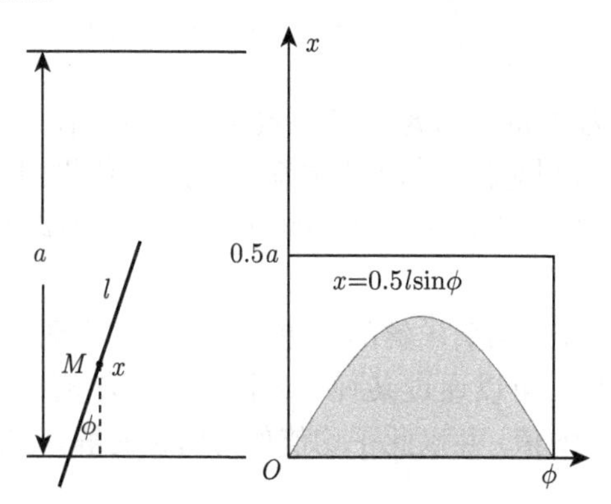

图 7.1.1 蒲丰投针计算 π 示意图

表 7.1.1 用投针实验计算 π 值的结果

实验者	年份	投针次数	π 的计算值
Wolf	1850	5000	3.1596
Smith	1855	3204	3.1553
Fox	1894	1120	3.1419
Lazzarini	1901	3408	3.1415929

2. 射击问题(打靶游戏)

设 r 表示射击运动员的弹着点到靶心的距离，$g(r)$ 表示击中 r 处相应的得分数 (环数)，分布密度函数 $f(r)$ 表示该运动员的弹着点分布，反映了运动员射击水平。积分

$$\bar{g}=\int_0^{\infty}g(r)f(r)\,\mathrm{d}r \tag{7.1.2}$$

表示这个运动员的射击成绩。用概率语言说，$\bar{g}$ 就是随机变量 $g(r)$ 的数学期望值，记为 $\bar{g}=E\{g\}$。现在，假设这个射击运动员射击 N 次，弹着点依次是环数分别为 $g_1, g_2, \cdots, g_N$，则自然地认为 N 次射击得分的平均值

$$\bar{g} \approx \frac{1}{N}\sum_{i=1}^{N} g_i \tag{7.1.3}$$

这个平均值相当好地反映了这个射击运动员的成绩。换句话说，算术平均式 (7.1.3) 是数学期望式 (7.1.2) 的一个估计值 (或近似值)。这个例子通常称为打靶游戏，它直观地说明了蒙特卡罗方法是计算定积分的一种方法。为进一步阐明这个方法，再举一个计算积分的例子。

计算积分

$$I=\int_0^1 f(x)\,\mathrm{d}x, \quad 0 \leqslant f(x) \leqslant 1 \tag{7.1.4}$$

直观上，就是在边长为 1 的正方形里随机投点，当点落在 $y=f(x)$ 曲线下面时，对积分值有“贡献”，否则对积分值无“贡献”。为此，假设向这个边长为 1 的正方形里随机投点 N 次，点落在 $y=f(x)$ 曲线下面 n 次，则式 (7.1.4) 积分值近似为 $I \approx n/N$。

从上述例子可以看到，当所求解的问题是某种事件出现的概率，或者是某个随机变量的数学期望值时，可以通过某种“试验”的方法得到这个事件出现的频率，或者这个随机变量的平均值，并以此平均值作为问题的解。这就是蒙特卡罗方法的基本思想。

因此，用蒙特卡罗方法求解问题时，首先要建立一个随机模型，然后要构造一系列的随机变量用以模拟这个过程，最后作统计性的处理。

7.1.2 随机变量及其分布函数

MC 方法的理论基础是概率论，概率论是研究大量随机现象 (称为事件) 的规律性。下面介绍概率论的基本概念。

在一定条件下发生的事件分为必然事件 (必然发生)、不可能事件 (恒不发生) 和随机事件(可能发生也可能不发生)。事件发生的可能性大小用概率 p 表示。必然事件的发生概率为 1；不可能事件的概率为 0；随机事件发生的概率为 $0 \leqslant p \leqslant 1$。由于测量的随机误差和物理现象本身的随机性，一次测量得到的某个值是随机的。因此，实验观测的物理量是随机变量，被研究的物理问题是一个随机事件。通常，描写随机事件 A 发生的概率用 $p(A)$ 来表示，显然，$0 \leqslant p(A) \leqslant 1$.

如果每次试验的结果可以用一个数 ξ 表示，并且对任意实数 x，$\xi<x$ 有着确切的概率 $p(\xi<x)$，则称 ξ 为**随机变量**；而 $\xi<x$ 的概率 $p(\xi<x)$ 定义为随机变量

ξ 的**累积分布函数**(cumulative distribution function, CDF) 为

$$F(x) = p \quad (\xi < x) \tag{7.1.5}$$

其描述随机变量的概率分布规律，有时简称**分布函数**。

1. 离散型分布

如果随机变量 ξ 最多可取有限个分立的值 $\{x_i\}$, 其对应的概率: $p(\xi = x_i) = p_i$, 满足条件: $\sum p_i = 1$, 则称 ξ 为离散型的随机变量, 可用下面分布列表示:

$$\begin{pmatrix} x_1, x_2, \cdots, x_n, \cdots \\ p_1, p_2, \cdots, p_n, \cdots \end{pmatrix} \tag{7.1.6}$$

由累积分布函数的定义式 (7.1.5) 可得离散型随机变量 ξ 的分布函数为

$$F(x) = p(\xi \leqslant x) = \sum_{i,\ x_i \leqslant x} p_i \tag{7.1.7}$$

2. 连续型分布

如果随机变量 ξ 的可能取值是连续的, 其取值在区间 $[x, x + \Delta x]$ 上的概率表示为 $p(x \leqslant \xi < x + \Delta x)$，如果极限

$$\lim_{\Delta x \to 0} \frac{p(x \leqslant \xi < x + \Delta x)}{\Delta x} = f(x) \tag{7.1.8}$$

存在，则函数 $f(x)$ 表示随机变量 ξ 取值 x 的概率密度，把 $f(x)$ 叫做随机变量 ξ 的**概率密度函数** (probability density function, PDF)，简称概率分布或密度分布函数。于是，随机变量 ξ 落在区间 $[a, b]$ 上的概率 $p(a \leqslant \xi < b)$ 可写为

$$p(a \leqslant \xi < b) = \int_a^b f(x)\,\mathrm{d}x \tag{7.1.9}$$

显然，式 (7.1.9) 只有当 $f(x)$ 可积时才有意义。由此可以得到连续型随机变量的累积分布函数 $F(x)$ 为

$$F(x) = p(\xi \leqslant x) = \int_{-\infty}^{x} f(x)\,\mathrm{d}x \tag{7.1.10}$$

分布函数 $F(x)$ 在 x 处的值等于随机变量 ξ 取值小于或等于 x 这样一个随机事件的概率，显然有关系 $F(x = -\infty) = 0, F(x = +\infty) = 1$。因此，密度分布函数 $f(x)$ 和累积分布函数 $F(x)$ 满足如下性质：

(1) $f(x) \geqslant 0$；

(2) $\int_{-\infty}^{+\infty} f(x)\,\mathrm{d}x = 1$；

(3) 对于任意实数 $x_1, x_2 (x_1 \leqslant x_2)$

$$p(x_1 < x \leqslant x_2) = F(x_2) - F(x_1) = \int_{x_1}^{x_2} f(x)\,\mathrm{d}x$$

(4) 若 $f(x)$ 在 x 点连续，则有 $F'(x) = f(x)$。

3. *数学期望与方差*

分布函数虽然能完整地描述随机变量的统计特征，但在一些实际问题中很难得到分布函数，或者有时不需要知道分布函数，而只要知道随机变量的某些特征就可以了。例如，在测量某些零件的长度时，人们对表示零件长度的随机量的分布不感兴趣，所关心的只是零件的平均长度及测量的精确程度，即测量的长度与平均值的离散程度。因此只要引进表示平均值的数学期望和衡量离散程度的方差就够了。

1) 数学期望

离散型随机变量 ξ 可能的取值为 $x_1, x_2, \cdots$，其相应的概率为 $p_1, p_2, \cdots$，则离散型随机变量数学期望定义为

$$E(\xi) \equiv E\{\xi\} \equiv E[\xi] \equiv E\xi \equiv \sum_k x_k p_k \tag{7.1.11}$$

设 $p(x)$ 是连续型随机变量 ξ 的概率密度，则**连续型随机变量数学期望**定义为

$$E(\xi) = \int x\mathrm{d}F(x) = \int xp(x)\mathrm{d}x \tag{7.1.12}$$

2) 方差

方差定义为

$$D(\xi) = E([\xi - E(\xi)]^2) \tag{7.1.13}$$

描述随机变量围绕数学期望的离散程度。

实际上

$$D(\xi) = E([\xi - E(\xi)]^2) = E(\xi^2) - 2(E(\xi))^2 + (E(\xi))^2 = E(\xi^2) - (E(\xi))^2$$

【例题 7.1.1】

已知：在掷骰子游戏中，骰子 6 个面出现的概率都为 1/6。计算平均点数和方差。

【解】

$$E\{x\} = \sum_{i=1}^{6} p(x_i)x_i = \frac{1}{6}\sum_{i=1}^{6} i = 3.5, \quad D\{x\} = \sum_{i=1}^{6} p(x_i)(x_i - Ex)^2 = 2.917$$

骰子 6 个面的概率分布见表 7.1.2。

表 7.1.2 骰子 6 个面的概率分布

点数 x	1	2	3	4	5	6
概率 $p(x)$	1/6	1/6	1/6	1/6	1/6	1/6

4. **常见概率分布**

在实际问题中，对于一组 N 个实验观测数据，就是相应于某一个随机变量的一个样本，可以用直方图来形象地表示样本中数据分布的规律性，即概率分布函数。先将随机变量的取值范围划分为若干个区间，将落入每一区间的数据个数 m(称为频数) 与随机变量的取值区间的关系画成阶跃曲线，即构成了直方图。m/N 是观测数据落入这个小区间的频率。直方图的横坐标为随机变量的取值范围，纵坐标为频数。

例如，图 7.1.2 是处于平衡状态 (温度 T) 麦克斯韦速率分布的直方图。下面给出几种常用到的概率密度分布。

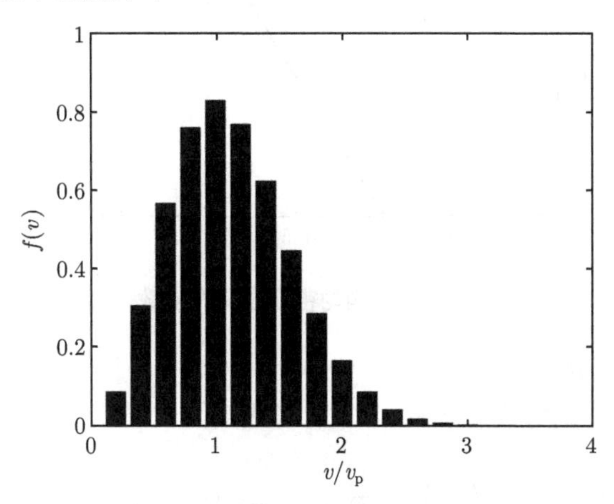

图 7.1.2 麦克斯韦速率分布直方图

1) 均匀密度分布

在区间 $[a,b]$ 均匀密度 (uniform density) 分布定义为

$$f(x)=\begin{cases}\dfrac{1}{b-a}, & a\leqslant x\leqslant b\\ 0, & x<a,\ x>b\end{cases}\equiv\frac{1}{b-a},\eta\quad(a\leqslant x\leqslant b)\tag{7.1.14}$$

其中，$\eta(*)$ 是条件函数，表示在 $*$ 表示的条件下，前面的式子成立，否则结果为零，以下同。

其所对应的分布函数为

$$F(x)=\int_{-\infty}^{x} f(y)\,\mathrm{d}y=\begin{cases}0, & x<a\\ \dfrac{x-a}{b-a}, & a\leqslant x\leqslant b\\ 1, & x>b\end{cases}$$

其中重要的特殊情况是区间 $[0,1]$ 均匀密度分布

$$f(x)=1,\eta \quad (0\leqslant x\leqslant 1)$$

图 7.1.3 是区间 $[0,1]$ 的均匀密度分布 $f(x)$ 和累积分布 $F(x)$。通过变换：$z=a+(b-a)x$ 可以由区间 $[0,1]$ 均匀密度分布，变换到区间 $[a,b]$ 的均匀密度分布。

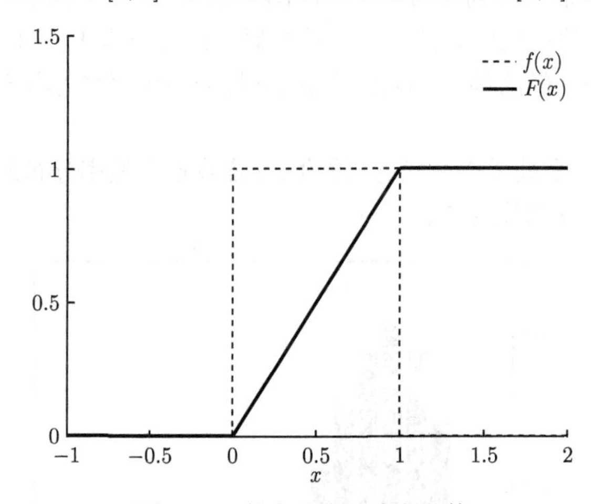

图 7.1.3　均匀密度及分布函数

2) 二项式密度分布

给定正整数 n, 非负数 $p,q,p+q=1$, 考虑矩阵

$$\begin{pmatrix}0, & 1, & 2, & \cdots, & n\\ P_0 & P_1 & P_2 & \cdots, & P_n\end{pmatrix},\quad P_k=C_n^k p^k q^{n-k},\quad C_n^k=\frac{n!}{(n-k)!k!} \tag{7.1.15}$$

和二项式累积分布

$$F(k|n,p)=\sum_{i=0}^{k} P_i=\sum_{i=0}^{k} C_n^i p^i q^{n-i} \tag{7.1.16}$$

图 7.1.4 是二项式的密度分布和累积分布。其数学期望和方差分别为

$$E(k)=\sum_{k=0}^{n} kP_k=\sum_{k=0}^{n} k\frac{n!}{(n-k)!k!}p^k q^{n-k}=np,\quad D(k)=np(1-p)$$

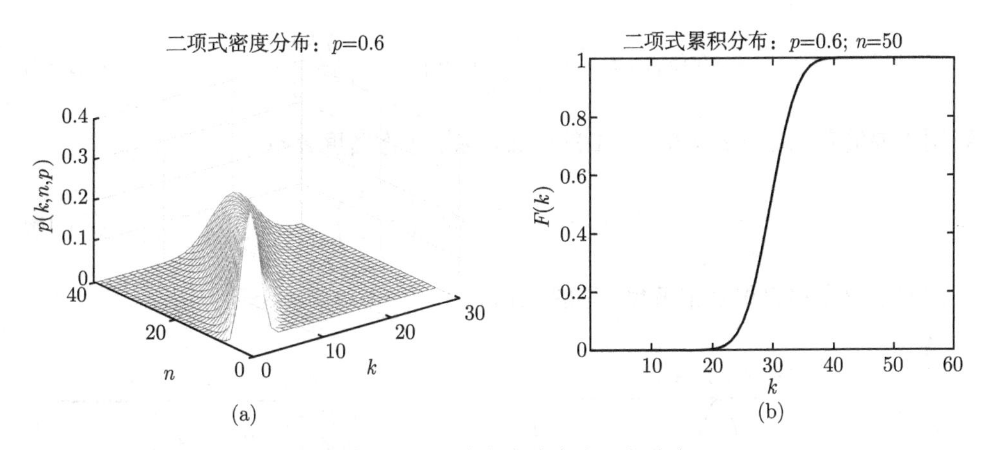

(a) (b)

图 7.1.4 二项式密度分布和累积分布

【例题 7.1.2】

向空中抛硬币 100 次，落到地面正面向上的概率为 0.5。设 100 次中正面向上的次数为 x，求：

(1) $x = 45$ 的概率， (2) $x < 45$ 的概率。

【解】 本问题满足二项式概率分布模型。下面 binopdf.m 是计算二项式概率分布 MATLAB 程序, binocdf.m 是计算累积分布函数的 MATLAB 程序。

```
k = 45; n = 100; p = 0.5; px = binopdf(k,n,p); Fx = binocdf(k,n,p)


function pk=bino_pdf(k,n,p)
cnk=factorial(n)/factorial(n-k)/factorial(k);
pk=cnk*p^k*(1-p)^(n-k);
end


function cdf=bino_cdf(k,n,p)
cdf=0;
for i=0:k
pnk=bino_pdf(i,n,p); cdf=cdf+pnk;
end
end
```

计算结果：px = 0.0485, Fx = 0.1841。

3) 正态密度分布

具有平均值为 μ 和标准偏差 σ 的正态密度分布为

$$N(x,\mu,\sigma^2)=\frac{1}{\sigma\sqrt{2\pi}}\exp\left[-\frac{(x-\mu)^2}{2\sigma^2}\right] \tag{7.1.17}$$

特别重要的是，对应 $\mu=0,\sigma=1$ 的分布，标准正态密度分布

$$N(x,0,1)=\frac{1}{\sqrt{2\pi}}\exp\left(-\frac{x^2}{2}\right) \tag{7.1.18}$$

正态密度分布和累积分布函数，见图 7.1.5。

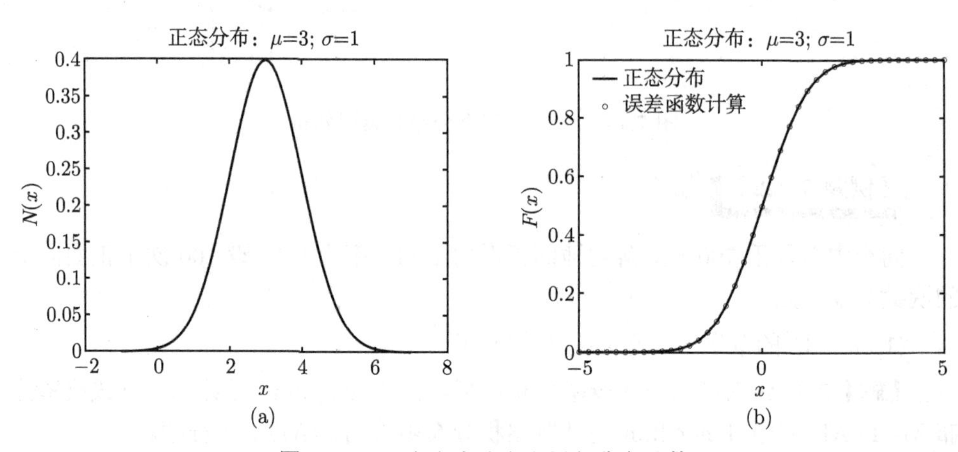

图 7.1.5　正态密度分布和累积分布函数

【例题 7.1.3】

求标准正态密度分布的分布函数, 并说明其分布函数与误差函数有关。

【解】

$$F(x)=\frac{1}{\sqrt{2\pi}}\int_{-\infty}^{x}\mathrm{e}^{-t^2/2}\mathrm{d}t=\frac{1}{2}\left[1+\mathrm{erf}\left(\frac{x}{\sqrt{2}}\right)\right]$$

其中，$\mathrm{erf}(x)$ 是误差函数，

$$\mathrm{erf}(x)=\frac{2}{\sqrt{\pi}}\int_0^x \mathrm{e}^{-t^2}\mathrm{d}t$$

4) 泊松分布

$$p(k)=\frac{\lambda^k}{k!}\mathrm{e}^{-\lambda},\quad F(\lambda)=\sum_{k<\lambda}\frac{\lambda^k}{k!}\mathrm{e}^{-\lambda} \tag{7.1.19}$$

λ 是分布参数。其平均值和方差都是 λ。

泊松密度分布和累积分布函数见图 7.1.6。

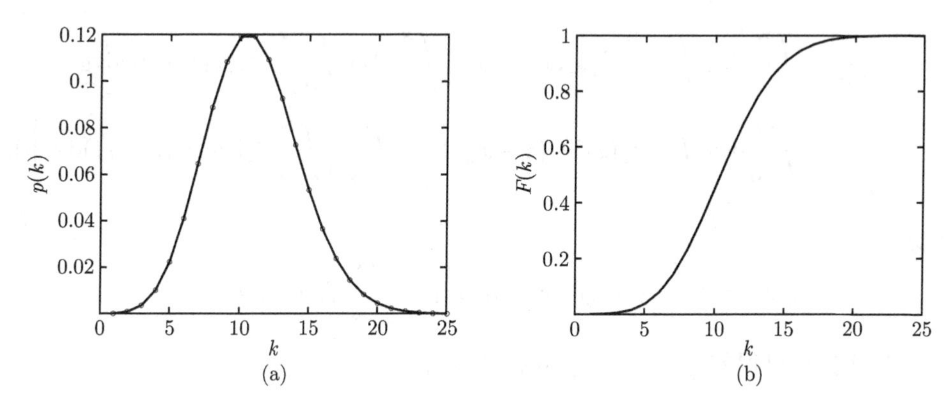

图 7.1.6 泊松密度分布和累积分布函数 ($\lambda = 11$)

5) 指数分布

具有参数 λ 的指数分布

$$f(x) = \lambda \mathrm{e}^{-\lambda x}, \quad 0 \leqslant x < \infty, \quad \lambda > 0 \tag{7.1.20}$$

6) 麦克斯韦速率分布

$$p(x) = \frac{4x^2}{a^3\sqrt{\pi}} \mathrm{e}^{-x^2/a^2}, \quad x > 0 \tag{7.1.21}$$

麦克斯韦分布通常描述气体系统平衡速率分布。对于 N 粒子系统的速率分布, 可以用直方图来形象地表示 N 粒子系统的速率分布的规律性, 即概率分布函数。

【例题 7.1.4】

设随机变量 (ξ, η) 的联合分布密度为 $f(x_1, x_2)$, 可求得 $\varsigma = \varsigma(\xi, \eta)$ 的分布函数, 特别是当 ξ 与 η 相互独立时, 即 $f(x_1, x_2) = f_1(x_1)f_2(x_2)$, 证明下面随机变量的和差积商分布公式:

$$\begin{cases} \text{(a) } f_{\xi+\eta}(x) = \displaystyle\int_{-\infty}^{\infty} f_2(x-y)f_1(y)\mathrm{d}y, & \text{(b) } f_{\xi-\eta}(x) = \displaystyle\int_{-\infty}^{\infty} f_2(x+y)f_1(y)\mathrm{d}y \\ \text{(c) } f_{\eta/\xi}(x) = \displaystyle\int_{-\infty}^{\infty} |y| f_2(xy)f_1(y)\mathrm{d}y, & \text{(d) } f_{\xi\eta}(x) = \displaystyle\int_{-\infty}^{\infty} \frac{1}{|y|} f_2\left(\frac{x}{y}\right) f_1(y)\mathrm{d}y \end{cases} \tag{7.1.22}$$

【证明】 (a) 求 $\zeta = \xi + \eta$ 的分布密度。

$$F_\zeta(x) = p(\xi + \eta < x) = \iint\limits_{x_1+x_2<x} f(x_1, x_2)\mathrm{d}x_1\mathrm{d}x_2$$

$$\underbrace{=}_{x_1+x_2<x}\int_{-\infty}^{\infty}\mathrm{d}x_1\int_{-\infty}^{x-x_1}f(x_1,x_2)\mathrm{d}x_2=\int_{-\infty}^{\infty}\mathrm{d}x_1\int_{-\infty}^{x-x_1}f_1(x_1)f_2(x_2)\mathrm{d}x_2$$

$$\underbrace{=}_{x_2=z-x_1}\int_{-\infty}^{\infty}\mathrm{d}x_1\int_{-\infty}^{x}f_1(x_1)f_2(z-x_1)\mathrm{d}z=\int_{-\infty}^{x}\left[\int_{-\infty}^{\infty}f_1(x_1)f_2(z-x_1)\mathrm{d}x_1\right]\mathrm{d}z$$

所以

$$f_\zeta(x)=\int_{-\infty}^{\infty}f_1(x_1)f_2(x-x_1)\mathrm{d}x_1=\int_{-\infty}^{\infty}f_1(y)f_2(x-y)\mathrm{d}y$$

(b) 同理, 可得差 $\zeta=\xi-\eta$ 的分布密度为

$$f_\zeta(x)=\int_{-\infty}^{\infty}f_1(y)f_2(x+y)\mathrm{d}y$$

(c) 求 $\zeta=\eta/\xi$ 的分布密度。

$$F_\zeta(x)=p(\eta/\xi<x)=\iint\limits_{\frac{x_2}{x_1}<x\leftrightarrow\left\{\begin{array}{ll}x_1>0, & x_2<xx_1\\ x_1<0, & x_2>xx_1\end{array}\right.}f(x_1,x_2)\mathrm{d}x_1\mathrm{d}x_2$$

$$=\int_0^{\infty}f_1(x_1)\mathrm{d}x_1\underbrace{\int_{-\infty}^{xx_1}f_2(x_2)\mathrm{d}x_2}_{x_2\equiv zx_1}+\underbrace{\int_{-\infty}^{0}f_1(x_1)\mathrm{d}x_1\int_{xx_1}^{\infty}f_2(x_2)\mathrm{d}x_2}_{x_1\to -x_1}$$

$$=\int_0^{\infty}f_1(x_1)\mathrm{d}x_1\int_{-\infty}^{x}x_1f_2(zx_1)\mathrm{d}z-\underbrace{\int_{\infty}^{0}f_1(-x_1)\mathrm{d}x_1\int_{-xx_1}^{\infty}f_2(x_2)\mathrm{d}x_2}_{x_2\equiv -zx_1}$$

$$=\int_{-\infty}^{x}\int_0^{\infty}x_1f_1(x_1)f_2(zx_1)\mathrm{d}x_1\mathrm{d}z+\underbrace{\int_{\infty}^{0}f_1(-x_1)\mathrm{d}x_1\int_{x}^{-\infty}x_1f_2(-zx_1)\mathrm{d}z}_{x_1\to -x_1}$$

$$=\int_{-\infty}^{x}\left[\int_0^{\infty}x_1f_1(x_1)f_2(zx_1)\mathrm{d}x_1\right]\mathrm{d}z+\int_{-\infty}^{0}f_1(x_1)\mathrm{d}x_1\int_{x}^{-\infty}x_1f_2(zx_1)\mathrm{d}z$$

$$=\int_{-\infty}^{x}\left[\int_0^{\infty}x_1f_1(x_1)f_2(zx_1)\mathrm{d}x_1-\int_{-\infty}^{0}x_1f_1(x_1)f_2(zx_1)\mathrm{d}x_1\right]\mathrm{d}z=\int_{-\infty}^{x}f_\zeta(z)\mathrm{d}z$$

$$f_\varsigma(x)=\int_0^{\infty}x_1f_1(x_1)f_2(xx_1)\mathrm{d}x_1-\int_{-\infty}^{0}x_1f_1(x_1)f_2(xx_1)\mathrm{d}x_1=\int_{-\infty}^{\infty}|y|f_1(y)f_2(xy)\mathrm{d}y$$

(d) 同理, 可得差 $\zeta=\xi\eta$ 的分布密度为

$$f_\zeta(x)=\int_{-\infty}^{\infty}\frac{1}{|y|}f_2\left(\frac{x}{y}\right)f_1(y)\mathrm{d}y$$

【例题 7.1.5】

从以下两方面说明方差表示随机变量 ξ 围绕数学期望 $E(\xi)$ 的离散程度。

(1) 随机变量 ξ 关于数学期望的偏离程度比它关于其他任何值的偏离程度都小, 即 $x=E(\xi)$ 时, 方差 $D(\xi)=E([\xi-x]^2)$ 达到最小值。

(2) 以正态分布为例，求平均值和方差。说明方差为零时, 随机变量 ξ 以近似 1 的概率趋于数学期望。

【解】 (1) 设 $f(x)=E(\xi^2)-2xE(\xi)+x^2$, $f'(x)=-2E(\xi)+2x=0\Rightarrow x=E(\xi)$, $f''(x)=2>0$, 故 $x=E(\xi)$ 时, 方差 $D(\xi)=E([\xi-(\xi)]^2)=f_{\min}(E(\xi))$ 是取 $f(x)$ 的极小值。

(2) 下面以正态分布为例进行说明。

$$
\begin{aligned}
E(x)&=\int_{-\infty}^{\infty}xf(x)\mathrm{d}x=\frac{1}{\sigma\sqrt{2\pi}}\int_{-\infty}^{\infty}x\mathrm{e}^{-\frac{(x-a)^2}{2\sigma^2}}\mathrm{d}x\\
&=\frac{1}{\sigma\sqrt{2\pi}}\int_{-\infty}^{\infty}(x-a)\mathrm{e}^{-\frac{(x-a)^2}{2\sigma^2}}\mathrm{d}x+\frac{1}{\sigma\sqrt{2\pi}}\int_{-\infty}^{\infty}a\mathrm{e}^{-\frac{(x-a)^2}{2\sigma^2}}\mathrm{d}x=a
\end{aligned}
$$

第一部分是奇函数在对称区间积分, 积分值为零；第二部分可以利用归一化条件得到。

$$
\begin{aligned}
E(x^2)&=\int_{-\infty}^{\infty}x^2\frac{1}{\sigma\sqrt{2\pi}}\exp\left[-\frac{(x-a)^2}{2\sigma^2}\right]\mathrm{d}x\\
&=\frac{1}{\sqrt{2\pi}}\int_{-\infty}^{\infty}(\sigma t+a)^2\exp\left(-\frac{t^2}{2}\right)\mathrm{d}t=\sigma^2+a^2
\end{aligned}
$$

$$
D(\xi)=(E(\xi))^2-E(\xi^2)=\sigma^2
$$

$$
\begin{aligned}
p\left(\left|\frac{\xi-a}{\sigma}\right|<x\right)&=p\left(-x<\frac{\xi-a}{\sigma}<x\right)=p\left(-\sigma x+a<\xi<\sigma x+a\right)\\
&=\int_{-\sigma x+a}^{\sigma x+a}\frac{1}{\sigma\sqrt{2\pi}}\exp\left(-\frac{(x-a)^2}{2\sigma^2}\right)\mathrm{d}x=\frac{1}{\sqrt{2\pi}}\int_{-x}^{x}\exp\left(-\frac{t^2}{2}\right)\mathrm{d}t
\end{aligned}
$$

例如，取 $x=1$，$p\left(|\xi-a|>1\sigma\right)\approx0.3173$；取 $x=2$，$p\left(|\xi-a|>2\sigma\right)\approx0.0455$；取 $x=3$，$p\left(|\xi-a|>3\sigma\right)\approx0.0027$。可见, 对正态分布, 随机变量取值集中在数学期望附近, 几乎 99% 以上处在 $(a-3\sigma,a+3\sigma)$，即 ξ 与 $E(\xi)$ 之差的绝对值大于 3σ 的概率小于 1%，所以常使用“3σ 规则”。

7.1.3 大数定理和中心极限定理

概率论中的大数定理和中心极限定理是蒙特卡罗方法的数学基础。

大数定理： 设 $\xi_1, \xi_2, \cdots, \xi_n, \cdots$ 为一随机变量序列，是独立同分布的，数学期望值 $E\xi = a$ 存在，则对任意 $\varepsilon > 0$，有关系

$$\lim_{n\to\infty} p\left\{\left|\bar{\xi} - a\right| < \varepsilon\right\} = 1 \tag{7.1.23}$$

其中

$$\bar{\xi} = \frac{1}{n}\sum_{i=1}^{n} \xi_i \tag{7.1.24}$$

是算术平均。大数定理指出，当 $n \to \infty$ 时，算术平均收敛到数学期望 (或统计平均)a。也就是说，当 n 很大时，可以用算术平均代替数学期望，由此产生的误差可用中心极限定理确定。

中心极限定理： 设 $\xi_1, \xi_2, \cdots, \xi_n, \cdots$ 为一随机变量序列，是独立同分布的，数学期望为 $E\xi = a$，方差 $D\xi = \sigma^2$，则当 $n \to \infty$ 时，

$$p\left\{\left|\frac{1}{n}\sum_{i=1}^{n} \xi_i - a\right| < \frac{\sigma X_\alpha}{\sqrt{n}}\right\} \to \frac{1}{\sqrt{2\pi}}\int_{-\infty}^{X_\alpha} \mathrm{e}^{-x^2/2}\mathrm{d}x \equiv 1 - \alpha \tag{7.1.25}$$

中心极限定理表明，当 n 很大时，用算术平均近似数学期望的误差为

$$\left|\bar{\xi} - a\right| < \frac{\sigma X_\alpha}{\sqrt{n}} = \varepsilon \tag{7.1.26}$$

的概率为 $1 - \alpha$, 所以误差 ε 有时也称为**概率误差**。α 的定义为

$$\alpha = 1 - \frac{2}{\sqrt{2\pi}}\int_{0}^{X_\alpha} \mathrm{e}^{-x^2/2}\mathrm{d}x \tag{7.1.27}$$

α 为**置信度**，$1 - \alpha$ 为**置信水平**。α 和 X_α 的关系可以通过计算得到，表 7.1.3 给出常用的四组 α 和 X_α 的值。

表 7.1.3　常用的四组 α 和 X_α 的值

α	0.5	0.05	0.02	0.01
X_α	0.6745	1.9600	2.3863	2.5758

从式 (7.1.26) 可以看到，算术平均值 $\bar{\xi}$ 收敛到数学期望 a 的阶为 $O(1/\sqrt{n})$，可见，蒙特卡罗方法收敛的阶低，收敛速度慢。误差 ε 由 σ 和 $1/\sqrt{n}$ 决定。在固定 σ 的情况下，要提高 1 位精确度，就要增加 100 倍试验次数；相反，若 σ 减小 10 倍，保持相同的精度就可以减少 100 倍工作量。因此，控制方差是蒙特卡罗方法应用中很重要的一点。若要求置信度 $\alpha = 0.05$，则表示以 95% 的概率取误差估计

$$\left|\frac{1}{n}\sum_{i=1}^{n} \xi_i - a\right| < \varepsilon = 1.96\frac{\sigma}{\sqrt{n}}$$

也就是说：以算数平均近似数学期望 a 的误差为 $\varepsilon = 1.96\frac{\sigma}{\sqrt{n}}$ 的概率为 95%，所以 MC 方法的误差是可以估计的概率误差。

7.2 随 机 数

用蒙特卡罗方法在计算机上模拟一个随机过程，就是要产生满足这个随机过程概率分布的随机变量。最简单和最基本的随机变量就是区间 $[0,1]$ 上均匀分布的随机变量，这些随机变量的抽样值称为**随机数**。所以以后谈到随机数，如果不加特别说明，就是指区间 $[0,1]$ 上均匀分布的随机数。其他分布的随机变量的抽样值可借助均匀分布的随机数得到。

掷骰子会产生 $1\sim6$ 范围内的随机数整数；抽奖用的摇号码机则可产生 $0\sim9$ 范围内的随机整数。这些真正的随机数除统计规律外无任何其他规律可循。在科学计算中通常按照某种算法给出随机数称为**伪随机数，或称赝随机数**。伪随机数具有两个主要特性：一个是伪随机数具有一定的周期，设其周期为 n，通常要求产生的随机数的周期 n 足够大，以使其在整个使用过程中不表现出其周期性。例如，计算机中的伪随机数发生器要求其周期大于计算机的记忆单元数。伪随机数的统计性质是表征随机数品质的另一重要指标。对均匀分布的随机数，既要求随机数产生的随机性，又要求产生的随机数分布的均匀性。

7.2.1 均匀分布随机数

有许多算法产生均匀分布的随机数。

1. 平方取中法

最早产生伪随机数的方法是 Neumann 提出的平方取中法：设 x_n 是 $2s$ 位数，自乘后，去头截尾仅保留中间的 $2s$ 位数，然后再除以 10^{2s} 得到区间 $[0,1]$ 上的均匀分布的随机数。算法是

$$x_{n+1} \equiv \left[\frac{x_n^2}{10^s}\right] (\mathrm{mod} 10^{2s}) \tag{7.2.1}$$

$[x]$ 表示不超过 x 的最大整数 (取整)。$x \equiv a(\mathrm{mod} M)$，表示 x 等于 a 被 M 除的余数。

【例题 7.2.1】

取 $x_0 = 6406$，采用平方取中法确定随机数序列。

【解】这里 $2s=4$, $x_0=6406$, $x_0^2=41036836$, $x_1\equiv 410368(\bmod 10^4)=0368$。如此重复, 依次得到:

6406, 0368, 1354, 8333, 4388, 2545, 4770, 7529, 6858, 0321, 1030, 0609, 3708, 7492, 1300, 6900, **6100**, **2100**, **4100**, **8100**, 6100, 2100, 4100, 8100, ···

黑体数字部分开始出现周期性重复, 独立的只有 20 个。

如果取: $2s=4$, $x_0=1234$, 独立的也只有 54 个, 说明初始参数的选取会影响随机数的性质。模拟程序: exa_7201.m。

```
n = 40; x(1)=6406;
for i = 2:n , x(i)=rem(fix(x(i-1).*x(i-1)/100), 10000),
    r(i) = x(i)./10000, end
```

2. 乘同余法

乘同余法产生随机数的算法公式:

$$x_n=cx_{n-1}(\bmod N),\quad \text{或写成:}\quad x_n=cx_{n-1}-N\text{int}\left(\frac{cx_{n-1}}{N}\right) \tag{7.2.2}$$

其中, c,N 为给定常数。给出 x_0 后, 就可以用式 (7.2.2) 依次给出 $x_1,x_2,\cdots$ 一系列随机数。如何给定常数 c,N 和 x_0, 这是个十分关键的问题, 是人们仍在不断研究探索的课题。下面仅给出确定 c,N 和 x_0 的一般原则。关于 N 的取值一般取 $N=2^{m-1}$, 其中 m 为计算机中二进制数的字长, $N-1$ 则为计算机所能表示的最大整数。例如, 字长 16 位时, 可取 $N=2^{31}=2147483648$ 等。关于 c 的取值, 一般取 $c=8M\pm 3$, 其中 M 为任一正整数。例如, 有取 $c=16897$, 65539, 397204099, 等。建议取 $c\sim N^{1/2}$, 这样统计性较好。关于 x_0 的取值, 一般取 x_0 为奇数。可以验证, 当 x_0 为奇数时, 周期是 T; 在其他参数不变情况下, 当 x_0 为偶数时, 周期则为 $T/2$。

例如, 设 $N=64, c=5, x_0=1$, 按式 (7.2.2) 得到随机数序列 $5,25,61,49,53,9,45,33,37,57,29,17,21,41,13,1$, 周期为 16。模拟程序: xfig_7201k.m, 结果见图 7.2.1。

```
n = 64;  c = 5;  x(1)=1;  r(1)=x(1)/(n-1);  m=20;
for m=2:20, x(m) = mod((c*x(m-1)),n); r(2:m) = x(2:m)/(n-1); end; x, r
```

按式 (7.2.2) 产生的随机数, 其值域为 $0\sim N-1$。如果要产生 $0\sim 1$ 的随机数, 只需将产生的随机数再除以 $N-1$ 即可。用类似的方法, 经过简单的变换, 就可产生任何所需值域的伪随机数序列。

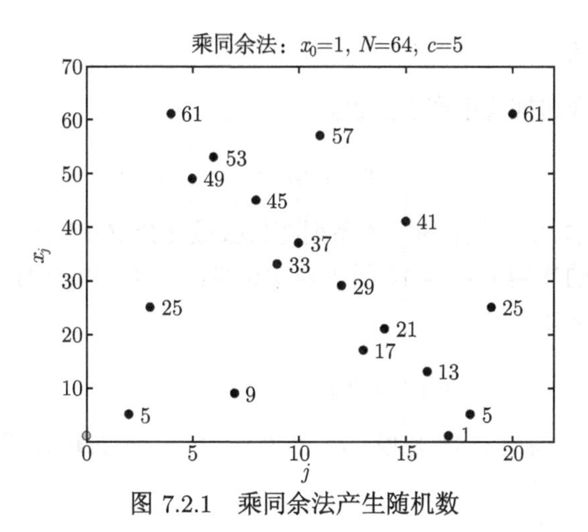

图 7.2.1 乘同余法产生随机数

【例题 7.2.2】

在计算机上, 令 $x_0 = 13, n = 32768, c = 889$, 用乘同余法：$x_n = \{cx_{n-1}(\text{mod } c)\}/(n-1)$ 产生区间 $[0,1]$ 随机数序列。

【解】 计算程序为：xfig_7202k.m 和 randt.m，产生 1000 个随机数，分布见图 7.2.2。

```
n = 32768; c = 889; x0 = 13; m = 1000; r = randt(x0,n,c,m);
function r=randt(x0,n,c,m)
x = x0; for j = 1:m
x = c*x-n*fix(c*x/n); % 或 x = mod((c*x),n); % fix 向零方向取整
r(j) = x/(n-1); end
```

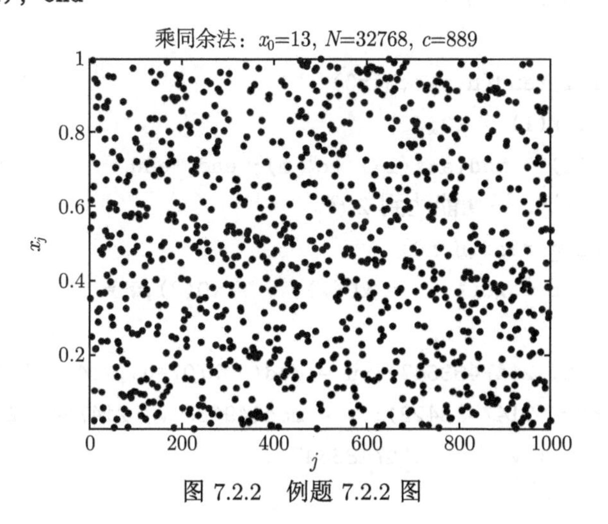

图 7.2.2 例题 7.2.2 图

3. 线性同余法

通常采用下列递推关系产生随机数

$$x_n = f(x_{n-1}, x_{n-2}, \cdots, x_{n-k}) \tag{7.2.3}$$

由递推关系 (7.2.3) 产生的一个系列随机数最终会重复自己。不重复的最大长度称为这个系列的周期 (period)。用于启动递推的一组初始值称为种子 (seed), 最简单的**线性同余法**如下：

$$x_n = (ax_{n-1} + c) \bmod M \tag{7.2.4}$$

a, c, M 是整数，a 是乘子，M 是模，x_n 是 $0 \sim M-1$ 间的整数, 除以 M 得到区间 $[0,1]$ 的浮点数。

【例题 7.2.3】

取：$a = 1203$, $c = 0$, $m = 2048$, $x_0 = 1$, 采用线性同余法产生随机数序列。

【解】 模拟程序：exa_723.m。

```
n =1000; c = 0; x0 =1;
a = 1203; m = 2048;
% a = 23; m = 1e8+1;          % 1948 年, Lehmer 使用的参数
% a = 65539; m = 2^29;        % 最早在 IBM 上使用的 RANDU
% a = 69069; m = 2^32;        % 较流行
% a = 16807; m = 2^31-1;      % IBM, 360 系统使用 SURAND
% a = 1664525; m = 2^32;      % 按 Knuth 标准, 在 IMS D700D 上使用, 等等
x = lcg_rand(n,a,c,m,x0);

function x = lcg_rand(n,a,c,m,x0)
x = zeros(1,n); x(1) = x0;
for i = 2:n; x(i) = mod(a*x(i-1)+c, m); end; end
```

或一个组合方法：周期能达到 2^{123}。

```
function x = clcg_rand(n,x0)
x = zeros(1,n); t = x0(1);u = x0(2); v = x0(3);w = x0(4)
for i = 1:n
t = mod( 45991*t, 2147483647); u = mod(207707*u, 2147483543);
v = mod(138556*v, 2147483423); w = mod(49689*w, 2147483323);
x(i) = mod(t - u + v - w, 2147483647);
end end
```

结果见 7.2.3。

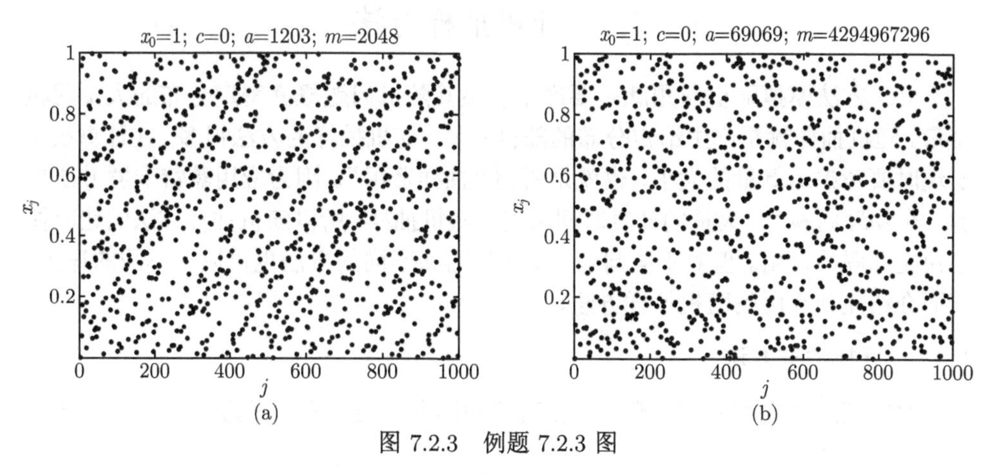

(a) (b)

图 7.2.3 例题 7.2.3 图

7.2.2 随机性统计检验

一个好的随机数发生器或一个好的随机数生成程序必须满足两个条件：第一，所生成的随机数序列应当具有足够长的周期；第二，所生成的随机数序列应当具有真正随机数序列所具有的统计性质。其周期的长短比较容易测试和判断。通常对统计性质的检验方法是采用频数分布检验：对于一个均匀分布的随机数发生器，设所产生随机数序列的值域为 $[0,1]$，则所产生的随机数字应与 $0\sim1$ 之间均匀的频数分布一致。为了检验频数分布情况，可按画统计直方图的方法，将整个值域分成 M 个宽度相等的子区间，设 x_i 是第 i 区间内出现的随机数的个数，即第 i 子区间的频数，则所有子区间中随机数个数的平均频数为

$$\bar{x}=\frac{1}{M}\sum_{i=1}^{M}x_i$$

第 i 子区间频数的偏差 $\varepsilon_i=x_i-\bar{x}$ 和频数的方均根偏差为

$$\sigma=\sqrt{\frac{1}{M}\sum_{i=1}^{M}\varepsilon_i^2}$$

如果所产生的 N 个随机数均匀分布于整个值域，则 $x_i=\bar{x}=N/M$，且在任一子区间内出现 x 个数字的概率服从高斯分布规律，即 $\mathrm{e}^{-(x-\bar{x})^2/(2\sigma^2)}$，其中 $\sigma=\sqrt{\bar{x}}$ 为标准偏差。可见，一个均匀分布的随机数序列，其最可几频数应为 $\bar{x}$，而其频数 x 在 $x\pm\sigma$ 范围内的概率应为 0.68，其频数的方均根偏差 σ_{rms} 应接近于标准偏差 σ，所以检查均匀分布随机数分布的均匀程度就是判断各频数是否接近于平均频数和频数的方均根偏差是否接近于标准偏差。

7.3 随机抽样方法

MC 方法模拟随机问题就是要产生满足其随机问题概率密度分布的大量随机变量。随机抽样就是产生给定分布的随机变量。随机抽样的方法很多，在计算机上实现时要考虑运算量的大小，也就是所谓“抽样费用”。因为应用蒙特卡罗方法求解一个物理问题时，大量的计算时间将用于随机抽样，所以随机抽样方法的选取往往决定算题的费用。但对不同问题、不同机器和不同的方法也可以有不同的评价。下面介绍几种常用的随机抽样方法。

7.3.1 直接抽样方法

对于任意给定的分布函数 $F(x)$, 直接抽样方法的一般形式为

$$x_n = \inf_{F(t)\geqslant \xi_n} t, \quad n = 1, 2, \cdots, N \tag{7.3.1}$$

表示 $\xi_n \leqslant F(t)$ 对应的 t 的下确界。其中, $\xi_1, \xi_2, \cdots, \xi_N$ 为 (在区间 $[0,1]$ 上均匀分布) 随机数序列。为简便起见, 上式可简写成

$$x_F = \inf_{F(t)\geqslant \xi} t$$

可以证明，由式 (7.3.1) 所确定的随机变量 $x_1, x_2, \cdots, x_N$ 是由分布 $F(x)$ 所产生的简单子样，只需证明它们相互独立，同分布。独立性是显然的，同分布由下述事实证明：

$$p\left\{x_n < x\right\} = p\left\{\inf_{F(t)\geqslant \xi_n} t < x\right\} = p\left\{\xi_n < F(x)\right\} = \int_{-\infty}^{F(x)} f_\xi(x')\,\mathrm{d}x' = F(x)$$

$f_\xi(x)$ 是区间 $[0,1]$ 上的均匀分布。上面结果对于任意的 n 成立, 因此由等式 (7.3.1) 确定的随机变量序列 $x_1, x_2, \cdots, x_N$ 具有同分布 $F(x)$，而且由于随机数序列 ξ_1, $\xi_2, \cdots, \xi_N$ 相互独立, 由等式 (7.3.1) 确定的随机变量序列 $x_1, x_2, \cdots, x_N$ 也是相互独立的。

1. 离散型分布抽样

设 x 是离散型的随机变量, 分别以概率 p_i 取值 x_i $\left(\sum\limits_{i=1}^{\infty} p_i = 1\right)$, 可用下面方法获得抽样值。

(1) 选取随机数 ξ,

(2) 确定满足下列不等式的 j (约定 $p_0 = 0$):

$$\sum_{i=0}^{j-1} p_i < \xi \leqslant \sum_{i=0}^{j} p_i \tag{7.3.2}$$

(3) 则对应 j 的 x_j 就是所要求的抽样值,$x_F = x_j$。

事实上, 如果定义累积和: $l_j = \sum\limits_{i=0}^{j} p_i$, 由

$$p\{x_F = x_j\} = p\left\{\sum_{i=0}^{j-1} p_i < \xi \leqslant \sum_{i=0}^{j} p_i\right\}$$
$$= \int_{l_j}^{l_{j-1}} f_\xi(x)\mathrm{d}x = \sum_{i=0}^{j} p_i - \sum_{i=0}^{j-1} p_i = p_j$$

所以可由关系

$$l_{j-1} \leqslant \xi < l_j \Rightarrow x_F = x_j$$

确定抽样值。

离散分布抽样程序:dsample.m。

```
function [k,y]=dsample(x,p)
% x--均匀分布随机数;p--离散概率分布; k--抽样点; y--抽样值
n=length(p);sp(1)=p(1);
for i=2:n,sp(i)=sp(i-1)+p(i);end
k=1;while(x>=sp(k)),k=k+1;end
y=p(k);
end
```

【例题 7.3.1】

表 7.3.1 给出了某班 26 名学生成绩分布, 试给出抽样分布。

表 7.3.1 某班 26 名学生成绩分布

分数段	1 ~ 10	11 ~ 20	21 ~ 30	31 ~ 40	41 ~ 50	51 ~ 60	61 ~ 70	71 ~ 80	81 ~ 90	91 ~ 100
a_i	5	15	25	35	45	55	65	75	85	95
人数	0	0	0	0	2	5	8	7	3	1
概率 p_i	0	0	0	0	0.08	0.19	0.31	0.27	0.11	0.04
l_i	0	0	0	0	0.08	0.27	0.58	0.85	0.96	1.0
i	1	2	3	4	5	6	7	8	9	10

【解】 这个分布抽样方法如下:

(1) 产生随机数 ξ (假设是 $\xi = 0.5$);

(2) 由不等式 $l_{j-1} \leqslant \xi(= 0.5) < l_j$ 确定 $j(j = 7)$;

(3) 由 $j(j = 7)$ 确定抽样值为 $x_p(x_p = 65)$。

计算程序: exa_731.m。

```
function exa_731
n = 10;                                          % 随机变量数
ns = 33;                                         % 抽样数
x = [5.0,15.0,25.0,35.0,45.0,55.0,65.0,75.0,
     85.0,95.0];                                 % 随机变量
p = [0,0,0,0,0.08,0.19,0.31,0.27,0.11,0.04];    % 取值概率
l(1)=0;                                          % 计算累积概率分布函数
for i=2:n, l(i)=l(i-1)+p(i); end                 % 以下作图部分程序略
r = rand(ns);
for j=1:ns                                       % 确定 ns 个抽样的学生
    for k=1:n, if(r(j)>=l(k)),z(j)= x(k); end, end
end
                                                 % 确定抽样学生分数段
ys = zeros(n,1);
for j=1:ns
    k = ceil(z(j)/10); ys(k)=ys(k)+1;            % 统计每个分数段的学生数
end
for j = 1:n, ys(j) = ys(j)/ns; end               % 以下作图部分程序略
```

图 7.3.1 中黑色直方图是学生原来成绩分布, 灰色直方图是抽样成绩分布 (试利用 dsample.m 离散抽样子程序改进本程序)。

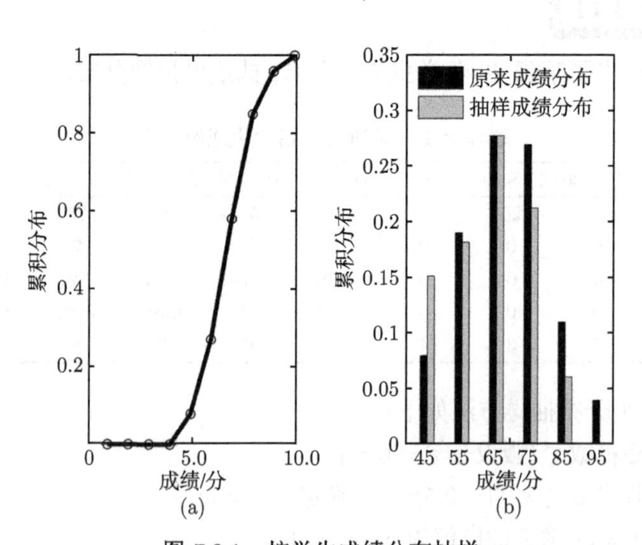

图 7.3.1　按学生成绩分布抽样

【例题 7.3.2】

设能量为 E 的 γ 光子与物质相互作用产生光电效应的截面为 σ_{e}, 产生康普顿散射的截面为 σ_{s}, 产生电子对效应的截面为 σ_{p}, 确定相互作用类型抽样。

【解】 总截面为: $\sigma_{\mathrm{t}}=\sigma_{\mathrm{e}}+\sigma_{\mathrm{s}}+\sigma_{\mathrm{p}}$。

抽样方法如下:

(1) 产生随机数 ξ; (2) 计算: $p \leftarrow \sigma_{\mathrm{e}}/\sigma_{\mathrm{t}}$。

如果 $\xi \leqslant p$, 则发生光电效应; 否则计算: $p \leftarrow p+\sigma_{\mathrm{s}}/\sigma_{\mathrm{t}}$。

如果 $\xi \leqslant p$, 则发生康普顿散射; 否则, 发生电子对效应。

思考题: 设 $\sigma_{\mathrm{e}}=0.20, \sigma_{\mathrm{s}}=0.45, \sigma_{\mathrm{p}}=0.35$, 为了抽样产生的随机数 $\xi=0.25$, 确定抽样类型。说明判断原理。并说明三种相互作用类型的排列顺序是否影响抽样结果? 为什么?

2. 连续型分布抽样

已知随机变量 η 具有分布密度 $f(x)$。我们的问题是: 如何根据分布密度函数 $f(x)$ 随机抽样出满足分布密度 $f(x)$ 的随机变量 η。

根据前面分布函数 $F(x)$ 的定义, $F(\eta)$ 表示随机变量取值小于和等于 η 的概率

$$F(\eta)=\int_{-\infty}^{\eta} f(x)\,\mathrm{d}x \tag{7.3.3}$$

$F(\eta)$ 为单调增函数, 而且存在反函数。可以证明, 这个分布 $F(\eta)$ 就是在区间 [0,1] 上满足均匀分布的随机变量 (在区间 [0,1] 上均匀分布的随机数)。令均匀分布的随机数 ξ 等于分布函数, 即 $\xi=F(\eta)$, 则得到 $\eta=F^{-1}(\xi)$ 就是具有分布密度 $f(x)$ 的随机变量的抽样。事实上, 由分布函数定义

$$p(\eta \leqslant x)=\int_{-\infty}^{x} f(x)=F(x)$$

如果 $\xi=F(\eta)$ 是区间 [0,1] 上均匀分布的随机变量

$$\begin{aligned}
p(\eta \leqslant x)=p(F^{-1}(\xi) \leqslant x)=p(\xi \leqslant F(x)) &=\int_{-\infty}^{F(x)} f_u(t)\,\mathrm{d}t \\
&=\int_{-\infty}^{0} 0 \cdot \mathrm{d}t+\int_{0}^{F(x)} 1 \cdot \mathrm{d}t=F(x)
\end{aligned}$$

其中用到了区间 [0,1] 均匀分布的随机变量的分布密度函数 $f_u(x)$

这样就可以利用区间 [0,1] 上的均匀分布随机数产生具有给定分布密度 $f(x)$ 的随机变量 η 序列。由此得抽样的步骤为:

① 给定分布密度 $f(x)$；

② 计算其分布函数 $F(x)$；

③ 产生随机数 ξ；

④ 计算 $F^{-1}(\xi)$, 令 $\eta=F^{-1}(\xi)$；

⑤ 重复 ③，④。

【例题 7.3.3】

指数密度分布：

$$f(x)=\begin{cases}\lambda\,\mathrm{e}^{-\lambda x},\ \lambda>0, & x\geqslant 0\\ 0, & x<0\end{cases}\tag{7.3.4}$$

通常用指数密度分布来描述电子元件的稳定时间、系统的可靠性和粒子游动的自由程等。

(1) 求按指数密度分布的随机抽样公式；

(2) 某种电子元件的稳定性时间满足上面的指数分布, 取 $\lambda=1$, 随机抽取 1000 件产品，验证其稳定性时间满足上面的指数分布。

【解】 (1) 选取区间 [0,1] 上均匀分布的随机数 ξ，令

$$\xi=F(\eta)=\int_{-\infty}^{\eta}f(x)\,\mathrm{d}x=\int_{0}^{\eta}\lambda\mathrm{e}^{-\lambda x}\,\mathrm{d}x=1-\mathrm{e}^{-\lambda\eta}$$

则

$$\eta=F^{-1}(\xi)=-\frac{1}{\lambda}\ln(1-\xi)$$

由于 ξ 与 $1-\xi$ 同分布，故可得指数密度分布的随机抽样公式

$$\eta=-\frac{1}{\lambda}\ln(\xi)\tag{7.3.5}$$

(2) 计算程序: exa_733.m如下。

```
lamda = 1.; n = 2000; p(1:23) = zeros(1,23); dy =0.5; dt = 0.5;
r = rand(n,1); y = -log(r);  % 指数分布抽样公式
for j=1:n, k = fix((y(j)+dy)/dy);   % 计算抽样值所在组编号
    p(k)=p(k)+1; end
t = 0:dt:10; z = exp(-lamda*t); subplot(121);bar(p/n); hold on;
plot(t,z,'c-','LineWidth',3); set(gca,'FontSize',16);
legend('模拟值','理论值'); xlabel('指数分布抽样') subplot(122);
hist(y,20); legend('hist 图'); set(gca,'FontSize',16);
```

结果见图 7.3.2。

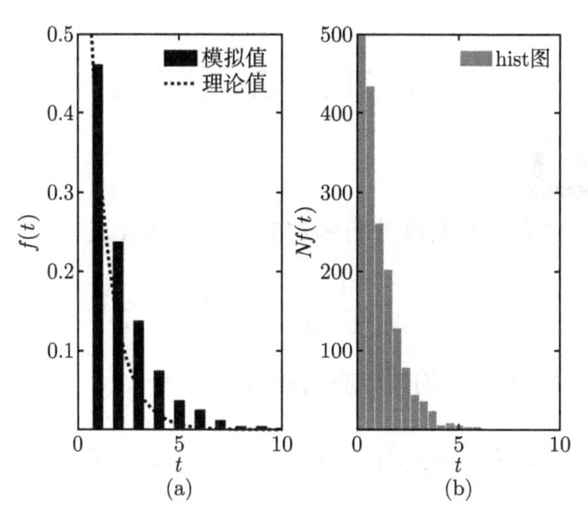

图 7.3.2 指数密度分布抽样

【例题 7.3.4】

求均匀密度函数

$$f(x)=\frac{1}{b-a},\eta \quad (a\leqslant x\leqslant b)$$

的随机抽样公式。

【解】 选取区间 [0,1] 上均匀分布的随机数 ξ，令

$$\xi=F(\eta)=\int_a^{\eta}\frac{1}{b-a}\,\mathrm{d}x=\frac{\eta-a}{b-a}$$

得到按区间 $[a,b]$ 上均匀密度分布的抽样公式

$$\eta=a+(b-a)\xi \tag{7.3.6}$$

这正是通过区间 [0,1] 上均匀分布的随机数 ξ 变换到任意区间 [a,b] 上均匀分布的随机数。

【例题 7.3.5】

求下列密度分布函数的直接抽样公式

$$f(\rho)=\rho\mathrm{e}^{-\frac{1}{2}\rho^2},\quad 0<\rho<\infty \tag{7.3.7}$$

【解】 选取区间 $[0,1]$ 上均匀分布的随机数 ξ, 令

$$\xi=F(\eta)=\int_0^{\eta}\rho\mathrm{e}^{-\rho^2/2}\mathrm{d}\rho=1-\mathrm{e}^{-\eta^2/2}$$

得到抽样公式:

$$\eta_\rho = \sqrt{-2\ln(1-\xi)} \sim \sqrt{-2\ln\xi} \tag{7.3.8}$$

【例题 7.3.6】

求下列散射方位角余弦密度分布函数的直接抽样公式

$$f(x) = \frac{1}{\pi\sqrt{1-x^2}}, \quad -1 < x < 1 \tag{7.3.9}$$

【解】 选取区间 $[0,1]$ 上均匀分布的随机数 ξ, 令

$$\xi = F(\eta) = \int_{-\infty}^{\eta} f(x)\mathrm{d}x = \int_{-1}^{\eta} \frac{1}{\pi\sqrt{1-x^2}}\mathrm{d}x = \frac{1}{\pi}\arcsin\eta + \frac{1}{2}$$

得到抽样公式: $\eta = \sin\left(\xi - \frac{1}{2}\right)\pi = -\cos\pi\xi$, 由于 ξ 与 $1-\xi$ 同分布, 取

$$\eta = \cos\pi\xi \tag{7.3.10}$$

【例题 7.3.7】

求下列密度分布 (所谓倒数分布) 函数的直接抽样公式

$$f(x) = \frac{1}{\ln a}\frac{1}{x}, \quad 1 \leqslant x \leqslant a \tag{7.3.11}$$

【解】 选取区间 $[0,1]$ 上均匀分布的随机数 ξ, 令

$$\xi = \int_{1}^{\eta_f} \frac{1}{\ln a}\frac{1}{x}\mathrm{d}x = \frac{1}{\ln a}\ln\eta_f$$

得到抽样公式:

$$\eta_f = \exp(\xi\ln a) \tag{7.3.12}$$

【例题 7.3.8】

随机变量 X 满足下列概率密度分布, 求其直接抽样公式

$$f_X(x) = \frac{2}{\pi}\frac{1}{1+x^2}, \quad 0 < x < \infty \tag{7.3.13}$$

【解】 选取区间 $[0,1]$ 上均匀分布的随机数 ξ, 令

$$F(X) = \int_{0}^{X} \frac{2\mathrm{d}x}{\pi(1+x^2)} = \frac{2}{\pi}\arctan X = \xi$$

得到抽样公式：

$$X=\tan\frac{\pi\xi}{2} \tag{7.3.14}$$

【例题 7.3.9】

各向同性散射极角分布和散射方位角分布抽样。

【解】 (1) 散射极角分布：

$$f(\theta)=\frac{1}{2}\sin\theta,\eta,\quad 0\leqslant\theta\leqslant\pi \tag{7.3.15}$$

直接抽样

$$\xi=\int_0^{\theta_f}\frac{1}{2}\sin\theta\mathrm{d}\theta=\frac{1}{2}(1-\cos\theta_f)$$

得到抽样公式

$$\begin{cases}\cos\theta_f=1-2\xi=2\xi'-1\\ \sin\theta_f=\sqrt{1-\cos^2\theta_f}=2\sqrt{\xi-\xi^2}\end{cases} \tag{7.3.16}$$

(2) 散射方位角分布：

$$f(\varphi)=\frac{1}{2\pi},\eta,\quad 0\leqslant\varphi\leqslant 2\pi \tag{7.3.17}$$

直接抽样

$$\xi=\int_0^{\varphi}\frac{1}{2\pi}\mathrm{d}x=\frac{\varphi}{2\pi}$$

得到抽样公式

$$\varphi_f=2\pi\xi \tag{7.3.18}$$

3. 变换抽样方法

变换抽样是直接抽样方法的推广，其思想就是将复杂的分布抽样变换为已知的或比较简单的抽样。例如，如果分布密度为 $f(x)$ 的随机变量 x 的抽样比较复杂，而分布密度为 $g(y)$ 的随机变量 y 的抽样已知，由概率守恒，可通过变换

$$f(x)=\left|\frac{\mathrm{d}y}{\mathrm{d}x}\right|g(y) \tag{7.3.19}$$

得到随机变量 x 的抽样。实际上，这里如果取 $g(y)$ 在区间 [0,1] 上均匀分布, 而

$$y(x)=\int_{-\infty}^{x}f(t)\mathrm{d}t,\quad \left|\frac{\mathrm{d}y}{\mathrm{d}x}\right|=f(x)$$

$x(y)$ 正好满足密度分布 $f(x)$。

同样对两个随机变量问题：设随机变量 x 和 y 的联合分布密度函数是 $f(x,y)$，随机变量 u 和 v 的联合分布密度函数是 $g(u,v)$，则变换规则为

$$f(x,y)=|J|\,g(u,v),\quad J=\frac{\partial(u,v)}{\partial(x,y)}=\left(\frac{\partial u}{\partial x}\frac{\partial v}{\partial y}-\frac{\partial u}{\partial y}\frac{\partial v}{\partial x}\right) \tag{7.3.20}$$

【例题 7.3.10】

给出下列正态分布的抽样

$$f(x)=\frac{1}{\sqrt{2\pi}}\mathrm{e}^{-x^2/2},\quad -\infty<x<\infty$$

【解】引入一个与 X 独立同分布的正态分布的随机变量 Y，于是 (X,Y) 的联合分布密度是

$$f(x,y)=\frac{1}{2\pi}\mathrm{e}^{-(x^2+y^2)/2},\quad -\infty<x,y<\infty$$

做变换 $X=\rho\cos\varphi,\ \ Y=\rho\sin\varphi,\ \ 0<\rho<\infty,\ \ 0<\varphi<2\pi, (\rho,\varphi)$ 的密度分布为

$$f(\rho,\varphi)=\frac{1}{2\pi}\rho\mathrm{e}^{-\rho^2/2}$$

注意变换的雅可比行列式 $J=\rho$。由此可见 $f(\rho,\varphi)=f_1(\rho)f_2(\varphi)$,

$$f_1(\rho)=\rho\mathrm{e}^{-\rho^2/2}$$

是关于 ρ 的密度分布，

$$f_2(\varphi)=\frac{1}{2\pi}$$

是关于 φ 的密度分布，这两个分布的抽样很容易由直接抽样方法得到。令

$$\xi_1=F(\eta)=\int_0^{\eta}\rho\mathrm{e}^{-\rho^2/2}\,\mathrm{d}\rho\Rightarrow\eta_\rho=\sqrt{-2\ln\xi_1}$$

$$\xi_2=F(\eta)=\int_0^{\eta}\frac{1}{2\pi}\,\mathrm{d}\varphi\Rightarrow\eta_\varphi=2\pi\xi_2$$

从而得到一对服从正态分布随机变量 X,Y 的抽样值

$$X_f=\sqrt{-2\ln\xi_1}\cos(2\pi\xi_2),\quad Y_f=\sqrt{-2\ln\xi_1}\sin(2\pi\xi_2) \tag{7.3.21}$$

这两个抽样值是等价的。

7.3.2 舍选抽样方法

不是所有的随机变量的分布函数都可以解析给出，即使有的可以解析给出分布函数，但其反函数无法给出，或者能给出反函数，但运算量太大。上述情况选用直接抽样方法就不太合适。

舍选抽样方法也称为挑选抽样法, 它不是从所要求的分布 $f(x)$ 进行抽样, 而是从另一分布进行抽样, 然后利用一定的检验条件进行取舍, 方法灵活, 计算简单, 使用方便。

1. 简单的舍选抽样方法

设 $f(x)$ 是定义在区间 $0 \leqslant x \leqslant 1$ 上的分布密度函数, $f(x)$ 的最大值为 $M = 1/\lambda$。对 $f(x)$ 的舍选抽样方法见图 7.3.3 和图 7.3.4。

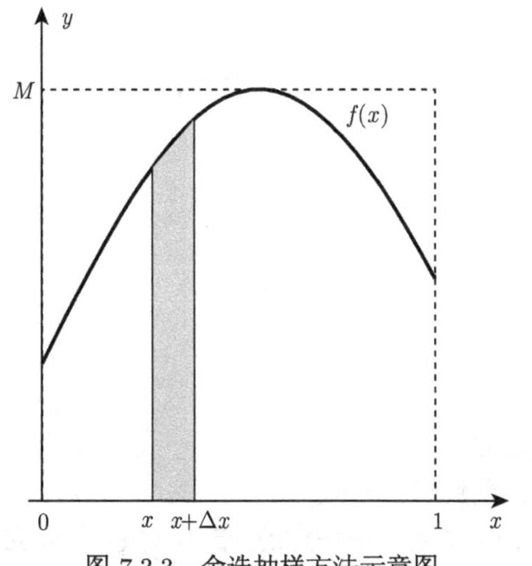

图 7.3.3 舍选抽样方法示意图

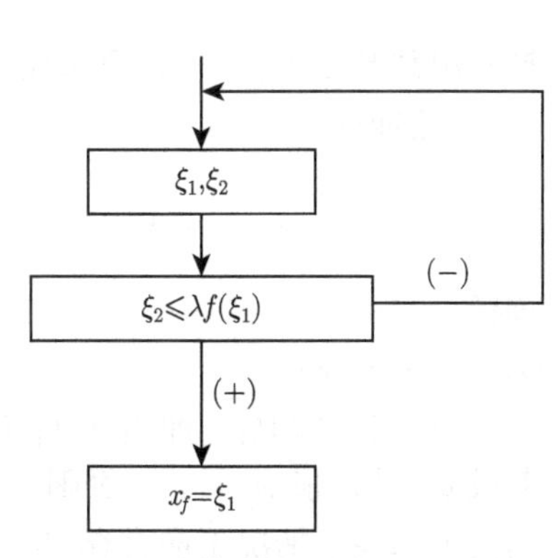

图 7.3.4 简单舍选抽样方法框图

显然 x_f 的取值在 $(x, x + \mathrm{d}x)$ 内的概率等于面积比, 即

$$\frac{f(x)\,\mathrm{d}x}{\int_0^1 f(x)\,\mathrm{d}x} = f(x)\,\mathrm{d}x$$

所以该抽样法保证了是由满足的分布 $f(x)$ 抽样的。

因为随机点 $(\xi_1, M\xi_2)$ 肯定落在面积为 M 的矩形内, 而只有点落在曲线 $f(x)$ 的下面 (面积为 1) 抽样才成功, 所以抽样方法的效率为

$$E_f = p\left(\xi_2 \leqslant \lambda f(\xi_1)\right) = \int_0^1 \mathrm{d}x \int_0^{\lambda f(x)} \mathrm{d}y = \lambda = \frac{1}{M}$$

效率的倒数是在舍选抽样中得到一个抽样值所需的平均实验次数。

【例题 7.3.11】

有一个半径为 R 的圆柱形探测器，底面对着均匀平行射线束，射线落到探测器底面上半径为 $r \to r+\mathrm{d}r$ 的圆环上的概率为 $f(r)\mathrm{d}r$,

$$f(r) = 2r/R, \quad 0 \leqslant r \leqslant R$$

试按分布密度函数进行抽样。

【解】 令 $x = r/R$, $0 \leqslant x \leqslant 1$ 则

$$f(x) = 2x, \quad 0 \leqslant x \leqslant 1$$

也称为 β 分布。

(1) 直接抽样:

$$\xi = \int_{-\infty}^{x_f} f(x)\mathrm{d}x = \int_{0}^{x_f} 2x\mathrm{d}x = x_f^2, \quad x_f = \sqrt{\xi} \Rightarrow r = R\sqrt{\xi}$$

直接抽样用到开方子程序，计算量比较大。

(2) 舍选抽样:

$$M = \max(f(x)) = 2, \quad h(x) = f(x)/M = x$$

抽样步骤:

① 产生: ξ_1, ξ_2。

② 判断: $\xi_2 \leqslant h(\xi_1)$, 即 $\xi_2 \leqslant \xi_1$ 是否成立。

若成立，抽样值 $x_f = \xi_1$；否则不成立，重新产生 ξ_1, ξ_2。

其实 $\xi_2 > \xi_1$, 情况不应舍弃，因为 ξ_1, ξ_2 本来就是任意的，若 $\xi_2 \leqslant \xi_1$ 不成立，则将 ξ_1, ξ_2 交换位置，不等式肯定成立，则抽样 $x_f = \xi_2$。

综合两种情况，抽样公式为

$$x_f = \max(\xi_1, \xi_2), \quad r = R\max(\xi_1, \xi_2)$$

这比 $x_f = \sqrt{\xi}$ 的计算量小得多。

推广到一般情况，对于幂指数分布:

$$f(x) = \begin{cases} nx^{n-1}, & 0 \leqslant x \leqslant 1, n = 1, 2, \cdots \\ 0, & \text{其他} \end{cases} \tag{7.3.22}$$

可依次产生 $(\xi_1, \xi_2, \cdots, \xi_n)$, 那么，抽样值为

$$x_f = \max(\xi_1, \xi_2, \cdots, \xi_n) \tag{7.3.23}$$

若 $f(x)$ 是定义在有限区域 $a \leqslant x \leqslant b$ 上, $M = 1/\lambda$ 为其上界, 则可以通过变换

$$x = a + (b - a)\,y$$

将其化为区间 $(0,1)$ 内的抽样问题。可见, 此时的 $f(x)$ 舍选抽样法见图 7.3.5。

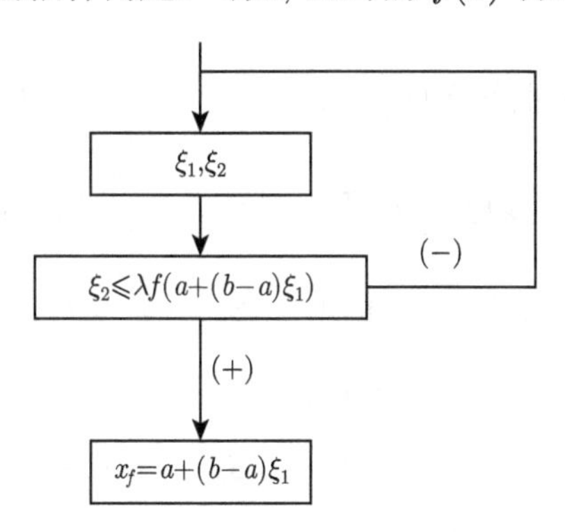

图 7.3.5 舍选抽样法框图

舍选法的意义是: 选择区间 $[a,b]$ 上的随机数 $x = a + (b - a)\xi_1$ 和区间 $[0, M]$ 上的随机数 $y = M\xi_2$, 如果 $y < f(x)$, 则选点落在曲线 $f(x)$ 下面, 将其选中; 否则, 选点落在曲线 $f(x)$ 上面 (高为 M, 宽为 $b - a$ 的矩形里), 将其舍去, 见图 7.3.6。

舍选法的实质就是按条件 $\xi_2 \leqslant \lambda f(\delta)$, $\delta = a + (b - a)\xi_1$ 对 δ (实际上是对 ξ_1) 进行"拔苗"与否的判断。若条件不满足, 则将 ξ_1, ξ_2"拔掉", 重新产生一组 ξ_1, ξ_2, 直到条件满足, 就令 $x_f = \delta$ 这株苗保留下来。下面从几何关系 (图 7.3.7) 和概率分布证明这样产生的 x_{f} 满足分布密度 $f(x)$。

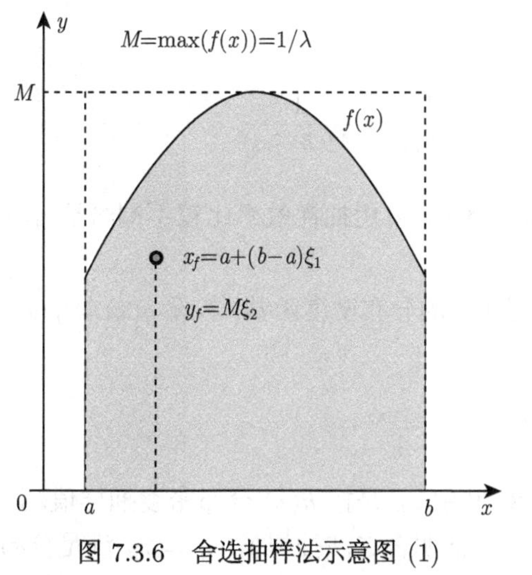

图 7.3.6 舍选抽样法示意图 (1)

图 7.3.7 舍选抽样法示意图 (2)

根据条件概率的定义关系：$p(A|B) = \dfrac{p(A,B)}{p(B)}$，则

$$p\{x_{\rm f} \leqslant x\} = p\{\delta \leqslant x|\xi_2 \leqslant \lambda f(\delta)\} = \frac{p\{\delta \leqslant x, \xi_2 \leqslant \lambda f(\delta)\}}{p\{\xi_2 \leqslant \lambda f(\delta)\}}$$

$$\begin{cases} f(x)\text{曲线下的面积：} & S_f = \displaystyle\int_a^b f(x)\mathrm{d}x = 1 \\ \text{阴影面积 (浅色 + 深色)：} & S_{\lambda f} = \displaystyle\int_a^b \lambda f(x)\mathrm{d}x = \lambda \\ \text{浅色部分面积：} & S_x = \displaystyle\int_a^x \lambda f(x)\mathrm{d}x = \lambda F(x) \\ \text{小矩形面积：} & S_1 = (b-a) \\ \text{大矩形面积：} & S_M = M(b-a) \end{cases}$$

$$p(\xi_2 \leqslant \lambda f(\delta)) = \frac{S_{\lambda f}}{S_1} = \frac{S_f}{S_M} = \frac{1}{M(b-a)}$$

$$p(\delta \leqslant x, \xi_2 \leqslant \lambda f(\delta)) = \frac{S_x}{S_1} = \frac{F(x)}{M(b-a)}$$

所以

$$p\{x_f \leqslant x\} = \frac{p\{\delta \leqslant x, \xi_2 \leqslant \lambda f(\delta)\}}{p\{\xi_2 \leqslant \lambda f(\delta)\}} = F(x)$$

即 x_f 确实服从分布密度 $f(x)$。

抽样效率：

$$E = p(\xi_2 \leqslant \lambda f(\delta)) = \frac{S_{\lambda f}}{S_1} = \frac{S_f}{S_M} = \frac{1}{M(b-a)}$$

是一次抽样中随机点落在曲线 $f(x)$ 下面的概率。可用抽样效率比较不同舍选抽样方法的好坏。

一般选取一个 $h(x)$ 与 $f(x)$ 取值范围相同的分布密度函数，若设 $g(x) = f(x)/h(x)$，

$$M = \sup_{-\infty<x<\infty} g(x) < \infty$$

存在上确界，则其舍选抽样法框图见 7.3.8，其中 x_h 是按 $h(x)$ 分布密度抽样值。通常 $h(x)$ 是已知的抽样公式的密度分布，可以证明舍选法抽样值 $x_f = x_h$ 满足分布

密度 $f(x)$。事实上，由

$$
\begin{aligned}
p\{x \leqslant x_f < x+\mathrm{d}x\} &= p\{x \leqslant x_h < x+\mathrm{d}x | M\xi \leqslant g(x_h)\} \\
&= \frac{p\{x \leqslant x_h < x+\mathrm{d}x, M\xi \leqslant g(x_h)\}}{p\left\{M\xi \leqslant g\left(x_h\right)\right\}} \\
&= \frac{\displaystyle\int_x^{x+\mathrm{d}x} g\left(x_h\right) h\left(x_h\right) \mathrm{d}x_h}{\displaystyle\int_{-\infty}^{\infty} g\left(x_h\right) h\left(x_h\right) \mathrm{d}x_h} = f\left(x\right) \mathrm{d}x
\end{aligned}
$$

$h(x)$ 的选取应注意两个方面：首先是 $h(x)$ 的抽样值容易得到, 其次是使得 M 小, 以提高抽样效率。当 $f(x)$ 是区间 $[0,1]$ 内的分布密度时, 可取 $h(x)=1$。

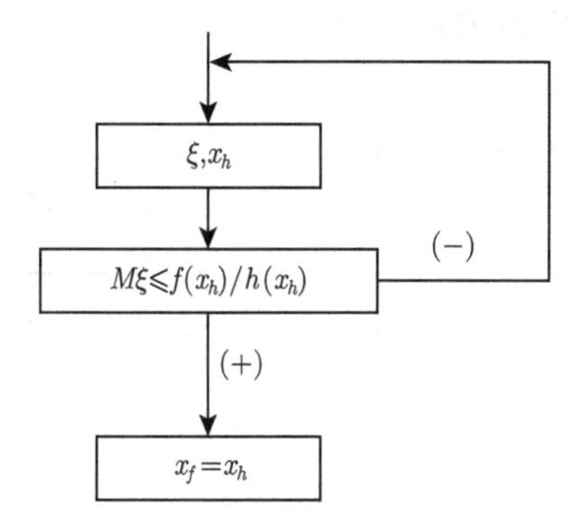

图 7.3.8 舍选抽样法框图

【例题 7.3.12】

$$
f(x) = \frac{1}{\ln 2} \frac{1}{1+x}, \quad 0 \leqslant x \leqslant 1
$$

(1) 求直接抽样公式；(2) 画舍选抽样框图。

【解】 (1) 直接抽样

$$
\int_0^{x_f} \frac{1}{\ln 2} \frac{1}{1+x} \mathrm{d}x = \xi \Rightarrow x_f = \exp(\xi \ln 2) - 1
$$

(2) 舍选抽样

$$
M = \max f(x) = \frac{1}{\ln 2}, \quad \frac{1}{\ln 2}\xi_2 \leqslant f(\xi_1) = \frac{1}{\ln 2} \frac{1}{1+\xi_1}
$$

得到抽样框图，见图 7.3.9。

2. 乘分布的舍选抽样

当 M 很大时, 即函数 $f(x)$ 具有高峰的情况, 简单舍选抽样方法的效率很低, 为克服这一缺点, 可将 $f(x)$ 改写成乘分布:

$$f(x) = Mh(x)g(x) = H(x)g(x)$$

其中常量: $M > 1$, $0 \leqslant h(x) \leqslant 1$, $g(x)$ 为另一随机变量的密度函数。

乘分布舍选抽样方法为:

① 产生 ξ_1, ξ_2, 由 $g(x)$ 抽样得: $x_g = F_g^{-1}(\xi_1)$;

② 如果 $\xi_2 < h(x_g)$, 抽样值为: $x_f = x_g$, 否则, 重复 ①。

乘分布舍选抽样框图见 7.3.10, x_g 是按 $g(x)$ 分布密度抽样值, 其中 M 为函数 $H(x)$ 的上界, 抽样效率为 $E = 1/M$。

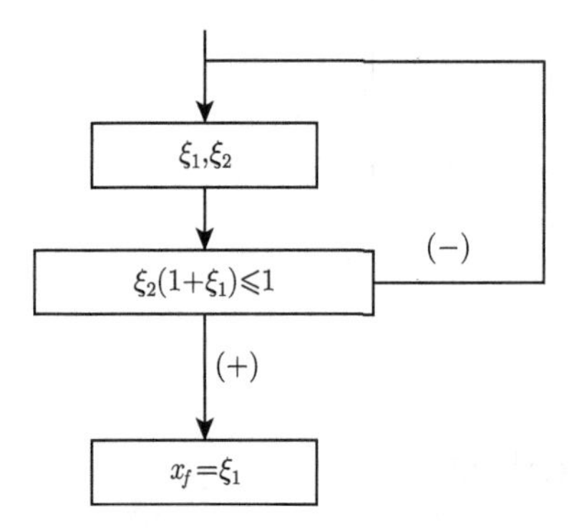

图 7.3.9 例题 7.3.12 抽样框图

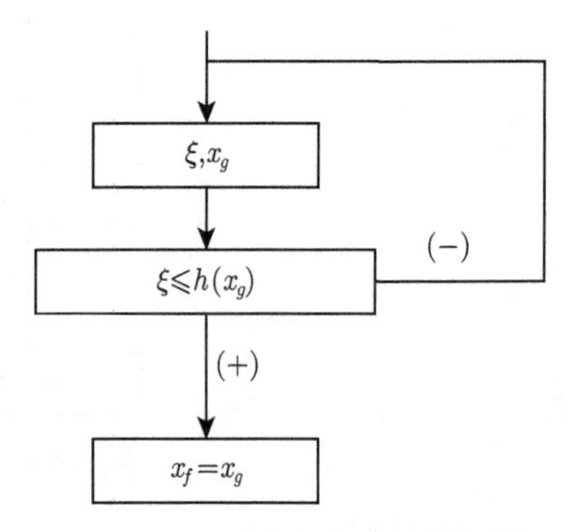

图 7.3.10 乘分布舍选抽样框图

【例题 7.3.13】

$$f(x) = \begin{cases} (1+3\mu x)\dfrac{1}{\pi\sqrt{1-x^2}}, & |x| < 1 \\ 0, & \text{其他} \end{cases} \tag{7.3.24}$$

的随机变量抽样 (参量 $\mu > 0$)。

【解】 分解 $f(x)$: 上确界 $M = 1 + 3\mu$,

$$h(x) = \frac{1+3\mu x}{1+3\mu}, \quad g(x) = \begin{cases} \dfrac{1}{\pi\sqrt{1-x^2}}, & |x| < 1 \\ 0, & \text{其他} \end{cases}$$

$g(x)$ 是前面讨论过的余弦随机变量的密度函数, 直接抽样公式为 $x_g = \cos\pi\xi$。所以抽样的算法为

① 产生 ξ_1, ξ_2, 且 $x_g = \cos \pi\xi_2$;

② 如果 $\xi_1 < h(x_g) = \dfrac{1+3\mu x_g}{1+3\mu}$, 随机变量 x 的抽样值为 $x_f = x_g = \cos \pi\xi_2$, 否则, 返回 ①。

【例题 7.3.14】

$$f(v) = \left(\frac{m}{2\pi kT}\right)^{3/2} 4\pi v^2 \exp\left(-\frac{mv^2}{2kT}\right) \tag{7.3.25}$$

麦克斯韦速率分布密度函数的随机抽样。

【解】 令 $\dfrac{m}{2kT} = \beta$, $v^2 = x$ 则

$$f(x) = \frac{2\beta^{3/2}}{\sqrt{\pi}}\sqrt{x}\exp(-\beta x) = H(x)g(x), \quad 0 \leqslant x < \infty \tag{7.3.26}$$

其中

$$g(x) = \frac{2\beta}{3}\exp\left(-\frac{2}{3}\beta x\right), \; H(x) = \frac{3\sqrt{\beta}}{\sqrt{\pi}}\sqrt{x}\exp\left(-\frac{1}{3}\beta x\right), \quad 0 \leqslant x < \infty$$

求极大值: 由 $\left.\dfrac{\mathrm{d}H}{\mathrm{d}x}\right|_{x=x^*} = 0$, 得 $x^* = \dfrac{3}{2\beta}$, 得到 H 的极大值

$$M = \underbrace{\sup}_{x\in[0,\infty]} H(x) = \sqrt{\frac{27}{2\pi e}}$$

$$h(x) = H(x)/M = \frac{\sqrt{2e\beta}}{\sqrt{3}}\sqrt{x}\exp\left(-\frac{1}{3}\beta x\right), \quad 0 \leqslant x < \infty$$

对 $g(x)$ 直接抽样:

$$\xi = \int_0^{x_g} \frac{1}{x^*}\exp\left(-\frac{x}{x^*}\right)\mathrm{d}x = 1 - \exp\left(-\frac{x_g}{x^*}\right)$$

由 $x^* = \dfrac{3}{2\beta} = \dfrac{3kT}{m}$, 得

$$x_g = -\frac{3}{2\beta}\ln\xi, \quad h(x_g) = \sqrt{-e\xi\ln\xi} \tag{7.3.27}$$

麦克斯韦速率分布的抽样框图见 7.3.11。抽样效率 $E_f = \sqrt{\dfrac{2\pi e}{27}} \approx 0.795$。

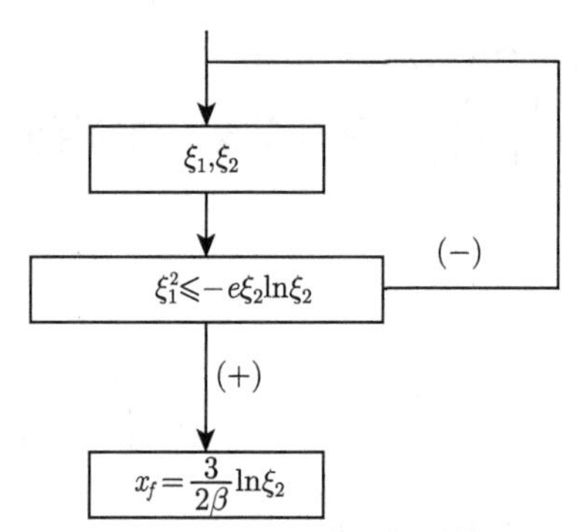

图 7.3.11　麦克斯韦速率分布的抽样框图

实际应用中并不按框图抽样，而是直接按抽样公式抽样。例如，在分子动力学或粒子模拟中可按麦克斯韦速率分布抽样公式直接抽样初始化某平衡温度下的粒子系统的每个粒子的速率。下面程序按抽样公式给出的粒子速率满足麦克斯韦速率分布。

```
n = 100000; x = rand(1,n); v = sqrt(-1.5*log(x)); v2=max(v);v1=min(v);
vx = v1:(v2-v1)/100:v2; hist(v,vx,'c');set(gca,'FontSize',16);
h = findobj(gca,'Type','patch'); h.FaceColor = [0.2 0.2 0.2];
h.EdgeColor = 'w'; xlabel('v/(2T/m)^{1/2}'); ylabel('Nf(v)');
title(['N =',num2str(n)]); % axis([0 5 0 4000])
print(gcf,'xfig_7312k.png','-dpng','-r600');
```

结果见 7.3.12。

舍选抽样方法中还有减分布抽样方法、乘减抽样方法、积分分布抽样方法等。另外，还有如复合抽样方法、偏倚抽样方法等，本课程不做进一步介绍。

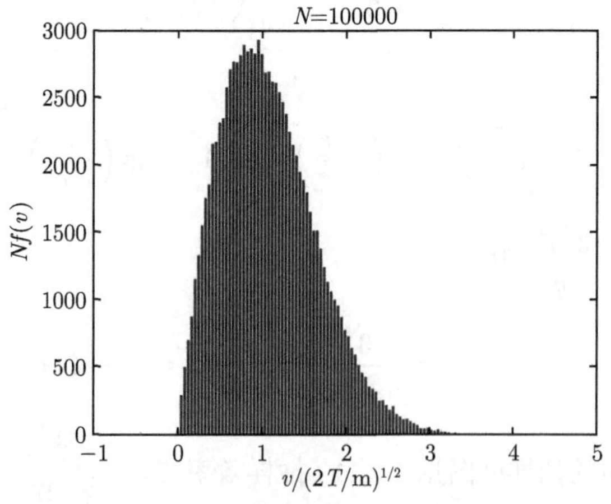

图 7.3.12　麦克斯韦速率分布抽样

7.4 蒙特卡罗方法的应用

7.4.1 蒙特卡罗方法求解问题思路

用蒙特卡罗方法可以处理两类问题：一类是随机性问题，如中子在介质内的传播问题和后面要介绍的原子核裂变问题等。对于这一类问题，通常采用直接模拟方法：首先，必须根据物理问题的规律，建立一个概率模型 (随机向量或随机过程)，然后用计算机进行抽样试验，从而得出对应于这一物理问题的随机变量的分布。

假定随机变量 $y=g(x_1,x_2,\cdots,x_m)$ 是研究对象，它是 m 个互相独立的随机变量 $(x_1,x_2,\cdots,x_m)$ 的函数，$(x_1,x_2,\cdots,x_m)$ 概率分布密度分别为 $(f(x_1),f(x_2),\cdots,f(x_m))$，因此蒙特卡罗模拟的基本方法是：根据概率分布密度

$$(f(x_{j1}),f(x_{j2}),\cdots,f(x_{jm})),\quad j=1,2,\cdots,N$$

在计算机上用随机抽样的方法抽样产生 N 组随机变量 $(x_{j1},x_{j2},\cdots,x_{jm})$，计算

$$y_j=g(x_{j1},x_{j2},\cdots,x_{jm}),\quad j=1,2,\cdots,N$$

的值，用这样的样本分布来近似 y 的函数，由此可计算出这些量的统计值。

由上可知，蒙特卡罗方法的计算过程就是用统计方法模拟实际的物理过程，它主要是在计算机上产生已知分布的随机变量样本，以代替昂贵的甚至难以实现的实验。蒙特卡罗方法又被看成是用计算机来完成物理实验的一种方法。

蒙特卡罗方法可以求解的另一类问题是确定性问题。在求解确定性问题时，首先要建立一个有关这个确定性问题的概率统计模型，使所求的解就是这个模型的概率分布或数学期望；然后对这个模型作随机抽样；最后用其算术平均值作为所求解的近似值。

7.4.2 方程求根

考虑方程

$$f(x)=0 \tag{7.4.1}$$

其中，$f(x)$ 是定义在区间 $[a,b]$ 上实的连续函数。如果 $f(a)\cdot f(b)<0$，则方程 (7.4.1) 在区间 $[a,b]$ 上至少有一个根。下面介绍两种方程求根的蒙特卡罗方法。

1. 用频率近似概率

先讨论在区间 $[a,b]$ 上只有一个根的情况，具体步骤如下。

(1) 当 $f(a)=0$ 时，a 就是所求的根；

(2) 否则，设 x^* 是区间 $[a,b]$ 上的一个根，ξ^* 是区间 $[a,b]$ 上均匀分布的随机数，则 ξ^* 落在区间 $[a,x^*]$ 上的概率是 $p^*=\dfrac{x^*-a}{b-a}$，因此，在区间 $[a,b]$ 上均匀投 N 个点，如果其中有 M 个落在根 x^* 的左侧，于是有

$$\frac{x^*-a}{b-a}\approx\frac{M}{N}=p\Rightarrow x^*=a+(b-a)p \tag{7.4.2}$$

这样，用蒙特卡罗方法求单根的步骤如下。

① 定义随机变量：第 i 次试验 (投点)，即选取区间 [0,1] 上均匀分布的随机数 ξ_i；

$$\eta_i=\begin{cases}1, & f(a+(b-a)\xi_i)\leqslant 0\\ 0, & f(a+(b-a)\xi_i)>0\end{cases}$$

② N 次投点，计算

$$p=\frac{M}{N}=\frac{1}{N}\sum_{i=1}^{N}\eta_i$$

③ 解为

$$x^*=\begin{cases}a+(b-a)p, & f(a)<0\\ a+(b-a)(1-p), & f(a)>0\end{cases}$$

当区间 $[a,b]$ 上有多个根时，可用分析的方法确定每个单根的区间，在每个区间内应用上述方法。或者从 a 点出发，以 h 为基本步长向前跨长为 h 的小区间 (h 要选的合适，使每个区间至少有一个根，太大容易丢根，太小浪费时间)，当跨的小区间两端的函数同号时，继续向前跨；异号时，用上述方法求出小区间中的根。

【例题 7.4.1】

求方程 $f(x)=x^4-10x^3+35x^2-50x+24=0$ 的全部实根。

【解】 计算程序：roots_MC1.m。

```
function roots_MC1
a0 = 0.0; b0 =  5.0; k = 8;
% a0 = 1.0; b0 = 3.0; k = 8;
h =(b0-a0)/k;s = 0;
for i = 1:k
    a = a0;  b =a+h;
    if f(a)*f(b)<0.0
        s=s+1; xr(s) = sroot(a,b);
    end
```

```
    a0 = a0+h;
end
xr
end

function x = sroot(a,b)
n = 2000; r = rand(n,1); z = a+(b-a).*r;
m = length(z(f(a)*f(z)>0)); % f(a),f(z) 同号
x = a+(b-a)*m/n;
end

function y=f(x)
y = x.^4-10.0*x.^3+35.0*x.^2-50.0*x+24.0;
%y = exp(x).*log(x)-x.*x;
end
```

结果为：xr = 0.9984 1.9994 3.0016 3.9831。

2. 平均趋于根的方法

取离根左右最近的两值平均, 即取

$$x_n = a + (b-a)\xi_n,\ x_r = \frac{1}{2}\left[\max\{x_n | f(x_n)f(a) \geqslant 0\} + \min\{x_n | f(x_n)f(b) \geqslant 0\}\right]$$

【例题 7.4.2】

求方程 $f(x) = \exp(-x^3) - \tan(x) + 800 = 0$ 在区间 $[0, \pi/2]$ 上的一个实根。

【解】 计算程序：roots_MC2.m。

```
function roots_MC2
clc; clear all;
a = 0; b = pi/2;
% a = 0; b = 1;
% a = 1; b = 2;
% a = 0; b = 2;
% a = 0; b = 5; % [0,5]之间有4个根: 1, 2, 3, 4
n = 2000; r = rand(n,1); x = a+(b-a).*r;
xr = 0.5*(max(x(f(a)*f(x)>0))+min(x(f(b)*f(x)>0)))
end
```

```
function y = f(x)
y = exp(-x.*x.*x)-tan(x)+800.0;
% y = x-exp(-x);
% y = exp(x).*log(x)-x.*x;
% y = x.*x - x -1;
% y = x.^4-10*x.^3+35*x.^2-50*x+24;
end
```

计算结果：xr = 1.5697。

3. 缩小有根区间方法

原理见模拟程序：roots_MC3.m。

```
function root=roots_MC3(f,a,b)
eps=1e-4; r=a+(b-a)*rand(); fr=f(r);
while ((b-a)+abs(fr))>eps
    r=a+(b-a)*rand(); fr = f(r);
    if(fr*f(a)>0)
        a=r; else, b=r;
    end
end
root=r;
end
```

计算方程：$\ln x + 10 - x = 0$ 在区间 $[10, 14]$ 上的根。

```
% roots_MC3_demo.m
clc; clear all;format long;
f =@(x) log(x)-x+10;
x=0:0.1:20;
plot(x,f(x));grid
r = roots_MC4(f,10,14)
% r = 12.5279
```

7.4.3 计算定积分

1. 算术平均

为了求定积分

$$J = \int_a^b h(x)\,\mathrm{d}x \tag{7.4.3}$$

的值，选择一种密度分布函数 $f(x)$ 满足 $\int_a^b f(x)\,\mathrm{d}x = 1$，同时将积分式 (7.4.3) 写为

$$J = \int_a^b \frac{h(x)}{f(x)} f(x)\,\mathrm{d}x = \int_a^b g(x)f(x)\,\mathrm{d}x \tag{7.4.4}$$

然后能很方便地按概率密度函数 $f(x)$ 进行随机抽样 $\{x_i,\ i = 1, \cdots, n\}$，用算术平均

$$\bar{g} = \frac{1}{n}\sum_{i=1}^{n} g(x_i), \quad g(x) = \frac{h(x)}{f(x)} \tag{7.4.5}$$

近似积分 $J = \int_a^b h(x)\,\mathrm{d}x \approx \bar{g}$ 或数学期望 $J = \int_a^b g(x)f(x)\,\mathrm{d}x \approx \bar{g}$。

1) 均匀分布抽样

通常密度函数 $f(x)$ 选在区间 $[a, b]$ 上均匀分布的概率密度函数

$$f(x) = \frac{1}{b-a},\ \eta(a \leqslant x \leqslant b), \quad g(x) = (b-a)h(x)$$

在区间 $[a, b]$ 上按均匀分布抽取随机数 $x_i = a + (b-a)\xi_i (i = 1, 2, \cdots, n)$，$\xi_i$ 是区间 $[0, 1]$ 均匀分布的随机数，然后计算 $h(x_i)$，得积分近似值

$$J \approx \frac{1}{n}\sum_{i=1}^{n} g(x_i) = \frac{b-a}{n}\sum_{i=1}^{n} h(x_i) \tag{7.4.6}$$

只要 n 充分大，积分式 (7.4.6) 近似值的精度满足大数定理。

【例题 7.4.3】

用蒙特卡罗方法计算定积分

$$S = \int_{2.5}^{8.4} [x^2 + \sin(x)]\,\mathrm{d}x$$

【解】 计算程序：exa_743.m。

```
f = inline('x.*x+sin(x)'); a = 2.5;b = 8.4;
fa = inline('x.*x.*x/3-cos(x)');
% f = inline('exp(-tan(x).*tan(x))');a =0; b = pi/2;
% f = @(x) 4*sqrt(1-x.*x); a = 0; b = 1;
% f = @(x) sin(2*x).*exp(3*x); a =0; b=2;
 n = 20000;J = int_MC1(f,a,b,n)
Ja = fa(b)-fa(a)
```

```
% 计算结果: J = 192.5820    Ja = 192.0778

% int_MC1.m 均匀分布抽样计算定积分
function J = int_MC1(f,a,b,n)
x = a+(b-a)*rand(n,1);
J = (b-a)*sum(f(x))/n;
end
```

2) 重要抽样方法

对于式 (7.4.4)，概率密度 $f(x)$ 选择的另一种方法是：选择 $f(x)$ 与 $h(x)$ 形状相近的函数，称为重要抽样方法。例如，计算如下形式的积分：$\int_0^\infty \mathrm{e}^{-x/\lambda} f(x)\,\mathrm{d}x$ 可以用前面讲过的指数分布 $g(x)=\lambda^{-1}\mathrm{e}^{-x/\lambda}$ 来消除积分中的指数因子。按指数分布 $g(x)$ 抽样随机变量 $x_i=-\lambda\ln\xi_i$，(ξ_i 是区间 $[0,1]$ 上的均匀分布随机数)，得到积分为

$$\int_0^\infty \mathrm{e}^{-x/\lambda} f(x)\,\mathrm{d}x=\lambda\int_0^\infty f(x)g(x)\,\mathrm{d}x=\frac{\lambda}{n}\sum_{i=1}^{n} f(x_i)$$

【例题 7.4.4】

采用三种抽样方法计算积分

$$J=\int_0^\infty \frac{\mathrm{e}^{-x^2}}{1+x^2}\mathrm{d}x \tag{7.4.7}$$

【解】

$$J=\int_0^\infty \frac{\mathrm{e}^{-x^2}}{1+x^2}\mathrm{d}x=\int_0^\infty g(x)f(x)\mathrm{d}x$$

解法一：采用均匀分布。

$$f(x)=\frac{1}{L},\quad g(x)=\frac{L\mathrm{e}^{-x^2}}{1+x^2},\quad J\approx\frac{L}{n}\sum_{i=1}^{n} g(L*\xi_n)$$

由于被积函数是快速衰减函数，积分区间 $0\sim5$ 就很精确了，见图 7.4.1。计算程序：exa_744_1.m。

```
% exa_744_1.m
clc; clear all; format short;
a = 0; b = 5;
f = @(x) exp(-x.*x)./(1+x.*x);
x = a:0.1:b;
```

```
%plot(x,f(x),'LineWidth',3);
area(x,f(x),'FaceColor',[0.8 0.8 0.8]);
set(gca,'FontSize',18);grid on;
n = 10000; r = rand(n,1);
x = a+(b-a)*r; J = (b-a)*sum(f(x))/n;
xmin = 0; xmax = 5; ymin = 0; ymax =1;
[xp1,yp1]=xy_change(1,0.5,xmin,xmax,ymin,ymax);
str_1 = '$${J=\int_0^{\infty}{{e^{-x^2}}\over{1+x^2}}dx}$$';
  text('string',str_1,'Interpreter','latex','FontSize',28,'FontName',
       '黑体',...
      'units','norm','position',[xp1 yp1]);
 title(['积分值 J =',num2str(J)]);
 xlabel('x');  ylabel('f(x)');
print(gcf,'fig_741.png','-dpng','-r600');
```

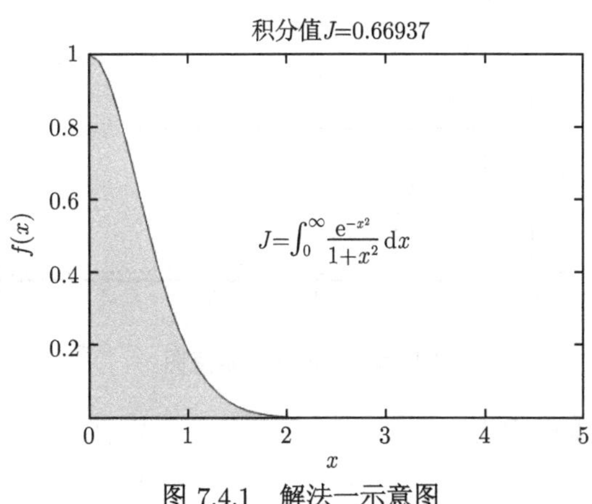

图 7.4.1 解法一示意图

解法二：取概率密度为

$$f(x)=\frac{2}{\pi(1+x^2)},\quad g(x)=\frac{\pi}{2}e^{-x^2}$$

按概率 $f(x)$ 直接抽样, 直接抽样公式为 $x_f=\tan\dfrac{\pi\xi}{2}$，求 $g(x)$ 的按概率密度 $f(x)$ 分布的数学期望，见图 7.4.2 (注意 $g(x)$ 衰减很快, 可在有限区间积分)。计算程序：exa_744_2.m。

```
% exa_744_2.m
clc;clear all; format long;
g = @(x) 0.5*pi*exp(-x.*x);
```

```
f = @(x) 2./pi./(1+x.*x);
L = 5. ; x = 0:0.1:L;
plot(x,g(x),'k-',x,f(x),'k:','LineWidth',3);
set(gca,'FontSize',20);grid;
xlabel('x');legend('g(x)-随机函数','f(x)-概率密度');
n = 10000; r = rand(n,1);
xr = tan(r*pi/2); J = sum(g(xr))/n
hold on;
title(['积分值 J =',num2str(J)]);
print(gcf,'fig_742.png','-dpng','-r600');
```

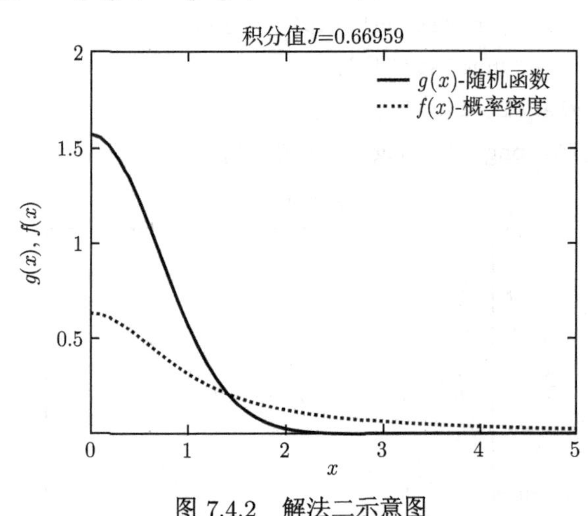

图 7.4.2　解法二示意图

解法三：取概率密度为

$$f(x) = 2x\mathrm{e}^{-x^2}, \quad g(x) = \frac{1}{2x(1+x^2)}$$

可近似按概率 $f(x)$ 抽样，抽样公式为 $x_f = \sqrt{-\ln \xi}$，求 $g(x)$ 的数学期望，见图 7.4.3，计算程序：exa_744_3.m。这种方法概率分布选得不好，与被积函数差别很大。

```
% exa_744_3.m
clc;clear all; format long;
f = @(x) 2.*x.*exp(-x.*x);
g = @(x) 0.5./x./(1+x.*x);
n = 10000; r = rand(n,1); x = sqrt(-log(r));
subplot(121);
plot(x,g(x),'k.','LineWidth',3);
```

```
set(gca,'FontSize',18);grid;
xlabel('x');ylabel('g(x)');
J = sum(g(x))/n
hold on; title(['J =',num2str(J)]);
subplot(122);
plot(x,f(x),'k.','LineWidth',2);
set(gca,'FontSize',20);grid;
xlabel('x');ylabel('f(x)');
title('概率密度函数');
print(gcf,'fig_743.png','-dpng','-r600');
```

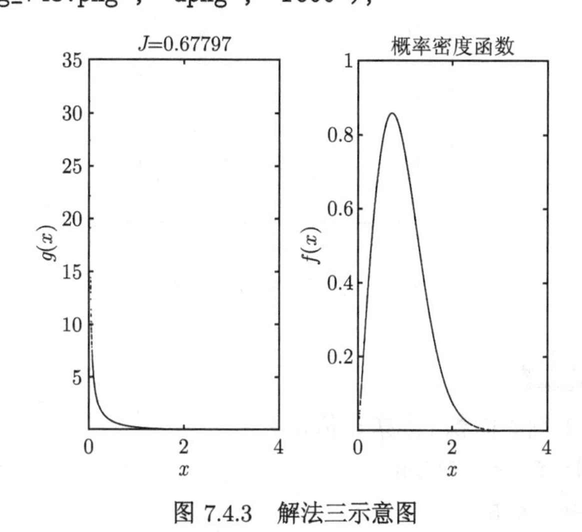

图 7.4.3 解法三示意图

2. 投点法

讨论积分

$$J=\int_a^b f(x)\mathrm{d}x, \quad f(x)\geqslant 0$$

假设函数 $f(x)$ 在区间 $[a,b]$ 上有最大值 $f(x_{\mathrm{m}})$, 如图 7.4.4 所示, 矩形区域宽度为 $b-a$, 高为 $f(x_{\mathrm{m}})$, 则矩形面积为

$$S_t=(b-a)f(x_{\mathrm{m}})$$

给出两个随机数 ξ_i, η_i, 计算得

$$x_i=a+(b-a)\xi_i, \quad y_i=f(x_{\mathrm{m}})\eta_i$$

如果 $y_i < f(x_i)$ 成立, 则随机点落在曲线下阴影区域内。设总共产生的随机点数为 N(称投 N 个点), 落在曲线下阴影区域内的点数为 M, 当 N 足够大时, 定积分近似为

$$J = \int_a^b f(x)\mathrm{d}x = \frac{M}{N}S_t = \frac{M}{N}(b-a)f(x_\mathrm{m})$$

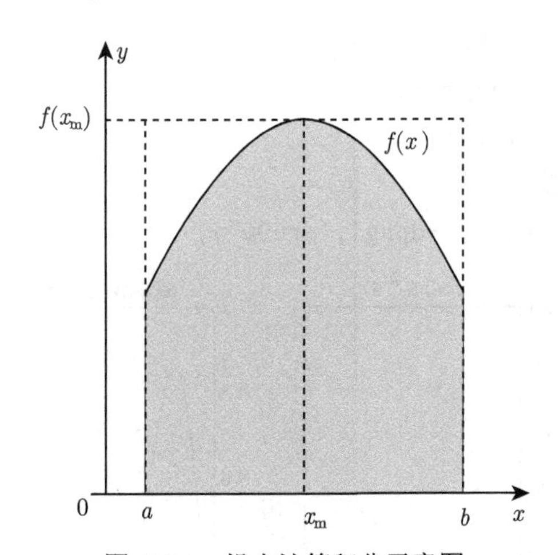

图 7.4.4　投点计算积分示意图

【例题 7.4.5】

计算半径为 1 圆的面积 (计算 π 值)。

【解】 计算程序：exa_745.m。

```
% pi 的计算:例题7.4.5
count=0.; n = 5000; x = rand(n,1); y = rand(n,1);
for i=1:n
  if (sqrt(x(i)*x(i)+y(i)*y(i)))<=1.0
     plot(x(i),y(i),'k.','MarkerSize',8); count=count+1.;
  else
    plot(x(i),y(i),'c.','MarkerSize',8);hold on;
  end
end
set(gca,'FontSize',18); xlabel('x');ylabel('y');pi_val = 4.*count/n;
title(['\pi=',num2str(pi_val)]); set(gcf, 'PaperPositionMode','auto');
print(gcf,'fig_745.png','-dpng','-r600');
```

结果见图 7.4.5。

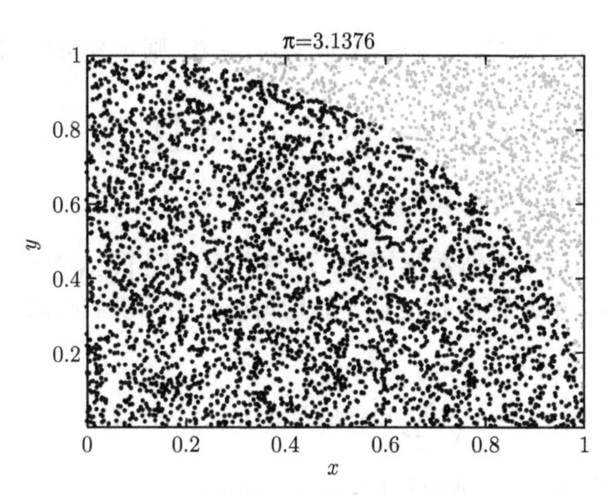

图 7.4.5 例题 7.4.5 计算单位圆面积

对于多重积分等复杂问题，基本方法都是相同的。例如，计算多重定积分

$$S=\int_{a_1}^{b_1}\int_{a_2}^{b_2}\cdots\int_{a_m}^{b_m}f(x_1,x_2,\cdots,x_m)\mathrm{d}x_1\mathrm{d}x_2\cdots\mathrm{d}x_m$$

取区间 $[0,1]$ 上均匀分布的随机数序列

$$(\xi_1^{(i)},\xi_2^{(i)},\cdots,\xi_m^{(i)}),\quad i=1,2,\cdots,n$$

计算

$$x_j^{(i)}=a_j+(b_j-a_j)\xi_j^{(i)},\quad j=1,2,\cdots,m,\ i=1,2,\cdots,n$$

只要 n 足够大，则有

$$S\approx\frac{1}{n}\prod_{j=1}^{m}(b_i-a_j)\sum_{i=1}^{n}f(x_1^{(i)},x_2^{(i)},\cdots,x_m^{(i)}) \tag{7.4.8}$$

【例题 7.4.6】

计算多重积分

$$G=\int_0^1\cdots\int_0^1\ln|s\ln(\max(x_1,\cdots,x_s))|\mathrm{d}x_1\cdots\mathrm{d}x_s$$

(这个积分的结果是欧拉常数 $\gamma=-0.5772156649$)。

【解】 (1) 在单位超立方体区域上构造一个联合概率分布密度

$$f(x_1,\cdots,x_s)=\prod_{i=1}^{s}f(x_i)$$

其中，当 $0 \leqslant x_i \leqslant 1$ 时，$f(x_i) = 1$，其他 $f(x_i) = 0$，则积分可以写为

$$\begin{aligned} G &= \int_0^1 \cdots \int_0^1 \ln|s\ln\max(x_1,\cdots,x_s)| \prod_{i=1}^{s} f(x_i)\mathrm{d}x_1\cdots\mathrm{d}x_s \\ &= E\{\ln|s\ln\max(x_1,\cdots,x_s)|\} \end{aligned}$$

(2) 用算术平均值来近似数学期望。现从分布密度 $\prod_{i=1}^{s} f(x_i)$ 抽取随机向量的 N 个样本，每个样本由 s 个区间 $[0,1]$ 上的均匀分布的随机数组成，即 $\{\xi_1^i, \xi_2^i, \cdots, \xi_s^i\}$，$i = 1,\cdots,N$

$$G = \frac{1}{N}\sum_{i=1}^{N} \ln|s\ln\max(\xi_1^i, \xi_2^i, \cdots, \xi_s^i)|$$

就是积分的一个近似估计。模拟程序：exa_746.m。

```
% 例题7.4.6
format long; n=20000;
for m=5:10
    for k=1:n,x(k)=max(rand(m,1));end
    J(m) = sum(log(abs(m*log(x))));
end
Jint = J(5:10)/n
% Jint = -0.571383251320180 -0.574559194554778 -0.566320951026584
%        -0.566893294821267 -0.579579680652144 -0.563227257261535
```

可见积分结果与积分重数没有多大关系。下面再计算一个变积分限的多重定积分。

【例题 7.4.7】

计算变积分限的多重积分

$$I = \int_{2/3}^{5/3} \int_{2-x}^{2x} xy^2 \mathrm{d}x\mathrm{d}y$$

【解】 该积分的范围见图 7.4.6 所示阴影区域：

x 积分限从 $2/3 \to 5/3$，y 积分限是变化的，由 $2-x \to 2x$。

首先在常数区间 $[2/3, 5/3]$ 产生一组随机数序列

$$x_i = \left(\frac{5}{3} - \frac{2}{3}\right) \cdot \mathrm{rand}() + \frac{2}{3}, \quad i = 1,\cdots,N$$

然后在区间 $[2-x, 2x]$ 产生一组随机数序列

$$\begin{aligned} y_i &= [2x_i - (2-x_i)] \cdot \mathrm{rand}() + (2-x_i) \\ &= (3x_i - 2) \cdot \mathrm{rand}() + (2-x_i), \quad i = 1,\cdots,N \end{aligned}$$

利用计算多重积分的平均值方法

$$I = \frac{V_s}{N}\sum_{i=1}^{N} g(x_i, y_i, z_i, \cdots)$$

V_s 是 s 维空间积分区域的超体积。但是要注意，在积分限变化的情况下，例如二维情况，对于 V_2 中关于 y 随 x 变化的部分要放到求和里面，因为此时的 y_i 在积分区间随 x_i 变化。在本例题中是要把 $2x_i - (2 - x) = 3x_i - 2$ 部分放到求和号里面，所以要先计算

$$\sum_{i=1}^{N}(3x_i - 2)f(x_i, y_i)$$

然后再乘上 x 轴区间宽度 $5/3 - 2/3 = 1$。计算程序：exa_747.m。

```
% exa_747.m
clc; clear all;
format long;
f = @(x,y) x.*y.*y;
c = @(x) 2-x;
d = @(x) 2*x;
x = 0:0.01:2;
a = 2/3; b = 5/3;
%% 画出积分区域
xmin = 0; xmax = 2; ymin = 0; ymax = 4;
axis([xmin xmax ymin ymax]);
xy(0,xmax,ymin,ymax); % 画坐标轴
wtext(0.2,2,'$y=2-x$',xmin,xmax,ymin,ymax);
wtext(1.4,3.8,'$y=2x$',xmin,xmax,ymin,ymax);
wtext(a-0.2,-0.3,'$a=2/3$',xmin,xmax,ymin,ymax);
wtext(0,-0.3,'$0$',xmin,xmax,ymin,ymax);
wtext(-0.1,2,'$2$',xmin,xmax,ymin,ymax);
wtext(b-0.2,-0.3,'$b=5/3$',xmin,xmax,ymin,ymax);
wtext(0.05,ymax-1.2,'${J=\int_a^{b}\int_{2-x}^{2x} xy^2dxdy}$',
      xmin,xmax,ymin,ymax);
plot(x,c(x),'k-',x,d(x),'k-','LineWidth',1.5);
hold on;
line([b b],[c(b) d(b)],'LineWidth',2);
plot([a a],[0 c(a)],'k--','LineWidth',2);
```

```
plot([b b],[0 c(b)],'k--','LineWidth',2);
plot([0 a],[c(a) c(a)],'k--','LineWidth',2);
plot([0 b],[d(b) d(b)],'k--','LineWidth',2);
xlabel('x','FontSize',18);
ylabel('y','FontSize',18);
fill([a b b a],[c(a) c(b) d(b) d(a)],[0.8 0.8 0.8]);
%% 画图结束
xm=0.5*(b-a); ym=0.5*(d(xm)-c(xm)); n=10000;
x = a*ones(n,1)+(b-a)*rand(n,1);
y = c(x)+(d(x)-c(x)).*rand(n,1);
v = (b-a)*sum((d(x)-c(x)).*f(x,y));
intv = v/n;
title(['J=',num2str(intv)],'FontSize',18);
% axis off;
set(gcf, 'PaperPositionMode','auto');
print(gcf,'fig_746.png','-dpng','-r600');
```

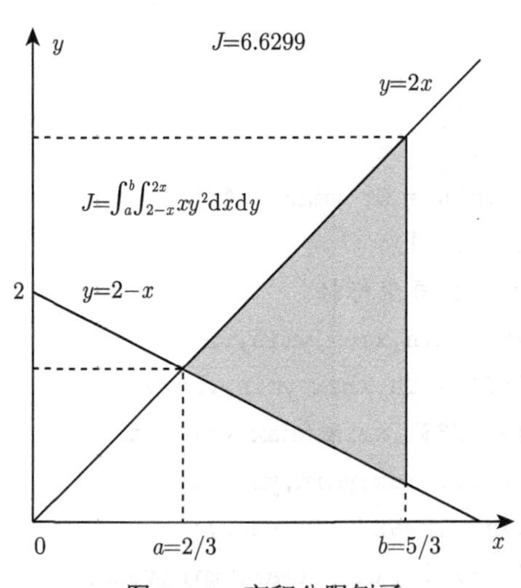

图 7.4.6　变积分限例子

计算结果 $I = 6.5423$, 见图 7.4.6。精确的积分值是 $I = 589/90 \approx 6.544$，近似值精确到小数点后第 3 位。可见蒙特卡罗方法计算函数积分限的二重积分，仅用 15000 个随机数，结果就相当满意了。

【例题 7.4.8】

一球体半径为 $R=0.5\text{m}$，球上有一半径为 $r=0.3\text{m}$ 的圆柱形空洞，其轴线与球的直径重合。试用蒙特卡罗方法求实体的体积。

【解】 如图 7.4.7 所示，令球体中心位于坐标系的原点 O 处，作边长为 $2R=1\text{m}$ 的正方体，其中心与球心重合，则正方体的体积 $V_s=1\text{m}^3$；产生一组三个随机数 (x_i,y_i,z_i)，它们的值域均为 $[-0.5\text{m},0.5\text{m}]$；然后判断该随机点是否位于实体内，其判据是

$$\sqrt{x_i^2+y_i^2+z_i^2}<0.5\text{m},\quad 且 \quad \sqrt{x_i^2+y_i^2}>0.3\text{m}$$

若共产生了 N 组随机数，而满足上述判据的有 M 组，则球体的体积 $V=MV_s/N$。计算程序：exa_748.m，结果：$V=0.2704$。(若挖去的柱是偏心的，如何？)

```
n=10000; m = 0;
for j=1:n
  x(j) = -0.5+rand; y(j) = -0.5+rand;
  z(j) = -0.5+rand;
  r3 = sqrt(x(j)*x(j)+y(j)*y(j)+z(j)*z(j));
  r2 = sqrt(x(j)*x(j)+y(j)*y(j));
  if((r3<=0.5)&&(r2>=0.3)),m = m +1; end
end
v = m/n % 结果: v = 0.2704
```

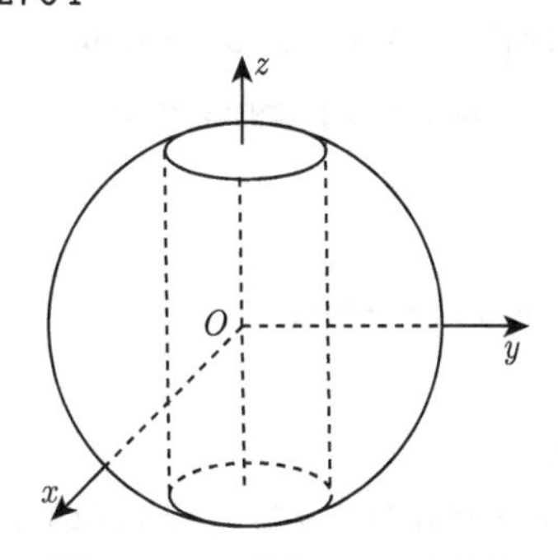

图 7.4.7 例题 7.4.8 示意图

3. 对偶变量方法

对偶变量 (antithetic variates)方法用于描述变量的互补变化。假设计算区间 $[0,1]$ 上的积分

$$I=\int_0^1 g(x)\,\mathrm{d}x \tag{7.4.9}$$

设 u 是随机数，用 $0.5[g(u)+g(1-u)]$ 估计积分式 (7.4.9) 比用 $g(u)$ 方差小，即如果 $g(u)$ 太小，则 $g(1-u)$ 机会较大，反之则机会较小。因此，定义积分式 (7.4.9) 的估计值为

$$I=\frac{1}{2N}\sum_{i=1}^{N}\ [g(u_i)+g(1-u_i)] \tag{7.4.10}$$

对于二维积分

$$I=\int_0^1\int_0^1\ g(x,y)\,\mathrm{d}x\mathrm{d}y \tag{7.4.11}$$

的估计值为

$$I=\frac{1}{4N}\sum_{i=1}^{N}\ [g(u_i,v_i)+g(1-u_i,v_i)+g(u_i,1-v_i)+g(1-u_i,1-v_i)] \tag{7.4.12}$$

【例题 7.4.9】

计算积分：

$$I(\alpha)=\int_0^1\int_0^{2\pi}\ \exp[\mathrm{j}\alpha\rho\cos\phi]\rho\mathrm{d}\rho\mathrm{d}\phi,\quad \alpha=5$$

【解】 计算程序：int_av.m 。

```
function int_av
a =0; b= 1.0; c = 0; d=2*pi;% limits of integration
alpha = 5; nrun = 10000; sum1 = 0; sum2 = 0;
for i=1:nrun
u1 = rand; u2 = rand;
x1 = a + (b-a)*u1; x2 = c + (d-c)*u2;
x3 = b-x1;x4 = d-x2;
sum1 = sum1 + fun(x1,x2);
sum2 = sum2 + fun(x1,x2) + fun(x1,x4) + fun(x3,x2) + fun(x3,x4);
end
area1 = (b-a)*(d-c)*sum1/nrun
area2 = (b-a)*(d-c)*sum2/(4*nrun)
end

function y=fun(rho,phi)
alpha = 5;
```

```
y=rho*exp(j*alpha*rho*cos(phi));
end
结果: area1 = -0.4065 - 0.0229i;  area2 = -0.4184 - 0.0117i
```

7.4.4 椭圆型偏微分方程

考虑二维偏微分方程:

$$\begin{cases} a(P)\dfrac{\partial^2 u}{\partial x^2}+b(P)\dfrac{\partial^2 u}{\partial y^2}+c(P)\dfrac{\partial u}{\partial x}+d(P)\dfrac{\partial u}{\partial y}+e(P)u=s(P), \quad P\in D \\ u(Q)=f(Q), \quad Q\in \Gamma \end{cases} \tag{7.4.13}$$

$a(P)>0,\ b(P)>0,\ e(P)\leqslant 0$, P 是区域 D 内点, $P=(x,y)$, Q 是边界 Γ 上点。

1. *差分方程*

1) 非归一的转移概率方法

见图 7.4.8，取方形网格: $\Delta x=\Delta y=h$, 一阶、二阶微分都取中心差分, 得到差分方程

$$\begin{cases} u_{i,j}=p_{i-1,j}u_{i-1,j}+p_{i+1,j}u_{i+1,j}+p_{i,j-1}u_{i,j-1}+p_{i,j+1}u_{i,j+1}+q_{i,j} \\ k=(2a+2b-eh^2)^{-1}, \quad q_{i,j}=-kh^2s_{i,j} \\ p_{i-1,j}=k(a-0.5ch), \quad p_{i+1,j}=k(a+0.5ch), \\ p_{i,j-1}=k(b-0.5dh), \quad p_{i,j+1}=k(b+0.5dh) \end{cases} \tag{7.4.14}$$

式中，$p_{i-1,j},p_{i,j-1},p_{i+1,j},p_{i,j+1}$ 是从 (x_i,y_j) 点向周围最近四点随机游动的转移概率。若 $a(P),b(P)>\delta>0,\ e(P)\leqslant 0$, 当 h 足够小时，$p_{i-1,j},p_{i,j-1},p_{i+1,j},p_{i,j+1}$ 都是大于 0 小于 1 的正数，并且对于任何 $P\in D$ 均有 $p_{i-1,j}+p_{i,j-1}+p_{i+1,j}+p_{i,j+1}\leqslant 1$。这样可以选取 $p_{i-1,j},p_{i,j-1},p_{i+1,j},p_{i,j+1}$ 为向 P 的四个邻接点游动的概率，$1-(p_{i-1,j}+p_{i,j-1}+p_{i+1,j}+p_{i,j+1})$ 为在 P 点吸收的概率。

下面定义采用随机游动方法求解偏微分方程 (7.4.13) 的随机变量 ξ。若有一条由 $P=P_0$ 点出发、在边界点 Q 中止的游动路线:

$$\varrho_P: P=P_0\to P_1\to P_2\to\cdots\to P_{k-1}\to Q$$

则取

$$\xi=v(\varrho_P)=[q(P_0)+q(P_1)+\cdots+q(P_{k-1})]+f(Q)=\sum_{m=0}^{k-1}q_m+f(Q) \tag{7.4.15}$$

随机变量 ξ 的数学期望是满足差分方程 (7.4.14) 和边界条件 $u(Q)=f(Q)$ 的解

$$E(\xi)=E(v(\varrho_P))=u(P)$$

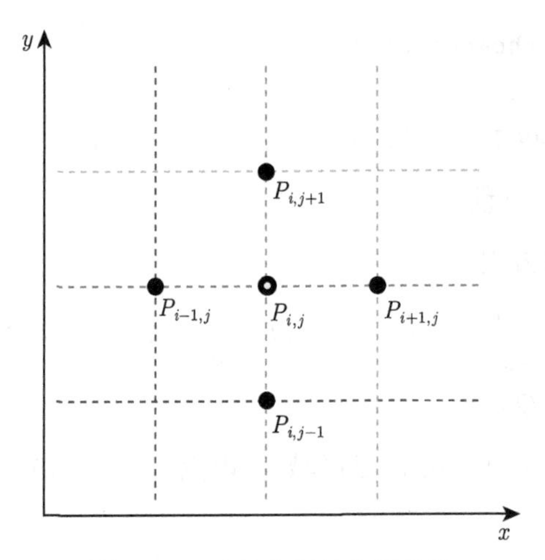

图 7.4.8 泊松方程差分示意图

2) 归一的转移概率方法

$$\begin{cases} u_{i,j} = p_{i-1,j}u_{i-1,j} + p_{i+1,j}u_{i+1,j} + p_{i,j-1}u_{i,j-1} + p_{i,j+1}u_{i,j+1} + q_{i,j} \\ \kappa = (2a+2b)^{-1}, \quad w = (1-\kappa eh^2)^{-1}, \quad q_{i,j} = -w\kappa h^2 s_{i,j} \\ p_{i-1,j} = \kappa(a-0.5ch), \quad p_{i+1,j} = \kappa(a+0.5ch) \\ p_{i,j-1} = \kappa(b-0.5dh), \quad p_{i,j+1} = \kappa(b+0.5dh) \end{cases} \tag{7.4.16}$$

还要假设网格步长满足下列条件:

$$h \leqslant \frac{2a}{|c|}, \quad h \leqslant \frac{2b}{|d|}$$

下面构造随机游动步骤: 若设随机游动的一条由 $P = P_0$ 点出发、在边界点 Q 中止的游动路线:

$$\varrho_P : P = P_0 \to P_1 \to P_2 \to \cdots \to P_{k-1} \to Q$$

则这条随机游动路线定义的随机变量为

$$\xi = v(\varrho_P) = \sum_{m=0}^{k-1}\left(\prod_{i=0}^{m} w_i\right) q_m + \left(\prod_{i=0}^{k-1} w_i\right) f(Q) \tag{7.4.17}$$

当 $e = 0$ 时，两种方法是一致的。

2. 拉普拉斯方程

利用蒙特卡罗的随机游动方法求解二维拉普拉斯方程

$$\frac{\partial^2 T}{\partial x^2} + \frac{\partial^2 T}{\partial y^2} = 0$$

由方程 (7.4.16) 得到其差分格式的方程为

$$T_{i,j}=\frac{1}{4}[T_{i+1,j}+T_{i-1,j}+T_{i,j+1}+T_{i,j-1}]$$

设 Q 是边界上的点，P 是区域内的点，下面采用随机游动方法求 $T(P)$。设粒子的状态参数为 $\boldsymbol{P}=\boldsymbol{r}=(x,y)$。随机游动方法的步骤如下:

① 粒子由状态 $P^{(0)}=(x_0,y_0)$ 出发;

② 假设粒子已游动 n 步达到 $P^{(n)}=(x_n,y_n)$ 点，从此点出发，以 1/4 等概率到达四个邻点之一，记为 $P^{(n+1)}=(x_{n+1},y_{n+1})$;

③ 若 $P^{(n+1)}$ 是边界点，则游动终止，并记下边界处的函数值 $T(Q)$;

④ 若 $P^{(n+1)}$ 不是边界点，则重复 ② 和 ③，直至达到边界。

由状态 $P^{(0)}$ 出发重复 m 次，这样产生粒子游动的 m 次历史，得

$$T(P)=\frac{1}{m}\sum_{j=1}^{m}T(Q_j) \tag{7.4.18}$$

然后，从其他点出发，重复上面过程，求其他点的值。这种方法有两个优点：一是对于复杂边界情况特别适用；二是可以只求区域内某点的值，而不需要求出全部区域的解。

【例题 7.4.10】

利用蒙特卡罗的随机行走方法求解例题 6.3.2 二维 Laplace 方程的问题。

【解】 计算程序: exa_7410.m。

```
% 例题 7.4.10 蒙特卡罗方法求解 2d_Laplacian difference equation
clc; clear all; format long;
Tu=100.;Tl=50.;Tr=75.;Td=0.; jmax = 30; imax = 20; kmax = 2000;
T = zeros(imax,jmax); a = zeros(imax,jmax);
T(1,1:jmax)=Tl; T(imax,1:jmax)=Tr; T(1:imax,1)=Td; T(1:imax,jmax)=Tu;
for i =2:imax-1
    for j=2:jmax-1
        for k = 1:kmax
            ii = i; jj =j;
            while (ii~=1)&(ii~=imax)&(jj~=1)&(jj~=jmax)
               r = fix(4*rand)+1;
               switch r
                case 1,ii = ii+1; case 2,jj = jj+1;case 3,ii = ii-1;
                otherwise,jj = jj-1; end
```

```
            end
            if(ii==1)|(ii==imax),a(i,j) = a(i,j)+T(ii,j);end
        if(jj==1)|(jj==jmax),a(i,j) = a(i,j)+T(i,jj);end
        end
        T(i,j)=a(i,j)/kmax;
    end
end
surfl(T);set(gca,'FontSize',20); shading interp; colormap(gray);
xlabel('x');ylabel('y');zlabel('T(x,y)');
set(gcf, 'PaperPositionMode','auto');
print(gcf,'fig_749.png','-dpng','-r600');
```

结果见图 7.4.9 (说明其物理意义)。

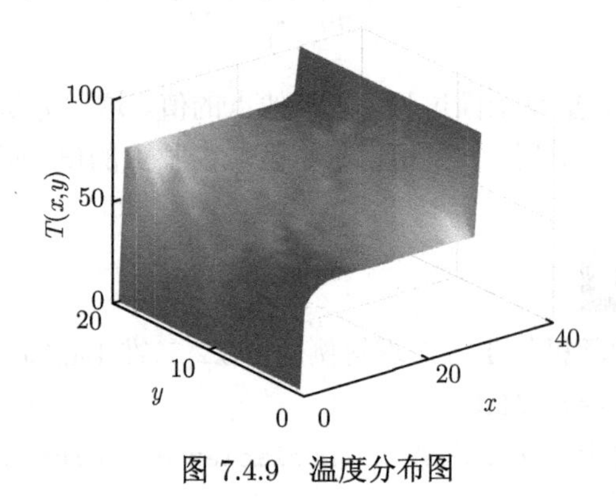

图 7.4.9　温度分布图

3. 泊松方程

方程及边界条件

$$
\begin{cases} \Delta u(P) = s(P), & P \in D \\ u(Q) = f(Q), & Q \in \Gamma \end{cases} \tag{7.4.19}
$$

D 是方程定义的空间区域，Γ 是 D 的边界。由方程 (7.4.19) 得到其差分格式的方程为

$$
\begin{cases} u_{i,j} = p_{i-1,j}u_{i-1,j} + p_{i+1,j}u_{i+1,j} + p_{i,j-1}u_{i,j-1} + p_{i,j+1}u_{i,j+1} + q_{i,j} \\ q_{i,j} = -\dfrac{1}{4}s_{i,j}h^2, \quad p_{i-1,j} = p_{i+1,j} = p_{i,j-1} = p_{i,j+1} = \dfrac{1}{4} \end{cases} \tag{7.4.20}
$$

随机模拟步骤如下：

① 由 P 点出发，构造一个随机游动, 其路线：

$$P: P_1 \to P_2 \to \cdots \to P_{k-1} \to Q \in \Gamma$$

对应的随机变量值为

$$\xi = q(P) + \sum_{i=1}^{k-1} q(P_i) + f(Q)$$

② 重复从 P 点出发，构造 N 次随机游动；

③ ξ 的数学期望就是

$$u(P) = E\xi = \frac{1}{N}\sum_{i=1}^{N}\xi_i$$

【例题 7.4.11】

方程

$$\frac{\partial^2 u}{\partial x^2} + \frac{\partial^2 u}{\partial y^2} = 4,\quad 0 \leqslant x \leqslant 10,\quad 0 \leqslant y \leqslant 10$$

边界条件：

$$u(x,y) = f(x,y) = \begin{cases} x^2, \quad 0 \leqslant x < 10,\ y = 0 \\ 100 + y^2, \quad x = 10,\ 0 < y \leqslant 10 \\ x^2 + 100, \quad 0 < x \leqslant 10,\ y = 10 \\ y^2, \quad x = 0,\ 0 \leqslant y < 10 \end{cases}$$

求 $u(7,8)$ 点的值。

【解】

```
%%%%%%--计算程序: exa_7411.m --%%%%%%
% 求解方程:  u_xx + u_yy = 4
clc; clear all; format long;
fd =@(x,y)  x.^2;
fu =@(x,y)  x.^2 + 100;
fl =@(x,y)  y.^2;
fr =@(x,y)  100 + y.^2;
 s =@(x,y) -4;
xa =0; xb=10; ya=0; yb=10; h = 0.5;
x=xa:h:xb; y=ya:h:yb;
n = (xb-xa)/h; m =(yb-ya)/h;
```

```
imax =n+1; jmax=m+1; kmax = 1000;
u = zeros(imax,jmax); a = zeros(imax,jmax);
u(1:imax,1)=fd(xa:h:xb,ya); u(1:imax,jmax)=fu(xa:h:xb,yb);
u(1,1:jmax)=fl(xa,ya:h:yb); u(imax,1:jmax)=fr(xb,ya:h:yb);
for i =2:imax-1
    for j=2:jmax-1
        for k = 1:kmax
            ii = i; jj =j;
            ss(i,j)=s(x(i),y(j));
            while (ii~=1)&(ii~=imax)&(jj~=1)&(jj~=jmax)
               ss(i,j)=ss(i,j)+s(x(ii),y(jj));
                    % 注意ss在switch前才能不包括边界点
               r = fix(4*rand)+1;
               switch r
                    case 1,ii = ii+1;
                    case 2,jj = jj+1;
                    case 3,ii = ii-1;
                    otherwise,jj = jj-1;
               end
            end
            if(ii==1)|(ii==imax),a(i,j) = a(i,j)+u(ii,j);end
        if(jj==1)|(jj==jmax),a(i,j) = a(i,j)+u(i,jj);end
            a(i,j)=a(i,j)+0.25*h*h*ss(i,j);
        end
        u(i,j)=a(i,j)/kmax;
    end
end
[xx,yy]=meshgrid(x,y);
%surfl(xx,yy,u);set(gca,'FontSize',16);shading interp; %colormap(gray);
mesh(xx,yy,u);set(gca,'FontSize',16); %shading interp; colormap(gray);
%axis([xa xb ya yb 0 200]);
xlabel('x');ylabel('y');zlabel('u(x,y)');
title(['u(7,8)=',num2str(u(14,16))]);
set(gcf, 'PaperPositionMode','auto');
print(gcf,'fig_7410.png','-dpng','-r600');
```

结果见图 7.4.10。

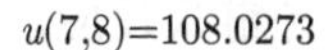

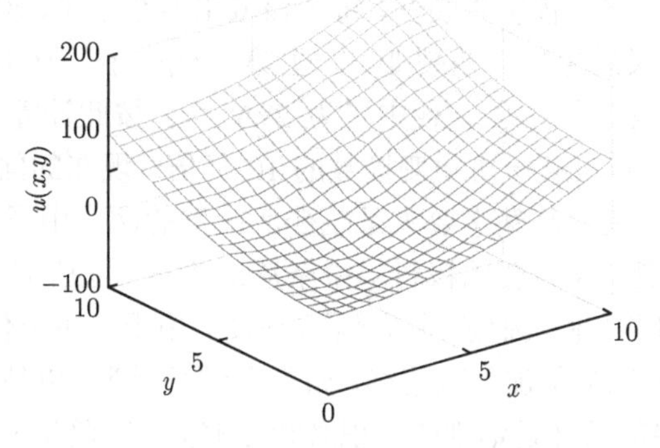

图 7.4.10 例题 7.4.11 示意图

本例题的解析解：$u(x,u)=x^2+y^2$, $u(7,8)=113$。图 7.4.11 是两个正负点电荷分布下的求解泊松方程的空间电势分布。

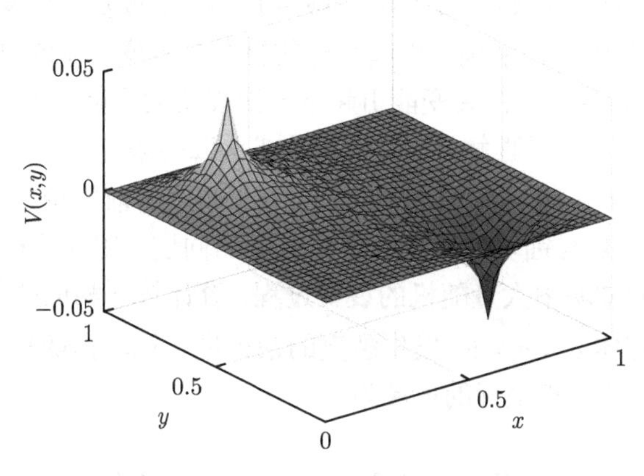

图 7.4.11 正负点电荷电势分布图

MC 方法求解偏微分方程的一个重要优点是可以求解区域中任意点的数值解。

7.4.5 核链式反应的模拟

放射性物质的链式反应是一个随机过程，可借助计算机用蒙特卡罗方法模拟和研究。由原子核物理知识可知，U^{235} 的原子核本质上是不稳定的，会自发地发生裂变。裂变的激烈程度可用放射性物质的半衰期来描述，半衰期是指大量核中有 1/2 的核发生裂变所需要的时间。U^{235} 的半衰期为 7 亿多年，因此任何时刻发生裂变的核只是相对很小的部分，其释放的能量只能使其本身微微温热。但是，在一定条件下，自发裂变放出的两个中子轰击其他 U^{235} 核而被吸收，引起新的裂变而放出更多的中子，更多的中子又引起新一轮更多的裂变，依次类推，可迅速释放出大量能量，甚至引起爆炸，这就是链式反应。

设开始有 N 个 U^{235} 核发生裂变，每个核放出两个中子，称为第一代中子，共 $2N$ 个。$2N$ 个中子又感生新一轮裂变，产生第 2 代中子，为 $4N$ 个。如此进行下去，直至第 n 次裂变，产生第 n 代中子为 2^nN 个。按此计算，30 代可产生裂变的核数为 $2^{30}N$ 亿，即为第一次裂变核数的 10 亿倍。现在的问题是，在什么条件下才能发生链式反应呢？其基本要求是裂变所产生的两个中子中至少有一个能使第二个铀核发生裂变。为此要求核材料中杂质的含量 (包括 U^{238} 的含量) 应足够少，以避免中子被 U^{238} 和其他杂质所吸收。另外，由于热中子使 U^{235} 裂变的机会很大，所以在铀堆中还必须加入减速剂，如重水或石墨等，以使快中子减速到热中子。最后，非常重要的条件是铀堆的体积必须足够大，以避免裂变所放出的中子过多地未与铀核相遇而飞出铀体外。这就涉及临界体积和临界质量的概念。所谓临界质量是指可裂变物质能发生自持链式反应的最小质量。由于铀核体积很小，一铀核裂变放出的中子在和另一铀核作用并使之发生裂变之前，平均地说要经过一个相对很长的距离，约为厘米数量级。因此，假定有 N_0 个核发生自发裂变而放出 $2N_0$ 个中子，其中 N 个中子在铀块中引起另外的核发生裂变，其余的中子未与其他核碰撞而飞出铀块。为描述一次裂变能引起下一次裂变的可能程度，定义裂变过程的倍增系数 $k = N/N_0$。不难理解，维持自持链式反应的条件是：$N > N_0$，即 $k > 1$。

倍增系数 $k = l$ 是临界质量 M_c 的条件。k 的值与前面论及的诸多因素有关，本节将只限于讨论 k 与铀块的质量和形状有关的问题，用计算机程序来模拟具有一定大小和形状的铀块中大量随机的裂变过程，统计算出相应的倍增系数 k。

设铀块为长方体 $a \times a \times b$，发生裂变的铀核位于铀块内随机点 (x_0, y_0, z_0) 处，如图 7.4.12 所示。随机点坐标的值域为

$$-0.5a < x_0 < 0.5a, \quad -0.5a < y_0 < 0.5a, \ -0.5b < z_0 < 0.5b$$

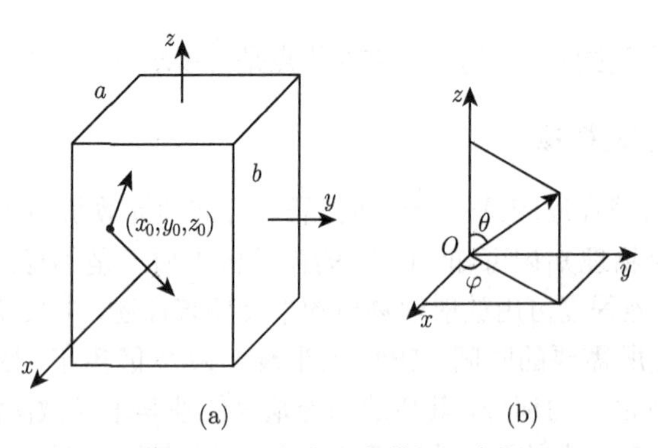

图 7.4.12　链式反应模拟示意图

该核子裂变反应产生两个中子，其运动方向可以用两个角坐标 θ 和 φ 来描述，见图 7.4.12(b)。释放出的每一个中子按飞向各个方向的概率均等来考虑，或者说中子飞行方向的概率是按以 (x_0, y_0, z_0) 为顶点的立体角均匀分布的。立体角元可表示为

$$\mathrm{d}\Omega = \sin\theta \mathrm{d}\theta \mathrm{d}\varphi = -\mathrm{d}\varphi \mathrm{d}\cos\theta$$

可见，按立体角均匀分布是按 φ 角均匀分布和按 $\cos\theta$ 均匀分布，而并非按 θ 角均匀分布。因此，对应的两个随机数的值域为

$$0 < \varphi < 2\pi, \quad -1 < \cos\theta < 1$$

下面计算按极角正余弦分布和方位角分布的抽样公式。各向同性散射角余弦分布和散射方位角分布

$$\frac{\mathrm{d}\Omega}{4\pi} = \frac{\sin\theta}{4\pi}\mathrm{d}\theta\mathrm{d}\varphi = f_1(\theta)f_2(\varphi)\mathrm{d}\varphi\mathrm{d}\theta, \quad f_1(\theta) = \frac{1}{2}\sin\theta, \quad f_2(\varphi) = \frac{1}{2\pi}$$

按分布密度

$$f_1(\theta) = \begin{cases} 0.5\sin\theta, & 0 \leqslant \theta \leqslant \pi \\ 0, & \text{其他} \end{cases} \quad \text{和} \quad f_2(\varphi) = \begin{cases} \dfrac{1}{2\pi}, & 0 \leqslant \varphi \leqslant 2\pi \\ 0, & \text{其他} \end{cases}$$

抽样的方法就是采用直接抽样

$$\begin{aligned} \xi &= \int_0^{\theta_f} \frac{1}{2}\sin\theta \mathrm{d}\theta = \frac{1}{2}(1 - \cos\theta_f) \\ &\Rightarrow \cos\theta_f = 1 - 2\xi = 2\xi' - 1 \\ &\Rightarrow \sin\theta_f = \sqrt{1 - \cos^2\theta_f} = 2\sqrt{\xi' - \xi'^2} \\ \eta &= \int_0^{\varphi_f} \frac{1}{2\pi} d\varphi = \frac{\varphi_f}{2\pi}, \quad \Rightarrow \varphi_f = 2\pi\eta \end{aligned}$$

平均地说，能否击中另一个核只取决于中子在铀块体内飞行的距离。假设在 $0 \sim 1\mathrm{cm}$ 距离之间经过任何一段相同距离击中另一铀核的概率均等，或者说，中子在击中另一铀核之前飞行的距离为 $0 \sim 1$ 之间均匀分布的随机数，因此与飞行距离相应的随机数为 $0 < d < 1$，由此可计算出被击中的铀核的位置

$$x_1 = x_0 + \mathrm{d}\sin\theta\cos\varphi, \quad y_1 = y_0 + \mathrm{d}\sin\theta\sin\varphi, \quad z_1 = z_0 + \mathrm{d}\cos\theta$$

最后，检查计算出的碰撞点 (x_1, y_1, z_1) 是否位于铀块体内。若在铀块体内，则累积引起新裂变中子数 N。按照上述原则，归纳计算 k 的具体步骤如下。

(1) 给定铀块质量 M、铀块边长比 $s=a/b$ 和用于计算 k 的随机自发裂变核的个数，即旧裂变核个数 N_0，并设所选约化单位可使铀块的密度为 1，体积为 V，则得 $M=V=a^2b=a^3/s=b^3s^2$，或 $a=(Ms)^{1/3}$，$b=(Ms^{-2})^{1/3}$。

(2) 产生 $0\sim1$ 之间的九个随机数：$r_1,r_2,\cdots,r_9$。

(3) 旧裂变核位置：$x_0=a(r_1-0.5)$，$y_0=a(r_2-0.5)$，$z_0=b(r_3-0.5)$。

(4) 旧裂变放出的两个中子的方向：$\varphi_1=2\pi r_4$，$\cos\theta_1=2r_5-1$；$\varphi_2=2\pi r_6$，$\cos\theta_2=2r_7-1$。

(5) 中子的飞行距离：$d_1=r_8$，$d_2=r_9$。

(6) 可能发生新裂变的位置

$$x_1=x_0+d_1\sin\theta_1\cos\varphi_1,\quad y_1=y_0+d_1\sin\theta_1\sin\varphi_1,\quad z_1=z_0+d_1\cos\theta_1$$

$$x_2=x_0+d_2\sin\theta_2\cos\varphi_2,\quad y_2=y_0+d_2\sin\theta_2\sin\varphi_2,\quad z_1=z_0+d_2\cos\theta_2$$

(7) 检查上述位置 $(x_1,y_1,z_1),(x_2,y_2,z_2)$ 是否在铀块体内。如果

$$-0.5a<x_1<0.5a,\quad -0.5a<y_1<0.5a,\quad -0.5b<z_1<0.5b$$

均满足，则 N 的值增加 1；同样，如果

$$-0.5a<x_2<0.5a,\quad -0.5a<y_2<0.5a,\quad -0.5b<z_2<0.5b$$

均满足，则 N 的值也增加 1；

(8) 重复步骤 (2) ~ (7)，共执行 N_0 次，然后计算：$k=N/N_0$，若计算结果 $k\neq1$，则调整 M 和 s 的值后再进行上述步骤，直至 $k=1$，此时 M 即为临界质量。显然临界质量与 s 和核材料的形状有关。计算程序：fission.m。

```
%%%%%%-- fission.m --%%%%%%
clc; clear all;
nmax = 10000; m = 1:0.01:2;  % 铀块a*a*b的质量
t = 1.0;   % 铀块的 a/b
% 7.3.4 核链式反应临界质量模拟
kmax =101;
for k=1:kmax
  a = (m(k)*t)^(1/3); b = (m(k)/t/t)^(1/3); nin = 0.0;
  for n =1:nmax
     r=rand(9,1); x0=a*(r(1)-0.5); y0=a*(r(2)-0.5); z0=b*(r(3)-0.5);
     for i=1:2
       p = 2.0*pi*r(2*i+2); c = 2.0*r(2*i+3)-1.0; s = sqrt(1.0-c*c);
```

```
        d = r(i+7);x1= x0+d*s*cos(p);    y1= y0+d*s*sin(p); z1= z0+d*c;
        if((abs(x1)<=0.5*a)&&(abs(y1)<=0.5*a)&&(abs(z1)<=0.5*b))
           nin = nin+1.0; end
      end
   end
   f(k)=nin/nmax;
end
a = polyfit(m,f,1); k = a(2)+a(1)*m; m_c = (1-a(2))/a(1);
plot(m,f,'co',m,k,'r-','LineWidth',3,...
   'MarkerEdgeColor','k','MarkerFaceColor','c','MarkerSize',10);
set(gca,'FontSize',18);grid on;
xlabel('mass');ylabel('k');
title(['k =',num2str(a(1)),'m+',num2str(a(2))]);
xlabel('m'); ylabel('k');grid on;
text(1.05,1.05,['m_c=',num2str(m_c)],'FontSize',24,...
    'BackgroundColor',[.7 .9 .7]);
set(gcf, 'PaperPositionMode','auto');
print(gcf,'fig_fissionk.png','-dpng','-r600');
```

模拟结果见图 7.4.13。

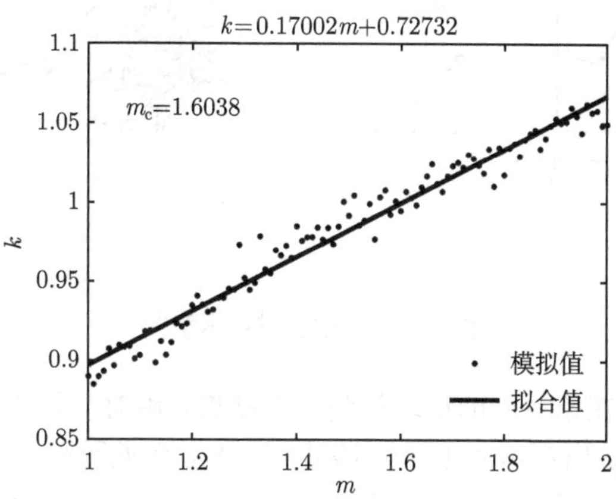

图 7.4.13 裂变倍增系数与质量的关系

7.4.6 中子贯穿概率问题

原子反应堆的外壁是铅板围成的。中子从铅壁的内侧向外辐射，称中子贯穿概率问题。可以用蒙特卡洛方法模拟中子贯穿铝板的概率。为简化问题，假定中子源用一个厚 5 个单位的铅板围住，中子贯穿方向为 X 方向，Y 方向是无限高。实验表明，中子在 10 次相撞后能量消耗殆尽即被铅原子吸收。中子进入铅板，走一定距离，与铅原子核碰撞 (铅原子直径 d)，之后随机改变方向，又走一定距离，与另一个原子核碰撞。如图 7.4.14 所示，如此经过多次碰撞后，中子可能穿透铅壁辐射到反应堆外，也可能将其能量耗尽被铅壁吸收，还可能被反射回反应堆内。显然，铅壁设计得越厚，穿透的概率就越小，反应堆就越安全。由于每次碰撞后弹出的角度是随机的，因此对一个中子来说，不论是穿贯，还是被吸收或返回，都是随机的。中子贯穿概率问题是由大量中子运动的统计规律决定的。要得到铅壁厚和穿透率之间的关系以及贯穿概率，用解析方法是极为困难的，而用蒙特卡罗方法模拟中子贯穿铅板问题的求解过程大大简化。中子在壁内的运动与其每次与铅原子核碰撞后的散射角 θ 有关，由三角学可知，取中子每次的自由程为斜边 1，直角三角形中直角边是 $\cos\theta$。注意随机散射角为 $[0.2\pi]$，当 $0 \leqslant \theta \leqslant \pi/2$ 和 $3\pi/2 \leqslant \theta \leqslant 2\pi$ 时，中子在铅壁厚度方向上前进 $\cos\theta$ 单位距离，当 $\pi/2 \leqslant \theta \leqslant 3\pi/2$ 时，中子后退 $\cos\theta$ 单位距离。在区间 $[0, 2\pi]$ 上产生一个随机数作为每次碰撞随机散射角：$\theta = 2\pi \cdot \mathrm{rand}()$，其中 rand() 是区间 [0,1] 上的随机数，中子在 x 方向每次运动的距离 (初始 $s = 0$) 为 $s = s + \cos\theta$。

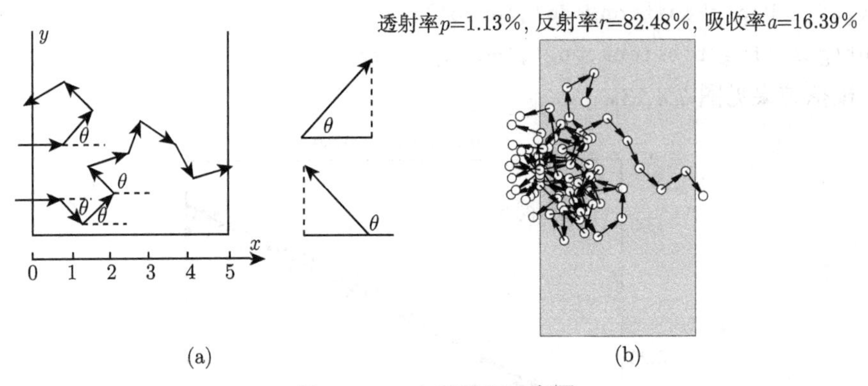

图 7.4.14　中子贯穿示意图

模拟一个中子在铅板中的运动得到一个结果，由对大量中子的运动进行模拟的结果，便可以统计出穿透率 PP%、吸收率 PA% 和返回率 PR%。模拟程序 neutron_tran_MC.m，模拟结果是：铅板厚 5 个单位，中子数取 10000 个，得到穿透率 PP = 1.33%、吸收率 PA = 16.07% 和返回率 PR = 82.59%。

```
%%%%%%-- neutron_tran_MC.m 模拟中子贯穿--%%%%%%
clc; clear all;format long;
n = 10000;m = 10; % 碰撞 m 次被吸收
d = 5;              % 板厚
```

```
s(:,1) = 0; s(:,2) = 0;
h =5; nr =0; np =0;
line([0 0],[-h h],'LineWidth',2);
line([d d],[-h h],'LineWidth',2);
fill([0 0 d d 0],[-h h h -h -h],'y')
hold on;
for i=1:n
    s(i,1) =0;s(i,2) =rand();k =1;
  while(k<=10)
    theta = 2*pi*rand();
    x(i)= s(i,1);y(i)= s(i,2);s(i,1) = s(i,1)+cos(theta);
    s(i,2) = s(i,2)+sin(theta);
 %% 模拟过程图示
    if(mod(i,500)==0)
       plot(x(i),y(i),'ro','LineWidth',2,...
        'MarkerEdgeColor','k','MarkerFaceColor','g','MarkerSize',10);
       hold on;
       arrow([x(i) y(i)],[s(i,1) s(i,2)],'length',16,'BaseAngle',90,...
            'width',1,'TipAngle',10);
       plot(s(i,1),s(i,2),'ro','LineWidth',2,...
         'MarkerEdgeColor','k','MarkerFaceColor','g','MarkerSize',10);
         hold on;  xlim([-5 d+5]); ylim([-h h]);
     end
  %%
        if(s(i,1)<=0)
            nr = nr+1; break;
         else
            if(s(i,1)>=d)
               np = np+1; break;
            else
               k=k+1;
            end
        end
  end
 end
```

```
pp=100*np/n
pr=100*nr/n
pa=100-pp-pr
% title(['透射率p=',num2str(pp),'%',' 反射率r=',num2str(pr),...
%     '%', ' 吸收率a=',num2str(pa),'%'],'FontSize',16);
axis off
set(gcf, 'PaperPositionMode','auto');
print(gcf,'fig_neutron.png','-dpng','-r300');
```

7.4.7 放射性辐射强度

直线加速器的边耦合腔是无限长空心圆柱筒, 如图 7.4.15 所示, 内半径 $R_1 = 15\text{cm}$, 外半径 $R_2 = 16\text{cm}$。在 R_1 与 R_2 之间的圆环均匀地布满放射源铜, 在内半径 R_1 空心柱内沿轴向等距离 $l = a + b = 8.33\text{cm}$ 放入一个个的铜片 (厚度 $b = 0.4\text{cm}$), 求整个柱筒对距离筒轴 $h(= 25\text{cm}, 115\text{cm}, 1015\text{cm})$ 处观察点 p 的放射性强度, 即计算积分

$$\varPhi = \int_D \frac{\exp[-\mu L(\boldsymbol{r})]}{4\pi r^2}\mathrm{d}V$$

式中, $L(\boldsymbol{r})$ 表示由点 $\boldsymbol{r}$ ($b - c$ 点) 出发到点 p 间经过圆柱筒中铜的总长度。$\mu = 0.1\text{cm}^{-1}$ 是衰减常数。积分区域是圆柱筒中铜所占的几何区域。

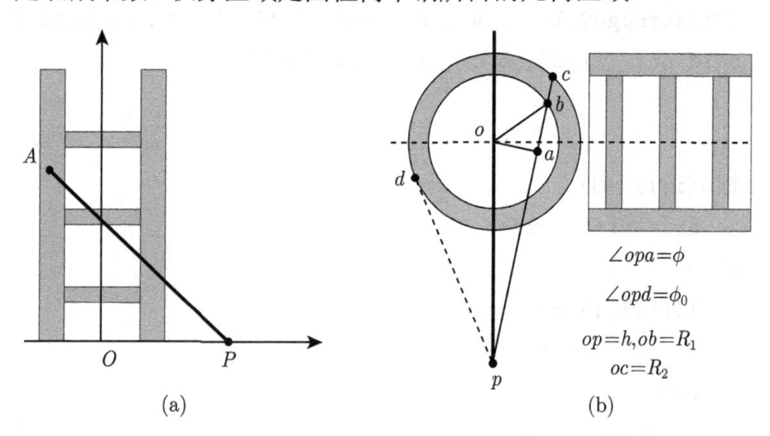

图 7.4.15 放射性辐射装置示意图

在满足一定的条件下, 放射源与观察点是可以进行倒易的。这就是通常的光学倒易定理。本题与能量无关, 倒易定理成立。根据光学倒易定理, 可以用点源对圆柱筒中铜的通量贡献来代替圆柱源对点辐射通量的贡献。即将 p 点看成放射性点

源, 将放射性铜看成是观察者。

$$\begin{aligned}\varPhi &= \int_D \frac{\exp[-\mu L(\boldsymbol{r})]}{4\pi r^2}\mathrm{d}V \\ &= \int_0^{2\pi}\mathrm{d}\varphi\int_0^{\pi}\sin\theta\mathrm{d}\theta\int_0^{r}\frac{\rho^2\mathrm{d}\rho\exp[-\mu L(\rho,\theta,\varphi)]}{4\pi\rho^2}, \\ &= \int_0^{2\pi}\mathrm{d}\varphi\int_0^{\pi}\mathrm{d}\theta\frac{1-\exp[-\mu L'(\theta,\varphi)]}{\mu}f_1(\theta)f_2(\varphi)\end{aligned} \quad \begin{cases} f_1(\theta) = \dfrac{1}{2}\sin\theta,\eta \quad (0\leqslant\theta\leqslant\pi) \\ f_2(\varphi) = \dfrac{1}{2\pi},\eta \quad (0\leqslant\varphi\leqslant 2\pi)\end{cases}$$

其中, $L'(\theta,\varphi)$ 表示从点 A 沿方向 (θ,φ) 经过圆柱筒中铜的总长度; $f_1(\theta)$ 表示各向同性散射角分布密度, $f_2(\varphi)$ 表示散射方位角分布密度。抽样公式已经得到。注意: 本问题的最大方位角

$$\cos\varphi_0 = \frac{\sqrt{h^2-R_2^2}}{h}$$

此时, 上面式子可化为

$$\varPhi = \frac{\varphi_0}{\pi}\int_0^{\pi/2}\mathrm{d}\theta\int_0^{\varphi_0}d\varphi\frac{1-\exp[-\mu L'(\theta,\varphi)]}{\mu}g_1(\theta)g_2(\varphi)$$

$$g_1(\theta) = \sin\theta,\eta \quad (0\leqslant\theta\leqslant\pi/2), \quad g_2(\varphi) = 1/\varphi_0,\eta \quad (0\leqslant\varphi\leqslant\varphi_0)$$

其抽样公式分别为

$$\cos\theta = 1-\xi_1, \quad \sin\theta = \sqrt{2\xi_1-\xi_1^2}, \quad \varphi = \varphi_0\xi_2$$

计算程序: radioactive.m。

```
%%%%%%-- radioactive.m --%%%%%%
clc; clf; clear all;
niu=0.1; r1=15.0; r2 = 16.0;
d=8.33; % 隔板间距
b = 0.4; %隔板的厚度
m = 10;
h = [17 25 30 35 40 50 70 115 200 500 800
    1015 1400];                                      % 距柱轴的观察点位置
for j=1:length(h)
   phi0 = acos(sqrt(h(j)*h(j)-r2*r2)/h(j));          % 最大方位角
   phi = 0.0;                                        % 辐射通量
   for n = 1:10000
      x = rand; y = rand;                            % 取两个随机数
      s=sqrt(2.0*x-x*x);                             % 极角正弦抽样
```

```
        c=1.0-x;                                    % 极角余弦抽样
        fi=phi0*y;                                  % 方位角
        oa=h(j)*sin(fi); ab =sqrt(r1*r1-oa*oa);
            ac=sqrt(r2*r2-oa*oa);pa=h(j)*cos(fi);
        if(oa>= r1);                                % 在柱环壁内
            al=2.0*ac/c;
        else                                        % 在柱空桶内
           al1=2.0*(ac-ab)/c;                       % 通过两个环壁部分
           nout=fix(((pa+ab)*s/c+0.5*d)/d);         % 射出柱外处的隔板数
            nin=fix(((pa-ab)*s/c+0.5*d)/d);         % 进入柱内处的隔板数
           al=al1+b/s*(nout-nin);
        end
        dphi=phi0/pi/niu*(1.0-exp(-niu*al)); phi=phi+dphi;
    end
       phit(j)=phi/n;
end
plot(h,phit,'co-','LineWidth',3,'MarkerSize',10,...
 'MarkerEdgeColor','k','MarkerFaceColor','m');
     set(gca,'FontSize',18);grid on;
xlabel('h');ylabel('\Phi');title('辐射通量与距离关系');
text(500,2.1 ,['\Phi','(',num2str(h(2)),')  = ',num2str(phit(2))],
               'FontSize',20);
text(500,1.6 ,['\Phi','(',num2str(h(8)),')  = ',num2str(phit(8))],
               'FontSize',20);
text(500,1.1 ,['\Phi','(',num2str(h(12)),') = ',num2str(phit(12))],
               'FontSize',20);
```

7.4.8 其他例子

1. 随机行走问题

定义 设 $\{X_k\}_{k=1}^{\infty}$ 是一个独立同分布的随机变量序列，对于每一个正整数 n，设 S_n 表示和 $X-1+X_2+\cdots+X_n$，序列: $\{S_n\}_{n=1}^{\infty}$ 称为随机行走 (random walk)。

醉汉行走问题：醉汉开始从一根电线杆的位置出发 (其坐标为 x，坐标向右为正，向左为负)，假定醉汉的步长为 l，他走的每一步的取向是随机的，与前一步的方向无关。如果醉汉在每个时间间隔内向右行走的一步的概率为 p，而向左走一步的概率为 q。我们记录醉汉向右走的步数，向左走的步数，总共走了 N 步。那么醉

汉在行走了 N 步以后，离电线杆的距离为 x。然而我们更感兴趣的是醉汉在行走 N 步以后，离电线杆的距离为 x 的概率 $P_N(x)$。

醉汉在走了 N 步后的位移和方差的平均值的计算公式

$$<x_N>=\sum_x xP_N(x),\quad <x_N^2>=\sum_x x^2P_N(x),\quad <\Delta x_N^2>=<x_N^2>-<x_N>^2$$

其中公式中的求平均是指对所有可能的 N 步行走过程的平均。

例如，$N=3$, 走 3 步的只有 $x=-3l,\ -1l,\ 1l,\ 3l$，取 $l=1$

$$P_3=(-3l,\ -1l,\ 1l,\ 3l)=\{q^3,\ 3q^2p,\ 3qp^2,\ p^3\}$$

$$<x_3>=-3q^2-3q^2p+3qp^2+3p^2=3(p-q)$$

$$<x_3^2>=12pq+[3(p-q)]^2,\quad <\Delta x_3^2>=12pq$$

一般一维随机游动 n 步的平均位移和方差的推导如下。

一维随机游动的概率模型是二项式分布

$$(p+q)^n=\sum_{k=0}^{n}\frac{n!}{k!(n-k)!}p^{(n-k)}q^k$$

设向右走一步的概率为 p, 则向左走一步的概率为 $q=1-p$。

$$\begin{aligned}\langle x(N)\rangle&=\sum_{k=0}^{n}x_kP_k=\sum_{k=0}^{n}\frac{[(n-k)l-kl]n!}{k!(n-k)!}p^{(n-k)}q^k=l\sum_{k=0}^{n}\frac{(n-2k)n!}{k!(n-k)!}p^{(n-k)}q^k\\&=nl\sum_{k=0}^{n}\frac{n!}{k!(n-k-1)!}p^{(n-k)}q^k-2l\sum_{k=1}^{n}\frac{n!}{(k-1)!(n-k)!}p^{(n-k)}q^k\\&=nl-2l\sum_{k=0}^{n-1}\frac{n!}{k!(n-1-k)!}p^{(n-1-k)}q^{k+1}\\&=nl-2nlq=nl(1-2q)=nl(p-q)\end{aligned}$$

$$\begin{aligned}\langle x^2(N)\rangle&=\sum_{k=0}^{n}x_k^2P_k=\sum_{k=0}^{n}\frac{[(n-2k)l]^2n!}{k!(n-k)!}p^{(n-k)}q^k\\&=n^2l^2\sum_{k=0}^{n}\frac{n!}{k!(n-k-1)!}p^{(n-k)}q^k-4l^2\sum_{k=1}^{n}\frac{k(n-k)n!}{(k-1)!(n-k)!}p^{(n-k)}q^k\\&=n^2l^2-4l^2\sum_{k=1}^{n-1}\frac{n!}{(k-1)!(n-1-k)!}p^{(n-k)}q^k\\&=n^2l^2-4l^2\sum_{k=0}^{n-2}\frac{n!}{k!(n-2-k)!}p^{(n-1-k)}q^{k+1}\\&=n^2l^2-4l^2n(n-1)pq\end{aligned}$$

$$
\begin{aligned}
\langle \Delta x^2(N) \rangle &= \sum_{k=0}^{n} \Delta x_k^2 P_k = \sum_{k=0}^{n} x_k^2 P_k - \left(\sum_{k=0}^{n} x_k P_k \right)^2 \\
&= \left[n^2 l^2 - 4l^2 n(n-1)pq \right] - \left[nl(p-q) \right]^2 \\
&= n^2 l^2 - 4l^2 n(n-1)pq - n^2 l^2 + 4n^2 l^2 pq = 4l^2 npq
\end{aligned}
$$

随机游动在物理学等学科有广泛的应用，如布朗运动、扩散等输运现象以及生长凝聚等随机过程。下面给出一个二维随机游动例子。

```
%%%%%-- 模拟程序: demo_RandomWalk_demo.m.--%%%%%
% demo_RandomWalk
clc; clear all;
n = 10000;
x0 = rand*sqrt(n);
y0 = rand*sqrt(n);
[xLst, yLst, dist] = RandomWalk(x0,y0,n);
nx = 1:n+1;
subplot(121);
plot(nx,xLst,'c.',nx,yLst,'b.',nx,dist,'k','LineWidth',1);
set(gca,'FontSize',18);xlabel('n-step');ylabel('x,y,dist');
legend('x','y','dist');grid; title('二维随机游动');
subplot(122);
plot(xLst,yLst,'k.','LineWidth',1);
set(gca,'FontSize',18);
xlabel('x');ylabel('y');
function [xLst, yLst, dist] = RandomWalk(x0,y0,n)
% RANDOMWALK  Function to generate lists of x and y
% coordinates of n steps for a random walk of n steps
% along with distance between first and last point
rand('state', sum(100*clock))
x = x0;
y = y0;
xLst = zeros(1, n + 1);
yLst = zeros(1, n + 1);
xLst(1) = x0;
yLst(1) = y0;
dist(1) = 0;
```

```
for i = 1:n
    if rand <= 0.5
        x = x + 1;
    else
        x = x - 1;
    end;
    if rand <= 0.5
        y = y + 1;
    else
        y = y - 1;
    end;
    xLst(i + 1) = x;
    yLst(i + 1) = y;
    dist(i+1) = sqrt((x - x0)^2 + (y - y0)^2);
end;
% dist = sqrt((x - x0)^2 + (y - y0)^2);
```

结果见图 7.4.16。

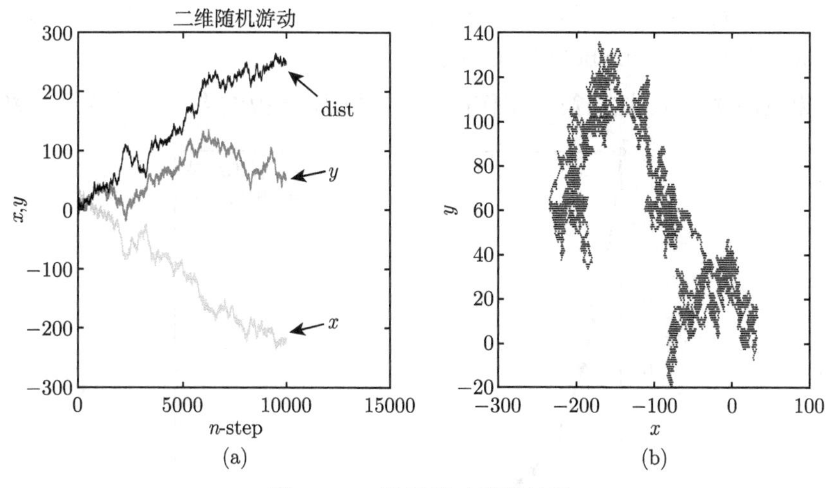

图 7.4.16 随机游动模拟结果

2. 放射性衰变问题

方法一:

设开始有 N 个放射性原子，衰变常数为 λ，则 N 个放射性原子随时间衰减，模拟程序：decay_sim1.m。

```
% spontaneous decay simulation
lambda = 0.03;                                  % 衰变常数
max    = 5000; number(1) = max ; nloop =max;% 初始原子数
time_max = 300;                                 % 时间范围
for time = 0: time_max                          % 时间循环
    for atom = 1:number(time+1)                 % 原子循环
      decay=rand;
      if (decay<lambda)
          nloop = nloop-1;                      % 一个原子衰减
      end
    end
    number(time+2) = nloop;                     % 剩下的原子在下个时间步衰减
end
    t = 0:10:time_max;   y = exp(-lambda*t); time =0:time_max+1;
    plot(time,number/max,'k-',t,y,'co','LineWidth',2,
         'MarkerSize',10,...
                     'MarkerEdgeColor','k','MarkerFaceColor','c');
    legend('模拟结果','解析结果');grid on; set(gca,'FontSize',16);
    xlabel('time');ylabel('N/N_0');
```

结果见图 7.4.17。这与第 5 章例题 5.2.1 类似，模拟结果与解析结果一致。

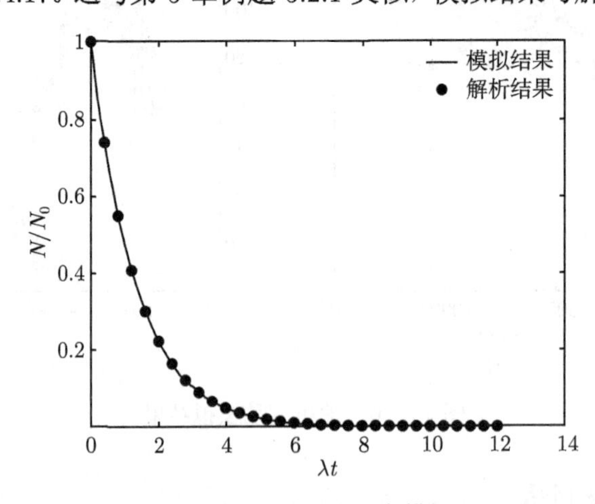

图 7.4.17　放射性衰变模拟

方法二：按指数分布抽样模拟程序：decay_sim2.m。

```
clc; clear;
```

```
deltax = 0.2; lambda = 1; M = 1000; % Initialize deltax, lambda and M
% sample M outcomes from the uniformly distributed distribution
t = rand(M,1);
% generate the exponential random variable
x = - log(1-t)/lambda;
% create the various bins [x0 ? deltax/2, x0 + deltax/2]
bins=[deltax/2:deltax:5];
binn=length(bins); % count the number of bins
% now bin the M outcomes into the various bins
[n,x_out] = hist(x,bins);
n = n / (deltax*M); % compute the probability per bin
bar_h = bar(x_out,n); % create the bar graph
bar_child = get(bar_h,'Children');
set(bar_child,'CData',n); colormap%(winter);
hold on;plot(bins,lambda*exp(-lambda*bins),':','LineWidth',3);
set(gca,'fontsize',16); xlabel 'x'; ylabel 'p(x)';
legend('抽样统计值','理论值');
```

结果见图 7.4.18。

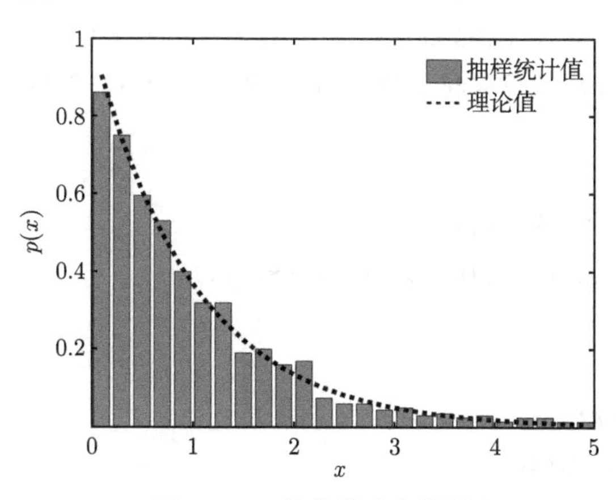

图 7.4.18 按指数分布抽样

3. 随机非线性方程

非线性方程 $A_\lambda\phi(x,\lambda)=0$，$A_\lambda$ 是与参量 λ 有关的算子。解 $\phi(x,\lambda)$ 与 λ 有关。假设 λ 是随机的，服从分布 $f(\lambda)$，则解 $\phi(x)$ 为 $\phi(x,\lambda)$ 的数学期望 $\phi(x)=\int\phi(x,\lambda)f(\lambda)\,\mathrm{d}\lambda$。

下面以 $x=\exp(-\lambda x)$，$\lambda>0$ 为例，随机量 λ 服从高斯分布

$$f(\lambda)=\sqrt{\frac{2}{\pi}}\exp\left(-\frac{1}{2}\lambda^2\right)$$

求 x 的数学期望

$$x=\int_0^{\infty}x(\lambda)f(\lambda)\,\mathrm{d}\lambda$$

(1) 一般数值方法。首先分析在有限区间积分的误差，可见，

$$0<x<1,\quad x=\int_0^{\infty}x(\lambda)f(\lambda)\,\mathrm{d}\lambda=\int_0^{6}x(\lambda)f(\lambda)\,\mathrm{d}\lambda+\varepsilon$$

$$\varepsilon=\int_6^{\infty}x(\lambda)f(\lambda)\,\mathrm{d}\lambda=\int_6^{\infty}f(\lambda)\,\mathrm{d}\lambda=\int_6^{\infty}\exp(-\lambda^2/2)\,\mathrm{d}\lambda<2\times10^{-9}$$

这样积分可用龙贝格公式，其中被积函数 $x(\lambda)$，对给定 λ 用单侧逼近方程解的迭代法求得。计算程序：MC_3_1.m，结果为：0.6627。

```
 % MC_3_1.m
 function mc_3_1
 clc; clear all; format short;
 a = 0.; b=6. ; eps = 0.000001;  x = Roberg(@f,a,b,eps)
 % 给定 x(即lamda) 调用被积函数 f 时，要计算 z(x) 即解非线性方程
end

function fv=f(x) % 被积函数
  fv = z(x)*sqrt(2./3.1415926)*exp(-x*x/2.);
end

function x1 = z(x)
x0 = 0; x1 = exp(-x*x0);
  while(abs(x1-x0)>= 0.000001)
     x0 = 0.5*(x0+x1); x1 = exp(-x*x0);
  end
end
```

(2) 用高斯分布 $f(\lambda)$ 的随机抽样，

$$\lambda_f=\sqrt{-2\ln(\xi_1)}\sin\left(\frac{\pi\xi_2}{2}\right)$$

产生子样 $\{\lambda_n\}, n=1,\cdots,N$，用算数平均

$$\bar{x}=\frac{1}{N}\sum_{n=1}^{N}x(\lambda_n)$$

作为随机根的值，计算程序：MC_3_2.m，结果为：0.6616。

```
% MC_3_2.m
 function mc_3_2
 clc; clear all; format short;
    n = 2000; x = 0.0;
    for k=1:n
       r=rand(2,1);
       lamda = sqrt(-2.*log(r(1)))*sin(0.5*3.1415929*r(2));
       x = x + z(lamda);
    end
    xf = x/n
 end

function x1 = z(x)
x0 = 0; x1 = exp(-x*x0);
while(abs(x1-x0)>= 0.000001)
x0 = 0.5*(x0+x1); x1 = exp(-x*x0);
end
end
```

(3) 用高斯分布 $f(\lambda)$ 的随机抽样, 产生子样 $\{\lambda_n\}, n=1,\cdots,N$, 定义随机变量

$$\eta_n=\begin{cases}1, & \xi_n\leqslant \exp(-\lambda_n\xi_n)\\ 0, & \text{其他}\end{cases}$$

用

$$\bar{x}=\frac{1}{N}\sum_{n=1}^{N}\eta_n$$

作为随机根的值, 计算程序：MC_3_3.m，结果为：0.6635。

```
 % MC_3_3.m
 clc; clear all; format short;
n = 4000; x = 0.0;
for k=1:n
```

```
  r = rand(3,1);
  a = sqrt(-2.*log(r(1)))*sin(0.5*3.1415926*r(2));
  if(r(3)<=exp(-a*r(3)))
      x=x+1.0;
  end
end
xf=x/n
```

(4) 用高斯分布 $f(\lambda)$ 的随机抽样, 产生子样 $\{\lambda_n\}, n=1,\cdots,N$，用

$$\bar{x}=\frac{1}{2}\{\max[\xi_n|\xi_n\leqslant\exp(-\lambda_n\xi_n)]+\min[\xi_n|\xi_n\geqslant\exp(-\lambda_n\xi_n)]\}$$

作为随机根的值, 计算程序：MC_3_4.m，结果为：0.6671。

```
% MC_3_4.m
clc; clear all; format short;
n = 4000; rmin = 1; rmax =0;
for k=1:n
  r = rand(3,1);
  a = sqrt(-2.*log(r(1)))*sin(0.5*3.1415926*r(2));
  if r(3)>=exp(-a*r(3)) &&  r(3)<rmin, rmin=r(3);end
  if r(3)<exp(-a*r(3))  &&  r(3)>=rmax,rmax=r(3);end
end
xf = 0.5*(rmax+rmin)
```

4. 蒲丰投针计算模拟

由式 (7.1.1) 可得 $\pi=2l/(pa)$。

(1) 产生相互独立随机变量 x 和 ϕ 的抽样序列 $\{(x_i,\phi_i),\ i=1,2,\cdots,n\}$, $x_i\in(0,a/2)$, $\phi_i\in(0,\pi)$;

(2) 检验条件，若 $x_i\leqslant 0.5l\sin\phi_i$,，表示针与平行线相交，$n$ 次试验有 m 次相交，则 $p=m/n$，可由公式 $\pi=2l/(pa)$ 计算 π 值。

计算程序：buffon_sim.m。

```
%%%%%% buffon_sim.m %%%%%%%
% 蒲丰投针计算pi
clc;clear; format long;
a = 45.; l = 36.; n = 5000;
yx = []; xphi = [];
for i=1:n
```

```
    ry = 0.5*a*rand();rx = pi*rand();
    if(ry<=0.5*l*sin(rx))
        yx = [yx,ry]; xphi = [xphi,rx];
    end
end
m = length(yx); pai=2.*l*n/(a*m);t = 0:0.01:pi
plot(xphi,yx,'.c',t,l*sin(t)/2,'LineWidth',2);
set(gca,'FontSize',16);
xlabel('\phi'); ylabel('x'); axis([0 3.2 0 20]);
set(gcf, 'PaperPositionMode','auto');
print(gcf,'fig_buffon.png','-dpng','-r300');
% title('蒲丰投针计算\pi 值');
```

结果见图 7.4.19。

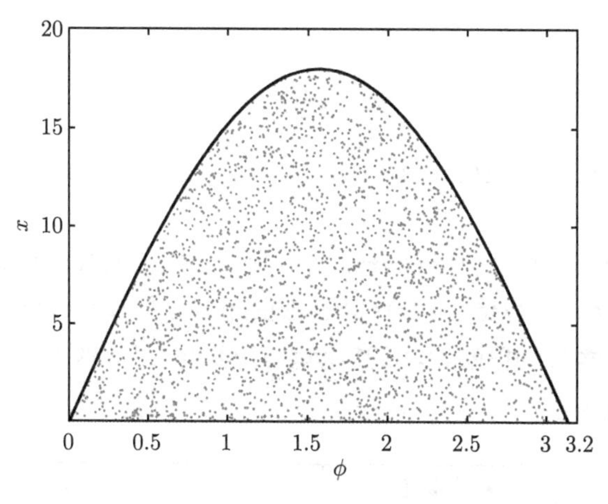

图 7.4.19 蒲丰投针计算 π 值

5. Gauss 问题

1812 年 Gauss 写信给 Laplace，提出如下一个著名问题：在区间 $[0,1]$ 中任取一个数，将它表示成简单连分数，问第 m 个完全商的小数部分小于 $x(0<x<1)$ 的概率为多少? Gauss 问题：用数学表示为 $a_1 \in [0,1]$

$$a_{i+1}=\begin{cases}\left|\dfrac{1}{a_i}\right|, & a_i \neq 0 \\ 0, & a_i=0\end{cases}, \quad |x| \text{ 表示取 } x \text{ 的小数部分}$$

直到 116 年之后的 1928 年，苏联数学家给出了一个渐近的结果：

$$p_m(x) \approx \frac{\ln(1+x)}{\ln 2}$$

试使用 MC 方法给出概率。

【解】

```
%%%%%%--模拟程序:bexa01.m--%%%%%%
m = 100; n=1000; x=0.1:0.1:1;
for l=1:10
    k=0;
for i=1:n
    a = rand();
    for j=1:m
        a =1/a- fix(1/a);
    end
    k=k+(a<x(l));
end
p(l)=k/n; pe(l)=log(1+x(l))/log(2);
end
plot(x,p,'k.',x,pe,'k-','MarkerSize',20);set(gca,'FontSize',16);
xlabel x; legend('模拟值: p(x)','理论值:pe(x)','Location','NorthWest');
grid on; print(gcf,'xfig_bexa_01.png','-dpng','-r600');
```

结果见图 7.4.20。

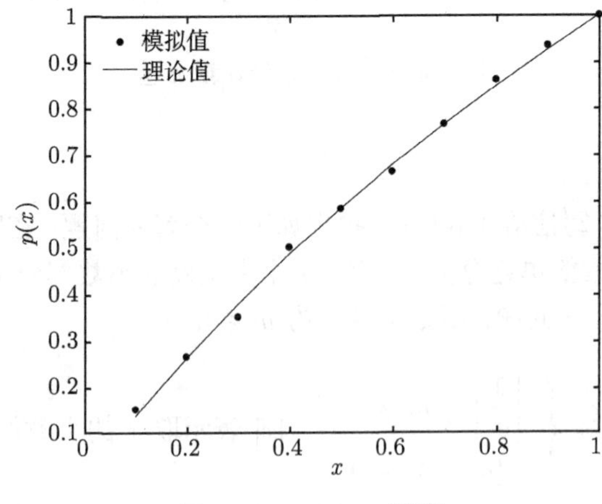

图 7.4.20 Gauss 问题

6. 随机误差问题

如果蹦极爱好者自由落体的初速为零, 其 t 时刻的下落速度为

$$v=\sqrt{\frac{gm}{c_{\mathrm{d}}}}\tanh\left(\sqrt{\frac{gc_{\mathrm{d}}}{m}}t\right)$$

假设 $g=9.81\ \mathrm{m/s^2}$, $m=68.1\mathrm{kg}$, 但是空气的阻力系数 c_{d} 并不能精确地知道，可知其在 $0.225\sim0.275$ 均匀变化 (大约围绕平均值 0.25kg/m 变化 $\pm10\%$)，首先产生 1 000 个均匀分布的 c_d 值, 并利用解析解计算速度在 $t=4\mathrm{s}$ 时的分布；然后计算平均速度、最低速度和最高速度:

$$v_{\mathrm{mean}}=\sqrt{\frac{9.81(68.1)}{0.25}}\tanh\left(\sqrt{\frac{9.81(0.25)}{68.1}}\times4\right)=33.111\ 8\ \mathrm{m/s}$$

$$v_{\mathrm{low}}=\sqrt{\frac{9.81(68.1)}{0.275}}\tanh\left(\sqrt{\frac{9.81(0.275)}{68.1}}\times4\right)=32.622\ 3\ \mathrm{m/s}$$

$$v_{\mathrm{high}}=\sqrt{\frac{9.81(68.1)}{0.225}}\tanh\left(\sqrt{\frac{9.81(0.225)}{68.1}}\times4\right)=33.619\ 8\ \mathrm{m/s}$$

速度变化:

$$\Delta v=\frac{33.619\ 8-32.622\ 3}{2\times33.111\ 8}\times100\ \%=1.506\ 3\ \%$$

```
%%%%%-- 计算程序: uniformrand_cd.m 均匀阻尼分布 --%%%%%
n=1000;t=4;m=68.1;g=9.81; cd=0.25;
cdmin=cd-0.025; cdmax=cd+0.025;
r=rand(n,1);
cdrand=cdmin+(cdmax-cdmin)*r;
meancd=mean(cdrand);
stdcd=std(cdrand);
Deltacd=(max(cdrand)-min(cdrand))/meancd/2*100;
set(gca,'FontSize',16);
subplot(211)
hist(cdrand,20),title('(a) 均匀阻尼分布');set(gca,'FontSize',16);
xlabel('cd (kg/m)')
vrand=sqrt(g*m./cdrand).*tanh(sqrt(g*cdrand/m)*t);
meanv=mean(vrand)
Deltav=(max(vrand)-min(vrand))/meanv/2*100
```

```
grid on;
subplot(212)
hist(vrand,20),title('(b) 速度分布');set(gca,'FontSize',16);
title(['速度偏差 = ',num2str(cvv),';  平均速度 = ',num2str(meanv)])
xlabel('v (m/s)');ylabel('速度抽样数'); grid on;
%%%%%-- 计算程序: normalrand_cd.m 正态阻尼分布--%%%%%
n=1000;t=4;m=68.1;g=9.81;
cd=0.25;
stdev=0.01443;
r=randn(n,1);
cdrand=cd+stdev*r;
meancd=mean(cdrand),stdevcd=std(cdrand)
cvcd=stdevcd/meancd*100
subplot(211)
hist(cdrand,20),title('(b)正态阻尼分布');
set(gca,'FontSize',16);grid on;
xlabel('cd (kg/m)')
vrand=sqrt(g*m./cdrand).*tanh(sqrt(g*cdrand/m)*t);
meanv=mean(vrand),stdevv=std(vrand)
cvv=stdevv/meanv*100. subplot(212)
hist(vrand,20),title('(b) 速度分布');
set(gca,'FontSize',16);grid on;
title(['速度偏差 = ',num2str(cvv),';  平均速度 = ',num2str(meanv)])
xlabel('v (m/s)');ylabel('速度抽样数')
```

结果见图 7.4.21。

7. 氢分子中两电子的相互作用势能

氢分子基态两电子的相互作用势能近似为

$$K=\iiint \frac{z^6}{\pi^2}\mathrm{e}^{[-2z(r_1+r_2)]}\frac{r_1^2r_2^2}{r_{12}}\sin\theta_1\sin\theta_2\mathrm{d}\theta_1\mathrm{d}\theta_2\mathrm{d}\varphi_1\mathrm{d}\varphi_2\mathrm{d}r_1\mathrm{d}r_2$$

取 $z=1$, 最后结果再还原即可。采用 MC 模拟方法, 首先建立概率模型，分别取极角和方位角的概率为

$$f_1(\theta)=\frac{1}{2}\sin\theta,\ \ 0\in[0,\pi];\ \ f_2(\varphi)=\frac{1}{2\pi},\ \varphi\in[0,2\pi];\ \ f_3(r)=2\mathrm{e}^{-2r},\ r\in[0,\infty]$$

抽样公式分别为

$$\cos\theta = (1-2\xi),\ \varphi = 2\pi\xi,\ r = -0.5\log(\xi),\ \xi\ \in[0,1], \text{均匀分布随机数}$$

则

$$K = 4\iiint \frac{r_1^2 r_2^2}{r_{12}} f_1(\theta_1) f_2(\varphi_1) f_3(r_1) f_1(\theta_2) f_2(\varphi_2) f_3(r_2) \mathrm{d}r_1 \mathrm{d}r_2 \mathrm{d}\theta_1 \mathrm{d}\theta_2 \mathrm{d}\varphi_1 \mathrm{d}\varphi_2$$

$$r_{12} = [r_1^2 + r_2^2 - 2r_1 r_2 \cos\theta]^{1/2},\quad \cos\theta = \cos\theta_1\cos\theta_2 + \sin\theta_1\sin\theta_2\cos(\varphi_1-\varphi_2)$$

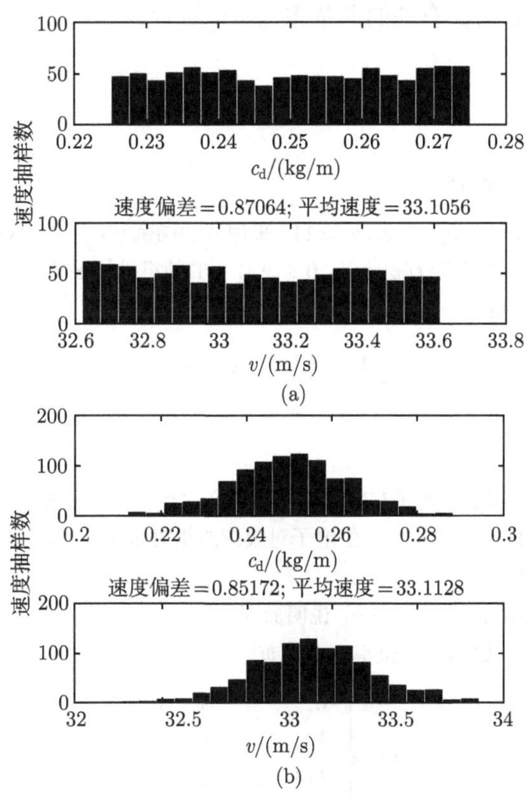

图 7.4.21 均匀阻尼分布 (a) 和正态阻尼分布 (b)

模拟程序：H2_atom_K.m。

```
clc; clear all;
n=10000;
x1=rand(n,1); y1=rand(n,1); z1=rand(n,1);
x2=rand(n,1); y2=rand(n,1); z2=rand(n,1);
r1=-0.5*log(x1); r2=-0.5*log(x2);
```

```
phi1=2*pi*y1; phi2=2*pi*y2;
c1=ones(n,1)-2*z1; c2=ones(n,1)-2*z2;
s1=sqrt(1-c1.*c1); s2=sqrt(1-c2.*c2);
ctheta = c1.*c2+s1.*s2.*cos(phi1-phi2);
r12 = sqrt(r1.*r1+r2.*r2-2*r1.*r2.*ctheta);
f = 4*r1.*r1.*r2.*r2./r12;
s = sum(f)/n
```

模拟结果为 $K=0.6346z$，理论计算结果为 $K=5z/8=0.625z$。这里 MC 方法的优点是，对于与 θ,φ 有关的非基态也可以进行计算。

7.5 习　题

1. 随机数和随机抽样

【7.1】取 $M=32,a=5,c=3,x_0=11$，采用线性同余法，产生随机数序列。

【7.2】求连续型概率密度 $f(x)=x,\ 0\leqslant x\leqslant 1$ 的随机抽样公式。

【7.3】求按指数密度分布

$$f(x)=\begin{cases}\lambda \mathrm{e}^{-\lambda x}, & \lambda>0, \quad x>0\\ 0, & x\leqslant 0\end{cases}$$

的随机抽样公式。

【7.4】设能量为 E 的 γ 光子与物质相互作用产生光电效应的相对截面 $\sigma_{\mathrm{e}}=0.20$，产生康普顿散射的相对截面 $\sigma_{\mathrm{s}}=0.45$，产生电子对效应的相对截面 $\sigma_{\mathrm{p}}=0.35$，如果产生的随机数 $\xi=0.3$，说明判断原理。

【7.5】检验 $-\log(\xi_1\xi_2\cdots\xi_n)\approx n$，说明原因。

【7.6】随机变量 X 服从三角概率密度分布:

$$f(x)=\begin{cases}0, & x<0\\ kx, & 0\leqslant x\leqslant 2\\ k(4-x), & 2\leqslant x\leqslant 4\\ 0, & x>4\end{cases}$$

(1) 求 k 值；

(2) 求累积分布函数；

(3) 求随机抽样公式。

2. 积分和方程求根

【7.7】编写: (1) 计算单位 3 维球体积程序；(2) 计算单位 10 维超球体积程序。单位 k 维超球的体积 $=\pi^{k/2}/[\Gamma(k/2+1)]$。

【7.8】说明下面计算 π 的原理

$$\pi = \frac{4}{N}\sum_{i=1}^{N}(1-\xi_i^2)^{1/2}$$

ξ_i 是区间 $[0,1]$ 上的均匀分布的随机数。

【7.9】采用两种方法计算积分

$$I = \int_0^{\infty} \sqrt{x}\mathrm{e}^{-x}\ \mathrm{d}x$$

【7.10】计算二重积分

$$I = \iint_D \ln(1+2x+2y)\mathrm{d}x\mathrm{d}y$$

$$D:\ 0 \leqslant x \leqslant 1;\ 0 \leqslant y \leqslant 1$$

解析解值: 1.0576。

【7.11】编程计算两个半径分别为 R_1, R_2, 圆心相距为 d 的圆重叠部分的面积 (图 7.5.1): (1) $R_1 = d = 1,\ R_2 = 0.5$; (2) $R_1 = R_2 = 1,\ d = 1.5$。

【7.12】编程计算半径为 1 的圆和内接正方形之间的面积 (图 7.5.2)。

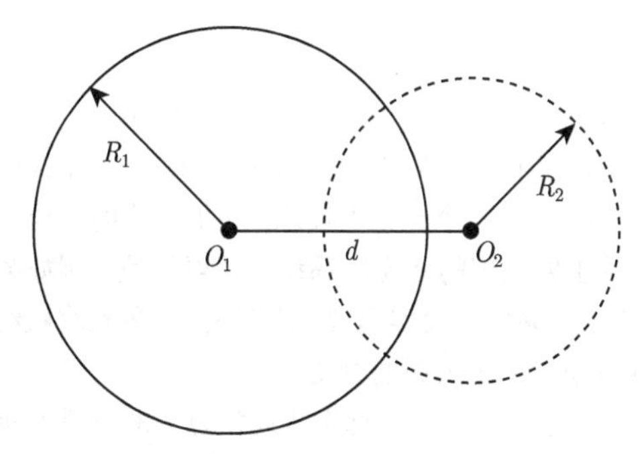

图 7.5.1　习题 7.11 图

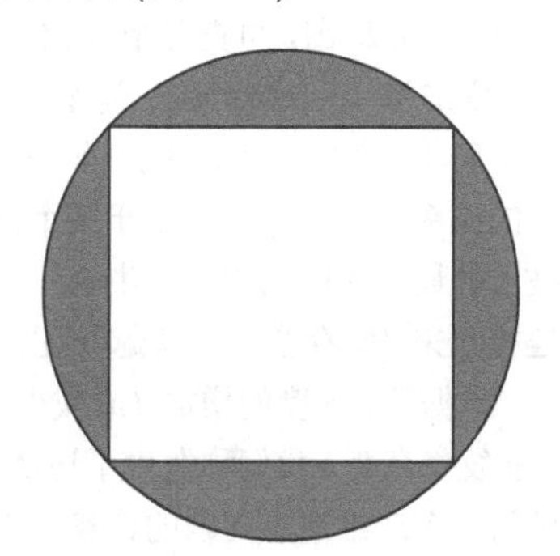
图 7.5.2　习题 7.12 图

【7.13】编程计算椭圆

$$\frac{x^2}{2^2}+\frac{y^2}{3^2}=1$$

面积。

3. 计算机模拟

【7.14】编程模拟求在单位正方形内每次均匀随机投 3 点，

(1) 构成的三角形面积的平均值；

(2) 三个点同时落在宽度为 $2\delta = 0.02, 0.04, 0.08$ 的窄条中的概率。

【7.15】

装铅的骰子问题：已知灌过铅的骰子 6 面点数出现的概率，见表 7.5.1。

表 7.5.1　6 面点数出现的概率

点数	1	2	3	4	5	6
概率	0.20	0.14	0.22	0.16	0.17	0.11

编程模拟 1000 次投骰子出现各个点数的次数。

【7.16】

写一个程序计算在一个正方形一侧三个边上的三个随机点构成的钝角三角形的概率。

扩展题

【7.1】扩散限制凝聚问题

扩散限制凝聚 (diffusion-limited aggregation，DLA)，是由 Witten 和 Sander 于 1981 年共同提出来的，其基本思想是：首先置一初始粒子作为种子，在远离种子的任意位置随机产生一个粒子使其做无规行走，直至与种子接触，成为集团的一部分；然后再随机产生一个粒子，重复上述过程，这样就可以得到足够大的 DLA 团簇 (cluster)。DLA 团簇图案与很多自然现象，如雪花、闪电等相似，是随机分形的典型例子。

考虑一个中心放置一个粒子 (作为 DLA 种子) 的正方格子，采用随机游动模型，编写生成 DLA 集团的程序，并以种子为圆心，不断改变半径 R，数出圆内的粒子数 M，则应用 $M \sim R$，做出 $\ln M \sim \ln R$ 图，可得分形维数。

【7.2】逾渗 (percolation) 问题。

为了简单，考虑一个二维点阵，每个格点可以被占，可以为空。格点被占的概率为 p，当然为空的概率为 $(1-p)$，当小于某个概率值 p_c 时，点阵上只存在有限大小的集团 (一个集团就是被占的最近邻格点的一个集合)，当 $p \geqslant p_c$ 时，存在一个无穷大集团，它把点阵的一边与对边连接起来 (即存在一个跨越集团)。逾渗理论主要处理的是无序系统中联结程度，例如某种密度、占据数、浓度的增加 (或减少) 到一定程度，系统内突然出现 (或消失) 某种长程联结性，性质发生突变，我们称发生了逾渗转变，或者说发生了尖锐的相变。

编写一个二维逾渗问题的计算机程序：① 生成逾渗集团；② 标定集团格点；③ 计算逾渗阈值 (临界概率)、临界指数等 (例如，二维逾渗阈值 $p_c = 0.593$)。

【7.3】利用蒙特卡罗的随机游动方法求解二维椭圆型偏微分方程：

$$\beta_{11}\frac{\partial^2 u}{\partial x^2} + 2\beta_{12}\frac{\partial^2 u}{\partial x \partial y} + \beta_{22}\frac{\partial^2 u}{\partial y^2} + 2\alpha_1\frac{\partial u}{\partial x} + 2\alpha_2\frac{\partial u}{\partial y} = f(x, y)$$

(1) 求其五点随机游动转移概率。

$$1 \to (i+1, j);\quad 2 \to (i, j+1);\quad 3 \to (i-1, j);\quad 4 \to (i, j-1);\quad 5 \to (i+1, j+1)$$

设差分格式为

$$u_{xx} \to \frac{u_{i+1,j} - 2u_{i,j} + u_{i-1,j}}{h^2};\quad u_{xy} \to \frac{(u_{i+1,j+1} - u_{i+1,j}) - (u_{i,j+1} - u_{i,j})}{h^2}$$

$$u_{yy} \to \frac{u_{i,j+1} - 2u_{i,j} + u_{i,j-1}}{h^2};\quad u_x \to \frac{u_{i+1,j} - u_{i,j}}{h};\quad u_y \to \frac{u_{i,j+1} - u_{i,j}}{h}$$

(2) 当 $\beta_{11} = 1$，$\beta_{22} = 2$，$\beta_{12} = \alpha_1 = \alpha_2 = f = 0$ 时，求四点转移概率。

第八章　分子动力学方法

8.1　引　　言

分子动力学 (molecular dynamics, MD) 方法广泛地用于研究经典的多粒子系统。由统计物理知识可知，N 粒子的系统运动遵从哈密顿原理，即描述 N 个粒子随时间演化的微观状态 ($\boldsymbol{q}_i(t)$，$\boldsymbol{p}_i(t)$) 遵从哈密顿正则运动方程：

$$\frac{\mathrm{d}\boldsymbol{q}_i}{\mathrm{d}t}=\frac{\partial H}{\partial \boldsymbol{p}_i},\quad \frac{\mathrm{d}\boldsymbol{p}_i}{\mathrm{d}t}=-\frac{\partial H}{\partial \boldsymbol{q}_i} \tag{8.1.1}$$

式中，$\boldsymbol{q}_i$，$\boldsymbol{p}_i$ 是广义坐标和广义动量；H 是系统的哈密顿量。

$$H=\sum_{i=1}^{N}\frac{p_i^2}{2m_i}+\sum_{i>j}^{N}V\left(\boldsymbol{r}_{ij}\right)+\sum_{i=1}^{N}V_{\text{ext}}\left(\boldsymbol{r}_i\right) \tag{8.1.2}$$

式中，$V\left(\boldsymbol{r}_{ij}\right)$ 是二体作用势；$V_{\text{ext}}\left(\boldsymbol{r}_i\right)$ 是外力场。由此，对于经典粒子系统中第 i 粒子的牛顿运动方程为

$$\frac{\mathrm{d}\boldsymbol{r}_i}{\mathrm{d}t}=\boldsymbol{v}_i,\quad m_i\frac{\mathrm{d}\boldsymbol{v}_i}{\mathrm{d}t}=\boldsymbol{f}_i \tag{8.1.3}$$

其中，$\boldsymbol{r}_i=\boldsymbol{q}_i$，$\boldsymbol{p}_i=m_i\boldsymbol{v}_i$，则

$$\boldsymbol{f}_i=-\sum_{i\neq j}^{N}\nabla\boldsymbol{r}_iV\left(\boldsymbol{r}_{ij}\right)-\nabla\boldsymbol{r}_iV_{\text{ext}}\left(\boldsymbol{r}_i\right) \tag{8.1.4}$$

这样，首先需要建立一组粒子的运动方程 (8.1.3)，然后联立对运动方程进行数值求解，得到每个时刻各个分子的坐标与动量，即相空间的运动轨迹，再利用统计方法得到多粒子系统的可测量的宏观特性 (如速度分布函数、密度、温度、压强等)。因此，分子动力学模拟方法可以看成是体系在一段时间内的状态演化过程的模拟。

自 20 世纪 50 年代中期开始，分子动力学方法得到了广泛的应用。它与蒙特卡罗方法一起成为计算机模拟的重要方法。应用分子动力学方法已取得了许多重要成果，如气体或液体的状态方程、相变问题、非平衡过程的研究等。

8.2　分子动力学基础

采用分子动力学模拟方法首先明确系统的相互作用类型、初始条件和边界条件，以及所采用的解运动方程的方法等，下面就伦纳德–琼斯 (Lennard-Jones,LJ)

势系统进行简单介绍。

8.2.1　相互作用势和运动方程

为了模拟 N 原子系统的状态演化，首先要确定系统原子间的相互作用势。最著名的是伦纳德–琼斯在研究液态氩提出的对相互作用势

$$u\left(r_{ij}\right)=4\varepsilon\left[\left(\frac{\sigma}{r_{ij}}\right)^{12}-\left(\frac{\sigma}{r_{ij}}\right)^{6}\right] \tag{8.2.1}$$

称为伦纳德–琼斯势。$\boldsymbol{r}_{ij}=\boldsymbol{r}_i-\boldsymbol{r}_j$，$r_{ij}=|\boldsymbol{r}_{ij}|$，$\varepsilon$ 是能量单位，表示相互作用强度。σ 定义了长度尺度。原子 j 作用到原子 i 上的力为

$$\boldsymbol{f}_{ij}=\left(\frac{48\varepsilon}{\sigma^2}\right)\left[\left(\frac{\sigma}{r_{ij}}\right)^{14}-\frac{1}{2}\left(\frac{\sigma}{r_{ij}}\right)^{8}\right]\boldsymbol{r}_{ij} \tag{8.2.2}$$

$f_{ij}=0$ 的平衡点为 $r=r_{\mathrm{c}}=2^{1/6}\sigma$，此点也为势能的最小值点，最小势能值为 $-\varepsilon$。当 $r_{ij}<r_{\mathrm{c}}$ 时，相互作用为排斥力；当 $r_{ij}>r_{\mathrm{c}}$ 时，相互作用为吸引力。

根据牛顿运动方程

$$m\frac{\mathrm{d}^2\boldsymbol{r}_i}{\mathrm{d}t^2}=\boldsymbol{f}_i=\sum_{\substack{j=1\\j\neq i}}^{N}\boldsymbol{f}_{ij} \tag{8.2.3}$$

对于应用伦纳德–琼斯势的分子动力学模拟中常采用 σ，m，ε 为长度、质量和能量的无量纲单位，即

$$r\to r\sigma，\ e\to e\varepsilon，\ t\to t\sqrt{m\sigma^2/\varepsilon} \tag{8.2.4}$$

无量纲的运动方程为

$$\frac{\mathrm{d}^2\boldsymbol{r}_i}{\mathrm{d}t^2}=48\sum_{\substack{j=1\\j\neq i}}^{N}\left(r_{ij}^{-14}-\frac{1}{2}r_{ij}^{-8}\right)\boldsymbol{r}_{ij} \tag{8.2.5}$$

无量纲原子的平均动能为

$$E_{\mathrm{k}}=\frac{1}{N}\sum_{i=1}^{N}\frac{1}{2}v_i^2 \tag{8.2.6}$$

无量纲原子的平均势能为

$$E_{\mathrm{v}}=\frac{4}{N}\sum_{1\leqslant i<j}^{N}\left(r_{ij}^{-12}-r_{ij}^{-6}\right) \tag{8.2.7}$$

温度的单位取 $\varepsilon/k_{\mathrm{B}}$，根据统计物理的能量均分定理，每个平动自由度贡献给平动能 $\dfrac{1}{2}k_{\mathrm{B}}T$ 能量，对 d 维问题，得温度与平均平动能之间关系为

$$T=\frac{1}{\mathrm{d}N}\sum_{i=1}^{N}v_i^2 \tag{8.2.8}$$

对于一个液态氩系统，无量纲的单位取：长度单位 $\sigma=3.4\text{Å}\left(1\text{Å}=10^{-10}\text{m}\right)$，能量单位 $\varepsilon/k_{\mathrm{B}}=120\text{K}$，氩原子质量 $m=39.95\times1.6747\times10^{-24}\text{g}$，时间单位 $\sqrt{m\sigma^2/\varepsilon}=2.161\times10^{-12}\text{s}$。

8.2.2 边界条件

有限系统和无限系统是有很大差别的。对于 N 粒子三维有限系统，近边界的粒子数在 $N^{2/3}$ 数量级。如果 $N=10^{21}$，近壁的粒子大约为 10^{14}，相差 7 个数量级；如果 $N=1000$，大约有 500 个粒子在壁面附近，边界效应会很强。为了研究一个系统的性质，而不被边界效应影响 (除非问题本身就是研究边界效应)，又要考虑计算机容量，减少模拟粒子数，常采用周期性边界条件。周期性边界条件实际上就是无限多个相同的模拟区域在空间的重复。

8.2.3 初始态

严格来说，只要模拟的时间足够长，模拟结果对初始态的选择是不敏感的，所以方便的初始态选择是允许的。特别简单的初始位置是选择原子初始位于规则点阵的格点上，如简单立方点阵、面心立方点阵或体心立方点阵等；初始速度可根据体系的温度选择固定速度大小，随机方向，但保证系统的质心速度为零，否则初始系统中就引进了宏观流动。

8.2.4 积分算法

用数值积分方法计算在相空间中的运动轨迹 $x(t)$，$p(t)=mv(t)$，就是数值求解微分方程

$$v(t)=\frac{\mathrm{d}x(t)}{\mathrm{d}t}=x'(t),\quad a(t)=\frac{\mathrm{d}v(t)}{\mathrm{d}t}=v'(t)=x''(t) \tag{8.2.9}$$

可以采用有限差分法将微分方程变为有限差分方程，以便在计算机上进行数值求解，并得到空间坐标和动量随时间的演化关系。首先，我们取差分计算的时间步长为 h，运用一阶泰勒展开公式

$$\begin{cases} x(t+h)=x(t)+hx'(t)+\dfrac{1}{2}h^2x''(t)+\mathcal{O}(h^3) \\ x(t-h)=x(t)-hx'(t)+\dfrac{1}{2}h^2x''(t)-\mathcal{O}(h^3) \end{cases} \tag{8.2.10}$$

将上面两式相加，得到四阶精度的

$$x(t+h) = -x(t-h) + 2x(t) + h^2 x''(t) + \mathcal{O}(h^4) \tag{8.2.11}$$

空间位置的计算公式或加速度的计算公式为

$$x(t+h) = -x(t-h) + 2x(t) + \frac{h^2}{m} f(t) \tag{8.2.12}$$

$$x''(t) = \frac{1}{h^2}\left[x(t+h) - 2x(t) + x(t-h)\right] \tag{8.2.13}$$

将式 (8.2.10) 中两式相减，得

$$x(t+h) = x(t-h) + 2hx'(t) + \mathcal{O}(h^3)$$

得到速度或动量的计算公式

$$v(t) = \frac{1}{2h}\left[x(t+h) - x(t-h)\right] \tag{8.2.14}$$

这是 $x(t)$，$v(t)$，$a(t)$ 的一组递推公式。这种方法称为沃勒 (Verlet) 算法。有了前一时刻的位置、速度和作用力，就可以计算出下一时刻的位置、速度和作用力。由式 (8.2.13) 和式 (8.2.14) 可见，要由下一时刻的位置才能计算出当前时刻的速度和作用力，这种差分方法叫蛙跳格式。

当然我们还可以建立更高阶的多步算法，然而大部分更高阶的方法所需要的内存比一步法和二步法所需要的大得多，并且有些更高阶的方法还需要用迭代来解出隐式给定的变量，内存的需求量就更大，并且当今的计算机的内存是有限的，因而并不是所有的高阶算法都适用于物理系统的计算机计算。

8.2.5 宏观量

描述系统的热力学量是宏观参量，如能量、温度、密度和压强等统计量。分子动力学模拟就是得到系统全部粒子的微观状态的时间演化，然后统计得到描述系统的宏观量。

8.3 氩原子体系的分子动力学模拟

考虑 N 个氩原子系统，原子质量为 $m = 6.69 \times 10^{-26}$kg。氩是惰性气体，相互作用势取伦纳德–琼斯势，原子间相互作用力为

$$f(r) = -\frac{\mathrm{d}V(r)}{\mathrm{d}r} = \frac{24\varepsilon}{\sigma}\left[2\left(\frac{\sigma}{r}\right)^{13} - \left(\frac{\sigma}{r}\right)^{7}\right] \tag{8.3.1}$$

图 8.3.1 表示原子间作用势和作用力与原子间距之间关系。选 MD 单位 $m = 1$，$\sigma = 1$，$\varepsilon = 1$，时间的单位 $\tau = \sqrt{m\sigma^2/\varepsilon} = 2.17 \times 10^{-12}\text{s}$，表明这个系统的运动学时间尺度是皮秒 (ps)。下面给出这个氩原子系统分子动力学模拟方法的步骤及模拟的简单程序。

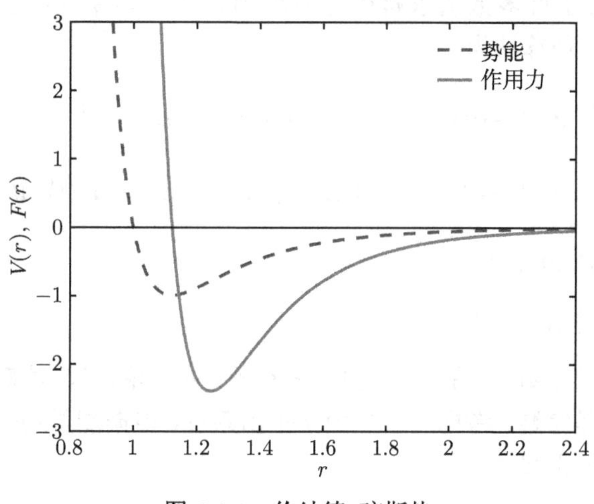

图 8.3.1 伦纳德–琼斯势

8.3.1 最简单的分子动力学模拟程序

1. *系统初始化*

系统初始化包括位置和速度的初始化。如果初始态选择接近平衡态，则系统会很快趋于平衡。由于时间单位是 $\tau = 2.17 \times 10^{-12}\text{s}$，如果选择模拟时间步长为 0.0001，则相当于实际时间步长为 10^{-16}s，这样系统演化 1ns，计算机需要模拟 10^7 步。这里粒子的初始位置在简立方点阵的格点上。对于致密系统，粒子初始可放置在面心立方点阵的格点上。初始速度在给定温度下随机设定。

2. *数值求解牛顿运动方程*

位于 $\boldsymbol{r}_i$ 和 $\boldsymbol{r}_j$ 两个原子间的作用力

$$\boldsymbol{f}_{ij} = 24\varepsilon\left[2\left(\frac{\sigma}{r}\right)^{14} - \left(\frac{\sigma}{r}\right)^{8}\right](\boldsymbol{r}_i - \boldsymbol{r}_j)$$

式中，$r = |\boldsymbol{r}_i - \boldsymbol{r}_j|$，所有其他 $N-1$ 个原子对第 i 原子的合力为 $\boldsymbol{F}_i = \sum\limits_{j=1(\neq i)}^{N} \boldsymbol{f}_{ij}$，第 i 原子的运动方程为

$$\boldsymbol{a}_i(t) = \frac{\mathrm{d}\boldsymbol{v}_i}{\mathrm{d}t} = \frac{\mathrm{d}^2\boldsymbol{r}_i}{\mathrm{d}t^2} = \frac{\boldsymbol{F}_i(t)}{m} \tag{8.3.2}$$

式中，$\boldsymbol{a}_i$，$\boldsymbol{v}_i$ 是原子 i 的加速度和速度。给定 N 个原子的初始位置和初始速度，数值求解式 (8.3.2) $6N$ 个微分方程。

3. 速度的 Verlet 积分算法

第 6 章介绍了许多数值求解微分方程的方法，本章介绍了 Verlet 方法。Verlet 发展的另一种算法为

$$\begin{cases} \boldsymbol{r}_i\left(t+\mathrm{d}t\right)=\boldsymbol{r}_i\left(t\right)+\boldsymbol{v}_i\left(t\right)\mathrm{d}t+\dfrac{1}{2}\boldsymbol{a}_i\left(t\right)\mathrm{d}t^2 \\ \boldsymbol{v}_i\left(t+\mathrm{d}t\right)=\boldsymbol{v}_i\left(t\right)\mathrm{d}t+\dfrac{1}{2}\left[\boldsymbol{a}_i\left(t+\mathrm{d}t\right)+\boldsymbol{a}_i\left(t\right)\right]\mathrm{d}t \end{cases} \tag{8.3.3}$$

这种算法的精度是 $\mathcal{O}\left(\mathrm{d}t^4\right)$。

4. 系统温度随时间演化

由于系统的粒子数 N 和体系大小 L^3 是固定的，伦纳德–琼斯力是保守力，所以系统的总能量是常数。考虑一个热力学平衡系统，根据能量均分定理，系统的平动能与系统温度的关系为

$$3\left(N-1\right)\times\frac{1}{2}k_{\mathrm{B}}T=\left\langle\frac{m}{2}\sum_{i=1}^{N}v_i^2\right\rangle \tag{8.3.4}$$

这里，$\langle\cdots\rangle$ 表示系综平均；$3\left(N-1\right)$ 表示系统对热运动有贡献的平动自由度数 (注意：系统的质心运动并不表示热能)。下面是模拟程序：md1.cpp 结果如图 8.3.2 所示。

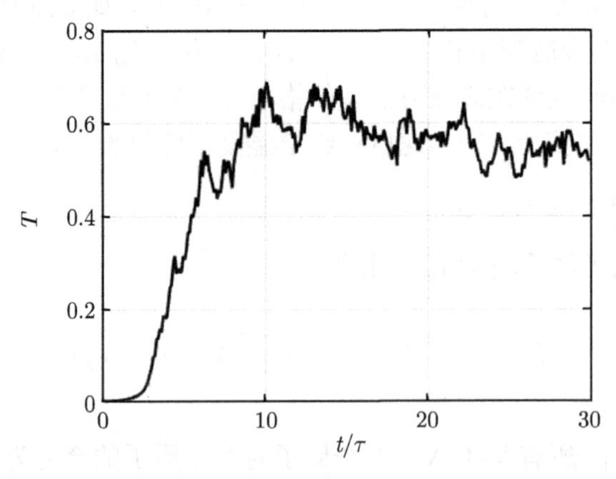

图 8.3.2　程序:md1.cpp

```
#include <cmath>
#include <cstdlib>
```

```
#include <fstream>
#include <iostream>
#include <string>
using namespace std;
const int N = 64;                              % 模拟原子数
double r[N][3];                                % 位置
double v[N][3};                                % 速度
double a[N][3];                                % 加速度
double L=10;
double vMax=0.1;                               % 最大初始速度分量
void initialize() {
     int n=int(ceil(pow(N,1.0/3)));     % 每个方向的原子数
     double a=L/n;
     int p=0;
    for(int x=0;x<n;x++)
       for(int y=0;y<n;y++)
          for(int z=0;z<n;z++){
                 if(p<N) {
                     r[p][0]=(x+0.5)*a;
                     r[p][1]=(y+0.5)*a;
                     r[p][2]=(z+0.5)*a;
                 }
                 ++p;
       }
for (p=0;p<N;p++)
for (int i=0;i<3;i++)
v[p][i]=vMax*(2*rand()/double(RAND_MAX)-1);
}
void computeAccelerations() {
      for(int i=0;i<N;i++)
          for(int k=0;k<3;k++)
              a[i][k]=0;
      for(i=0;i<N-1;i++)
          for(int j=i+1;j<N;j++) {
               double rij[3];
```

```
            double rSqd=0;
            for(int k=0;k<3;k++) {
                 rij[k]=r[i][k]-r[j][k];
                 rSqd +=rij[k]*rij[k];
            }
          double f=24*(2*pow(rSqd,-7)-pow(rSqd,-4));
            for(k=0;k<3;k++) {
                a[i][k]+=rij[k]*f;
                a[j][k]-=rij[k]*f;
               }
       }
}
void velocityVerlet(double dt) {
     computeAccelerations();
      for (int i=0;i<N;i++)
         for (int k=0;k<3;k++) {
              r[i][k]+=v[i][k]*dt+0.5*a[i][k]*dt*dt;
              v[i][k]+=0.5*a[i][k]*dt;
         }
     computeAccelerations();
     for(i=0;i<N;i++)
         for(int k=0;k<3;k++)
             v[i][k]+=0.5*a[i][k]*dt;
}
double instantaneousTemperature() {
   double sum=0;
   for(int i=0;i<N;i++)
      for(int k=0;k<3;k++)
          sum +=v[i][k]*v[i][k];
      return sum/(3*(N-1));
}
int main() {
  initialize();
  double dt=0.01;
  ofstream file("T.data");
```

```
  for(int i=0;i<3000;i++){
    velocityVerlet(dt);
    file<<instantaneousTemperature()<<'\n';
    }
    file.close();
    return(0);
}
```

附 md1.m 程序:

```
%md1.m 均匀位置分布, 均匀随机速度分布
function md1
clc; clear all;
np = 64;  % number of particles
nmax = 3000;
tem = zeros(nmax,1);

dt = 0.01;
[r,v]=initialize(np);
figure();
for i =1:nmax
    [r v] = velocity(dt,np,r,v);
    tem(i) = temperature(np,v);
    scatter3( r(:,1), r(:,2), r(:,3), 20.0, 'ro', 'filled' );
    axis([-20 20 -20 20 -20 20]);
    title(['time =',num2str(i*dt)]);
    drawnow;
end
x = 1:10:nmax;
figure;
plot(x,tem(x),'r.','MarkerSize',10);
set(gca,'FontSize',18);
xlabel('time');ylabel('Temperature');
end

function  [r,v]=initialize(np)
r = zeros(np,3);
```

```
v = zeros(np,3);
l = 10;                    % linear size of cubical volume
vmax = 0.1;          % maximum initial velocity component
n = np^(1/3);     % number of atams in each direction
ls = l/n;                  % lattice spacing
p = 1;                     % particles placed so far
for x = 0:n
    for y = 0:n
        for z = 0:n
            if(p<=np)
                r(p,1) = (x+0.5)*ls;
                r(p,2) = (y+0.5)*ls;
                r(p,3) = (z+0.5)*ls;
            end
            p = p+1;
        end
    end
end
% initialize velocities
for p = 1:np
    for i = 1:3
        v(p,i) = vmax*(2*rand()-1);
    end
end
end

function  a = accelerations(np,r)
a = zeros(np,3);
rij = zeros(np,3);
for i =1:np-1
    for j = i+1:np
        rsqd = 0;
        for k = 1:3
            rij(k) = r(i,k)-r(j,k);
            rsqd = rsqd + rij(k)*rij(k);
```

```
        end
        f = 24*(2*rsqd^(-7)-rsqd^(-4));
        for k = 1:3
            a(i,k) = a(i,k)+rij(k)*f;
            a(j,k) = a(j,k)-rij(k)*f;
        end
    end
end
end

function [r v] = velocity(dt,np,r,v)
a = accelerations(np,r);
for i = 1:np
    for k = 1:3
        r(i,k) = r(i,k)+v(i,k)*dt+0.5*a(i,k)*dt*dt;
        v(i,k) = v(i,k)+0.5*a(i,k)*dt;
    end
end
a = accelerations(np,r);
for i = 1:np
     for k = 1:3
          v(i,k) = v(i,k) +0.5*a(i,k)*dt;
     end
end
end

function temp = temperature(np,v)
temp = 0;
for i = 1:np
    for k = 1:3
        temp = temp +v(i,k)*v(i,k);
    end
end
temp = temp/(3*(np-1));
end
```

8.3.2　模拟程序的改进

上面给出了分子动力学方法模拟系统状态演化的基本过程，为了加快模拟速度和精确物理模型，需要改进某些模拟过程。

1. 初始粒子位置分布在面心立方点阵上

伦纳德–琼斯势系统的最小能量组态是面心立方点阵。面心点阵的单胞有 4 个阵点。如果原子数是 $N=4M^2$，$M=1, 2, \cdots$，原子能够充满立方点阵，所以，通常 MD 模拟选 $32=4\times 2^3$，$108=4\times 3^3$，256，500，864，$\cdots$ 原子数。图 8.3.3 是面心立方点阵的单胞，4 个灰色点代表阵点。

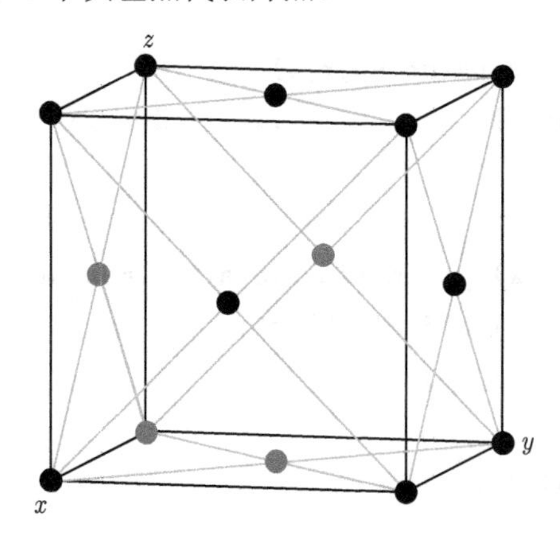

图 8.3.3　面心立方点阵的单胞

2. 初始速度分布按麦克斯韦–玻尔兹曼分布抽样

如果初始速度分布取为麦克斯韦速度分布

$$p(v)=\left(\frac{m}{2\pi k_B T}\right)^{3/2}\mathrm{e}^{-m\left(v_x^2+v_y^2+v_z^2\right)/(2k_\mathrm{B}T)}$$

则每个速度分量都是高斯分布，由此按第 7 章介绍的方法对速度分布进行抽样，即

$$p(x)=\frac{\mathrm{e}^{-(x-x_0)^2/\left(2\sigma^2\right)}}{\sqrt{2\pi\sigma^2}}$$

其中 $x_0=1$，$\sigma^2=1$。

由于速度是围绕零点随机分布的，系统的总动量接近零，但不会精确地为零。为了消除系统的这种空间漂移，必须调整质心速度为零，一般通过把原子的速度变换到质心坐标系中。

调整质心速度为零后，要重新对速度进行标度，以便得到希望的系统温度

$$\boldsymbol{v}_i \to \lambda \boldsymbol{v}_i, \quad \lambda = \sqrt{3(N-1)k_{\mathrm{B}}T \Big/ \left(\sum_{i=1}^{N} m v_i^2\right)} \tag{8.3.5}$$

3. 应用周期性边界条件

为了保证模拟区域的粒子数不变，要采用周期性的边界条件。当粒子运动时，如果出了模拟区域，施加周期性边界条件使粒子回到系统中。

4. 最小周期映像法则

由于采用周期性边界条件，如图 8.3.4 所示，如果 $r_{ij} = |\boldsymbol{r}_i - \boldsymbol{r}_j|$，大于 $r_{ij'} = |\boldsymbol{r}_i - \boldsymbol{r}_{j'}|$，$\boldsymbol{r}_{j'}$ 是粒子 j 在最邻近周期性体积里的映像粒子位置，则考虑粒子 i 和 j' 间强的力，而忽略粒子 i 和 j 间弱的力。下面是改进的模拟程序 md2.cpp (部分子程序) 及结果，如图 8.3.5 所示。

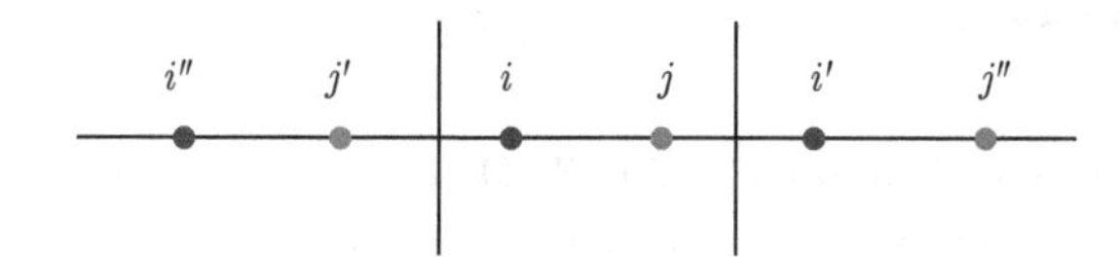

图 8.3.4 粒子位置示意图

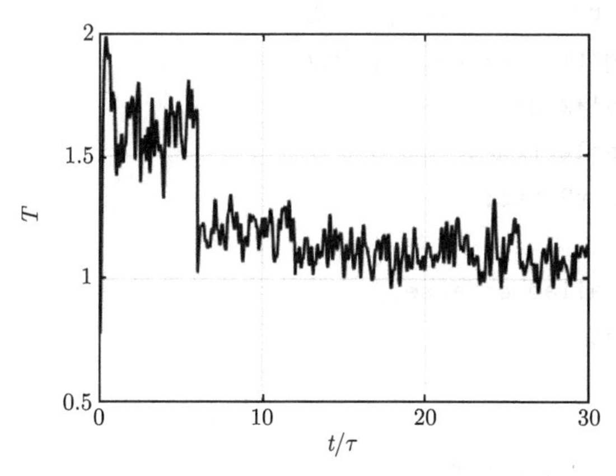

图 8.3.5 程序 md2.cpp 计算结果

```
void initVelocities() {
    for(int n=0;n<N;n++)
        for(int i=0;i<3;i++)
            v[n][i]=gasdev();
    double vCM[3]={0,0,0};
```

```
    for(n=0;n<N;n++
       for(int i=0;i<3;i++)
          vCM[i]+=v[n][i];
    for(int i=0;i<3;i++)
        vCM[i]/=N;
    for(n=0;n<N;n++)
        for(int i=0;i<3;i++)
           v[n][i]-=vCM[i];
    rescaleVelocities();
double gasdev() {
    static bool available=false;
    static double gset;
    double fac,rsq,v1,v2;
    if(!available) {
     do {
        v1=2.0*rand()/double(RAND_MAX)-1.0;
        v2=2.0*rand()/double(RAND_MAX)-1.0;
        rsq=v1*v1+v2*v2;
        }while(rsq~>=1.0||rsq==0.0);
         fac=sqrt(-2.0*log(rsq)/rsq);
         gset=v1*fac;
         available=true;
         return v2*fac;
        }else{
             available=false;
             return gset;
        }
}
void rescaleVelocities() {
    double vSqdSum=0;
    for(int n=0;n<N;n++)
        for(int i=0;i<3;i++)
            vSqdSum+=v[n][i]*v[n][i];
    double lambda=sqrt(3*(N-1)*T/vSqdSum);
    for(n=0;n<N;n++)
```

```
        for(int i=0;i<3;i++)
           v[n][i]*=lambda;
}
void computeAccelerations(){
for(int i=0;i<N;i++)
    for(int k=0;k<3;k++)
        a[i][k]=0;
    for(i=0;i<N-1;i++)
        for(int j=i+1;j<N;j++){
           double rij[3];
           double rSqd=0;
           for(int k=0;k<3;~k++){
               rij[k]=r[i][k]-r[j][k];
               if(abs(rij[k])>0.5*L){
                    if(rij[k]>0)
                         rij[k]-=L;
                    else
                         rij[k]+=L;
                         }
                         rSqd+=rij[k]*rij[k];
                         }
               double f=24*(2*pow(rSqd,-7)-pow(rSqd,-4));
                     for(k=0;k<3;k++){
                          a[i][k]+=rij[k]*f;
                          a[j][k]-=rij[k]*f;
                     }
               }
}
void velocityVerlet(double dt){
     computeAccelerations();
     for(int i=0;i<N;i++)
      for(int k=0;k<3;k++){
         r[i][k]+=v[i][k]*dt+0.5*}a[i][k]*dt*dt;
              if(r[i][k]<0)
                  r[i][k]+=L;
```

```
                if(r[i][k]>=L)
                    r[i][k]-=L;
                v[i][k]+=0.5*a[i][k]*dt;
}
computeAccelerations();
for(i=0;i<N;i++)
    for(int k=0;k<3;k++)
        v[i][k]+=0.5*a[i][k]*dt;
}
```

采用改进的模拟程序模拟 1000 步，每 200 步原子的速度被重新标度，最后得到预期的平衡温度。

8.3.3　提高模拟程序的效率

1. 作用势的截断

模拟系统力的计算要涉及 $N(N-1)/2$ 对粒子，大约耗时在 $\mathcal{O}(N^2)$ 量级，因此分子动力学程序的大部分时间消耗在粒子对的力的计算上。因为伦德纳–琼斯力是短程力，而且伦德纳–琼斯势随 r 迅速降低，所以引进截断距离 r_c 是很有意义的。当 $r > r_\mathrm{c}$ 时，伦德纳–琼斯势和力近似取为零；当 $r_\mathrm{c} < L/2$ 时，就是前面考虑的最小映像的相互作用。这时力的相互作用对数大约减到 $\mathcal{O}(N)$ 量级。分子间相互作用的截断会引起总相互作用能的系统误差，一般通过尾部贡献来校正。

2. 近邻表

由于截断势需要对所有的 $N(N-1)/2$ 对粒子在每个时间步上判断 $r_{ij'} = |\boldsymbol{r}_i - \boldsymbol{r}_{j'}| < r_c$，所以没有减少计算量。沃勒注意到，为了减小求解牛顿方程的数值误差，在每个时间步上由于 $\mathrm{d}t$ 选择得很小，粒子的位置在 $\mathrm{d}t$ 时间内变化很小，所以再选择一个最大距离 $r_\mathrm{m} > r_\mathrm{c}$，建立一个所有原子对 (ij) 满足 $r_{ij} < r_\mathrm{m}$ 的表，这个表称为近邻表 (neighbor list)。沃勒建议取 $r_\mathrm{c} = 2.5\sigma$，$r_\mathrm{m} = 3.2\sigma$。近邻表并不在每个时间步上更新，而是运行一定的步数，例如 10 或 20 步。这个固定的更新时间间隔的选择原则是：在这个时间间隔内，原来那些 $r_{ij} < r_\mathrm{c}$ 的原子对 r_{ij} 增加不会超过 r_m，而那些 $r_{ij} > r_\mathrm{m}$ 的原子对 r_{ij} 减少不会小于 r_c。模拟发现，采用近邻表后，模拟速度增加了 10 倍，而精度损失很小。

computeSeparation 子程序应用周期性条件和最小映像惯例计算 (ij) 粒子间距；updatePairList 子程序计算所有间距小于 r_m 的对表；这样在进行力计算时，只计算邻表中 $r_{ij} < r_\mathrm{c}$ 的原子对。下面计算 $N = 864$ 个粒子。

改进的计算程序 md3.cpp(部分子程序) 及结果，如图 8.3.6 所示。

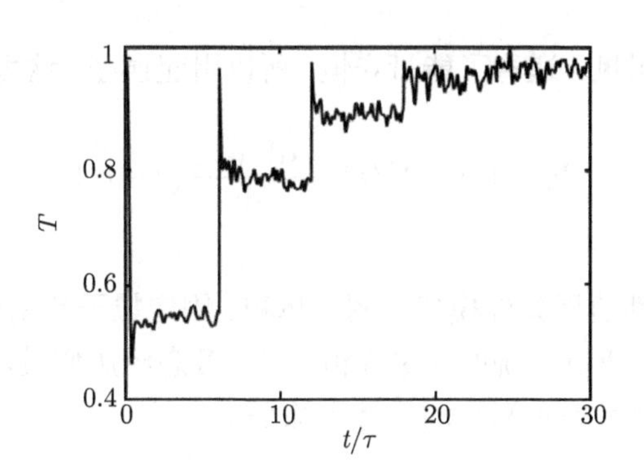

图 8.3.6 程序 md3.cpp 计算结果

```
void computeSeparation(int i,int j,double dr[],double& rSqd)
  {rSqd=0;
   for(int d=0;d<3;d++) {
       dr[d]=r[i][d]-r[j][d];
       if(dr[d]>=0.5*L)
          dr[d]-=L;
       if(dr[d]<-0.5*L)
          dr[d]+=L;
       rSqd+=dr[d]*dr[d];
   }
}
void updatePairList() {
     nPairs=0;
     double dr[3];
     for(int i=0;i<N-1;i++)
         for(int j=i+1;j<N;j++){
             double rSqd;
             computeSeparation(i,j,dr,rSqd);
             if(rSqd<rMax*rMax){
                 pairList[nPairs][0]=i;
                 pairList[nPairs][1]=j;
                 ++nPairs;
             }
          }
}
```

由于作用势的截断，违背了能量守恒，所以引起误差。这可以由修正势进行改进

$$V_{\text{corr}}(r)=V(r)-\frac{\mathrm{d}V(r_{\text{c}})}{\mathrm{d}r}(r-r_{\text{c}})$$

8.3.4 物理观测量

前面应用周期性边界条件模拟了固定体积、固定粒子数系统的状态演化行为，由于没有外力作用，所以系统的能量守恒。根据各态经历假设，在这样的微正则系综中，用可观测物理量的时间平均代替系综平均。

1. 总能量

系统的总能量是动能和势能的和，即

$$E=\frac{m}{2}\sum_{i=1}^{N}v_i^2+\sum_{ij}V(r_{ij}) \tag{8.3.6}$$

2. 温度

当热平衡时，系统的热力学温度可根据能量均分定理计算：即系统的每个自由度对热能的贡献是 $\frac{1}{2}k_{\mathrm{B}}T$，$k_{\mathrm{B}}$ 是玻尔兹曼常量。每个氩原子有三个自由度，N 原子系统满足

$$N\frac{3}{2}k_{\mathrm{B}}T=\left\langle\frac{m}{2}\sum_{i=1}^{N}v_i^2\right\rangle \tag{8.3.7}$$

$\langle\cdots\rangle$ 表示时间 (或系综) 平均。因此，温度由平均动能确定。

3. 热容量

能量和温度能用于确定在常体积下的热容量

$$C_V=\left(\frac{\partial E}{\partial T}\right)_V=\frac{1}{k_{\mathrm{B}}T^2}\left(\left\langle E^2\right\rangle-\left\langle E\right\rangle^2\right) \tag{8.3.8}$$

4. 压强

另一个可观测的物理量是系统的压强。如果系统被约束在有壁的盒子里，压强可根据原子施加到壁面力的平均来估计。但根据维里定理，可更方便地计算压强

$$PV=Nk_{\mathrm{B}}T+\frac{1}{3}\left\langle\sum_{i=1}^{N}r_i\cdot F_i\right\rangle=Nk_{\mathrm{B}}T+\frac{1}{3}\left\langle\sum_{i<j}r_{ij}\cdot F_{ij}\right\rangle \tag{8.3.9}$$

根据上面式定义

$$Z=\frac{PV}{Nk_{\mathrm{B}}T}=1-\frac{1}{3Nk_{\mathrm{B}}T}\left\langle\sum_{i=1}^{N}\boldsymbol{r}_i\cdot\boldsymbol{F}_i\right\rangle \tag{8.3.10}$$

称为压缩因子，是偏离理想气体的量度，表示原子之间的作用力性质。在高密度时，原子间的力主要是排斥力，$Z > 1$；在低密度时，原子间的范德瓦耳斯力使 $Z < 1$。

5. 径向分布函数

分子动力学模拟中，另一个有趣的量是关联函数。最常见的是对关联函数

$$g(\boldsymbol{r}) = \frac{V}{N^2}\left\langle \sum_{i=1}^{N}\sum_{\substack{j=1\\ j\neq i}}^{N} \delta^3\left[\boldsymbol{r} - (\boldsymbol{r}_i - \boldsymbol{r}_j)\right]\right\rangle \tag{8.3.11}$$

这个量是度量非相互作用均匀随机分布的点粒子中两个粒子相距为 $r = |\boldsymbol{r}|$ 的概率。将对关联函数对所有的角方向平均，得到径向分布函数

$$g(r) = \frac{1}{4\pi r^2}\int_0^{\pi} \sin\theta \mathrm{d}\theta \int_0^{2\pi} \mathrm{d}\phi g(\boldsymbol{r}) \tag{8.3.12}$$

这个量可以通过实验测量，例如通过系统的 X 射线或中子散射实验测量得到。

8.4 习　　题

【8.1】修改程序 md3.cpp。(1) 输出动能、势能和总能量；(2) 统计系统平衡时压强和粒子速度分布函数等。

【8.2】采用蒙特卡罗方法，编写计算径向分布函数程序。

【8.3】讨论分子动力学模拟的优化方法。

【8.4】分子动力学的局限性有哪些?

第九章　有限元方法

有限单元方法 (finite element method, FEM) 或称有限元方法，简称有限元法，是一种常用的计算方法。有限元法将系统网格节点统一编号，特别适用于不规则的系统或边界任意形状的系统，所以广泛应用于流体力学、结构力学等系统。有限元法在早期是以变分原理为基础发展起来的，所以多应用于与泛函极值问题密切相关的拉普拉斯方程和泊松方程所描述的各类物理场中。自 1969 年以来，某些学者在流体力学中应用加权余量法的伽辽金法及最小二乘法等同样获得了有限元方程，使有限元法可应用于任何微分方程所描述的各类物理场中，而不再要求这类物理场和泛函的极值问题有所联系。

本章简单介绍有限元法的基本概念、描述方法和简单应用。

9.1　引　　言

9.1.1　瑞利–里茨方法

1. 泛函极值问题

有限元法最开始是由研究泛函的极值问题提出来的，所以首先就一个泛函的极值问题的例子来学习有限元法。对于函数中的 $J(\phi)$，或写为 $J[\phi]$，定义为泛函

$$J(\phi)=\int_a^b F(x,\phi,\phi')\mathrm{d}x,\quad \phi'=\frac{\mathrm{d}\phi}{\mathrm{d}x},\quad \phi\in[a,b] \tag{9.1.1}$$

$J(\phi)$ 取极值的必要条件可写为

$$\delta J(\phi)=\int_a^b\left[\frac{\partial F}{\partial\phi}\delta\phi+\frac{\partial F}{\partial\phi'}\delta\phi'\right]\mathrm{d}x=0$$

其中第二项由分部积分法得

$$\int_a^b\frac{\partial F}{\partial\phi'}\delta\phi'\mathrm{d}x=\frac{\partial F}{\partial\phi'}\delta\phi\bigg|_a^b-\int_a^b\frac{\mathrm{d}}{\mathrm{d}x}\left(\frac{\partial F}{\partial\phi'}\right)\delta\phi\mathrm{d}x$$

若函数满足第一类边界条件

$$\phi(a)=\alpha,\quad \phi(b)=\beta$$

则 $\delta\phi(a)=\delta\phi(b)=0$，

$$\delta J(\phi)=\int_a^b\left[\frac{\partial F}{\partial \phi}-\frac{\mathrm{d}}{\mathrm{d}x}\left(\frac{\partial F}{\partial \phi'}\right)\right]\delta\phi\mathrm{d}x=0$$

于是，对于任意的 $\delta\phi$，下式成立：

$$\frac{\partial F}{\partial \phi}-\frac{\mathrm{d}}{\mathrm{d}x}\left(\frac{\partial F}{\partial \phi'}\right)=0 \tag{9.1.2}$$

式 (9.1.2) 称为泛函 $J(\phi)$ 的欧拉方程，是泛函 (9.1.1) 取极值的必要条件。

这样，求解第一类边界条件的微分方程 (9.1.2) 就等价于 (或可以转化为) 求解方程 (9.1.1) 的泛函极值问题。如果类似式 (9.1.2) 的微分方程求解区域比较复杂，就可以采用下面将介绍的有限元方法求解其等价式 (9.1.1) 的泛函极值问题。

例如，静电场的能量密度为

$$F=\frac{\varepsilon}{2}\left(\frac{\mathrm{d}\phi}{\mathrm{d}x}\right)^2-\rho\phi \tag{9.1.3}$$

对应的欧拉方程为

$$\frac{\mathrm{d}^2\phi}{\mathrm{d}x^2}=-\frac{\rho}{\varepsilon} \tag{9.1.4}$$

是泊松方程。因此，求解泊松方程问题可化为求解下面泛函 (总静电能量) 的极值问题：

$$J(\phi)=\int_a^b\left[\frac{\varepsilon}{2}\left(\frac{\mathrm{d}\phi}{\mathrm{d}x}\right)^2-\rho\phi\right]\mathrm{d}x \tag{9.1.5}$$

已知泛函，很容易求其极值问题的欧拉方程。但反过来，不是所有的微分方程都可以容易求得其对应的泛函。下面给出两种情况的例子。

【例题 9.1.1】

已知微分方程为

$$\begin{cases}-\dfrac{\mathrm{d}}{\mathrm{d}x}\left[p(x)\dfrac{\mathrm{d}y}{\mathrm{d}x}\right]+q(x)y=f(x), & 0<x<l\\ y(0)=y(l)=0, \quad p(x)>0, \quad q(x)\geqslant 0\end{cases} \tag{9.1.6}$$

写出相应的泛函，并验证其泛函一次变分 $\delta J=0$ 的函数满足微分方程。

【解】由数学分析，可得微分方程 $Ly=f$ 对应的泛函为

$$J[y]=\frac{1}{2}(Ly,y)-(f,y)$$

$$\begin{aligned}(Ly,y)&=\int_0^l\left[-\frac{\mathrm{d}}{\mathrm{d}x}\left(p(x)\frac{\mathrm{d}y}{\mathrm{d}x}\right)+q(x)y\right]y\mathrm{d}x\\&=-\left[p(x)y\frac{\mathrm{d}y}{\mathrm{d}x}\right]_0^l+\int_0^l\left[p(x)\left(\frac{\mathrm{d}y}{\mathrm{d}x}\right)^2+q(x)y^2\right]\mathrm{d}x\\&=\int_0^l\left[p(x)\left(\frac{\mathrm{d}y}{\mathrm{d}x}\right)^2+q(x)y^2\right]\mathrm{d}x\end{aligned}$$

由泛函定义

$$J(y)=\int_0^l F(x,y,y')\mathrm{d}x \tag{9.1.7}$$

得

$$F(x,y,y')=\frac{1}{2}\left[p(x)\left(\frac{\mathrm{d}y}{\mathrm{d}x}\right)^2+q(x)y^2\right]-fy$$

由欧拉方程

$$F_y-\frac{\mathrm{d}}{\mathrm{d}x}F_{y'}=0$$

得到原微分方程 (9.1.6)。这样，求解微分方程 (9.1.6) 就转化为求解泛函 (9.1.7) 的极值问题 (两者是等价的)。

【例题 9.1.2】

求解泛函问题

$$J=\int_0^1\left[\frac{1}{2}\left(\frac{\mathrm{d}u}{\mathrm{d}x}\right)^2+\frac{1}{2}u^2-xu\right]\mathrm{d}x$$

对应的欧拉方程。

【解】 设

$$F=\frac{1}{2}\left(\frac{\mathrm{d}u}{\mathrm{d}x}\right)^2+\frac{1}{2}u^2-xu$$

(1) 对于第一类边界条件：$u(a)=\alpha,\ u(b)=\beta$ 都为常量时

$$\delta u(a)=\delta u(b)=0\Rightarrow\left[\frac{\mathrm{d}u}{\mathrm{d}x}\delta u\right]_a^b=0$$

对应的欧拉方程为

$$\left[\frac{\partial F}{\partial u}-\frac{\mathrm{d}}{\mathrm{d}x}\left(\frac{\partial F}{\partial u'}\right)\right]=-\frac{\mathrm{d}^2u}{\mathrm{d}x^2}+u-x=0$$

(2) 对于第二类边界条件

$$\delta J=\int_a^b\left(-\frac{\mathrm{d}^2u}{\mathrm{d}x^2}+u-x\right)\delta u\mathrm{d}x+\left[\frac{\mathrm{d}u}{\mathrm{d}x}\delta u\right]_a^b=0$$

第二项表示第二类边界条件。

2. 里茨方法

一般来说, 采用有限元法求解微分方程的关键就是构造其解的泛函, 然后采用变分法求其泛函的极值。首先要将解用一组基函数 $\{\phi_k\}$ 近似展开, 然而通过选取适当的展开参数使得泛函取极小值。瑞利-里茨 (Rayleigh-Ritz) 方法就是基于这个思想。下面就二阶微分方程边值问题对其进行介绍:

$$u'' + Q(x)u = F(x), \quad u(a) = u_0, \quad u(b) = u_n \tag{9.1.8}$$

根据例题 9.1.1，方程 (9.1.8) 对应的泛函为

$$J[u] = \int_a^b \left[\left(\frac{\mathrm{d}u}{\mathrm{d}x}\right)^2 - Qu^2 + 2Fu\right]\mathrm{d}x \tag{9.1.9}$$

设方程 (9.1.8) 的近似解为

$$u(x) = \sum_{i=0}^{n} c_i v_i(x) \tag{9.1.10}$$

基函数 $v_i(x)$ 必须满足方程的边界条件。

将近似解代入方程 (9.1.9) 得到

$$J[c_0, c_1, \cdots, c_n] = \int_a^b \left[\left(\frac{\mathrm{d}\left(\sum c_i v_i\right)}{\mathrm{d}x}\right)^2 - Q\left(\sum c_i v_i\right)^2 + 2F\left(\sum c_i v_i\right)\right]\mathrm{d}x \tag{9.1.11}$$

泛函极值, 即取泛函的变分为零, 则有

$$\frac{\partial J}{\partial c_i} = \int_a^b 2\left(\frac{\mathrm{d}u}{\mathrm{d}x}\right)\frac{\partial}{\partial c_i}\left(\frac{\mathrm{d}u}{\mathrm{d}x}\right)\mathrm{d}x - 2\int_a^b Qu\left(\frac{\partial u}{\partial c_i}\right)\mathrm{d}x + 2\int_a^b F\left(\frac{\partial u}{\partial c_i}\right)\mathrm{d}x = 0 \tag{9.1.12}$$

【例题 9.1.3】

求解方程

$$y'' + y = 3x^2, \quad y(0) = 0, \quad y(2) = 3.5$$

设近似解为 $u(x) = 7x/4 + c_2 x(x-2) + c_3 x^2(x-2)$。

【解】

$$\frac{\mathrm{d}u}{\mathrm{d}x} = \frac{7}{4} + 2c_2(x-1) + c_3 x(3x-4), \quad \frac{\partial}{\partial c_2}\left(\frac{\mathrm{d}u}{\mathrm{d}x}\right) = 2x - 2$$

$$\frac{\partial}{\partial c_3}\left(\frac{\mathrm{d}u}{\mathrm{d}x}\right) = 3x^2 - 4x, \quad \frac{\partial u}{\partial c_2} = x(x-2), \quad \frac{\partial u}{\partial c_3} = x^2(x-2)$$

$$\frac{\partial J}{\partial c_2}=0,\ \Rightarrow\ \frac{16}{5}c_2+\frac{16}{5}c_3=\frac{74}{15},\quad \frac{\partial J}{\partial c_3}=0,\ \Rightarrow\ \frac{16}{5}c_2+\frac{128}{21}c_3=\frac{36}{5}$$

近似解：$u(x)=\frac{119}{152}x^3-\frac{46}{57}x^2+\frac{53}{228}x$，解析解：$y(x)=6\cos(x)+3(x^2-2)$。近似解与解析解比较见图 9.1.1。

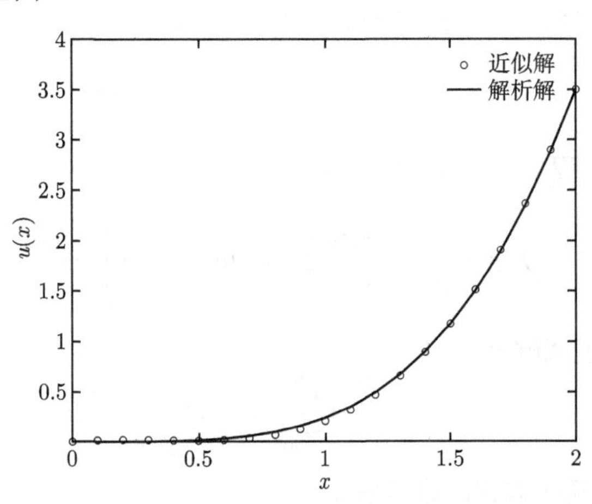

图 9.1.1　近似解与解析解比较

3. 应用举例

【例题 9.1.4】

下面以求解平行平板电容器中静电场的电位分布为例来说明泛函极值有限元法的解题步骤。这时设电荷密度 $\rho=0$，待求的电位满足

$$\frac{\mathrm{d}^2\phi}{\mathrm{d}x^2}=0,\quad \phi(0)=0,\quad \phi(1)=\beta \tag{9.1.13}$$

所要解决的问题是：满足边值条件的微分方程 (9.1.13) 的解。其解析解为：$\phi=\beta x$。

【解】 根据式 (9.1.5)，本问题的泊松方程对应的泛函就是电容器极板间的总电场能量

$$J=\int_0^1\frac{1}{2}\varepsilon\left(\frac{\mathrm{d}\phi}{\mathrm{d}x}\right)^2\mathrm{d}x \tag{9.1.14}$$

求解方程 (9.1.13) 就是要找出与边值问题相应的泛函及其变分问题。下面就本问题给出采用有限元法的简单步骤。

步骤 1：剖分

将待解区域进行分割，离散成有限个元素 (称为**有限单元**，简称**单元**) 的集合。元素 (单元) 的形状原则上是任意的。二维问题一般采用三角形单元或矩形单元，

三维空间可采用四面体或多面体单元等。每个单元的顶点称为**节点**(或**结点**)。本问题是将区间 [0,1] 均匀剖分，设节点为

$$x_i = ih,\quad i = 0, 1, \cdots n;\quad h = 1/n$$

这时在单元 $[x_{i-1}, x_i]$ 上的泛函为

$$J_i(\phi) = \int_{x_{i-1}}^{x_i} \frac{\varepsilon}{2}\left(\frac{\mathrm{d}\phi}{\mathrm{d}x}\right)^2 \mathrm{d}x \tag{9.1.15}$$

总泛函为

$$J(\phi) = \int_0^1 \frac{\varepsilon}{2}\left(\frac{\mathrm{d}\phi}{\mathrm{d}x}\right)^2 \mathrm{d}x = \sum_{i=1}^{n} J_i(\phi) \tag{9.1.16}$$

步骤 2：单元分析

单元分析就是求解单元泛函，即将分割单元中任意点的未知函数用该分割单元中**形状函数**(或称**基函数**) 及离散网格点上的函数值展开，即建立一个插值近似函数 (通常选线性近似插值函数)。本问题是在单元 $[x_{i-1}, x_i]$ 上由两端点节点值 (节点值正是未知待求的，但这里暂当作是已知的) 为参数构造近似线性插值函数：

$$\phi(x) \approx \phi_{i-1} + \frac{\phi_i - \phi_{i-1}}{x_i - x_{i-1}}(x - x_{i-1}),\ \text{或}\ \phi(x) = \frac{x - x_i}{x_{i-1} - x_i}\phi_{i-1} + \frac{x - x_{i-1}}{x_i - x_{i-1}}\phi_i \tag{9.1.17}$$

如果选取等距节点 $h = x_i - x_{i-1}$

$$\frac{\mathrm{d}\phi}{\mathrm{d}x} \approx \frac{\phi_i - \phi_{i-1}}{h},\quad J_i(\phi) = \int_{x_{i-1}}^{x_i} \frac{\varepsilon}{2}\left(\frac{\mathrm{d}\phi}{\mathrm{d}x}\right)^2 \mathrm{d}x \approx \frac{\varepsilon}{2h}(\phi_i - \phi_{i-1})^2 \tag{9.1.18}$$

步骤 3：综合

将式 (9.1.18) 的单元泛函代入式 (9.1.16) 求得总泛函

$$J(\phi) \approx \frac{\varepsilon}{2h}\sum_{i=1}^{n}(\phi_i - \phi_{i-1})^2 \tag{9.1.19}$$

由边界条件：$\phi_0 = 0, \phi_n = \beta$，因而

$$J(\phi) = D(\phi_1, \cdots, \phi_{n-1}) = \frac{\varepsilon}{2h}\left[\phi_1^2 + (\phi_2 - \phi_1)^2 + \cdots + (\beta - \phi_{n-1})^2\right] \tag{9.1.20}$$

步骤 4：求解近似变分方程

变分方程 $\delta J = 0$ 近似可写为 $\delta D(\phi_1, \phi_2, \cdots, \phi_{n-1}) = 0$，即得方程组

$$\begin{cases} \dfrac{\partial D}{\partial \phi_1} = \dfrac{\varepsilon}{2h}[2\phi_1 - 2(\phi_2 - \phi_1)] = 0 \\ \dfrac{\partial D}{\partial \phi_2} = \dfrac{\varepsilon}{2h}[2(\phi_2 - \phi_1) - 2(\phi_3 - \phi_2)] = 0 \\ \quad\cdots\cdots \\ \dfrac{\partial D}{\partial \phi_{n-1}} = \dfrac{\varepsilon}{2h}[2(\phi_{n-1} - \phi_{n-2}) - 2(\beta - \phi_{n-1})] = 0 \end{cases} \tag{9.1.21}$$

写成矩阵形式:

$$A\boldsymbol{\phi}=\boldsymbol{b},\quad \boldsymbol{\phi}=[\phi_1,\phi_2,\cdots,\phi_{n-1}]^{\mathrm{T}},\quad \boldsymbol{b}=[0,0,\cdots,\beta]^{\mathrm{T}} \tag{9.1.22}$$

$$A=\begin{pmatrix} 2 & -1 & & & \\ -1 & 2 & -1 & & \\ & \ddots & \ddots & \ddots & \\ & & -1 & 2 & -1 \\ & & & -1 & 2 \end{pmatrix} \tag{9.1.23}$$

经过以上四步，问题归结到求解线性代数方程组 (9.1.22)。容易解出方程组 (9.1.22) 的解为 $\phi_i=ih\beta,\ i=0,1,\cdots,n$。在这个例子中，用有限元法得到的数值解与解析解相同，是因为本问题的解析解恰好是线性函数 $\phi=\beta x$。

9.1.2　加权余量方法

采用数值方法求解某些微分方程的近似数值解时，可用带有任意系数的一组线性无关函数来表示方程的近似解，将此近似解代入微分方程后，不能完全满足方程。得到的误差函数，称为**余量**。这时的问题就可化为如何确定这组系数，使余量达到最小，通常是将余量在求解区域加权积分等于零。这样的方法就称为**加权余量法**(weighted residual methods，WRM)。WRM 可用于数值求解常微分方程的边值问题和偏微分方程的初值问题，下面介绍加权余量方法。

1. **基本概念**

第一类边值问题的微分方程

$$\hat{L}\phi(x)=f(x),\quad \phi(a)=\alpha,\quad \phi(b)=\beta \tag{9.1.24}$$

$\hat{L}$ 是微分算符，将解用一组正交归一的完备基函数展开

$$\phi(x)=\sum_{i=1}^{\infty}c_iu_i(x) \tag{9.1.25}$$

基函数满足关系

$$\int_a^b u_i(x)u_j^*(x)\mathrm{d}x=\delta_{ij}$$

这样的解是精确的，但有限元近似一般是取有限项展开:

$$\phi_n(x)=\sum_{i=1}^{n}c_iu_i(x) \tag{9.1.26}$$

这样，通常解是近似的，则残差或余量

$$R_n(x) = \hat{L}\phi_n(x) - f(x) = \sum_{i=1}^{n} c_i \hat{L} u_i(x) - f(x) \tag{9.1.27}$$

是非零的 (如果 $\phi_n(x)$ 是真实解，则余量为零)。然后就是如何确定系数 c_i 以使 $R_n(x)$ 在求解区域中最小。一种优化方法是引进**加权积分**(也称加权余量)

$$g_j = \int_a^b R_n(x) w_j(x) \mathrm{d}x \tag{9.1.28}$$

其中 w_j 称为**权函数**。确定系数 c_i 的方法就是使加权积分 $g_j = 0$，则有

$$g_j = \int_a^b \left[\sum_{i=1}^{n} c_i \hat{L} u_i(x) - f(x) \right] w_j(x) \mathrm{d}x = 0$$

可以写成矩阵形式

$$Ac = b \tag{9.1.29}$$

$$A_{ij} = \int_a^b [\hat{L} u_i(x)] w_j(x) \mathrm{d}x, \quad b_j = \int_a^b f(x) w_j(x) \mathrm{d}x$$

基函数 $u_i(x)$ 选择的原则是计算方便、近似解的精度高和满足边界条件。下面给出几种选择权函数 $w_j(x)$ 的方法。

2. 权函数的选择

1) **配置法**

配置法 (collocation method) 是选择狄拉克 δ 函数为权函数，有

$$w = \delta(x - x_i) \tag{9.1.30}$$

x_i 在求解区域内。

2) **最小二乘法**

最小二乘法 (least squares method) 是选择对余量所含的待求系数的导数为权函数，有

$$w_i = \frac{\partial R_n}{\partial c_i} \tag{9.1.31}$$

3) **伽辽金法**

伽辽金法 (Galerkin method) 是选择对试探解所含待求系数的导数为权函数，有

$$w_i = \frac{\partial \phi_n}{\partial c_i} = u_i \tag{9.1.32}$$

可见权函数也是基函数，这也是伽辽金法应用非常普遍的主要原因。

【例题 9.1.5】

微分方程

$$\begin{cases} \dfrac{\mathrm{d}^2 y}{\mathrm{d}x^2} - y = -x, \quad 0 < x < 1 \\ y(0) = 0, \quad y(1) = 0 \end{cases} \tag{9.1.33}$$

设近似解 $u = cx(1-x)$，确定权函数和定解系数。

【解】 选取的近似解既要包含未知系数，还要满足定解条件。例如本问题，近似解 $u = cx(1-x)$ 满足边界条件:$u(0) = 0, u(1) = 0$, c 是待定系数。

求余量: 将近似解代入方程 (9.1.33) 得到余量 (如果试探解就是精确解，则余量为零)

$$R = \frac{\mathrm{d}^2 u}{\mathrm{d}x^2} - u + x = -2c - cx(1-x) + x \tag{9.1.34}$$

由于 u 不是精确解，余量 R 在求解的区域不可能为零。

选权函数: 使得问题的余量在求解区域的加权积分为零，即

$$\begin{aligned} I &= \int_0^1 wR\mathrm{d}x = \int_0^1 w\left(\frac{\mathrm{d}^2 u}{\mathrm{d}x^2} - u + x\right)\mathrm{d}x \\ &= \int_0^1 w\left[-2c - cx(1-x) + x\right]\mathrm{d}x = 0 \end{aligned} \tag{9.1.35}$$

(1) 配置法：选择狄拉克 δ 函数为权函数

$$w = \delta(x - x_i) \tag{9.1.36}$$

例如，取 $x_i = 0.5$，代入式 (9.1.35) 得 $c = 0.2222$，则近似解为

$$u = 0.2222x(1-x)$$

(2) 最小二乘法：选择权函数为对余量所含的待求系数的导数

$$w = \frac{\mathrm{d}R}{\mathrm{d}c} = -2 - x(1-x) \tag{9.1.37}$$

代入式 (9.1.35) 得 $c = 0.2305$, 近似解为

$$u = 0.2305x(1-x)$$

(3) 伽辽金法：对试探解所含待求系数的导数

$$w = \frac{\mathrm{d}u}{\mathrm{d}c} = x(1-x) \tag{9.1.38}$$

代入式 (9.1.35) 得 $c = 0.2272$，近似解为

$$u = 0.2272x(1-x)$$

精确解是

$$y(x) = -\frac{e^x - e^{-x}}{e - e^{-1}} + x$$

三种不同解法求得的近似解与解析解的比较结果如图 9.1.2 所示。

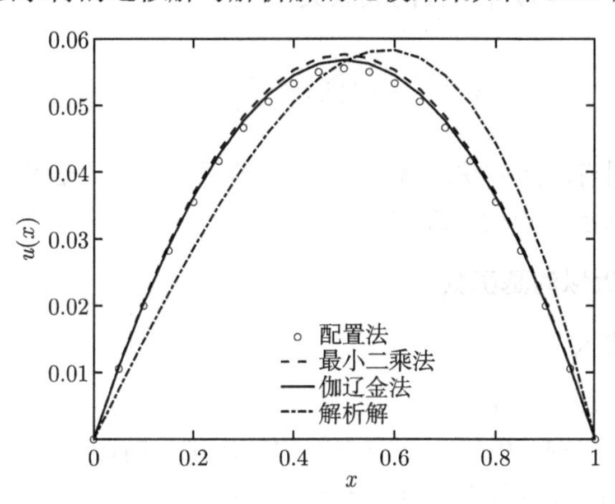

图 9.1.2　三种不同方法得到的结果

为了改进近似解，可以选择含有多个待定系数的近似解。例如，假设近似解为

$$u = a_1x(1-x) + a_2x^2(1-x)$$

代入原微分方程得余量

$$R = a_1(-2 - x + x^2) + a_2(2 - 6x - x^2 + x^3) + x$$

含有两个待确定的常数，需要同样数量的权函数。这样

配置法：$w_1 = \delta(x - x_1)$,　$w_2 = \delta(x - x_2)$；

最小二乘法：$w_1 = -2 - x + x^2$,　$w_2 = 2 - 6x - x^2 + x^3$；

伽辽金法：$w_1 = x(1-x)$,　$w_2 = x^2(1-x)$。

3. 加权余量法弱形式

对于前面考虑的简单例子，要求试探的近似解必须能够两次可微，这是加权余量法的强形式。为了减少对试探解函数的要求，可以对强形式的加权积分先做分部

积分

$$\begin{aligned} I &= \int_0^1 wR\mathrm{d}x = \int_0^1 w\left(\frac{\mathrm{d}^2 u}{\mathrm{d}x^2} - u + x\right)\mathrm{d}x \\ &= \int_0^1 \left(-\frac{\mathrm{d}w}{\mathrm{d}x}\frac{\mathrm{d}u}{\mathrm{d}x} - wu + xw\right)\mathrm{d}x + \left[w\frac{\mathrm{d}u}{\mathrm{d}x}\right]_0^1 = 0 \end{aligned} \tag{9.1.39}$$

可见，降阶后的加权积分不必要求试探解二阶可微。这称为**加权余量法的弱形式**。应用试探解 $u = ax(1-x)$ 代入式 (9.1.39) 得到同强形式一样的解。加权余量法的弱形式还给出了第二类边界条件的关联关系。

9.2 一维有限元方法

一维问题采用有限元方法求解并不常用, 这里介绍的方法和例子可作为对有限元方法概念和解题步骤的初步理解。

9.2.1 局域节点近似的基函数

1. 网格节点定义

将一维求解区域 $0 \leqslant x \leqslant L$ 分成 N 个区间， $N+1$ 个节点 (或结点) 称为**网格节点**，对于一维问题，相邻两个节点间的区域称为**有限元** (finite element), 单元的长度可以不同，即网格节点可以是不等间距的。

有限元法的两个重要特点如下：① 根据问题特性设计空间单元大小，保证解的空间分辨率；② 适合于不规则的空间求解区域。当然，对于一维问题，第二个特点不存在。

单元的大小可以不同，即可以是非等间距节点，如图 9.2.1 所示。

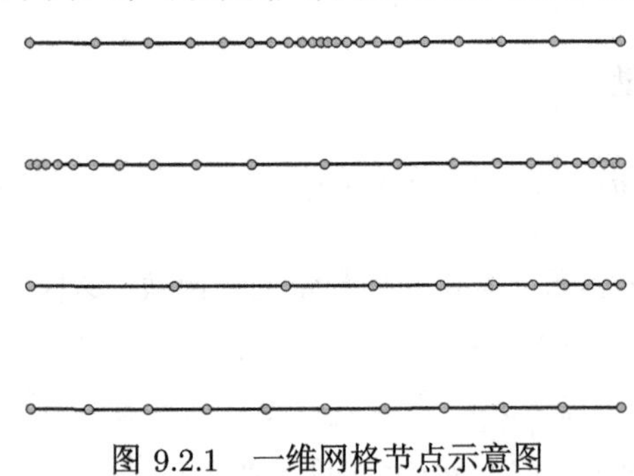

图 9.2.1　一维网格节点示意图

2. 节点近似权函数

有限元法是对空间求解区域划分为许多有限大小的单元。但是，对于一维问题，可以采取在每个节点的相邻两个单元上分别选取线性近似函数。

引进分段线性帐篷状近似函数 ϕ_i，见图 9.2.2, $h_i = x_{i+1} - x_i$，而且取

$$\phi_i(x) = \begin{cases} (x - x_{i-1})/h_{i-1}, & x \in [x_{i-1}, x_i] \\ (x_{i+1} - x)/h_i, & x \in [x_i, x_{i+1}] \\ 0, & x \notin [x_{i-1}, x_{i+1}] \end{cases} \tag{9.2.1}$$

近似函数具有基本的插值性质

$$\phi_i(x_j) = \delta_{i,j} \tag{9.2.2}$$

$\delta_{i,j}$ 是克罗内克 δ 函数。这样解的分段线性近似就可表示为按全部的节点展开 (注意与后面按单元展开例子的区别)

$$f(x) = \sum_{j=1}^{N+1} f_j \phi_j(x), \quad f_j \equiv f(x_j) \tag{9.2.3}$$

这实际上是一阶拉格朗日插值近似函数，展开系数就是未知的节点函数值，求出系数就是求出问题的数值解。

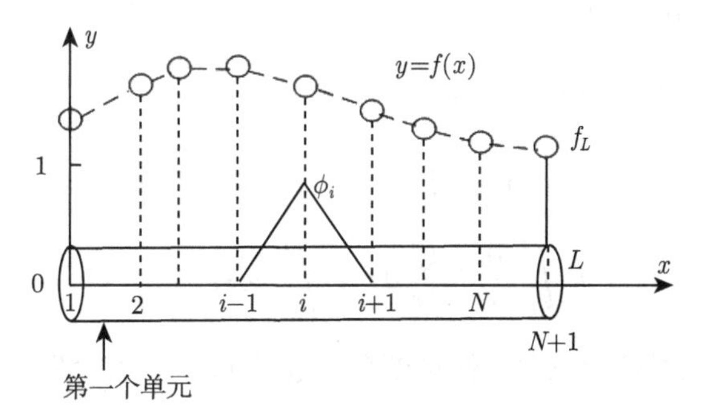

图 9.2.2 热传导棒

【例题 9.2.1】

假设由于化学反应等原因可能存在分布热源，见图 9.2.2。根据菲克定律得到棒上温度分布满足稳态的热传导方程:

$$k\frac{\mathrm{d}^2 f}{\mathrm{d}x^2} + s(x) = 0 \tag{9.2.4}$$

其中，k 是棒材料的热导系数，$f(x)$ 是温度分布，$s(x)$ 是线性热产生率。假设边界条件如下。

(1) 在棒左端 $x = 0$,

$$q_0 \equiv -k\left(\frac{\mathrm{d}f}{\mathrm{d}x}\right)_{x=0} \tag{9.2.5}$$

q_0 是热流通量，这里是常数。这是第二类边界条件，也称纽曼 (Neumann) 条件。

(2) 在右端 $x = L$

$$f(x = L) \equiv f_L \tag{9.2.6}$$

f_L 是常温度。这是第一类边界条件，也称狄利克雷 (Dirichlet) 条件。

求此方程的伽辽金加权积分的弱形式及其节点方程。

【解】 分段的线性近似函数 (9.2.1) 不可能满足二阶的微分方程，因为取式 (9.2.4) 左端的二阶导数为零。解决此问题，通常采用加权积分的弱形式。

伽辽金法选取的权函数就是近似的基函数。将方程 (9.2.4) 两边乘上基函数在求解区域积分

$$\int_0^L \phi_i(x)\left(k\frac{\mathrm{d}^2 f}{\mathrm{d}x^2} + s(x)\right)\mathrm{d}x = 0 \tag{9.2.7}$$

采用分部积分方法，加权余量积分的弱形式为

$$\int_0^L \left[k\frac{\mathrm{d}}{\mathrm{d}x}\left(\phi_i\frac{\mathrm{d}f}{\mathrm{d}x}\right) - k\frac{\mathrm{d}\phi_i}{\mathrm{d}x}\frac{\mathrm{d}f}{\mathrm{d}x} + \phi_i s(x)\right]\mathrm{d}x = 0 \tag{9.2.8}$$

代入边界条件并利用权函数的性质

$$\begin{aligned} &-\delta_{i,1}k\left(\frac{\mathrm{d}f}{\mathrm{d}x}\right)_{x=0} + \delta_{i,N+1}k\left(\frac{\mathrm{d}f}{\mathrm{d}x}\right)_{x=L} \\ &-k\int_0^L \frac{\mathrm{d}\phi_i}{\mathrm{d}x}\frac{\mathrm{d}f}{\mathrm{d}x}\mathrm{d}x + \int_0^L \phi_i s(x)\,\mathrm{d}x = 0 \end{aligned} \tag{9.2.9}$$

前两项给出了第二类边界条件。假设源项是连续的，设近似解和源项为

$$f(x) = \sum_{j=1}^{N+1}\phi_j(x)f_j, \quad s(x) = \sum_{j=1}^{N+1}s_j\phi_j(x),\ s_j \equiv s(x_j)$$

方程 (9.2.9) 变为

$$\begin{aligned} &-\delta_{i,1}k\left(\frac{\mathrm{d}f}{\mathrm{d}x}\right)_{x=0} + \delta_{i,N+1}k\left(\frac{\mathrm{d}f}{\mathrm{d}x}\right)_{x=L} \\ &-k\sum_{j=1}^{N+1}D_{ij}f_j + \int_0^L \phi_i s(x)\,\mathrm{d}x = 0 \end{aligned} \tag{9.2.10}$$

$$D_{ij} = \int_0^L \frac{\partial\phi_i}{\partial x}\frac{\partial\phi_j}{\partial x}\mathrm{d}x, \quad M_{ij} = \int_0^L \phi_i\phi_j\,\mathrm{d}x$$

则方程 (9.2.10) 可写为

$$DF = b, \quad b = \frac{MS}{k}, \ F = [f_1, f_2, \cdots, f_{N+1}]^{\mathrm{T}}, \ S = [s_1, s_2, \cdots, s_{N+1}]^{\mathrm{T}} \tag{9.2.11}$$

其中

$$b_{1,1} = \frac{M_{1,1}s_1}{k} + \frac{q_0}{k}, \quad b_{N+1,N+1} = f_L, \quad D_{N+1,N} = 0, \quad D_{N+1,N+1} = 1$$

对于 $L = 1.0$，$k = 1.0$，$q_0 = -1$，$f_L = 0.0$，$s(x) = 10\exp(-5x^2/L^2)$：

```
%%%%%-- 稳态一维扩散问题程序: exa_921.m --%%%%%
L = 1.0; k = 1.0; q0 = -1.0; fL = 0.0; ne = 16; ratio = 5.0;
xe = elm_line1 (0,L,ne,ratio);                 % 非均匀网格
for i=1:ne+1
  s(i) = 10.0*exp(-5.0*xe(i)^2/L^2);          % 源分布
end
[at,bt,ct,b] = sdl_sys (ne,xe,q0,fL,k,s); % 构造三对角矩阵方程
f = thomas (ne,at,bt,ct,b);                    % 三对角矩阵求解
f(ne+1) = fL;                                  % 边界条件
plot(xe, f,'-ko','LineWidth',2); set(gca,'FontSize',16);
xlabel('x'); ylabel('f');

function [at,bt,ct,b] = sdl_sys (ne,xe,q0,fL,k,s)
% 一维稳态扩散问题
% 线性单元
for l=1:ne  % element size
  h(l) = xe(l+1)-xe(l);
end
% 初始化三对角矩阵和右边列阵
at = zeros(ne,1); bt = zeros(ne,1); ct = zeros(ne,1);
b = zeros(ne,1); b(1) = q0/k;
% 前ne-1单元
for l=1:ne-1
  A11 = 1/h(l);    A12 =-A11;      A21 = A12;  A22 = A11;
  B11 = h(l)/3.0; B12 = 0.5*B11; B21 = B12;  B22 = B11;
  at(l) = at(l) + A11; bt(l) = bt(l) + A12;
  ct(l+1) = ct(l+1) + A21; at(l+1) = at(l+1) + A22;
  b(l)    = b(l)    + (B11*s(l) + B12*s(l+1))/k;
  b(l+1) = b(l+1) + (B21*s(l) + B22*s(l+1))/k;
```

```
end
% 最后单元
A11 = 1.0/h(ne); A12 =-A11;
B11 = h(ne)/3.0; B12 = 0.5*B11;
at(ne) = at(ne) + A11;
b(ne) = b(ne) + (B11*s(ne) + B12*s(ne+1)) /k - A12*fL;
return;
function x = thomas (n,a,b,c,s)
% 三对角矩阵方程的 Thomas 算法
% n: 系统大小
% a,b,c: 三对角元
% s: 右边项
% ====================================================
na = n-1;
% ------------------------------
% reduction to upper bidiagonal
% ------------------------------
d(1) = b(1)/a(1);
y(1) = s(1)/a(1);

for i=1:na
  i1 = i+1;
   den   = a(i1)-c(i1)*d(i);
   d(i1) = b(i1)/den;
   y(i1) = (s(i1)-c(i1)*y(i))/den;
end
% -----------------
% back substitution
% -----------------
x(n) = y(n);
for i=na:-1:1
  x(i)= y(i)-d(i)*x(i+1);
end
return;
```

结果见图 9.2.3。

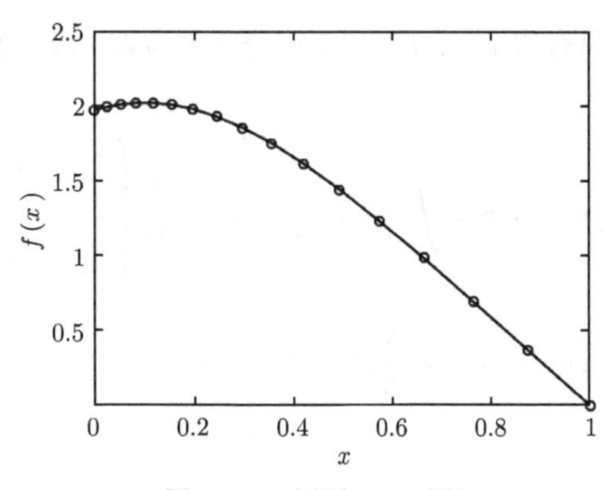

图 9.2.3 例题 9.2.1 图

【例题 9.2.2】

求解泊松方程

$$\frac{\mathrm{d}^2\phi}{\mathrm{d}x^2} = -\pi^2\sin(\pi x), \quad \phi(0) = \phi(1) = 0 \tag{9.2.12}$$

【解】为了简单取等长度单元 $h = x_{i+1} - x_i$，设近似解为

$$\phi(x) = \sum_{i=1}^{n} c_i u_i(x)$$

基函数为分段线性函数

$$u_i(x) = \frac{1}{h}\begin{cases}(x - x_{i-1}), & x_{i-1} \leqslant x < x_i \\ (x_{i+1} - x), & x_i \leqslant x \leqslant x_{i+1} \\ 0, & \text{其他}\end{cases}$$

可以证明，这样选取的基函数 $c_i = \phi_i = \phi(x_i)$，即系数 c_i 就是 $\phi(x)$ 的数值解。由系数表示的解可写成

$$\phi(x) = \frac{1}{h}\begin{cases}c_1(x - x_0), & x_0 \leqslant x < x_1 \\ c_i(x_{i+1} - x) + c_{i+1}(x - x_i), & x_i \leqslant x < x_{i+1},\ i = 1, 2, \cdots, n-1 \\ c_n(x_{n+1} - x), & x_n \leqslant x \leqslant x_{n+1}\end{cases}$$

总共 $n+1$ 个单元、$n+2$ 个节点，内节点编号为 $1:n$，

$$\frac{\mathrm{d}u_i}{\mathrm{d}x} = \begin{cases}1/h_{i-1}, & x_{i-1} \leqslant x < x_i \\ -1/h_i, & x_i \leqslant x \leqslant x_{i+1} \\ 0, & \text{其他}\end{cases} \tag{9.2.13}$$

当 i 固定时，j 只有取 $i-1,i,i+1$，积分才不为零，其他积分都为零，得到三对角矩阵，则有

$$A_{ij}=-\int_0^1 u_i''(x)u_j(x)\mathrm{d}x=\int_0^1 u_i'(x)u_j'(x)\mathrm{d}x=\frac{1}{h}\begin{cases}2, & i=j\\ -1, & i=j\pm 1\\ 0, & \text{其他}\end{cases} \tag{9.2.14}$$

$$b_i=\pi^2\int_0^1 \sin(\pi x)u_i(x)\mathrm{d}x=\frac{1}{h}(2\sin\pi x_i-\sin\pi x_{i-1}-\sin\pi x_{i+1}) \tag{9.2.15}$$

$$A\cdot c=b \tag{9.2.16}$$

```
%%%%%%-- exa_922.m --%%%%%%
n = 99; u =zeros(n,1); y =zeros(n,1);
w = zeros(n,1);
a=zeros(n,1); b = zeros(n,1);
xL =1.0; h = xL/(n+1); x = 0:h:1; d
= 2.0/h; e = -1.0/h; b1 = 1.0/h;
% Find the elements in L and U
  w(1) =  d;   u(1) =  e/d;
  for i = 2:n
    w(i) = d-e*u(i-1); u(i) = e/w(i);
  end
%! Assign the array B
  for i = 1:n
    xim  = h*(i-1); xi   = h*i; xip  = h*(i+1);
    b(i) = b1*(2.0*sin(pi*xi)-sin(pi*xim)-sin(pi*xip));
  end
%! Find the solution
  y(1) = b(1)/w(1);
  for i = 2:n
    y(i) = (b(i)-e*y(i-1))/w(i);
  end
%
  a(n) = y(n);
  for i = n-1:-1:1
    a(i) = y(i)-u(i)*a(i+1);
  end
```

```
 plot(x,[0 a' 0],'c-','LineWidth',3);
 set(gca,'FontSize',18); xlabel('x');ylabel('\phi(x)');
end
```

本例题也是以节点为参考展开近似函数，直接得到三对角的代数方程。基函数是整体的 (但与局域分布有关)，展开也是整体的，结果见图 9.2.4。

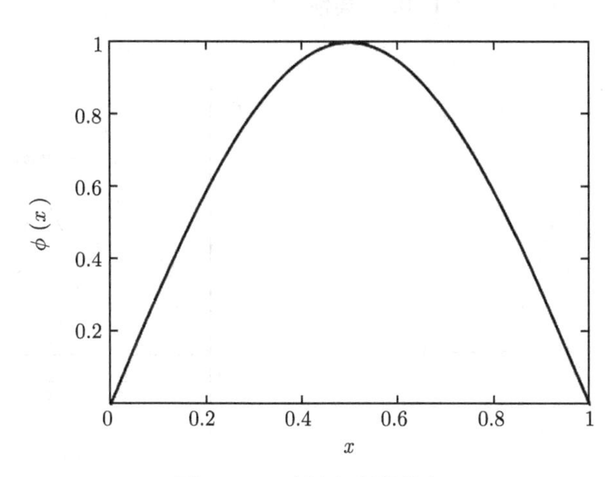

图 9.2.4 泊松方程数值解

【例题 9.2.3】

采用有限元方法求解下面方程：

$$
\begin{cases}
\dfrac{\mathrm{d}^2 u}{\mathrm{d}x^2} - u = -x, & 0 < x < 1 \\
u(0) = 0, \quad u(1) = 0,
\end{cases}
$$

【解】 推导该微分方程加权积分的弱形式

$$
\begin{aligned}
I = \int_0^1 wR\mathrm{d}x &= \int_0^1 w\left(\frac{\mathrm{d}^2\tilde{u}}{\mathrm{d}x^2} - \tilde{u} + x\right)\mathrm{d}x \\
&= \int_0^1 \left(-\frac{\mathrm{d}w}{\mathrm{d}x}\frac{\mathrm{d}\tilde{u}}{\mathrm{d}x} - w\tilde{u} + xw\right)\mathrm{d}x + \left[w\frac{\mathrm{d}\tilde{u}}{\mathrm{d}x}\right]_0^1 = 0
\end{aligned} \tag{9.2.17}
$$

选择一个合适的试探解是很复杂的问题，特别是对于精确解在求解区域变化很大的情况，或是对于求解区域非常复杂的情况，或是求解区域的边界条件复杂的情况。为了克服这些问题，通常选取试探函数为分段连续的函数。

对于一维情况，假设考虑下面定义的分段线性函数 (图 9.2.5)：

$$\phi_i(x) = \begin{cases} \dfrac{(x - x_{i-1})}{(x_i - x_{i-1})}, & x_{i-1} < x < x_i \\ \dfrac{(x_{i+1} - x)}{(x_{i+1} - x_i)}, & x_i < x < x_{i+1} \\ 0, & \text{其他} \end{cases} \tag{9.2.18}$$

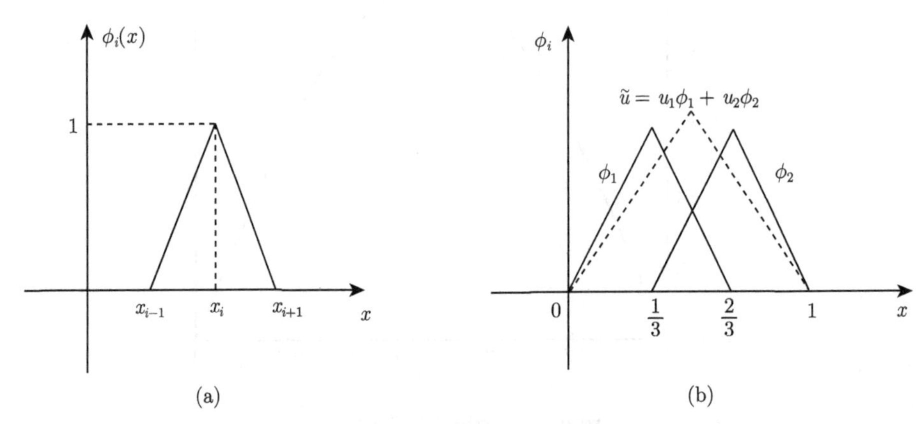

图 9.2.5　分段线性函数示意图

考虑问题的弱形式 (9.2.17)，采用式 (9.2.18) 形式的分段线性函数构造试探解：

$$\tilde{u} = u_1\phi_1(x) + u_2\phi_2(x)$$

$$\phi_1(x) = 3\begin{cases} x, & 0 \leqslant x < 1/3 \\ 2/3 - x, & 1/3 \leqslant x < 2/3 \\ 0, & 2/3 \leqslant x \leqslant 1 \end{cases}, \quad \phi_2(x) = 3\begin{cases} 0, & 0 \leqslant x < 1/3 \\ x - 1/3, & 1/3 \leqslant x < 2/3 \\ 1 - x, & 2/3 \leqslant x \leqslant 1 \end{cases}$$

为了提高解的精度，还可以取更多的子区间。现在取 3 个子区间，两个分段线性函数，构造的试探解为

$$\tilde{u} = \begin{cases} u_1(3x), & 0 \leqslant x < 1/3 \\ u_1(2 - 3x) + u_2(3x - 1), & 1/3 \leqslant x < 2/3 \\ u_2(3 - 3x), & 2/3 \leqslant x \leqslant 1 \end{cases}$$

见图 9.2.6，应用伽辽金法，得权重函数为

$$w_1 = \phi_1(x), \quad w_2 = \phi_2(x)$$

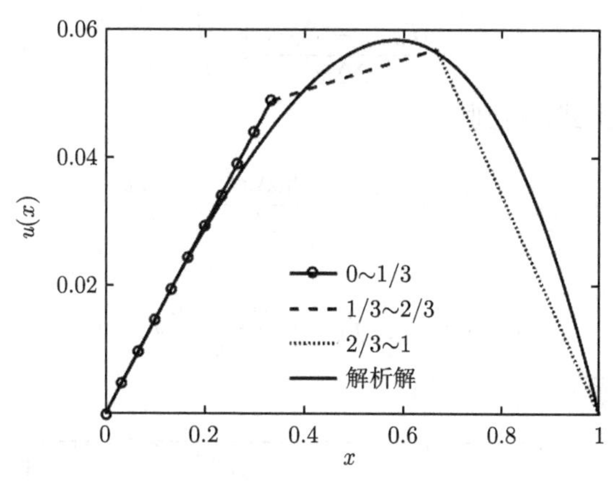

图 9.2.6 线性分段的结果

余量的加权积分为 (弱形式)

$$\begin{aligned}I_1 &= \int_0^1 \left(-\frac{\mathrm{d}w_1}{\mathrm{d}x}\frac{\mathrm{d}\tilde{u}}{\mathrm{d}x} - w_1\tilde{u} + xw_1\right)\mathrm{d}x + \left[w_1\frac{\mathrm{d}\tilde{u}}{\mathrm{d}x}\right]_0^1 \\ &= -6.222u_1 + 2.9444u_2 + 0.1111 = 0\end{aligned}$$

$$\begin{aligned}I_2 &= \int_0^1 \left(-\frac{\mathrm{d}w_2}{\mathrm{d}x}\frac{\mathrm{d}\tilde{u}}{\mathrm{d}x} - w_2\tilde{u} + xw_2\right)\mathrm{d}x + \left[w_2\frac{\mathrm{d}\tilde{u}}{\mathrm{d}x}\right]_0^1 \\ &= 2.9444u_1 - 6.222u_2 + 0.2222 = 0\end{aligned}$$

$$u_1 = 0.0488, \quad u_2 = 0.0569, \quad \tilde{u} = 0.0448\phi_1(x) + 0.0569\phi_2(x)$$

其实系数就是节点的数值解。两个一类边界条件为

$$u_0 = 0, \quad u_3 = 0$$

【例题 9.2.4】

$$k\frac{\mathrm{d}^2T}{\mathrm{d}x^2} + f_0 = 0, \quad T(x=0) = \alpha, \quad k\frac{\mathrm{d}T}{\mathrm{d}x}|_L = \beta, \quad 0 < x < L \tag{9.2.19}$$

采用有限差分方法和有限元方法求解 (取 $k=2, f_0=50, \alpha=30, \beta=-10, L=1$)。

【解】(1) 采用有限差分方法

$$k\frac{T_{i+1} - 2T_i + T_{i-1}}{\Delta x^2} + f_0 = 0, \quad i = 2, 3, \cdots, n-1$$

$$T_1 = \alpha, \quad T_{n+1} - 2T_n + T_{n-1} = -f_0\Delta x^2/k$$

$$\frac{T_{n+1}-T_{n-1}}{2\Delta x}=\frac{\beta}{k}$$

将虚点 T_{n+1} 代入上式，得到

$$-T_{n-1}+T_n=\frac{f_0\Delta x^2}{2k}+\frac{\beta\Delta x}{k}$$

解析解为

$$T(x)=-\frac{1}{2k}f_0x^2+\frac{\beta+f_0L}{k}x+\alpha$$

结果如图 9.2.7 所示。

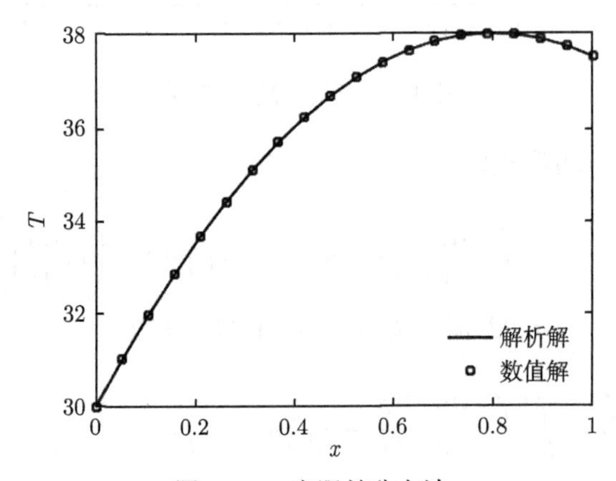

图 9.2.7　有限差分方法

```
%%%%%%--计算程序: exa_924_fdm.m --%%%%%%
L=1;                    % 系统长度 (m)
nnt=20;                 % 节点数
dx=L/(nnt-1);           % 单元大小 dx
kd=2;                   % 热传导系数
f0=50;                  % 单位长度热产生率
alpha =30;              % 节点1的 Dirichlet 条件
beta =-10;              % 节点 nnt 的 Neumann 条件
vkg=zeros(nnt,nnt); % 系统矩阵初始化
vfg=zeros(nnt,1);   % 系统矢量初始化
if(nnt>2)               % 节点循环矢量和矩阵元赋值
 for i=2:nnt-1
    vfg(i)=f0*dx^2/kd;
    vkg(i,[i-1, i, i+1])=[-1, 2, -1];
 end
```

```
end
vkg(1,1)=1; vfg(1)= alpha;   % (x=0) Dirichlet 边界条件
vkg(nnt,[nnt-1 nnt])=[-1 1]; % (x=L) Neumann   边界条件
vfg(nnt)=0.5*f0*dx^2/kd+beta*dx/kd;

vsol=vkg\vfg; % 解方程
%% 显示数值解
x = [0:nnt-1]*dx; T = -0.5*f0*x.*x/kd+(beta+f0*L)*x/kd+alpha;
plot(x,T,'c-',x,vsol,'bs','LineWidth',2);
set(gca,'FontSize',18);
legend('解析解','数值解',2);
xlabel('x');ylabel('T');
```

(2) 采用有限元方法:

```
%%%%%-- 计算程序: exa_924_fem.m --%%%%%
L=1;                  % length (m)
nnt=20;               % number of nodes
Le=L/(nnt-1);         % discretization dx=Le
%%=================== properties
kd=2;                 % thermal conductivity
f0=50;                % heat production per unit of length
%%----- boundary conditions
T0=30;                % Dirichlet at node 1
qL=10;                % Neumann at node nnt
%%==================  construction of system of equations
vkg=zeros(nnt,nnt); % initialization of vkg
vfg=zeros(nnt,1);   % initialization of vfg
c=kd/Le;
%%=================== elementary matrix and vector
vke=[c -c; -c  c];
vfe=f0*Le/2*[1; 1];
%%=================== 系统刚性矩阵和力矩阵装配, 设计很巧妙
for ie=1:nnt-1       % 全单元循环, 单元数比节点数少一
vfg([ie ;ie+1])= vfg([ie ;ie+1])+vfe;
vkg([ie ie+1], [ie ie+1])=
vkg([ie ie+1], [ie ie+1])+vke;
```

```
end
%%=================== Dirichlet boundary condition(x=0)
vkg(1,:)=zeros(1,nnt); vkg(1, 1)=1; vfg(1)=T0;
%%=================== Neumann boundary condition (x=L)
vfg(nnt)= vfg(nnt)-qL;
%%=================== solution
vsol=vkg\vfg;
%%=================== display numerical solution and exact solution
plot([0:nnt-1]*Le,vsol,'bs','LineWidth',3); hold
on;set(gca,'FontSize',18);
x=0:L/100:L;
solexact=-0.5*f0/kd*x.^2+(f0*L-qL)/kd*x+T0;
plot(x,solexact,'c-','LineWidth',3);
xlabel('x');ylabel('T');legend('数值解','解析解',2);
```

结果如图 9.2.8 所示。

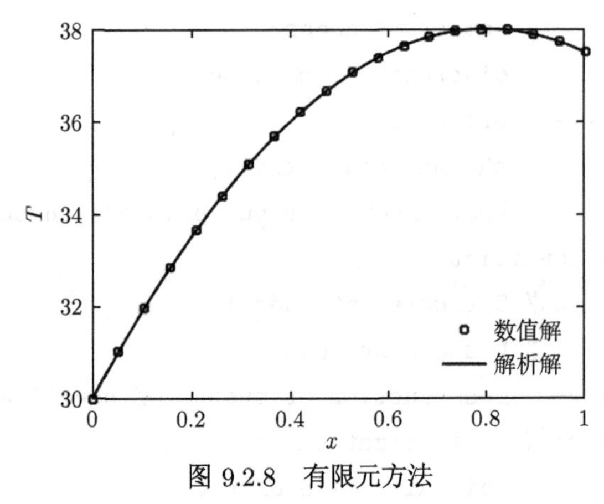

图 9.2.8　有限元方法

9.2.2　单元加权余量方法

前面是选取节点局域近似的分段连续基函数构造了全局或是整体的近似函数，然后做整体权积分，其优点是直接得到关于节点值 (未知待求的系数) 的代数方程。

本节选取分段连续函数作为单元的近似函数。

考虑一维问题的第 i 个有限单元，其两个端点称为节点，见图 9.2.9 中坐标 x_i 和 x_{i+1} 对应的节点函数值为 u_i 和 u_{i+1} 。如果在第 i 单元 $[x_i, x_{i+1}]$ 上取近似解为

$$u = c_1 x + c_2$$

有关系

$$u(x_i)=c_1x_i+c_2=u_i,\quad u(x_{i+1})=c_1x_{i+1}+c_2=u_{i+1}$$

得到系数

$$c_1=\frac{u_{i+1}-u_i}{x_{i+1}-x_i},\quad c_2=\frac{u_ix_{i+1}-u_{i+1}x_i}{x_{i+1}-x_i}$$

近似解为

$$u=c_1x+c_2=H_i(x)u_i+H_{i+1}(x)u_{i+1}=[H_i\quad H_{i+1}]\left[\begin{array}{c}u_i\\u_{i+1}\end{array}\right]$$

$$H_i(x)=\frac{x_{i+1}-x}{h_i},\quad H_{i+1}(x)=\frac{x-x_i}{h_i},\quad h_i=x_{i+1}-x_i$$

这时节点值 u_i，u_{i+1} 是待定系数。对于伽辽金法，权函数为

$$w_i=\frac{\mathrm{d}u}{\mathrm{d}u_i}=H_i(x),\quad w_{i+1}=\frac{\mathrm{d}u}{\mathrm{d}u_{i+1}}=H_{i+1}(x)$$

$$H_i(x)=\frac{x_{i+1}-x}{h_i}=\xi_i,\quad H_{i+1}(x)=\frac{x-x_i}{h_i}=\frac{(x_{i+1}-x_i)-(x_{i+1}-x)}{h_i}=1-\xi_i$$

给出了用节点值表示的解。$H_i(x),H_{i+1}(x)$ 称为型函数 (shape function)，见图 9.2.10 正是前面讲过的一阶拉格朗日插值基函数。

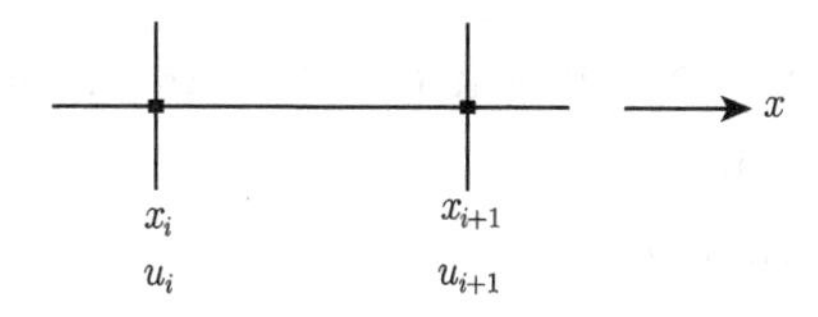

图 9.2.9　一维有限单元示意图

型函数的性质如下：

(1) $H_i(x_j)=\delta_{ij}$，(2) $\sum\limits_i H_i(x)=1$。

对于第 i 单元，伽辽金法线性权函数 (型函数) 只有两个，见图 9.2.10，通常表示为

$$w_1=H_1(x)=H_i(x),\quad w_2=H_2(x)=H_{i+1}(x)$$

$$w=\left(\begin{array}{c}H_1(x)\\H_2(x)\end{array}\right),\quad u=\left(\begin{array}{cc}H_1(x)&H_2(x)\end{array}\right)\left(\begin{array}{c}u_i\\u_{i+1}\end{array}\right)$$

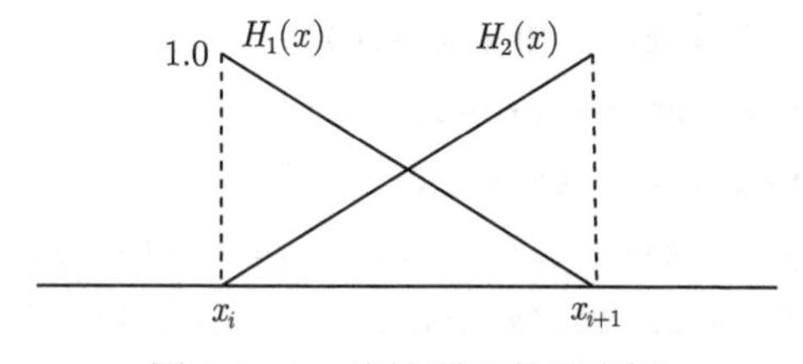

图 9.2.10　线性型函数示意图

下面是有关型函数常用的几个单元矩阵、矢量积分：

$$
\begin{cases}
(1,H)=\displaystyle\int_a^b\begin{pmatrix}H_1\\H_2\end{pmatrix}\mathrm{d}x=\frac{h}{2}\begin{pmatrix}1\\1\end{pmatrix}, \quad h=b-a\\
(x,H)=\displaystyle\int_a^b\begin{pmatrix}H_1\\H_2\end{pmatrix}x\mathrm{d}x=\frac{h}{6}\begin{pmatrix}2a+b\\2b+a\end{pmatrix}\\
(x^2,H)=\displaystyle\int_a^b\begin{pmatrix}H_1\\H_2\end{pmatrix}x^2\mathrm{d}x=\frac{h}{12}\begin{pmatrix}3a^2+2ab+b^2\\3b^2+2ab+a^2\end{pmatrix}
\end{cases}
\tag{9.2.20}
$$

推导程序：int_elem.m。

```
%% ============================================================
function int_elem
%% ==1D二节点单元矩阵和矢量积分
clc; clear all; syms x a b n
p = [1 x];                                   % 展开基函数
M = [1 a; 1 b];
% C = [c1;c2]; U = [u1; u2]; U = M*C;  C = inv(M)*U;
% u = p*C = p*inv(M)*U=H*U
invM =simplify((b-a)*inv(M))
dx = det(M);                                 % dx = b-a
Hh  = simplify(p*inv(M));                    % 插值基函数,也称型函数
Hv  = [Hh(1);  Hh(2)]                        % 列排型函数
Hvx = diff(Hv,x); Hhx = diff(Hh,x);          % 关于x导数
%% == 单元矢量积分用式
  fe_H = simplify(2*int(Hv,x,a,b)/dx)
 fe_xH = simplify(6*int(x*Hv,x,a,b)/dx)
fe_xxH = simplify(12*int(x*x*Hv,x,a,b)/dx)
%% == 单元矩阵积分用式
   ke_HH = simplify(6*int(Hv*Hh,x,a,b)/dx)
  ke_HdH = simplify(2*int(Hv*Hhx,x,a,b))
 ke_xHdH = simplify(6*int(x*Hv*Hhx,x,a,b))
 ke_dHdH = simplify(dx*int(Hvx*Hhx,x,a,b))
ke_xdHdH = simplify(2*dx*int(x*Hvx*Hhx,x,a,b)/(a+b))
ke_xxdHdH = simplify(3*dx*int(x*x*Hvx*Hhx,x,a,b)/(a^2+a*b+b^2))
%% ============================================================
```

$$\begin{cases}(H,H)=\displaystyle\int_a^b\begin{pmatrix}H_1\\H_2\end{pmatrix}\begin{pmatrix}H_1 & H_2\end{pmatrix}\mathrm{d}x=\frac{h}{6}\begin{pmatrix}2&1\\1&2\end{pmatrix}\\(H,\mathrm{d}H)=\displaystyle\int_a^b\begin{pmatrix}H_1\\H_2\end{pmatrix}\begin{pmatrix}H_1' & H_2'\end{pmatrix}\mathrm{d}x=\frac{1}{2}\begin{pmatrix}-1&1\\-1&1\end{pmatrix}\\(xH,\mathrm{d}H)=\displaystyle\int_a^b\begin{pmatrix}H_1\\H_2\end{pmatrix}\begin{pmatrix}H_1' & H_2'\end{pmatrix}x\mathrm{d}x=\frac{1}{6}\begin{pmatrix}-b-2a&2a+b\\-a-2b&2b+a\end{pmatrix}\\(x^n\mathrm{d}H,\mathrm{d}H)=\displaystyle\int_a^b\begin{pmatrix}H_1'\\H_2'\end{pmatrix}\begin{pmatrix}H_1' & H_2'\end{pmatrix}x^n\mathrm{d}x=\frac{b^{n+1}-a^{n+1}}{(n+1)h^2}\begin{pmatrix}1&-1\\-1&1\end{pmatrix},\quad n=0,1,\cdots\end{cases}\tag{9.2.21}$$

【例题 9.2.5】

使用线性有限元方法求解例题 9.2.3，即

$$\begin{cases}\dfrac{\mathrm{d}^2u}{\mathrm{d}x^2}-u=-x, & 0<x<1\\u(0)=0, & u(1)=0\end{cases}\tag{9.2.22}$$

【解】 对于 n 个有限元加权余量的弱形式可以写为

$$I=\sum_{i=1}^{n}\int_{x_i}^{x_{i+1}}\left(-\frac{\mathrm{d}w}{\mathrm{d}x}\frac{\mathrm{d}u}{\mathrm{d}x}-wu+xw\right)\mathrm{d}x+[u'w]_0^1=0$$

如果 $n=3$，如图 9.2.11 所示。

设 $x=x_{i+1}-h\xi,\quad \mathrm{d}x=-h\mathrm{d}\xi,\quad x_i<x<x_{i+1},\quad 0<\xi<1$，有

$$H_1(x)=\xi,\quad H_2=1-\xi,\quad \frac{\mathrm{d}H_1}{\mathrm{d}x}=-\frac{1}{h},\quad \frac{\mathrm{d}H_2}{\mathrm{d}x}=\frac{1}{h}$$

$$\begin{aligned}\int_{x_i}^{x_{i+1}}\left(-\frac{\mathrm{d}w}{\mathrm{d}x}\frac{\mathrm{d}u}{\mathrm{d}x}-wu+xw\right)\mathrm{d}x&=-[(\mathrm{d}H,\mathrm{d}H)+(H,H)]\begin{bmatrix}u_i\\u_{i+1}\end{bmatrix}+(x,H)\\&=-\frac{1}{6h}\begin{bmatrix}6+2h^2&-6+h^2\\-6+h^2&6+2h^2\end{bmatrix}\begin{bmatrix}u_i\\u_{i+1}\end{bmatrix}\\&\quad+\frac{h}{6}\begin{bmatrix}3x_i+h\\3x_{i+1}-h\end{bmatrix}\end{aligned}$$

注意：权函数的正交归一性。

$$\left[w\frac{\mathrm{d}u}{\mathrm{d}x}\right]_{x_0}^{x_n}=(wu')|_1-(wu')|_0=u_n'-u_1'$$

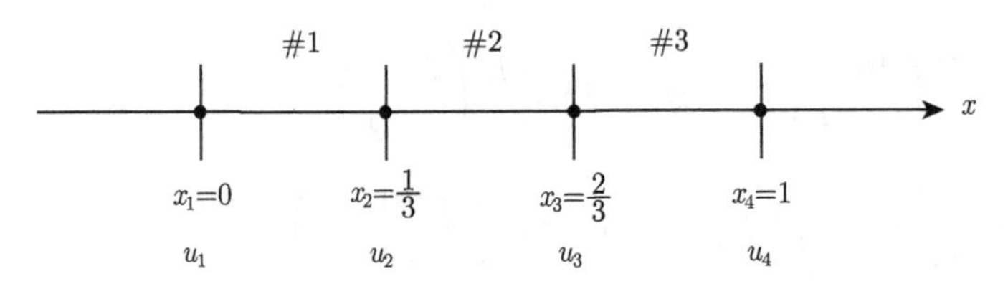

图 9.2.11　例题 9.2.5 示意图

设

$$\beta=\frac{1}{h}+\frac{h}{3},\quad \alpha=-\frac{1}{h}+\frac{h}{6}$$

全部单元矩阵方程合起来为

$$\begin{bmatrix} \beta & \alpha & & & & \\ \alpha & 2\beta & \alpha & & & \\ & \alpha & 2\beta & \alpha & & \\ & & \ddots & \ddots & \ddots & \\ & & & \alpha & 2\beta & \alpha \\ & & & & \alpha & \beta \end{bmatrix}\begin{pmatrix} u_1 \\ u_2 \\ u_3 \\ \vdots \\ u_{n-1} \\ u_n \end{pmatrix}=\begin{bmatrix} \frac{1}{2}x_1+\frac{1}{6}h+u_1' \\ x_2 \\ x_3 \\ \vdots \\ x_{n-1} \\ \frac{1}{2}x_n-\frac{1}{6}h+u_n' \end{bmatrix}$$

先只考虑 3 个单元，4 个节点。对于第一类的边界条件

$$u_1=u_4=0$$

$$\begin{bmatrix} 1 & 0 & 0 & 0 \\ 2.9444 & -6.2222 & 2.9444 & 0 \\ 0 & 2.9444 & -6.2222 & 2.9444 \\ 0 & 0 & 0 & 1 \end{bmatrix}\begin{bmatrix} u_1 \\ u_2 \\ u_3 \\ u_4 \end{bmatrix}=\begin{bmatrix} 0 \\ -0.1111 \\ -0.2222 \\ 0 \end{bmatrix}$$

解得

$$u_1=0,\ \ u_2=0.0448,\ \ u_3=0.0569,\ \ u_4=0$$

与采用局域节点近似的结果相同。

9.2.3　一维有限元方法应用举例

为了应用有限元方法求解问题，下面给出简单的有限元分析方法和解题步骤：

(1) 分配和输入点阵数据；

(2) 计算每个单元的矩阵和单元矢量；

(3) 装配单元矩阵和矢量成为系统矩阵和矢量；

(4) 将系统约束应用到系统矩阵和矢量；

(5) 对于初级节点变量求解矩阵方程；

(6) 计算二级变量；

(7) 输出结果等。

下面就一维微分方程讨论有限元方法解题的方法和步骤。

$$\begin{cases} a\dfrac{\mathrm{d}^2u}{\mathrm{d}x^2}+b\dfrac{\mathrm{d}u}{\mathrm{d}x}+cu=f(x), \quad 0<x<L \\ u(0)=0, \ \ (1)\ u(L)=0, \ \ (2)\ \ u_x(L)=1 \end{cases} \tag{9.2.23}$$

(1) 推导方程加权余量积分的弱形式。

$$\int\left(-a\frac{\mathrm{d}w}{\mathrm{d}x}\frac{\mathrm{d}u}{\mathrm{d}x}+bw\frac{\mathrm{d}u}{\mathrm{d}x}+cwu\right)\mathrm{d}x=\int_0^L wf(x)\mathrm{d}x-\left[aw\frac{\mathrm{d}u}{\mathrm{d}x}\right]_0^L \tag{9.2.24}$$

(2) 采用线性权函数 (也称型函数)。

取均匀单元：$h=x_{i+1}-x_i$，每个单元有两个型函数,

$$w_i=H_1(x)=\frac{x_{i+1}-x}{h}, \quad w_{i+1}=H_2(x)=\frac{x-x_i}{h}, \quad w=\begin{bmatrix} w_i \\ w_{i+1} \end{bmatrix} \tag{9.2.25}$$

第 i 单元的近似函数为

$$u=w^{\mathrm{T}}u^{\mathrm{e}}=H_1(x)u_i+H_2(x)u_{i+1}, \quad u^{\mathrm{e}}=\begin{bmatrix} u_i \\ u_{i+1} \end{bmatrix} \tag{9.2.26}$$

(3) 计算单元矩阵和单元矢量。

将权函数和近似解代入弱形式方程得第 i 单元的**单元矩阵**，为

$$[K^{\mathrm{e}}]=\int_{x_i}^{x_{i+1}}\left\{-a\begin{bmatrix} H_1' \\ H_2' \end{bmatrix}[H_1' \quad H_2']+b\begin{bmatrix} H_1 \\ H_2 \end{bmatrix}[H_1' \quad H_2']+c\begin{bmatrix} H_1 \\ H_2 \end{bmatrix}[H_1 \quad H_2]\right\}\mathrm{d}x \tag{9.2.27}$$

由选择的型函数，计算单元矩阵

$$\begin{aligned}[K^{\mathrm{e}}]&=-a(\mathrm{d}H,\mathrm{d}H)+b(H,\mathrm{d}H)+c(H,H)\\&=-\frac{a}{h}\begin{bmatrix} 1 & -1 \\ -1 & 1 \end{bmatrix}+\frac{b}{2}\begin{bmatrix} -1 & 1 \\ -1 & 1 \end{bmatrix}+\frac{ch}{6}\begin{bmatrix} 2 & 1 \\ 1 & 2 \end{bmatrix}\end{aligned} \tag{9.2.28}$$

单元矩阵程序：ke_1D_01.m。

```
function [k]=ke_1D_01(acoef,bcoef,ccoef,eleng)
% element matrix for (a u'' + b u' + c u)
% using linear element
```

```
% k - element matrix (size of 2x2)
% acoef - coefficient of the second order derivative term
% bcoef - coefficient of the first order derivative term
% ccoef - coefficient of the zero-th order derivative term
% eleng - element length
% element matrix
 a1 = -(acoef/eleng);  a2 = bcoef/2;  a3 = ccoef*eleng/6;
 k=[ a1 -a2 +2*a3   -a1 +a2 +  a3;...
    -a1 -a2 +  a3    a1 +a2 +2*a3];
```

计算单元矢量

$$F^{\mathrm{e}}=\int_{x_i}^{x_{i+1}} f(x)\begin{pmatrix} H_1 \\ H_2 \end{pmatrix}\mathrm{d}x \tag{9.2.29}$$

$$f(x)=1,\quad F^{\mathrm{e}}=\frac{h}{2}\begin{pmatrix} 1 \\ 1 \end{pmatrix},\quad f(x)=-x,\quad F^{\mathrm{e}}=-\frac{h}{6}\begin{pmatrix} x_{i+1}+2x_i \\ 2x_{i+1}+x_i \end{pmatrix}$$

单元矢量程序：fe_1D_01.m 。

```
function [f]=fe_1D_01(xl,xr)
eleng = xr - xl;
f=[eleng/2; eleng/2];
end
```

$$\text{单元方程：}[K^{\mathrm{e}}][u^{\mathrm{e}}]=F^{\mathrm{e}} \tag{9.2.30}$$

(4) 系统矩阵和系统矢量。

由单元矩阵和单元矢量装配成系统矩阵和系统矢量。对于一维问题，与第 i 单元相联系的节点是 i 和 $i+1$。第 i 单元方程和第 $i+1$ 单元方程分别为

$$\begin{bmatrix} K_{i,i}^{i} & K_{i,i+1}^{i} \\ K_{i+1,i}^{i} & K_{i+1,i+1}^{i} \end{bmatrix}\begin{bmatrix} u_i \\ u_{i+1} \end{bmatrix}=\begin{bmatrix} F_i^{i} \\ F_{i+1}^{i} \end{bmatrix}$$

$$\begin{bmatrix} K_{i+1,i+1}^{i+1} & K_{i+1,i+2}^{i+1} \\ K_{i+2,i+1}^{i+1} & K_{i+2,i+2}^{i+1} \end{bmatrix}\begin{bmatrix} u_{i+1} \\ u_{i+2} \end{bmatrix}=\begin{bmatrix} F_{i+1}^{i+1} \\ F_{i+2}^{i+1} \end{bmatrix}$$

单元矩阵和矢量装配程序：kkff_1D.m。

```
function [kk,ff]=kkff_1D(kk,ff,k,f,index)
% Assembly of element matrices into the system matrix &
% Assembly of element vectors into the system vector
```

```
% kk: system matrix
% ff: system vector
% k: element matrix
% f: element vector
% index - d.o.f. vector associated with an element
 edof = length(index);
 for i = 1:edof
     ii= index(i);
     ff(ii) = ff(ii)+f(i);
     for j =1:edof
         jj=index(j);
         kk(ii,jj)=kk(ii,jj)+k(i,j);
     end
 end
```

全部的单元方程将系统未知的节点值联立起来，写成一个统一系统方程为

$$KU = F$$

$$K=\begin{bmatrix} K_{1,1}^1 & K_{1,2}^1 & & & & \\ K_{2,1}^1 & K_{2,2}^1+K_{2,2}^2 & K_{2,3}^2 & & & \\ & K_{3,2}^2 & K_{3,2}^2+K_{3,3}^3 & K_{3,4}^3 & & \\ & & \ddots & \ddots & \ddots & \\ & & & K_{n-1,n-2}^{n-1} & K_{n-1,n-1}^{n-1}+K_{n-1,n-1}^n & K_{n-1,n}^n \\ & & & & K_{n,n-1}^n & K_{n,n}^n \end{bmatrix}$$

$$U=[u_1,\ \ u_2,\cdots,u_n]^{\mathrm{T}},\qquad F=[F_1^1,\ \ F_2^1+F_2^2,\cdots,F_{n-1}^{n-1}+F_{n-1}^n,\ \ F_n^n]^{\mathrm{T}}$$

(5) 边界条件应用如下。

第一类边界条件程序：BC_1D_first.m。

```
function [kk,ff]=BC_1D_first(kk,ff,bcdof,bcval)
% Apply constraints to matrix equation [kk]{x}={ff}
% kk - system matrix before applying constraints
% ff - system vector before applying constraints
% bcdof - a vector containging constrained d.o.f
% bcval - a vector containing contained value
   n = length(bcdof);
```

```
sdof = size(kk);
 for i=1:n
     c=bcdof(i);
     for j=1:sdof
         kk(c,j)=0;
     end
     kk(c,c)=1;
     ff(c)=bcval(i);
 end
```

【例题 9.2.6】

计算微分方程

$$\begin{cases} \dfrac{\mathrm{d}^2u}{\mathrm{d}x^2}-3\dfrac{\mathrm{d}u}{\mathrm{d}x}+2u=1, \quad 0<x<1 \\ u(0)=0, \ \ (1)\ u(1)=0; \ \ (2)\ \mathrm{d}u(1)/\mathrm{d}x=1 \end{cases} \tag{9.2.31}$$

【解】 本例题是方程 (9.2.23) 的系数取 $a=1,b=-3,c=2$ 和 $f=1$ 的情况。下面根据式 (9.2.28) 和式 (9.2.29) 求解式 (9.2.31)。

输入数据取决于系统的单元类型；对于均匀大小单元类型，这些输入的数据如表 9.2.1 所示。

表 9.2.1

符号	表示的意义
nel	系统的单元总数
nnel	每个单元的节点数
ndof	每个节点的自由度数
nnode	系统的节点数
nodes(i,j)	表示第 i 单元第 j 节点的编号
bcood(i,1)	表示 i 节点的 x 坐标
bcood(i,2)	表示 i 节点的 y 坐标

第一类边界问题的数值结果见图 9.2.12。

第一类边界问题：exa_926a.m 。

```
% u_{xx}-3u_{x}+2u=1,  u(0)=0,u(1)=0
function exa_92301a
nel   = 50;        % 单元数
nnel  = 2;         % 每个单元的节点数
ndof  = 1;         % 每个节点的自由度数
nnode = nel+1;     % 系统总的节点数
```

```
sdof=nnode*ndof;  % 系统总自由度数
%%== 输出节点坐标值
xa = 0.0; xb = 1.0; dx = (xb-xa)/nel;
nodes = bi_nodes(xa,xb,nnode);
%%== 输出单元编号和单元内两个节点的编号,
elems = bi_elems(nnode);
%%== 输入微分方程的系数a,b,c
acoef = 1; bcoef = -3; ccoef = 2;
%%== 输入边界条件
bcdof(1)=1;      bcval(1)=0; % 表示第1个边界节点编号是1, 对应的值是0
bcdof(2)=nnode; bcval(2)=0; % 表示第2个边界节点编号是nnode, 对应的值是0
%%== 初始化单元的矩阵和矢量
ff = zeros(sdof,1);          % ff是系统的矢量
kk = zeros(sdof,sdof);       % kk是系统的矩阵
index = zeros(nnel*ndof,1);
%%== 计算单元矩阵和矢量及装配
for iel=1:nel; % 对所有单元循环
    nl=elems(iel,1);nr=elems(iel,2); % 抽出第iel单元的两个节点编号
    xl=nodes(nl);xr=nodes(nr);       % 抽出第iel单元的两个节点的坐标
    % eleng=xr-xl;  % 第iel单元的长度
    index = [nl nr];
    %index=ijke_1D(iel,nnel,ndof);            % 计算iel单元两个节点的编号
    k = ke_1D_01(acoef,bcoef,ccoef,xl,xr);  % 计算第iel单元的矩阵
    f = fe_1D_01(xl,xr);                    % 计算第iel单元的矢量
    [kk,ff]=kkff_1D(kk,ff,k,f,index);       % 装配单元矩阵和矢量
end
% 应用边界条件
[kk,ff]=BC_1D_first(kk,ff,bcdof,bcval);             % 这里是第一类边界条件
% 解矩阵方程
fsol=kk\ff;
% 解析解
c1=0.5/exp(1); c2=-0.5*(1+1/exp(1));
% c1=(1+0.5*exp(1))/(2*exp(2)-exp(1));
  c2=-(1+exp(2))/(2*exp(2)-exp(1));
for i=1:nnode
```

```
    x=nodes(i); esol(i)=c1*exp(2*x)+c2*exp(x)+1/2;
end
% 输出精确解和有限元解
numx=dx*(0:nel);
results = [numx' fsol esol'];
plot(numx,fsol,'ro',numx,esol,'c-','LineWidth',3);
set(gca,'FontSize',16); xlabel('x'); ylabel('u(x)');
legend('解析解','数值解','Location','North');
% title('d^2u/dx^2-3du/dx+2u=1,  u(0)=0,u(1)=0');
title('u_{xx}-3u_x+2u=1,  u(0)=0, u(1)=0');
end
```

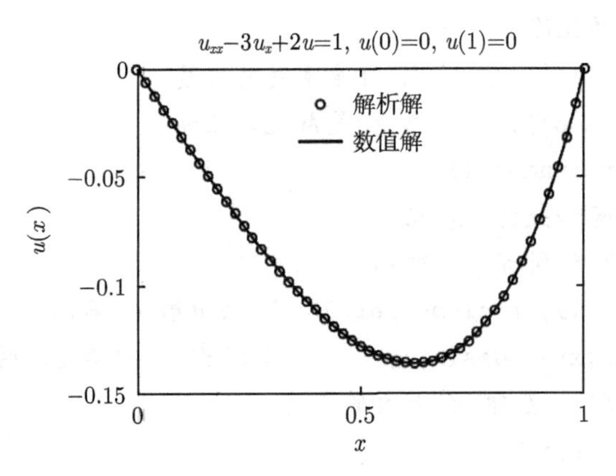

图 9.2.12　第一类边界问题的数值结果

混合边界问题的数值结果见图 9.2.13。

混合边界问题：exa_926b.m 。

```
% d^2u/dx^2-3du/dx+2u=1,  u(0)=0, du(1)/dx=1
function exa_92301b
xa = 0.0; xb =1.0;                 % 区域的始末点
nel= 15;                           % 单元数
dx = (xb-xa)/nel;                  % 单元大小（这里取等间距）
nnel=2;                            % 单元的节点数
ndof=1;                            % 每个节点的自由度数
% edof = nnel*ndof;                % 单元的自由度数
nnode=nel+1;                       % 总节点数
```

```
sdof=nnode*ndof;                   % 总自由度数
nodes = bi_nodes(xa,xb,nnode); % 每个节点的坐标
elems = bi_elems(nnode);         % 输入单元节点的编号
acoef=1; bcoef=-3; ccoef=2;      % 微分方程系数
bcdof(1)=1;bcval(1)=0;           % 左边界
ff=zeros(sdof,1);                % 系统矢量初始化
kk=zeros(sdof,sdof);             % 系统矩阵初始化
% index=zeros(edof,1);
for iel=1:nel;
    nl=elems(iel,1); nr=elems(iel,2);
    xl=nodes(nl);    xr=nodes(nr);
    eleng=xr-xl;
    index = [nl,nr];
    %index=feeldof1(iel,nnel,ndof);
    k=ke_1D_01(acoef,bcoef,ccoef,xl,xr);  % 计算单元矩阵
    f=fe_1D_01(xl,xr);                    % 计算单元矢量
    [kk,ff]=kkff_1D(kk,ff,k,f,index);     % 计算系统矢量和矩阵
end
ff(nnode)=ff(nnode)-1; % 应用自然边界条件在最后节点上 u'(xb)=1

[kk,ff]=BC_1D_first(kk,ff,bcdof,bcval);
fsol=kk\ff;
c1=(1+0.5*exp(1))/(2*exp(2)-exp(1));
c2=-(1+exp(2))/(2*exp(2)-exp(1));
for i=1:nnode
    x=nodes(i);
    esol(i)=c1*exp(2*x)+c2*exp(x)+1/2;
end
numx=dx*(0:nel);
results = [numx' fsol esol']
plot(numx,fsol,'rs',numx,esol,'c-','LineWidth',3);
set(gca,'FontSize',18); grid on;
title('u_{xx}-3u_x+2u=1,  u(0)=0,  u_x(1)=1');
xlabel('x'); ylabel('u(x)');
end
```

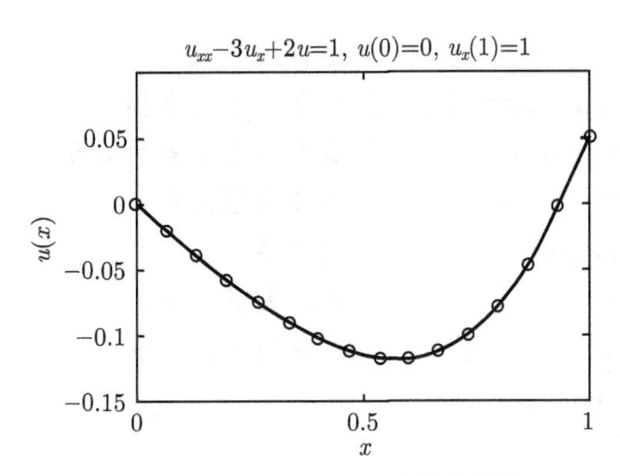

图 9.2.13　混合边界问题数值结果

【例题 9.2.7】

$$\begin{cases} x^2\dfrac{\mathrm{d}^2u}{\mathrm{d}x^2}-2x\dfrac{\mathrm{d}u}{\mathrm{d}x}-4u=x^2, & 10<x<20 \\ u(10)=0, \quad u(20)=100 \end{cases} \tag{9.2.32}$$

采用有限元方法求解。

【解】方程 (9.2.32) 加权积分的弱形式为

$$\int_{10}^{20}\left(x^2\frac{\partial w}{\partial x}\frac{\partial u}{\partial x}+4xw\frac{\partial u}{\partial x}+4wu\right)\mathrm{d}x=-\int_{10}^{20}wx^2\,\mathrm{d}x+\left[x^2w\frac{\partial u}{\partial x}\right]_{10}^{20}$$

应用伽辽金法得到单元矩阵

$$[K^e]=\frac{1}{h_e^2}\begin{bmatrix} 4x_2^2x_1-6x_2x_1^2-x_2^3+3x_1^3 & 2x_2^2x_1-x_2^3-x_1^3 \\ -2x_2x_1^2+x_2^3+x_1^3 & 6x_2^2x_1-4x_2x_1^2-3x_2^3+x_1^3 \end{bmatrix}$$

和单元矢量

$$[F^e]=\frac{1}{12h_e}\begin{bmatrix} -4x_2x_1^3+x_2^4+3x_1^4 \\ -4x_2^3x_1+3x_2^4+x_1^4 \end{bmatrix}$$

$h_e=x_2-x_1$ 是线性单元的长度。

计算程序：exa_927.m。

```
% to solve the ordinary differential equation given as
%    x^2 u'' - 2x u' - 4u = x^2,   10 < x < 20
%    u(10) = 0  and  u(20) = 100
clear; clc;
nel=10;                       % number of elements
```

```
nnel=2;                   % number of nodes per element
ndof=1;                   % number of dofs per node
nnode=nel+1;              % total number of nodes in system
sdof=nnode*ndof;          % total system dofs
xa = 10.0; xb = 20.0; dx = (xb-xa)/nel;
nodes = bi_nodes(xa,xb,nnode); elems = bi_elems(nnode);
bcdof(1)=1;               % first node is constrained
bcval(1)=0;               % whose described value is 0
bcdof(2)=11;              % 11th node is constrained
bcval(2)=100;             % whose described value is 100
%-----------------------------------------
%  initialization of matrices and vectors
%-----------------------------------------
ff=zeros(sdof,1);         % initialization of system force vector
kk=zeros(sdof,sdof);      % initialization of system matrix
index=zeros(nnel*ndof,1);  % initialization of index vector
%-----------------------------------------------------------------
%  computation of element matrices and vectors and their assembly
%-----------------------------------------------------------------
for iel=1:nel % loop for the total number of elements
nl=elems(iel,1); nr=elems(iel,2); % extract nodes for (iel)-th element
xl=nodes(nl); xr=nodes(nr);%extract nodal coord values for the element
eleng=xr-xl;                        % element length
index = [nl nr];
% index=ijke_1D(iel,nnel,ndof); % extract system dofs associated with
                                  element
k=ke_1D_02(xl,xr);                  % compute element matrix
f=fe_1D_02(xl,xr);                  % compute element vector
[kk,ff]=kkff_1D(kk,ff,k,f,index);
% assemble element matrices and vectors
end
% -----------------------------
%   apply boundary conditions
% -----------------------------
[kk,ff]=BC_1D_first(kk,ff,bcdof,bcval);
```

```
% ----------------------------
%  solve the matrix equation
% ----------------------------
fsol=kk\ff;
% ---------------------
% analytical solution
% ---------------------
esol(1)=0.0;
for i=2:nnode x=nodes(i);
esol(i)=0.00102*x^4-0.16667*x^2+64.5187/x;
end
% -----------------------------------
% print both exact and fem solutions
% -----------------------------------
% num=1:1:sdof;store=[num' fsol esol']
% 输出精确解和有限元解
numx=xa+dx*(0:nel); results = [numx' fsol esol']
plot(numx,fsol,'ro',numx,esol,'c-','LineWidth',3);
set(gca,'FontSize',16);xlabel('x'); ylabel('u(x)');
legend('解析解','数值解','Location','North');
title('x^2u_{xx}-2xu_x-4u=x^2,  u(10)=0, u(20)=100');
```

单元矢量计算程序：fe_1D_02.m

```
function [f]=fe_1D_02(xl,xr)
% element vector for f(x)=x^2
% using linear element
% f - element vector (size of 2x1)
% xl - coordinate value of the left node
% xr - coordinate value of the right node
% element vector
 eleng=xr-xl;                % element length
f1 =3*xl^2 + 2*xl*xr +  xr^2;
f2 = xl^2 + 2*xl*xr +3*xr^2;
f = eleng*[f1; f2]/12;
```

单元矩阵计算程序：ke_1D_02.m。

```
function [k]=ke_1D_02(x1,x2)
```

```
% element matrix for (x^2 u'' - 2x u' - 4 u)
% using linear element
% k - element matrix (size of 2x2)
% xl - coordinate value of the left node of the linear element
% xr - coordinate value of the right node of the linear element
% element matrix
  eleng=x2-x1;
k = 1/eleng*[ - 3*x1^2 + 3*x1*x2 - x2^2,    x1^2 +    x1*x2 -x2^2;
                 - x1^2 +    x1*x2 + x2^2, - x1^2 + 3*x1*x2 - 3*x2^2];
```

所得结果见图 9.2.14。

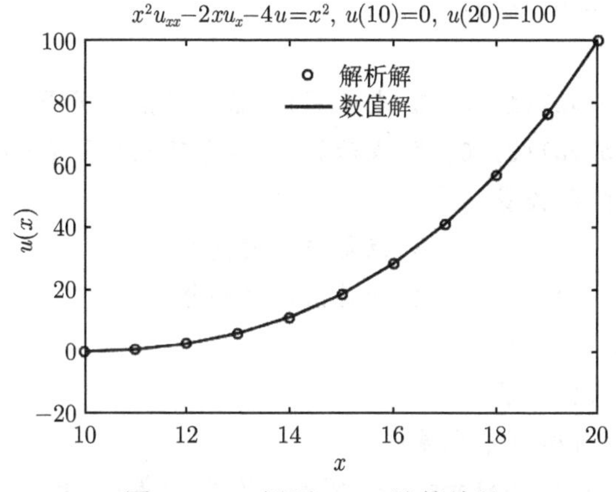

图 9.2.14 例题 9.2.7 计算结果

【例题 9.2.8】

$$
\begin{cases}
\dfrac{\mathrm{d}^2u}{\mathrm{d}x^2}-u=-x, \quad 0<x<1\\
u(0)=0, \quad u(1)=0
\end{cases}
\tag{9.2.33}
$$

采用有限元方法求解。

【解】 计算程序：exa_928.m。

```
%  本例子是第一类边界问题
%  u_{xx}-u = -x ,  u(0)=0, u(1)=0
function exa_92303
nel    = 30;          % 单元数
nnel   = 2;           % 每个单元的节点数
ndof   = 1;           % 每个节点的自由度数
```

```
nnode = nel+1;     % 系统总的节点数
sdof=nnode*ndof;  % 系统总自由度数
% 输入节点坐标值
xa = 0.0; xb = 1.0; dx = (xb-xa)/nel;
nodes = bi_nodes(xa,xb,nnode);
%nodes(1:nnode) = xa:dx:xb; %  每个节点的坐标
% 输入节点的编号
elems = bi_elems(nnode);
% elems(1:nel,1)=1:nel; elems(1:nel,2)=2:nnode;
% 输入微分方程的系数a,b,c
acoef = 1; bcoef = 0; ccoef = -1;
% 输入边界条件
bcdof(1)=1;      bcval(1)=0; % 表示第1个边界节点编号是1, 对应的值是0
bcdof(2)=nnode; bcval(2)=0; % 表示第2个边界节点编号是nnode, 对应的值是0
% 初始化单元的矩阵和矢量
ff = zeros(sdof,1);          % ff是系统的矢量
kk = zeros(sdof,sdof);       % kk是系统的矩阵
index = zeros(nnel*ndof,1); %
% 计算单元矩阵和矢量及装配
for iel=1:nel; % 对所有单元循环
    nl=elems(iel,1);nr=elems(iel,2);    % 抽出第iel单元的两个节点编号
    xl=nodes(nl);xr=nodes(nr);          % 抽出第iel单元的两个节点的坐标
    index = [nl nr];
    %index=ijke_1D(iel,nnel,ndof);
    k = ke_1D_01(acoef,bcoef,ccoef,xl,xr); % 计算第iel单元的矩阵
    f = fe_1D_00(xl,xr);                   % 计算第iel单元的矢量
    [kk,ff]=kkff_1D(kk,ff,k,f,index);      % 装配单元矩阵和矢量
end
% 应用边界条件
[kk,ff]=BC_1D_first(kk,ff,bcdof,bcval);     % 这里是第一类边界条件
% 解矩阵方程
fsol=kk\ff;
% 解析解
c1 = exp(1)-exp(-1);
    for i=1:nnode
```

```
    x=nodes(i); esol(i)=-(exp(x)-exp(-x))/c1+x;
end
% 输出精确解和有限元解
numx=dx*(0:nel);
results = [numx' fsol esol'];
plot(numx,fsol,'ro',numx,esol,'c-','LineWidth',3);
set(gca,'FontSize',16); xlabel('x'); ylabel('u(x)');
legend('解析解','数值解',2);
title('u_{xx} - u = - x,  u(0) = 0, u(1) = 0');
end
function [f]=fe_1D_00(xl,xr)
eleng = xr - xl;
f = -eleng*[2*xl+xr; 2*xr+xl]/6;
end
```

结果见图 9.2.15，可以与例题 9.1.5 和例题 9.2.3 比较。

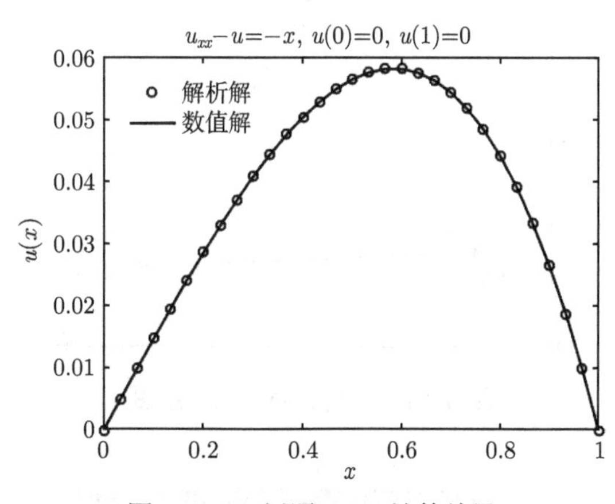

图 9.2.15　例题 9.2.8 计算结果

9.3　二维有限元方法

本节以二阶偏微分方程为例讨论在直角坐标系下二维有限元方法的应用。

9.3.1　基本方程

$$a(x,y)\frac{\partial^2 u}{\partial x^2}+b(x,y)\frac{\partial u}{\partial x}+c(x,y)\frac{\partial^2 u}{\partial x\partial y}+\mathrm{d}(x,y)\frac{\partial^2 u}{\partial y^2}+e(x,y)\frac{\partial u}{\partial y}=f(x,y),\quad x,\ y\in\Omega \tag{9.3.1}$$

边界条件

$$u=\bar{u},\ x,\ y\in\varGamma_e,\quad \frac{\mathrm{d}u}{\mathrm{d}n}=\bar{q},\ x,\ y\in\varGamma_n \tag{9.3.2}$$

9.3.2 线性三角单元

1. 单元插值基函数

对于二维问题，通常选取 3 个节点的三角有限单元，如图 9.3.1 所示。

定义：

$$X=\begin{bmatrix}1\\x\\y\end{bmatrix},\quad U=\begin{bmatrix}u_1\\u_2\\u_3\end{bmatrix},\quad A=\begin{bmatrix}a_1\\a_2\\a_3\end{bmatrix},\quad B=\begin{bmatrix}1&x_1&y_1\\1&x_2&y_2\\1&x_3&y_3\end{bmatrix}$$

三角单元的节点编号通常按逆时针顺序，见图 9.3.1。

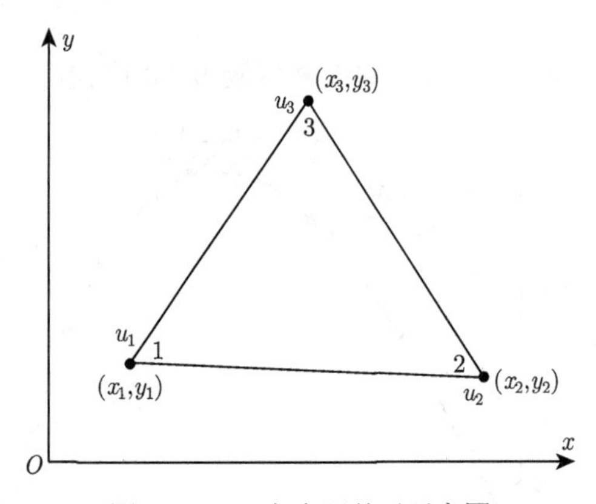

图 9.3.1 三角有限单元示意图

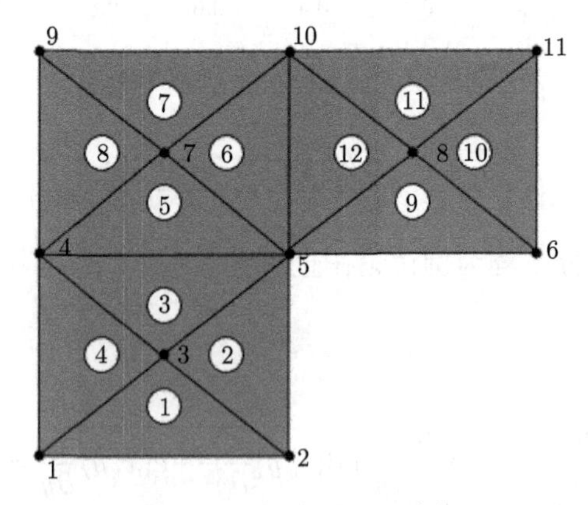

图 9.3.2 三角单元示意图

试探的近似解取为二维线性插值函数

$$u = X^{\mathrm{T}}A = a_1 + a_2x + a_3y \tag{9.3.3}$$

a_i 是待定的常数，通常用单元的 3 个节点未知的函数值 u_i 来表示：

$$U = BA, \quad A = B^{-1}U \tag{9.3.4}$$

即 B 的逆为 B 的转置的余子式：$B^{-1} = (B^{\mathrm{T}})^c$，

$$B^{-1} = \frac{1}{2\varDelta}\begin{bmatrix} x_2y_3 - x_3y_2 & x_3y_1 - x_1y_3 & x_1y_2 - x_2y_1 \\ y_2 - y_3 & y_3 - y_1 & y_1 - y_2 \\ x_3 - x_2 & x_1 - x_3 & x_2 - x_1 \end{bmatrix} \tag{9.3.5}$$

其中，$\varDelta$ 是三角单元的面积:

$$\begin{aligned}\varDelta &= \frac{1}{2}\det\begin{pmatrix} 1 & x_1 & y_1 \\ 1 & x_2 & y_2 \\ 1 & x_3 & y_3 \end{pmatrix} = \frac{1}{2}\det\begin{bmatrix} x_2 - x_1 & x_3 - x_1 \\ y_2 - y_1 & y_3 - y_1 \end{bmatrix} \\ &= \frac{1}{2}\left((x_1y_2 - x_2y_1) + (x_2y_3 - x_3y_2) + (x_3y_1 - x_1y_3)\right)\end{aligned} \tag{9.3.6}$$

如果单元节点是逆时针编号，则它的值是正的。将式 (9.3.4) 代入式 (9.3.3)，得到

$$u = X^{\mathrm{T}}A = X^{\mathrm{T}}B^{-1}U = H^{\mathrm{T}}U = H_1(x,y)u_1 + H_2(x,y)u_2 + H_3(x,y)u_3 \tag{9.3.7}$$

$H_i(x,y)$ 称为线性插值基函数，也称三角单元型函数。由式 (9.3.4) 和式 (9.3.5), 得到插值基函数:

$$\begin{aligned} H &= (X^{\mathrm{T}}B^{-1})^{\mathrm{T}} = (B^{-1})^{\mathrm{T}}X = \begin{pmatrix} H_1 \\ H_2 \\ H_3 \end{pmatrix} \\ &= \frac{1}{2\varDelta}\begin{bmatrix} x_2y_3 - x_3y_2 & y_2 - y_3 & x_3 - x_2 \\ x_3y_1 - x_1y_3 & y_3 - y_1 & x_1 - x_3 \\ x_1y_2 - x_2y_1 & y_1 - y_2 & x_2 - x_1 \end{bmatrix}\begin{pmatrix} 1 \\ x \\ y \end{pmatrix}\end{aligned} \tag{9.3.8}$$

型函数的性质为

$$H_i(x_j, y_j) = \delta_{ij}, \quad \sum_{i=1}^{3} H_i = 1$$

实际上这里的二维线性插值函数是三角单元的面积比。设在三角单元内点 (x, y) 与三角单元的三个节点构成三个三角形面积分别为

$$\varDelta_{13}=\frac{1}{2}\det\begin{bmatrix}1 & x_1 & y_1\\1 & x & y\\1 & x_3 & y_3\end{bmatrix},\quad \varDelta_{12}=\frac{1}{2}\det\begin{bmatrix}1 & x_1 & y_1\\1 & x_2 & y_2\\1 & x & y\end{bmatrix},\quad \varDelta_{23}=\frac{1}{2}\det\begin{bmatrix}1 & x_2 & y_2\\1 & x_3 & y_3\\1 & x & y\end{bmatrix}$$

$$H_1=\frac{\varDelta_{23}}{\varDelta},\quad H_2=\frac{\varDelta_{13}}{\varDelta},\quad H_3=\frac{\varDelta_{12}}{\varDelta}$$

对于伽辽金法，第 e 单元的三个权函数为

$$w_1=H_1,\quad w_2=H_2,\quad w_3=H_3$$

2. 单元积分

下面给出求解弱形式的加权积分在线性三角单元下的部分结果。

1) 单元矢量积分公式

设

$$x_s=x_1+x_2+x_3,\quad y_s=y_1+y_2+y_3,\quad x_c=\frac{x_s}{3},\quad y_c=\frac{y_s}{3}$$
$$x_d=\frac{1}{6}(x_1^2+x_1x_2+x_1x_3+x_2^2+x_2x_3+x_3^2)$$

$$(1,H)=\int_{\varOmega^e}\begin{bmatrix}H_1\\H_2\\H_3\end{bmatrix}\mathrm{d}x\mathrm{d}y=\frac{\varDelta}{3}\begin{bmatrix}1\\1\\1\end{bmatrix}\tag{9.3.9}$$

$$(x,H)=\int_{\varOmega^e}x\begin{bmatrix}H_1\\H_2\\H_3\end{bmatrix}\mathrm{d}x\mathrm{d}y=\frac{\varDelta}{12}\left\{\begin{bmatrix}x_1\\x_2\\x_3\end{bmatrix}+x_s\begin{bmatrix}1\\1\\1\end{bmatrix}\right\}\tag{9.3.10}$$

$$(y,H)=\int_{\varOmega^e}y\begin{bmatrix}H_1\\H_2\\H_3\end{bmatrix}\mathrm{d}x\mathrm{d}y=\frac{\varDelta}{12}\left\{\begin{bmatrix}y_1\\y_2\\y_3\end{bmatrix}+3y_c\begin{bmatrix}1\\1\\1\end{bmatrix}\right\}\tag{9.3.11}$$

$$(x^2,H)=\int_{\varOmega^e}x^2\begin{bmatrix}H_1\\H_2\\H_3\end{bmatrix}\mathrm{d}x\mathrm{d}y=\frac{\varDelta}{30}\begin{bmatrix}x_s^2+2x_1^2-x_2x_3\\x_s^2+2x_2^2-x_1x_3\\x_s^2+2x_3^2-x_1x_2\end{bmatrix}\tag{9.3.12}$$

$$(xy,H)=\int_{\varOmega^e}xy\begin{bmatrix}H_1\\H_2\\H_3\end{bmatrix}\mathrm{d}x\mathrm{d}y=\frac{\varDelta}{60}\begin{bmatrix}2x_sy_s+4x_1y_1-x_2y_3-x_3y_2\\2x_sy_s+4x_2y_2-x_1y_3-x_3y_1\\2x_sy_s+4x_3y_3-x_1y_2-x_2y_1\end{bmatrix}\tag{9.3.13}$$

$$(x^3, H) = \int_{\Omega^e} x^3 \begin{bmatrix} H_1 \\ H_2 \\ H_3 \end{bmatrix} \mathrm{d}x\mathrm{d}y = \frac{\Delta}{60} \begin{bmatrix} x_1 x_s^2 + (x_1^2 + x_2^2 + x_3^2) x_s + 2x_1^2 \\ x_2 x_s^2 + (x_1^2 + x_2^2 + x_3^2) x_s + 2x_2^2 \\ x_3 x_s^2 + (x_1^2 + x_2^2 + x_3^2) x_s + 2x_3^2 \end{bmatrix} \tag{9.3.14}$$

2) 单元矩阵积分公式

$$(H, H) = \int_{\Omega^e} \begin{bmatrix} H_1 \\ H_2 \\ H_3 \end{bmatrix} \begin{bmatrix} H_1 & H_2 & H_3 \end{bmatrix} \mathrm{d}x\mathrm{d}y = \frac{\Delta}{12} \begin{bmatrix} 2 & 1 & 1 \\ 1 & 2 & 1 \\ 1 & 1 & 2 \end{bmatrix} \tag{9.3.15}$$

$$\begin{aligned} (xH, H) &= \int_{\Omega^e} x \begin{bmatrix} H_1 \\ H_2 \\ H_3 \end{bmatrix} \begin{bmatrix} H_1 & H_2 & H_3 \end{bmatrix} \mathrm{d}x\mathrm{d}y \\ &= \frac{\Delta}{10} \left[x_c \begin{pmatrix} 1 & 1 & 1 \\ 1 & 1 & 1 \\ 1 & 1 & 1 \end{pmatrix} + \frac{1}{6} \begin{pmatrix} 4x_1 & -x_3 & -x_2 \\ -x_3 & 4x_2 & -x_1 \\ -x_2 & -x_1 & 4x_3 \end{pmatrix} \right] \end{aligned} \tag{9.3.16}$$

$$(x^2 H, H) = \int_{\Omega^e} x^2 \begin{bmatrix} H_1 \\ H_2 \\ H_3 \end{bmatrix} \begin{bmatrix} H_1 & H_2 & H_3 \end{bmatrix} \mathrm{d}x\mathrm{d}y = \frac{\Delta}{180} \begin{bmatrix} k_{11} & k_{12} & k_{13} \\ k_{21} & k_{22} & k_{23} \\ k_{31} & k_{32} & k_{33} \end{bmatrix} \tag{9.3.17}$$

$$\begin{cases} k_{11} = 6x_1(x_1 + x_s) + 2(x_2^2 + x_2 x_3 + x_3^2) \\ k_{12} = \quad x_1^2 + x_2^2 + (x_1 + x_2)^2 + x_s^2 \\ k_{13} = \quad x_1^2 + x_3^2 + (x_1 + x_3)^2 + x_s^2 \\ k_{21} = \quad x_1^2 + x_2^2 + (x_1 + x_2)^2 + x_s^2 \\ k_{22} = 6x_2(x_2 + x_s) + 2(x_1^2 + x_1 x_3 + x_3^2) \\ k_{23} = \quad x_2^2 + x_3^2 + (x_2 + x_3)^2 + x_s^2 \\ k_{31} = \quad x_1^2 + x_3^2 + (x_1 + x_3)^2 + x_s^2 \\ k_{32} = \quad x_2^2 + x_3^2 + (x_2 + x_3)^2 + x_s^2 \\ k_{33} = 6x_3(x_3 + x_s) + 2(x_1^2 + x_1 x_2 + x_2^2) \end{cases}$$

$$
\begin{aligned}
(H,\partial_x H) &= \int_{\Omega^e} \begin{bmatrix} H_1 \\ H_2 \\ H_3 \end{bmatrix} \begin{bmatrix} \partial_x H_1 & \partial_x H_2 & \partial_x H_3 \end{bmatrix} \mathrm{d}x\mathrm{d}y \\
&= \frac{1}{3} \begin{bmatrix} 1 \\ 1 \\ 1 \end{bmatrix} \begin{bmatrix} y_2 - y_3 & y_3 - y_1 & y_1 - y_2 \end{bmatrix}
\end{aligned}
\tag{9.3.18}
$$

$$
\begin{aligned}
(H,\partial_y H) &= \int_{\Omega^e} \begin{bmatrix} H_1 \\ H_2 \\ H_3 \end{bmatrix} \begin{bmatrix} \partial_y H_1 & \partial_y H_2 & \partial_y H_3 \end{bmatrix} \mathrm{d}x\mathrm{d}y \\
&= -\frac{1}{3} \begin{bmatrix} 1 \\ 1 \\ 1 \end{bmatrix} \begin{bmatrix} x_2 - x_3 & x_3 - x_1 & x_1 - x_2 \end{bmatrix}
\end{aligned}
\tag{9.3.19}
$$

$$
\begin{aligned}
(xH,\partial_x H) &= \int_{\Omega^e} x \begin{bmatrix} H_1 \\ H_2 \\ H_3 \end{bmatrix} \begin{bmatrix} \partial_x H_1 & \partial_x H_2 & \partial_x H_3 \end{bmatrix} \mathrm{d}x\mathrm{d}y \\
&= \frac{1}{3} \left\{ \begin{bmatrix} x_1 \\ x_2 \\ x_3 \end{bmatrix} + x_s \begin{bmatrix} 1 \\ 1 \\ 1 \end{bmatrix} \right\} \begin{bmatrix} y_2 - y_3 & y_3 - y_1 & y_1 - y_2 \end{bmatrix}
\end{aligned}
\tag{9.3.20}
$$

$$
\begin{aligned}
(xH,\partial_y H) &= \int_{\Omega^e} x \begin{bmatrix} H_1 \\ H_2 \\ H_3 \end{bmatrix} \begin{bmatrix} \partial_y H_1 & \partial_y H_2 & \partial_y H_3 \end{bmatrix} \mathrm{d}x\mathrm{d}y \\
&= -\frac{1}{3} \left\{ \begin{bmatrix} x_1 \\ x_2 \\ x_3 \end{bmatrix} + x_s \begin{bmatrix} 1 \\ 1 \\ 1 \end{bmatrix} \right\} \begin{bmatrix} x_2 - x_3 & x_3 - x_1 & x_1 - x_2 \end{bmatrix}
\end{aligned}
\tag{9.3.21}
$$

$$
\begin{aligned}
(yH,\partial_y H) &= \int_{\Omega^e} y \begin{bmatrix} H_1 \\ H_2 \\ H_3 \end{bmatrix} \begin{bmatrix} \partial_y H_1 & \partial_y H_2 & \partial_y H_3 \end{bmatrix} \mathrm{d}x\mathrm{d}y \\
&= -\frac{1}{3} \left\{ \begin{bmatrix} y_1 \\ y_2 \\ y_3 \end{bmatrix} + y_s \begin{bmatrix} 1 \\ 1 \\ 1 \end{bmatrix} \right\} \begin{bmatrix} x_2 - x_3 & x_3 - x_1 & x_1 - x_2 \end{bmatrix}
\end{aligned}
\tag{9.3.22}
$$

$$
\begin{aligned}
(yH,\partial_x H) &= \int_{\Omega^e} y \begin{bmatrix} H_1 \\ H_2 \\ H_3 \end{bmatrix} \begin{bmatrix} \partial_x H_1 & \partial_x H_2 & \partial_x H_3 \end{bmatrix} \mathrm{d}x\mathrm{d}y \\
&= \frac{1}{3}\left\{ \begin{bmatrix} y_1 \\ y_2 \\ y_3 \end{bmatrix} + y_s \begin{bmatrix} 1 \\ 1 \\ 1 \end{bmatrix} \right\} \begin{bmatrix} y_2 - y_3 & y_3 - y_1 & y_1 - y_2 \end{bmatrix}
\end{aligned} \tag{9.3.23}
$$

$$
\begin{aligned}
(\partial_y H,\partial_y H) &= \int_{\Omega^e} \begin{bmatrix} \partial_y H_1 \\ \partial_y H_2 \\ \partial_y H_3 \end{bmatrix} \begin{bmatrix} \partial_y H_1 & \partial_y H_2 & \partial_y H_3 \end{bmatrix} \mathrm{d}x\mathrm{d}y \\
&= \frac{1}{4\Delta} \begin{bmatrix} x_2 - x_3 \\ x_3 - x_1 \\ x_1 - x_2 \end{bmatrix} \begin{bmatrix} x_2 - x_3 & x_3 - x_1 & x_1 - x_2 \end{bmatrix}
\end{aligned} \tag{9.3.24}
$$

$$
\begin{aligned}
(\partial_x H,\partial_x H) &= \int_{\Omega^e} \begin{bmatrix} \partial_x H_1 \\ \partial_x H_2 \\ \partial_x H_3 \end{bmatrix} \begin{bmatrix} \partial_x H_1 & \partial_x H_2 & \partial_x H_3 \end{bmatrix} \mathrm{d}x\mathrm{d}y \\
&= \frac{1}{4\Delta} \begin{bmatrix} y_2 - y_3 \\ y_3 - y_1 \\ y_1 - y_2 \end{bmatrix} \begin{bmatrix} y_2 - y_3 & y_3 - y_1 & y_1 - y_2 \end{bmatrix}
\end{aligned} \tag{9.3.25}
$$

$$
(x\partial_x H,\partial_x H) = \int_{\Omega^e} x \begin{bmatrix} \partial_x H_1 \\ \partial_x H_2 \\ \partial_x H_3 \end{bmatrix} \begin{bmatrix} \partial_x H_1 & \partial_x H_2 & \partial_x H_3 \end{bmatrix} \mathrm{d}x\mathrm{d}y = x_c(\partial_x H,\partial_x H) \tag{9.3.26}
$$

$$
(y\partial_x H,\partial_x H) = \int_{\Omega^e} y \begin{bmatrix} \partial_x H_1 \\ \partial_x H_2 \\ \partial_x H_3 \end{bmatrix} \begin{bmatrix} \partial_x H_1 & \partial_x H_2 & \partial_x H_3 \end{bmatrix} \mathrm{d}x\mathrm{d}y = y_c(\partial_x H,\partial_x H) \tag{9.3.27}
$$

$$
(x^2\partial_x H,\partial_x H) = \int_{\Omega^e} x^2 \begin{bmatrix} \partial_x H_1 \\ \partial_x H_2 \\ \partial_x H_3 \end{bmatrix} \begin{bmatrix} \partial_x H_1 & \partial_x H_2 & \partial_x H_3 \end{bmatrix} \mathrm{d}x\mathrm{d}y = x_d(\partial_x H,\partial_x H) \tag{9.3.28}
$$

3. 泊松方程有限元方法

为了应用有限元方法求解问题，下面以线性三角单元讨论有限元分析方法和编程结构。

总的程序结构如下：

(1) 分配和输入点阵数据；

(2) 计算每个单元的矩阵和单元矢量；

(3) 装配单元矩阵和矢量成为系统矩阵和矢量；

(4) 将系统约束应用到系统矩阵和矢量；

(5) 对于初级节点变量求解矩阵方程；

(6) 计算二级变量；

(7) 输出结果等。

二维泊松方程为

$$\frac{\partial^2 u}{\partial x^2}+\frac{\partial^2 u}{\partial y^2}=f(x,y),\quad x,\ y\in\Omega \tag{9.3.29}$$

边界条件为

$$u=\bar{u},\ x,\ y\in\Gamma_e,\quad \frac{\mathrm{d}u}{\mathrm{d}n}=\bar{q},\ x,\ y\in\Gamma_n \tag{9.3.30}$$

对微分方程和边界条件余量加权积分

$$I=\int_\Omega w\left[\frac{\partial^2 u}{\partial x^2}+\frac{\partial^2 u}{\partial y^2}-f(x,y)\right]\mathrm{d}\Omega$$

方程 (9.3.29) 加权积分的弱形式为

$$I=-\int_\Omega\left(\frac{\partial w}{\partial x}\frac{\partial u}{\partial x}+\frac{\partial w}{\partial y}\frac{\partial u}{\partial y}\right)\mathrm{d}\Omega-\int_\Omega wf(x,y)\mathrm{d}\Omega+\int_{\Gamma_n}w\frac{\partial u}{\partial n}\mathrm{d}\Gamma \tag{9.3.31}$$

采用微分方程加权积分的弱形式，有两个优点：一是方程降阶，近似函数可以是低阶的，例如对于线性近似，代入不降阶的微分方程，二阶微分项就为零；二是可以将第二类边界条件也加入到方程中去。

(1) 第 e 单元矩阵为

$$[K^e]\{u^e\}=\int_{\Omega^e}\left[\frac{\partial w}{\partial x}\frac{\partial u}{\partial x}+\frac{\partial w}{\partial y}\frac{\partial u}{\partial y}\right]\mathrm{d}\Omega \tag{9.3.32}$$

$$[K^e]=\int_{\Omega^e}\left\{\begin{bmatrix}\partial_x H_1\\ \partial_x H_2\\ \partial_x H_3\end{bmatrix}\begin{bmatrix}\partial_x H_1 & \partial_x H_2 & \partial_x H_3\end{bmatrix}+\begin{bmatrix}\partial_y H_1\\ \partial_y H_2\\ \partial_y H_3\end{bmatrix}\begin{bmatrix}\partial_y H_1 & \partial_y H_2 & \partial_y H_3\end{bmatrix}\right\}\mathrm{d}\Omega$$
$$=(\partial_x H,\partial_x H)+(\partial_y H,\partial_y H)$$
$$=\frac{1}{4A}\begin{pmatrix}x_2-x_3 & y_2-y_3\\ x_3-x_1 & y_3-y_1\\ x_1-x_2 & y_1-y_2\end{pmatrix}\begin{pmatrix}x_2-x_3 & x_3-x_1 & x_1-x_2\\ y_2-y_3 & y_3-y_1 & y_1-y_2\end{pmatrix} \tag{9.3.33}$$

单元矩阵具有逆时针和对称结构。计算程序：ke_2D_Possion.m。

```
% 三角单元的单元矩阵装配
function k = ke_2D_Possion(x1,y1,x2,y2,x3,y3)
% element matrix for two-dimensional Laplace's equation
% using three-node linear triangular element
%  k - element stiffness matrix (size of 3x3)
% x1, y1 - x and y coordinate values of the first node of element
% x2, y2 - x and y coordinate values of the second node of element
% x3, y3 - x and y coordinate values of the third node of element
% element matrix
A=0.5*(x2*y3+x1*y2+x3*y1-x2*y1-x1*y3-x3*y2);   % 三角单元面积
k(1,1)=((x3-x2)*(x3-x2)+(y2-y3)*(y2-y3))/(4*A);
k(1,2)=((x3-x2)*(x1-x3)+(y2-y3)*(y3-y1))/(4*A);
k(1,3)=((x3-x2)*(x2-x1)+(y2-y3)*(y1-y2))/(4*A);
k(2,1)=k(1,2);
k(2,2)=((x1-x3)*(x1-x3)+(y3-y1)*(y3-y1))/(4*A);
k(2,3)=((x1-x3)*(x2-x1)+(y3-y1)*(y1-y2))/(4*A);
k(3,1)=k(1,3);
k(3,2)=k(2,3);
k(3,3)=((x2-x1)*(x2-x1)+(y1-y2)*(y1-y2))/(4*A);
end
```

程序 ke_2D_Possion.m 算例如下。

利用线性三角单元计算拉普拉斯方程单元矩阵。由式 (9.3.33) 按节点编号 [1 2 3] 的顺序，根据程序 ke_2D_Possion.m 计算单元矩阵。

对于图 9.3.3 所示直角三角单元：

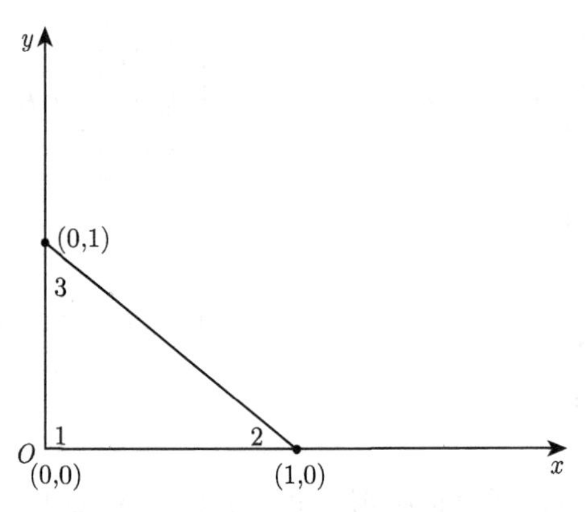

图 9.3.3　计算单元矩阵示意图

$$[K^e] = \frac{1}{2}\begin{bmatrix} 2 & -1 & -1 \\ -1 & 1 & 0 \\ -1 & 0 & 1 \end{bmatrix} \tag{9.3.34}$$

对于图 9.3.3 所示直角三角单元:

$$[K^e] = \frac{1}{2}\begin{bmatrix} 1 & -1 & 0 \\ -1 & 2 & -1 \\ 0 & -1 & 1 \end{bmatrix} \tag{9.3.35}$$

(2) 第 e 单元矢量为

$$[F^e] = \int_{\Omega^e} wf(x,y)\,\mathrm{d}\Omega = \int_{\Omega^e} \begin{bmatrix} H_1 \\ H_2 \\ H_3 \end{bmatrix} f(x,y)\,\mathrm{d}\Omega \tag{9.3.36}$$

(3) 边界积分

$$\int_{\Gamma_n} w\frac{\partial u}{\partial n}\,\mathrm{d}\Gamma = \sum \int_{\Gamma^e} w\frac{\partial u}{\partial n}\,\mathrm{d}\Gamma \tag{9.3.37}$$

对于二维情况，

$$\int_{\Gamma^e} w\frac{\partial u}{\partial n}\,\mathrm{d}\Gamma = \int \left[w\frac{\partial u}{\partial x}\right]_{x_i}^{x_{i+1}} \mathrm{d}y + \int \left[w\frac{\partial u}{\partial y}\right]_{y_j}^{y_{j+1}} \mathrm{d}x$$

这里在内部使用线性三角单元离散，而在边界是两节点间线段使用线性一维插值函数作为型函数。例如，平行于 x 轴的单元边界，见图 9.3.4。

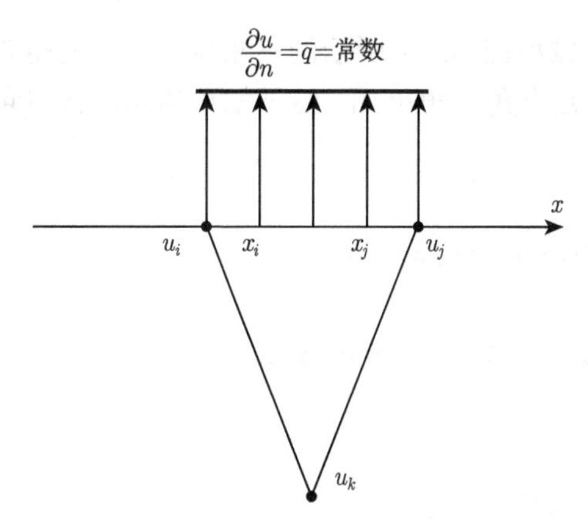

图 9.3.4 边界积分示意图

$$\int_{\Gamma^e} w\frac{\partial u}{\partial n}\,\mathrm{d}\Gamma=\int\left[w\frac{\partial u}{\partial y}\right]_{y_j}^{y_{j+1}}\,\mathrm{d}x=\bar{q}\int_{x_i}^{x_{i+1}}\begin{pmatrix}\dfrac{x_{i+1}-x}{x_{i+1}-x_i}\\ \dfrac{x-x_i}{x_{i+1}-x_i}\end{pmatrix}\mathrm{d}x=\frac{1}{2}\bar{q}(x_{i+1}-x_i)\begin{pmatrix}1\\1\end{pmatrix} \tag{9.3.38}$$

【例题 9.3.1】

利用线性三角单元求解拉普拉斯方程。考虑一个三角区域的热传导问题，有

$$\frac{\partial^2 u}{\partial x^2}+\frac{\partial^2 u}{\partial y^2}=0,\quad x,\ y\in\Omega \tag{9.3.39}$$

如图 9.3.5 所示，一个边界是绝缘没有热流（$\partial u/\partial n=0$），另个边界有一个常热流，第三个边界的温度已知，求其他节点的温度值。

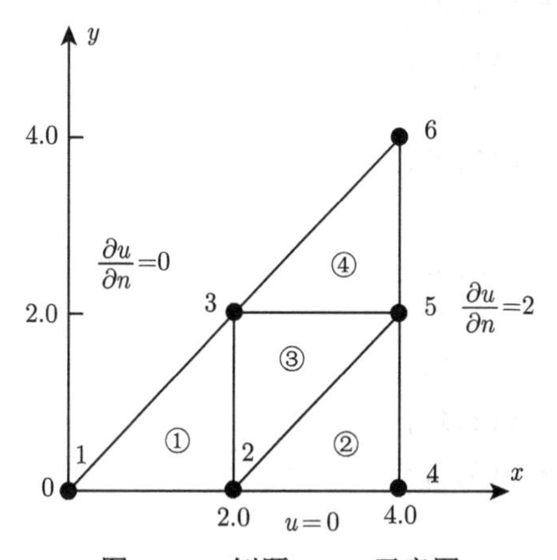

图 9.3.5 例题 9.3.1 示意图

【解】假设离散成如图 9.3.6 所示的三角单元，单元矩阵为前面计算的结果 (9.3.35)。注意：这里是直角三角单元，由于三角单元形状相同，则单元矩阵相同，都为矩阵 (9.3.35)。

系统矩阵计算程序：kk_triangle.m。

```
function kk = kk_triangle(nel,nnode,elems,nodes)
 %   nel: 单元数
 % nnode: 节点数
 % elems: 单元及单元节点编号
 % nodes: 节点的坐标
kk = zeros(nnode,nnode); % 系统矩阵初始化
for el =1:nel
    %% 给出 el 单元的节点编号
    i = elems(el,1);j=elems(el,2); k = elems(el,3);
    %% 计算单元 el 每个节点的坐标
    x1 = nodes(i,1); y1 = nodes(i,2);
    x2 = nodes(j,1); y2 = nodes(j,2);
    x3 = nodes(k,1); y3 = nodes(k,2);
    %% 计算单元 el 的单元矩阵 (注意按(i,j,k)编号)
    ke = ke_2D_Possion(x1,y1,x2,y2,x3,y3);
    %% 计算系统矩阵 kk
    kk(i,i)=kk(i,i)+ke(1,1);
    kk(i,j)=kk(i,j)+ke(1,2);
    kk(i,k)=kk(i,k)+ke(1,3);

    kk(j,j)=kk(j,j)+ke(2,2);
    kk(j,i)=kk(j,i)+ke(2,1);
    kk(j,k)=kk(j,k)+ke(2,3);

    kk(k,k)=kk(k,k)+ke(3,3);
    kk(k,i)=kk(k,i)+ke(3,1);
    kk(k,j)=kk(k,j)+ke(3,2);
end
end
```

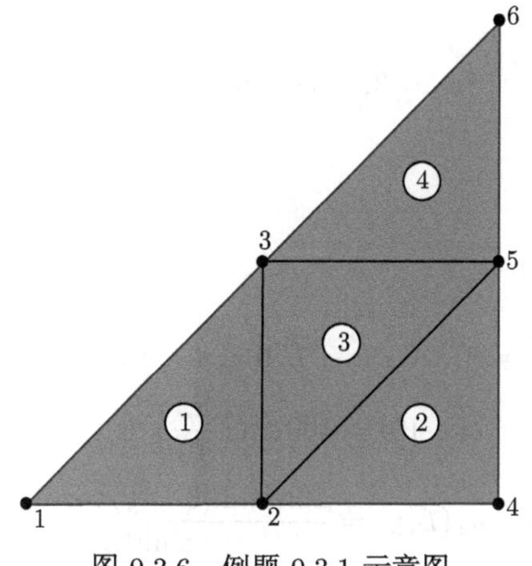

图 9.3.6 例题 9.3.1 示意图

按图 9.3.5 给定单元节点编号和节点坐标，计算系统矩阵的程序和计算结果如下：

```
% eax_93201.m
clc; clear all; format short;
nel = 4; nnode = 6;
elems = [1 2 3; 2 4 5; 2 5 3; 3 5 6];
nodes = [0 0; 2 0; 2 2; 4 0; 4 2; 4 4];
kk = 2*kk_triangle(nel,nnode,elems,nodes)
```

$$K=\sum K^e=\frac{1}{2}\begin{bmatrix} 1 & -1 & 0 & 0 & 0 & 0 \\ -1 & 4 & -2 & -1 & 0 & 0 \\ 0 & -2 & 4 & 0 & -2 & 0 \\ 0 & -1 & 0 & 2 & -1 & 0 \\ 0 & 0 & -2 & -1 & 4 & -1 \\ 0 & 0 & 0 & 0 & -1 & 1 \end{bmatrix} \tag{9.3.40}$$

由于 $f(x,y)=0$ ，系统的列矢量为零。对于边界通量的权积分 (9.3.38), 得到 $4\to5$, $5\to6$ 节点通量为

$$\begin{pmatrix} F_4 \\ F_5 \end{pmatrix}=\begin{pmatrix} 2 \\ 2 \end{pmatrix},\quad \begin{pmatrix} F_5 \\ F_6 \end{pmatrix}=\begin{pmatrix} 2 \\ 2 \end{pmatrix},\quad \begin{pmatrix} F_6 \\ F_3 \end{pmatrix}=\begin{pmatrix} 0 \\ 0 \end{pmatrix},\quad \begin{pmatrix} F_3 \\ F_1 \end{pmatrix}=\begin{pmatrix} 0 \\ 0 \end{pmatrix}$$

但 $1\to2$, $2\to4$ 节点通量未知，所以装配成系统通量得到

$$F=[F_1 \quad F_2 \quad 0 \quad F_4 \quad 4 \quad 2]$$

在节点 1,2,4 的通量是未知的。由于 $u_1=u_2=u_4=0$，根据

$$[K]\{u\}=\{F\}$$

得到

$$u_3 = 3,\quad u_5 = 6,\quad u_6 = 10$$

【例题 9.3.2】

求解拉普拉斯方程:

$$\begin{cases} \dfrac{\partial^2 u}{\partial x^2} + \dfrac{\partial^2 u}{\partial y^2} = 0, \quad 0 < x < L, 0 < y < 10 \\ u(x,0) = 0, \quad u(x,10) = 100\sin\left(\dfrac{\pi x}{10}\right) \\ u(0,y) = 0, \quad u_x(L,y) = \dfrac{10\pi\sinh(0.1\pi y)\cos(0.1\pi L)}{\sinh(\pi)} \end{cases} \tag{9.3.41}$$

【解】求解区域的三角单元划分，见图 9.3.7，计算程序：exa_932.m。

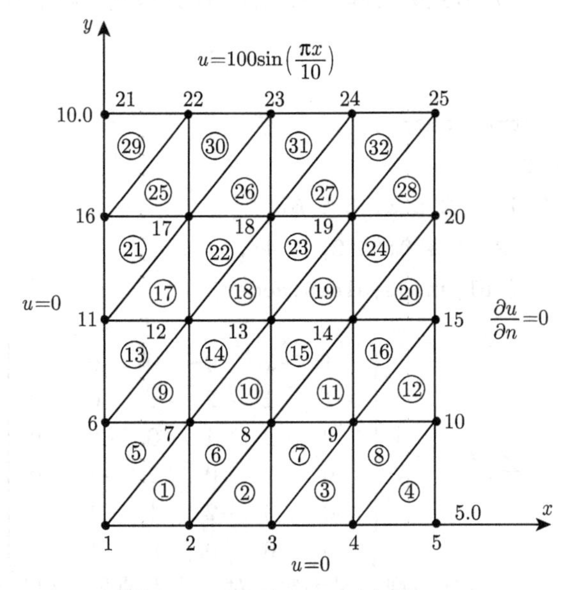

图 9.3.7　例题 9.3.2 示意图 (1)

```
% 二维拉普拉斯方程有限元法:混合边界条件
% u_{xx}+u_{yy}=0, 0<x<Lx; 0<y<10
% u(x,0) =0; u(x,10) = 100sin(a\pi x)
% u(0,y) =0; u_x(40,y)=10*pi*sinh(a*pi*y)*cos(a*pi*Lx)/sinh(pi)
function exa_932_02 clc;clear all;
format long; xmin = 0; xmax = 40; ymin = 0; ymax = 10; a = 0.1;
nx = 80; ny = 20;              % x,y 方向的格点数
```

```
dx = (xmax-xmin)/(nx-1); dy = (ymax-ymin)/(ny-1);
nel = 2*(nx-1)*(ny-1);      % 总单元数
nnel=3;                     % 每个单元的节点数
nnode = nx*ny;              % 总节点数
m = zeros(nnel,nnel);       % 初始单元矩阵
M = zeros(nnode,nnode);     % 系数矩阵初始化

%% 计算节点 x,y 坐标
nodes = tri_nodesh(xmin,xmax,ymin,ymax,nx,ny) % 定义节点的坐标
xc = xmin:dx:xmax; yc = ymin:dy:ymax;
[xx,yy] = meshgrid(xc,yc);
%% 给出每个单元三个节点的编号
elems = tri_elemsh(nx,ny);
 %% 给出边界点的编号和取值
  x = dx:dx:xmax;
  y =dy:dy:ymax-dy;
ub = zeros(nx,1);               % 下边界
ul = zeros(ny-1,1);             % 左边界
ut = 100*sin(a*pi*x);           % 上边界
ur =dx*10*pi*sinh(a*pi*y)*cos(a*pi*xmax)/sinh(pi); % 右边界第二类边界导
                                                     数值
[bcdof,bcval] = bc_h1_01(nx,ny,ub,ul,ut);
[bcn1,bcn2,bcval2] = bc_h2_01(nx,ny,ur);
   f = zeros(nnode,1);          % 初始化系统力矢量
for iel=1:nel
    i=elems(iel,1); j=elems(iel,2); k=elems(iel,3);
    x1=nodes(i,1); y1=nodes(i,2);
    x2=nodes(j,1); y2=nodes(j,2);
    x3=nodes(k,1); y3=nodes(k,2);
    index = [ i j k]; % 取出iel单元矩阵的矩阵元在系统矩阵中的行列编号
    m = m_elem_2D_01(x1,y1,x2,y2,x3,y3);    % 计算单元矩阵
    M = M_system_2D(M,m,index);             % 装配系统矩阵
end
[M,f]=BC_2D_first(M,f,bcdof,bcval);         % 应用第一类边界条件
[M,f]=BC_2D_second(M,f,bcn1,bcn2,bcval2);  % 应用第一类边界条件
```

```
fsol=M\f;                                    % 解矩阵方程
% analytical solution
for i=1:nnode
    x=nodes(i,1);y=nodes(i,2);
    esol(i)=100*sinh(0.31415927*y)*sin(0.31415927*x)/sinh(3.1415927);
end

% print both exact and fem solutions
num=1:1:nnode;
store = [num' fsol esol'];
fsole = reshape(esol,nx,ny);
fsolf = reshape(fsol,nx,ny)
figure(1);
surfc(xx,yy,fsole');set(gca,'FontSize',18);title('解析解');
xlabel('x');ylabel('y');zlabel('u(x,y)');
figure(2)
surfc(xx,yy,fsolf');set(gca,'FontSize',18);title('数值解');
xlabel('x');ylabel('y');zlabel('u(x,y)');
end
```

直角三角单元 x 方向顺序节点编号和坐标见图 9.3.8，计算程序如下。

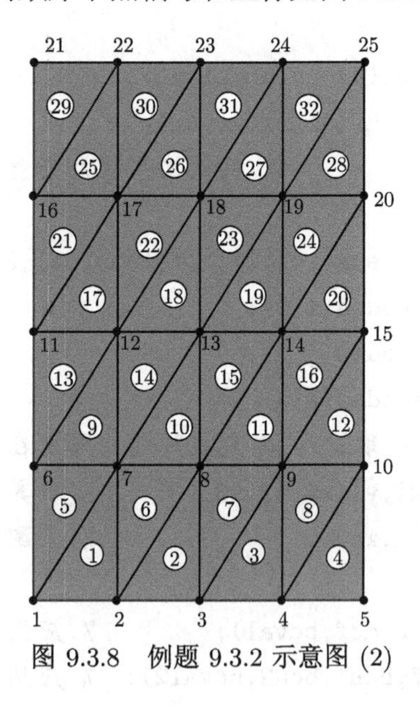

图 9.3.8　例题 9.3.2 示意图 (2)

```
function nodes = tri_nodesh(xa,xb,yc,yd,nx,ny)
dx = (xb-xa)/(nx-1); dy = (yd-yc)/(ny-1);
nodes = zeros(nx*ny,2); for j = 1:ny
    for i =1:nx
        nodes((j-1)*nx+i,1)=xa+(i-1)*dx; % 节点(j-1)*nx+i的x坐标
        nodes((j-1)*nx+i,2)=yc+(j-1)*dy; % 节点(j-1)*nx+i的y坐标
    end
end
```

三角单元的编号和单元节点编号见图 9.3.8，按水平排列计算程序。

```
function elems = tri_elemsh(nx,ny)
lx = nx-1; ly = ny-1;
elems = zeros(2*lx*ly,3);
    for j = 1:ly
    for i = 1:lx
        elems(i+2*(j-1)*lx,1)  = i+(j-1)*nx;
        elems(i+2*(j-1)*lx,2)  = i+(j-1)*nx+1;
        elems(i+2*(j-1)*lx,3)  = i+j*nx+1;

        elems(i+(2*j-1)*lx,1)  = i+(j-1)*nx;
        elems(i+(2*j-1)*lx,2)  = i+j*nx+1;
        elems(i+(2*j-1)*lx,3)  = i+j*nx;
    end
end
```

解析解和数值解见图 9.3.9 和图 9.3.10。

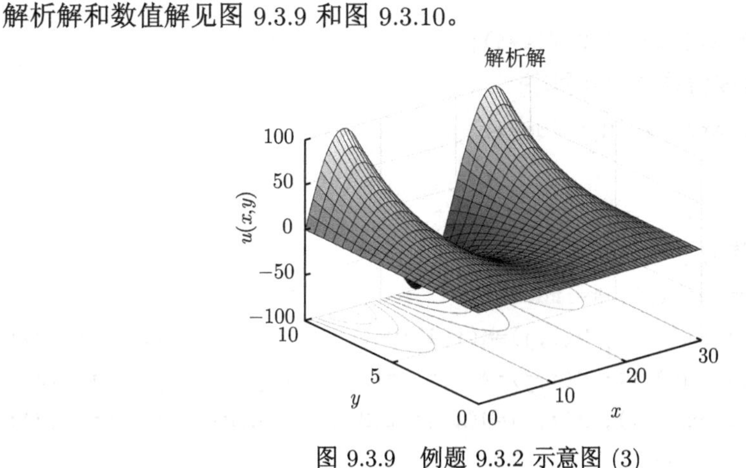

图 9.3.9 例题 9.3.2 示意图 (3)

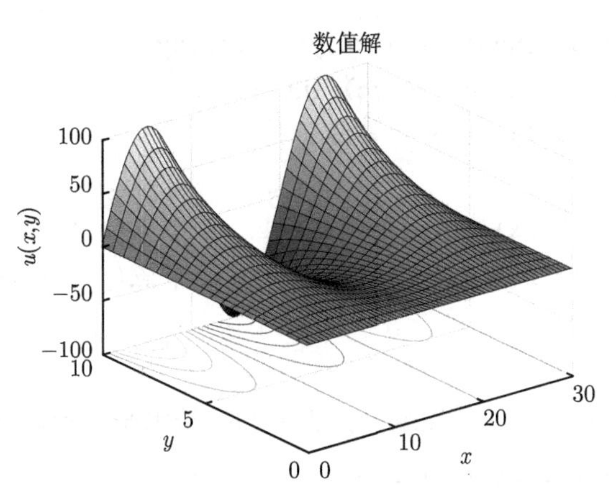

图 9.3.10　例题 9.3.2 示意图 (4)

计算方程的单元矩阵程序:

```
function [k]=m_elem_2D_01(x1,y1,x2,y2,x3,y3)
% element matrix
 A=0.5*(x2*y3+x1*y2+x3*y1-x2*y1-x1*y3-x3*y2); % area of the triangule
 k(1,1)=((x3-x2)^2+(y2-y3)^2)/(4*A);
 k(1,2)=((x3-x2)*(x1-x3)+(y2-y3)*(y3-y1))/(4*A);
 k(1,3)=((x3-x2)*(x2-x1)+(y2-y3)*(y1-y2))/(4*A);
 k(2,1)=k(1,2);
 k(2,2)=((x1-x3)^2+(y3-y1)^2)/(4*A);
 k(2,3)=((x1-x3)*(x2-x1)+(y3-y1)*(y1-y2))/(4*A);
 k(3,1)=k(1,3);
 k(3,2)=k(2,3);
 k(3,3)=((x2-x1)^2+(y1-y2)^2)/(4*A);
```

装配单元矩阵成为系统矩阵程序:

```
function [M]=M_system_2D(M,m,index)
% M: 系统矩阵
% m: 单元矩阵
% index: 单元矩阵的节点标号
i = index(1); j=index(2); k=index(3);
     M(i,i)=M(i,i)+m(1,1); M(i,j)=M(i,j)+m(1,2); M(i,k)=M(i,k)+m(1,3);
     M(j,i)=M(j,i)+m(2,1); M(j,j)=M(j,j)+m(2,2); M(j,k)=M(j,k)+m(2,3);
     M(k,i)=M(k,i)+m(3,1); M(k,j)=M(k,j)+m(3,2); M(k,k)=M(k,k)+m(3,3);
% for i=1:3
```

```
%       for j=1:3
%     ii=index(i);
%         jj=index(j);
%           M(ii,jj)=M(ii,jj)+m(i,j);
%       end
end
```

应用第一类边界条件:

```
function [kk,ff]= BC_2D_first(kk,ff,bcn,bcval)
n = length(bcn);     % 第一类边界节点数
nrow = size(kk);     % 系统矩阵大小
for i=1:n
    c=bcn(i);        % 抽出所在边界节点的行标号
    for j=1:nrow
        kk(c,j)=0;  % 将所在行矩阵元取零
    end
    kk(c,c)=1;       % 将所在行对角矩阵元取1
    ff(c)=bcval(i); % 对应右端项取边值
end
end
```

应用第二类边界条件:

```
function [kk,ff]=BC_2D_second(kk,ff,bcn1,bcn2,bcval)
n = length(bcn2);      %第二类边界节点数
nrow = size(kk);       % 系统矩阵大小
for i=1:n
    c2=bcn2(i);        % 抽出所在边界节点的行标号
    c1=bcn1(i);        % 抽出所在边界节点临近节点的标号
    for j=1:nrow
        kk(c2,j)=0;    % 将c2行矩阵元取零
    end
    kk(c2,c2)=1;       % (c2,c2)=1
    kk(c2,c1)=-1;      % (c2,c1)=-1
    ff(c2)=bcval(i);  % 对应右端项取边界导数值
end
end
```

计算本例题的第一类边界条件：边界节点的统一编号在总节点中的编号和节点值。

```
function [bcn,bcval] = bc_h1_01(nx,ny,ub,ul,ut)
% bcn: 注意这是按-x-方向节点编号
% bcval: 边界节点第一类边界值
bcn(1:nx)=1:nx;                                  % 下边界的节点编号
bcval(1:nx)=ub;                                  % 对应边值

bcn(nx+1:nx+ny-1) = nx+1:nx:nx*(ny-1)+1;         % 左边界的节点编号
bcval(nx+1:nx+ny-1) = ul;                        % 对应边值

bcn(nx+ny:2*nx+ny-2) = nx*(ny-1)+2:nx*ny;        % 上边界的节点编号
bcval(nx+ny:2*nx+ny-2) = ut;                     % 对应边值
end
```

本例题的第二类边界条件：注意这里采用两点差分耦合，即 $u_x=(u_n-u_{n-1})/\mathrm{d}x$。

```
function [bcn1,bcn2,bcval] = bc_h2_01(nx,ny,ur)
% bcn: 注意这是按-x-方向节点编号
% bcval;节点第二类边界值
bcn2(1:ny-2) = 2*nx:nx:(ny-1)*nx;
bcn1(1:ny-2) = 2*nx-1:nx:(ny-1)*nx-1;
bcval(1:ny-2)=ur
end
```

对于具体物理问题，边界条件需要由具体编程给出。

9.3.3　双线性矩形单元

取如图 9.3.11 所示双线性矩形单元。

设

$$X=\begin{pmatrix}1\\x\\y\\xy\end{pmatrix},\quad U=\begin{pmatrix}u_1\\u_2\\u_3\\u_4\end{pmatrix},\quad A=\begin{pmatrix}a_1\\a_2\\a_3\\a_4\end{pmatrix},\quad B=\begin{pmatrix}1&x_1&y_1&x_1y_1\\1&x_2&y_2&x_2y_2\\1&x_3&y_3&x_3y_3\\1&x_4&y_4&x_4y_4\end{pmatrix}$$

$$u=X^{\mathrm{T}}A=a_1+a_2x+a_3y+a_4xy \tag{9.3.42}$$

$U=BA,\ \ A=B^{-1}U,\ \ u=X^{\mathrm{T}}A=X^{\mathrm{T}}B^{-1}U=[(B^{-1})^{\mathrm{T}}X]^{\mathrm{T}})U=H^{\mathrm{T}}U,\ \ H=(B^{-1})^{\mathrm{T}}X$

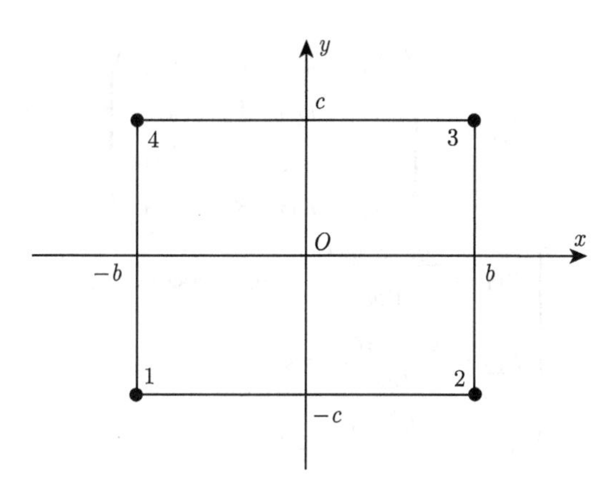

图 9.3.11 双线性矩形单元示意图

取 $x_1=-b,\ y_1=-c,\ x_2=b,\ y_2=-c,\ x_3=b,\ y_3=c,\ x_4=-b,\ y_4=c$，得插值基函数为

$$\begin{cases} H_1=\dfrac{(b-x)(c-y)}{4bc}, & H_2=\dfrac{(b+x)(c-y)}{4bc} \\ H_3=\dfrac{(b+x)(c+y)}{4bc}, & H_4=\dfrac{(b-x)(c+y)}{4bc} \end{cases} \tag{9.3.43}$$

$2b, 2c$ 分别是单元的长和宽。上面的型函数可以看成是 x 和 y 方向的两个一维线性型函数的积。

泊松方程的第 e 单元矩阵为

$$\begin{aligned} [K^e]\{u^e\} &= \int_{\Omega^e}\left(\frac{\partial w}{\partial x}\frac{\partial u}{\partial x}+\frac{\partial w}{\partial y}\frac{\partial u}{\partial y}\right)\mathrm{d}\Omega \\ &= \int_{\Omega^e}\left\{\begin{bmatrix}\partial_x H_1\\ \partial_x H_2\\ \partial_x H_3\\ \partial_x H_4\end{bmatrix}[\partial_x H_1 \quad \partial_x H_2 \quad \partial_x H_3 \quad \partial_x H_4] + \begin{bmatrix}\partial_y H_1\\ \partial_y H_2\\ \partial_y H_3\\ \partial_y H_4\end{bmatrix}[\partial_y H_1 \quad \partial_y H_2 \quad \partial_y H_3 \quad \partial_y H_4]\right\}\mathrm{d}\Omega\,\{u^e\} \end{aligned} \tag{9.3.44}$$

其中单元矩阵的一个矩阵元为

$$\begin{aligned} K_{11}^e &= \int_{-b}^{b}\int_{-c}^{c}\left(\frac{\partial H_1}{\partial x}\frac{\partial H_1}{\partial x}+\frac{\partial H_1}{\partial y}\frac{\partial H_1}{\partial y}\right)\ \mathrm{d}y\mathrm{d}x \\ &= \frac{1}{16b^2c^2}\int_{-b}^{b}\int_{-c}^{c}[(y-c)^2+(x-b)^2]\mathrm{d}y\mathrm{d}x=\frac{c^2+b^2}{3bc} \end{aligned} \tag{9.3.45}$$

$$[K^e] = \begin{pmatrix} k_{11} & k_{12} & k_{13} & k_{14} \\ k_{21} & k_{22} & k_{23} & k_{24} \\ k_{31} & k_{32} & k_{33} & k_{34} \\ k_{41} & k_{42} & k_{43} & k_{44} \end{pmatrix} \tag{9.3.46}$$

$$\begin{cases} k_{11} = \dfrac{2b^2 + 2c^2}{6bc} = k_{22} = k_{33} = k_{44} \\ k_{12} = \dfrac{b^2 - 2c^2}{6bc} = k_{34} \\ k_{13} = -\dfrac{b^2 + c^2}{6bc} = k_{24} \\ k_{14} = -\dfrac{c^2 - 2b^2}{6bc} = k_{23} \end{cases} \tag{9.3.47}$$

单元的矢量积分为

$$[F^e] = \int_{-b}^{b}\int_{-c}^{c} \begin{pmatrix} H_1 \\ H_2 \\ H_3 \\ H_4 \end{pmatrix} g(x,y)\mathrm{d}y\mathrm{d}x \tag{9.3.48}$$

边界积分为

$$\int_{\Gamma_n} w\frac{\partial u}{\partial n}\,\mathrm{d}\Gamma = \sum \int_{\Gamma^e} w\frac{\partial u}{\partial n}\,\mathrm{d}\Gamma \tag{9.3.49}$$

式中，角标 n 表示自然边界，e 表示单元边界

9.3.4　轴对称系统有限元方法

拉普拉斯方程在柱坐标系中的形式为

$$\frac{\partial^2 u}{\partial r^2} + \frac{1}{r}\frac{\partial u}{\partial r} + \frac{1}{r^2}\frac{\partial^2 u}{\partial \phi^2} + \frac{\partial^2 u}{\partial z^2} = 0 \tag{9.3.50}$$

r, ϕ, z 分别是柱坐标系下的径向、角向和轴向的坐标，如图 9.3.12 所示。

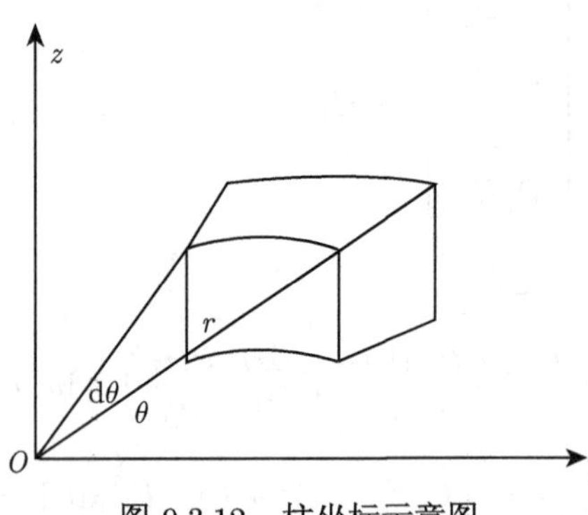

图 9.3.12　柱坐标示意图

对于轴对称问题，$\partial u/\partial\phi=0$，方程变为

$$\frac{\partial^2 u}{\partial r^2}+\frac{1}{r}\frac{\partial u}{\partial r}+\frac{\partial^2 u}{\partial z^2}=0 \tag{9.3.51}$$

加权积分为

$$\int_\Omega w\left(\frac{\partial^2 u}{\partial r^2}+\frac{1}{r}\frac{\partial u}{\partial r}+\frac{\partial^2 u}{\partial z^2}\right)\mathrm{d}\Omega=\int_\Omega w\left[\frac{1}{r}\frac{\partial}{\partial r}\left(r\frac{\partial u}{\partial r}\right)+\frac{\partial^2 u}{\partial z^2}\right]\mathrm{d}\Omega \tag{9.3.52}$$

对于轴对称问题的区域积分为

$$\int_\Omega f(r,z)\,\mathrm{d}\Omega=\int_\phi\int_r\int_z f(r,z)\,\mathrm{d}\phi\mathrm{d}r\mathrm{d}z=2\pi\int_r\int_z rf(r,z)\,\mathrm{d}r\mathrm{d}z \tag{9.3.53}$$

这样式 (9.3.52) 的弱形式为

$$\begin{aligned}&2\pi\int_r\int_z w\left[\frac{\partial}{\partial r}\left(r\frac{\partial u}{\partial r}\right)+r\frac{\partial^2 u}{\partial z^2}\right]\mathrm{d}r\mathrm{d}z\\&=-2\pi\int_r\int_z r\left(\frac{\partial w}{\partial r}\frac{\partial u}{\partial r}+\frac{\partial w}{\partial z}\frac{\partial u}{\partial z}\right)\mathrm{d}z\mathrm{d}r+\int_\Gamma rw\frac{\partial u}{\partial n}\,\mathrm{d}\Gamma\end{aligned} \tag{9.3.54}$$

上面式中的单元矩阵积分为

$$[K^e]=2\pi\int_r\int_z r\left\{\begin{array}{l}\begin{bmatrix}\partial_r H_1\\ \partial_r H_2\\ \partial_r H_3\end{bmatrix}\begin{bmatrix}\partial_r H_1 & \partial_r H_2 & \partial_r H_3\end{bmatrix}\\ +\begin{bmatrix}\partial_z H_1\\ \partial_z H_2\\ \partial_z H_3\end{bmatrix}\begin{bmatrix}\partial_z H_1 & \partial_z H_2 & \partial_z H_3\end{bmatrix}\end{array}\right\}\mathrm{d}r\mathrm{d}z \tag{9.3.55}$$

柱坐标系下的积分为

$$\int_r\int_z r\,\mathrm{d}r\mathrm{d}z=Ar_\mathrm{c},\quad r_\mathrm{c}=(r_1+r_2+r_3)/3 \tag{9.3.56}$$

A 是三角单元的面积，r_c 是三角形的几何质心，如图 9.3.13 所示。

$$[K^e]=2\pi r_\mathrm{c}\begin{bmatrix}k_{11} & k_{12} & k_{13}\\ k_{21} & k_{22} & k_{23}\\ k_{31} & k_{32} & k_{33}\end{bmatrix} \tag{9.3.57}$$

式中，k_{ij} 见关系 (9.3.33)，其中 x_i,y_i 由 r_i,z_i 替换。

$$
\begin{cases}
k_{11}=\dfrac{[(r_2-r_3)(r_2-r_3)+(z_2-z_3)(z_2-z_3)]}{(4A)}\\
k_{12}=\dfrac{[(r_2-r_3)(r_3-r_1)+(z_2-z_3)(z_3-z_1)]}{(4A)}=k_{21}\\
k_{13}=\dfrac{[(r_2-r_3)(r_1-r_2)+(z_2-z_3)(z_1-z_2)]}{(4A)}=k_{31}\\
k_{22}=\dfrac{[(r_3-r_1)(r_3-r_1)+(z_3-z_1)(z_3-z_1)]}{(4A)}\\
k_{23}=\dfrac{[(r_3-r_1)(r_1-r_2)+(z_3-z_1)(z_1-z_2)]}{(4A)}=k_{32}\\
k_{33}=\dfrac{[(r_1-r_2)(r_1-r_2)+(z_1-z_2)(z_1-z_2)]}{(4A)}
\end{cases}
\tag{9.3.58}
$$

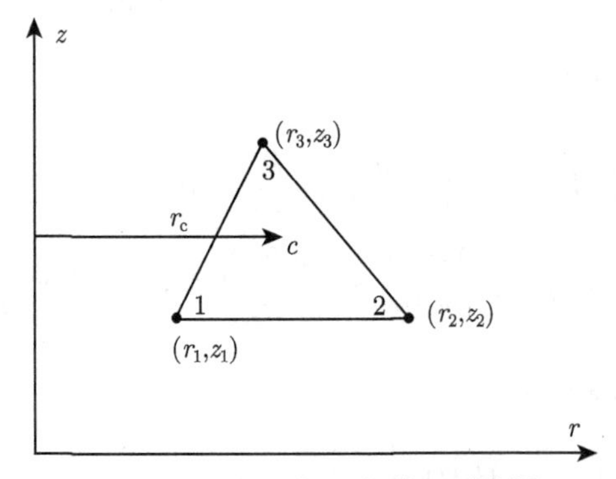

图 9.3.13　柱坐标三角单元示意图

关于轴对称系统边界通量分析同前，但注意边界积分也包括 r，对于线性三角单元，如果有一均匀通量通过边界，见图 9.3.14，等价的节点通量为 $\dfrac{1}{2}(r_i+r_j)\pi ql\{1,1\}^{\mathrm{T}}$ 或 $\pi ql\{(2r_i+r_j)/3,\ (r_i+2r_j)/3\}^{\mathrm{T}}$，$q$ 是单位面积的通量，l 是边界单元的边长。

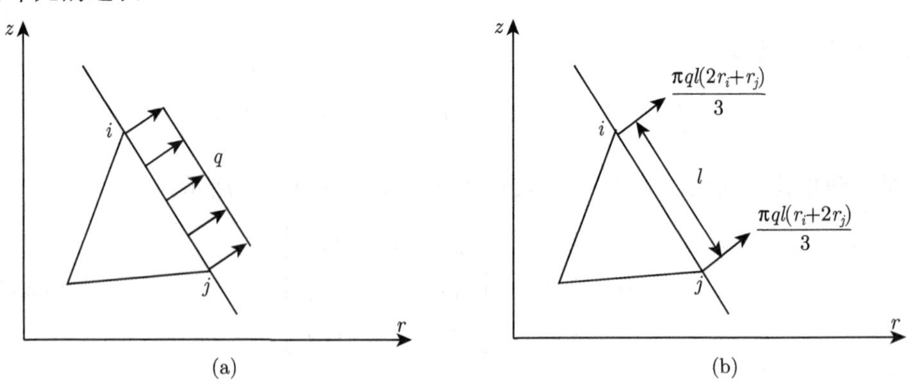

图 9.3.14　轴对称系统边界通量示意图

【例题 9.3.3】

利用线性三角单元求解下列轴对称的拉普拉斯方程：

$$\begin{cases} u_{rr}+\dfrac{1}{r}u_r+u_{zz}=0, \quad 4<r<6,\ 0<z<1 \\ u(4,z)=100, \quad u_r(6,z)=20 \\ u_z(r,0)=0, \quad u_z(r,1)=0 \end{cases} \tag{9.3.59}$$

【解】采用图 9.3.15 或图 9.3.16 所示三角单元网格，取第二类边界条件 $\partial_r u(6,z) = q = 20$，即外表面通量

$$2\pi r l q = 2\pi\times 6\times 1\times 20 = 240\pi$$

转变为节点通量。计算程序：exa_933.m。

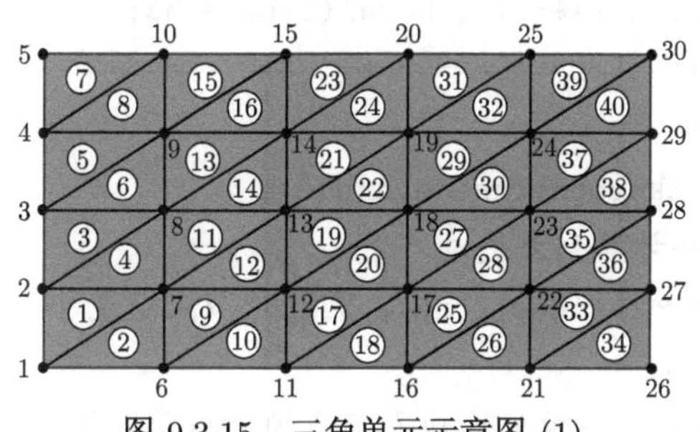

图 9.3.15　三角单元示意图 (1)

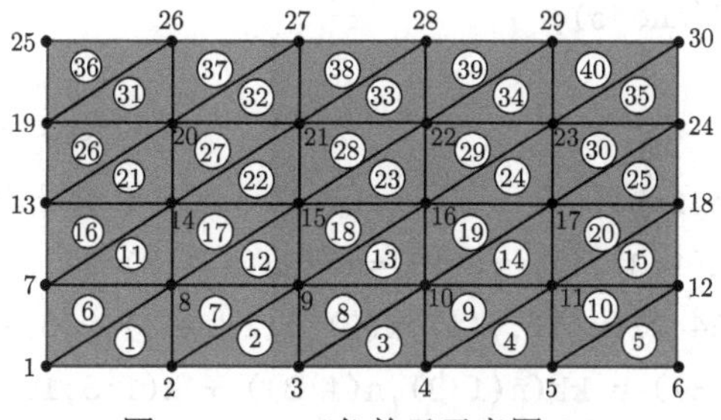

图 9.3.16　三角单元示意图 (2)

```
% exa_933.m 解轴对称 Laplace 方程:
% to solve the axisymmetric Laplace equation given as
% u,rr + (u,r)/r + u,zz =0,  4 < r < 6, 0 < z < 1
% u(4,z) = 100, u,r(6,z) = 20
% u,z(r,0) = 0, u,z(r,1) = 0
% using linear triangular elements
function exa_933_01  % 4b沿r方向顺序排列单元
clc;clear all; ra = 4; rb = 6; zc = 0; zd = 1; nr = 6; nz = 5; q =
20; dr = (rb-ra)/(nr-1); dz = (zd-zc)/(nz-1); r = ra:dr:rb; z =
```

```
zc:dz:zd; [rr,zz] = meshgrid(r,z);
nel= 2*(nr-1)*(nz-1);                    % 单元数
nnode=nr*nz;                             % 系统总节点数
%%=================================================
%% 计算系统节点 z,r 坐标
nodes = tri_nodesh(ra,rb,zc,zd,nr,nz);
%% 给出单元及单元节点编号
elems = tri_elemsh(nr,nz);
%% 给出边界点的编号和取值
ua = 100*ones(1,nz);   % r = 4 左边界
bcdof(1:nz)= 1:nr:(nz-1)*nr+1; bcval(1:nz)= ua;
%%=================================================
%% 初始化矩阵和矢量
ff=zeros(nnode,1);kk=zeros(nnode,nnode);
%% 由第二类边界条件计算列力矢量
ubp = 2*pi*rb*q/(nz-1)*ones(1,nz); % 柱外节点通量
ff(nr:nr:nnode)=ubp;
ff(nr) = 0.5*ff(nr);  % 注意内边界节点通量值是两端边界点值2倍
ff(nnode) = 0.5*ff(nnode);
%% 装配系统矩阵
for e=1:nel                                       % 单元装配
    n(1:3)=elems(e,1:3);                          % 给出单元e的三个节点编号
    x(1:3)=nodes(n(1:3),1); y(1:3)=nodes(n(1:3),2);      % 三个节点坐标
    k=ke_rz_exa_934_01(x(1),y(1),x(2),y(2),x(3),y(3));  % 计算单元矩阵
    kk(n(1:3),n(1:3)) = kk(n(1:3),n(1:3)) + k(1:3,1:3); % 装配系统矩阵
end
[kk,ff]=BC_2D_first(kk,ff,bcdof,bcval); % 应用边界条件
fsol=kk\ff;                             % 解矩阵方程
% 计算解析解
for i=1:nnode
re=nodes(i,1); ze=nodes(i,2);
esol(i)=100-6*20*log(4)+6*20*log(re);
end
% 输出解析解和数值解
%num=1:1:sdof;
```

```
%store=[num' fsol esol']
fsol2=reshape(fsol,nr,nz);
esol2=reshape(esol,nr,nz);
figure(1);
surf(rr,zz,fsol2');%view(-45,-60);
set(gca,'FontSize',18);
xlabel('r');ylabel('z');title('数值解');
figure(2);
surf(rr,zz,esol2');%view(-45,-60);
set(gca,'FontSize',18);
xlabel('r');ylabel('z');title('解析解');
tri = delaunay(rr,zz);
figure(3);
% zz = fsole*0;trisurf(tri,xx,yy,zz');view(0,90);
trisurf(tri,rr,zz,fsol2');
set(gca,'FontSize',18);
xlabel('r');ylabel('z');title('数值解');
figure(4);
showmesh(nodes,elems);
findnode(nodes,'all','index','color','r');
% plot indices of all vertices
findelem(nodes,elems,'all','index','color','g');
% plot indices of all triangles
end
```

数值解与解析解分别见图 9.3.17 和图 9.3.18。

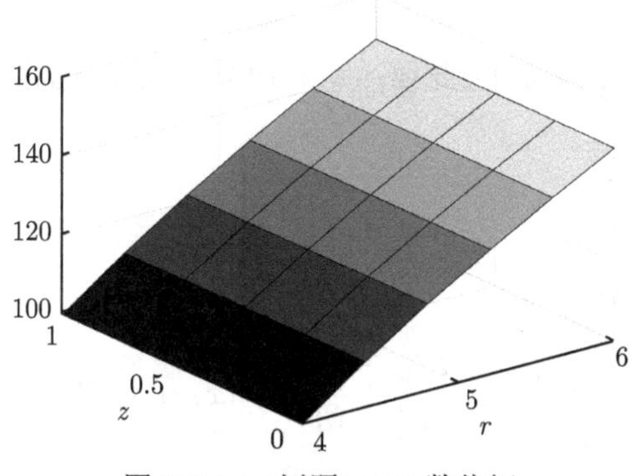

图 9.3.17 例题 9.3.3 数值解

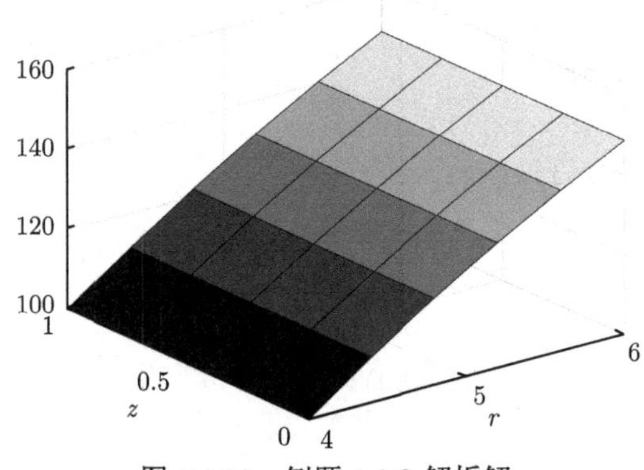

图 9.3.18　例题 9.3.3 解析解

在柱坐标系下的单元矩阵:

```
function [k]=ke_rz_exa_93301(r1,z1,r2,z2,r3,z3)
% element matrix
 A=0.5*(r2*z3+r1*z2+r3*z1-r2*z1-r1*z3-r3*z2); % area of the triangule
 rc=(r1+r2+r3)/3;    % r coordinate value of the centroid
 k(1,1)=((r3-r2)^2+(z2-z3)^2)/(4*A);
 k(1,2)=((r3-r2)*(r1-r3)+(z2-z3)*(z3-z1))/(4*A);
 k(1,3)=((r3-r2)*(r2-r1)+(z2-z3)*(z1-z2))/(4*A);
 k(2,1)=k(1,2);
 k(2,2)=((r1-r3)^2+(z3-z1)^2)/(4*A);
 k(2,3)=((r1-r3)*(r2-r1)+(z3-z1)*(z1-z2))/(4*A);
 k(3,1)=k(1,3);
 k(3,2)=k(2,3);
 k(3,3)=((r2-r1)^2+(z1-z2)^2)/(4*A);
 k=2*pi*rc*k;
```

由于两种单元编号不同，因此要注意右边界节点通量的赋值。

9.3.5　时变有限元方法

1. *基本方程*

对于时变热传导方程

$$a\frac{\partial u}{\partial t}=\frac{\partial^2 u}{\partial x^2}+\frac{\partial^2 u}{\partial y^2},\quad (x,y)\in\Omega \tag{9.3.60}$$

t 表示时间，a 是已知函数。通常对于均匀材料性质热传导问题，$a=\rho c_p/k$, k 是热导系数，ρ 是密度，c_p 是比热。这里忽略了热源和汇。

应用加权余量方法

$$I=\int_{\Omega} w\frac{\partial u}{\partial t}\,\mathrm{d}\Omega+\frac{1}{a}\int_{\Omega}\left(\frac{\partial w}{\partial x}\frac{\partial u}{\partial x}+\frac{\partial w}{\partial y}\frac{\partial u}{\partial y}\right)-\frac{1}{a}\int_{\Gamma_n} w\frac{\partial u}{\partial n}\,\mathrm{d}\Gamma \tag{9.3.61}$$

变量 $u=u(x,y,t)$ 在单元里的插值函数为

$$u(x,y,t)=\sum_{i=1}^{n}H_i(x,y)u_i(t) \tag{9.3.62}$$

式中，$H_i(x,y)$ 是型函数，n 是单元节点数。

应用式 (9.3.62) 和式 (9.3.61) 得到

$$[M^e]=(H,H)=\int_{\Omega^e}\left\{\begin{array}{c}H_1\\H_2\\H_3\end{array}\right\}\left\{\begin{array}{ccc}H_1&H_2&H_3\end{array}\right\}\mathrm{d}\Omega$$

$$=\frac{A}{12}\begin{bmatrix}2&1&1\\1&2&1\\1&1&2\end{bmatrix} \tag{9.3.63}$$

其中，A 是三角单元面积。方程 (9.3.60) 的矩阵方程为

$$[M]\{\dot{u}\}^t+[K]\{u\}^t=\{F\}^t \tag{9.3.64}$$

矩阵 $[M],[K]$ 与时间无关，方程化为常微分方程。对时间的微分采用有限差分方法。

2. 时间积分

时间微分采用前差

$$\{\dot{u}\}^t=\frac{\{u\}^{t+\Delta t}-\{u\}^t}{\Delta t} \tag{9.3.65}$$

代入式 (9.3.64) 得到

$$[M]\{u\}^{t+\Delta t}=\Delta t\left(\{F\}^t-[K]\{u\}^t\right)+[M]\{u\}^t \tag{9.3.66}$$

前差是存在条件稳定性的，即对时间步长有一定要求才能得到稳定解。

向后差分方程 (9.3.60) 的矩阵方程为

$$[M]\{\dot{u}\}^{t+\Delta t}+[K]\{u\}^{t+\Delta t}=\{F\}^{t+\Delta t} \tag{9.3.67}$$

时间微分采用后差

$$\{\dot{u}\}^{t+\Delta t}=\frac{\{u\}^{t+\Delta t}-\{u\}^{t}}{\Delta t} \tag{9.3.68}$$

向后差分方程 (9.3.66) 的矩阵方程为

$$([M]+\Delta t[K])\{u\}^{t+\Delta t}=\Delta t\{F\}^{t+\Delta t}+[M]\{u\}^{t} \tag{9.3.69}$$

【例题 9.3.4】

求解下面瞬态的拉普拉斯方程。对于瞬变热传导方程：

$$\begin{cases}\dfrac{\partial u}{\partial t}=\dfrac{\partial^2 u}{\partial x^2}+\dfrac{\partial^2 u}{\partial y^2}, \quad 0<x<5,\ 0<y<2\\ u(x,y,0)=0, \quad u(0,y,t)=100, \quad u(5,y,t)=100\\ u_y(x,0,t)=0, \quad u_y(x,2,t)=0\end{cases} \tag{9.3.70}$$

【解】采用图 9.3.19 所示网格。计算程序：exa_934.m。

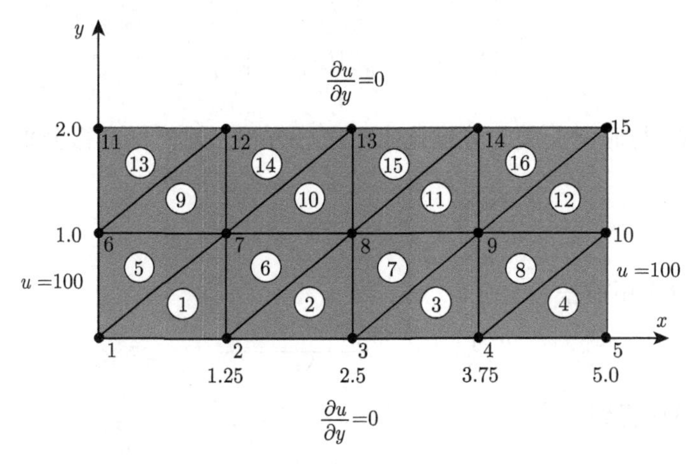

图 9.3.19　(5 × 3) 单元网格

结果见图 9.3.20。

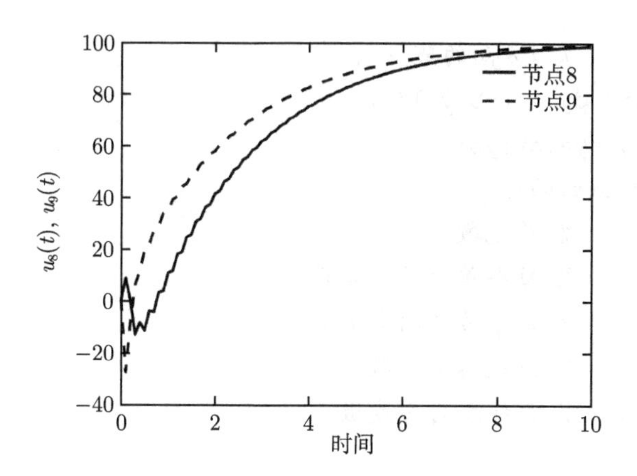

图 9.3.20 例题 9.3.4 节点 8, 9 数值结果

```
%%-------------------------------------------------------------------
% to solve the transient two-dimensional Laplace's equation
%   u,t = u,xx + u,yy ,  0 < x < 5, 0 < y < 2
% boundary conditions:
%   u(0,y,t) = 100, u(5,y,t) = 100,
%   u,y(x,0,t) = 0, u,y(x,2,t) = 0
% initial condition:
%   u(x,y,0) = 0 over the domain
% using linear triangular elements and forward difference method
 function  exa_934_01b
clear;clc;format long;
% input data for control parameters
deltt=0.1;          % 时间步长(原来是0.1)
stime=0.0;          % 初始时间
ftime=10;           % 结束时间
ntime=fix((ftime-stime)/deltt); % 时间间隔数
xa=0;               % 空间区域的左边界
xb=5;               % 空间区域的右边界
ya=0;               % 空间区域的下边界
yb=2;               % 空间区域的上边界
lx=4;               % x方向的单元数 (原来是4)
ly=2;               % y方向的单元数 (原来是2)
nx=lx+1;            % x方向的节点数
```

```
ny=ly+1;           % y方向的节点数
dx = (xb-xa)/lx; dy = (yb-ya)/ly;
x = xa:dx:xb; y =ya:dy:yb;
[xx,yy]=meshgrid(x,y);
nel=2*lx*ly;       % 单元数
nnel=3;            % 每个单元的节点数
ndof=1;            % 每个节点的自由度数
nnode=nx*ny;       % 系统总节点数
sdof=nnode*ndof;  % 系统总自由度数

gcoord= zeros(nx*ny,2);   % 节点坐标初始化
nodes = zeros(lx*ly*2,3); % 节点编号初始化
% 计算节点坐标和节点编号
[gcoord nodes] =nodes3p2c(gcoord,nodes,xa,xb,ya,yb,lx,ly);
% input data for boundary conditions
% 给出边界点的编号和取值
ul = 100;   % 左边界
ur = 100;   % 右边界
[bcdof,bcval] = bc_lr(nx,ny,ul,ur);

ff=zeros(sdof,1);   % initialization of system vector
fn=zeros(sdof,1);   % initialization of effective system vector
fsol=zeros(sdof,1); % solution vector
sol=zeros(2,ntime+1);   % vector containing time history solution
kk=zeros(sdof,sdof);    % initialization of system matrix
mm=zeros(sdof,sdof);    % initialization of system matrix
index=zeros(nnel*ndof,1);   % initialization of index vector
% computation of element matrices and vectors and their assembly
%
for iel=1:nel   % loop for the total number of elements
%
nd(1)=nodes(iel,1); % 1st connected node for (iel)-th element
nd(2)=nodes(iel,2); % 2nd connected node for (iel)-th element
nd(3)=nodes(iel,3); % 3rd connected node for (iel)-th element
x1=gcoord(nd(1),1); y1=gcoord(nd(1),2); % coord values of 1st node
```

```
x2=gcoord(nd(2),1); y2=gcoord(nd(2),2); % coord values of 2nd node
x3=gcoord(nd(3),1); y3=gcoord(nd(3),2); % coord values of 3rd node
index=feeldof(nd,nnel,ndof);    % extract system dofs for the element
k=felp2dt3(x1,y1,x2,y2,x3,y3);  % compute element matrix
m=felpt2t3(x1,y1,x2,y2,x3,y3);  % compute element matrix
kk=feasmbl1(kk,k,index);    % assemble element matrices
mm=feasmbl1(mm,m,index);    % assemble element matrices
end
% loop for time integration
%
for in=1:sdof
fsol(in)=0.0;   % initial condition
end
%
sol(1,1)=fsol(8);   % store time history solution for node no. 8
sol(2,1)=fsol(9);   % store time history solution for node no. 9
%
figure(1);
for it=1:ntime                          % start loop for time integration
fn=deltt*ff+(mm-deltt*kk)*fsol;         % compute effective column vector
[mm,fn]=feaplyc2(mm,fn,bcdof,bcval); % apply boundary condition
fsol=mm\fn;             % solve the matrix equation
sol(1,it+1)=fsol(8);    % store time history solution for node no. 8
sol(2,it+1)=fsol(9);    % store time history solution for node no. 9
    fsol2=reshape(fsol,nx,ny);
    surf(xx,yy,fsol2');
    zlim([95 100]);
    set(gca,'FontSize',16);
xlabel('x');ylabel('y');zlabel('u(x,y)');
    pause(0.01);
end

time=0:deltt:ntime*deltt;
figure(2)
plot(time,sol(1,:),'-',time,sol(2,:),'--','LineWidth',2);
```

```
set(gca,'FontSize',16); legend('节点8','节点9');
xlabel('时间');ylabel('Solution at nodes');
figure(3);
tri = delaunay(xx,yy);
% subplot(121)
% zz = fsole*0;trisurf(tri,xx,yy,zz');view(0,90);
%trisurf(tri,xx,yy,fsol2');
%zlim([0 100])
%subplot(122)
showmesh(gcoord,nodes);
findnode(gcoord);       % plot indices of all vertices
findelem(gcoord,nodes);  % plot indices of all triangles
end

function [m]=felpt2t3(x1,y1,x2,y2,x3,y3)
A=0.5*(x2*y3+x1*y2+x3*y1-x2*y1-x1*y3-x3*y2);
% area of the triangle
m = (A/12)* [2 1 1;1 2 1;1 1 2];
end

function [k]=felp2dt3(x1,y1,x2,y2,x3,y3)
A=0.5*(x2*y3+x1*y2+x3*y1-x2*y1-x1*y3-x3*y2);
%   % area of the triangle
k(1,1)=((x3-x2)*(x3-x2)+(y2-y3)*(y2-y3))/(4*A);
k(1,2)=((x3-x2)*(x1-x3)+(y2-y3)*(y3-y1))/(4*A);
k(1,3)=((x3-x2)*(x2-x1)+(y2-y3)*(y1-y2))/(4*A);
k(2,1)=k(1,2);
k(2,2)=((x1-x3)*(x1-x3)+(y3-y1)*(y3-y1))/(4*A);
k(2,3)=((x1-x3)*(x2-x1)+(y3-y1)*(y1-y2))/(4*A);
k(3,1)=k(1,3);
k(3,2)=k(2,3);
k(3,3)=((x2-x1)*(x2-x1)+(y1-y2)*(y1-y2))/(4*A);
end
```

图 9.3.21 和图 9.3.22 是空间网格 15×5 t 时刻空间温度分布和节点 8、9 温度随时间变化的数值结果。

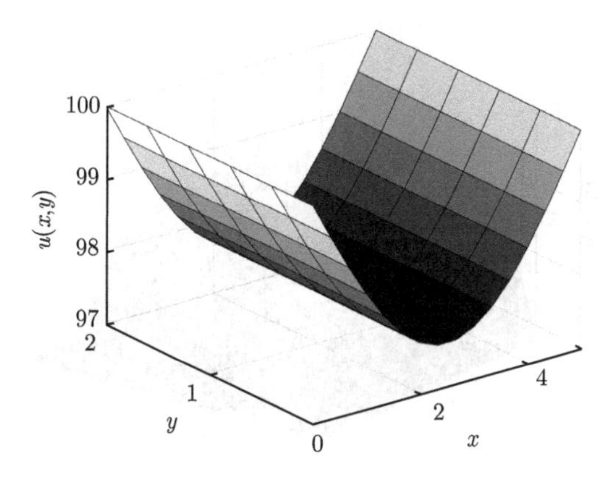

图 9.3.21 t 时刻空间温度分布数值结果

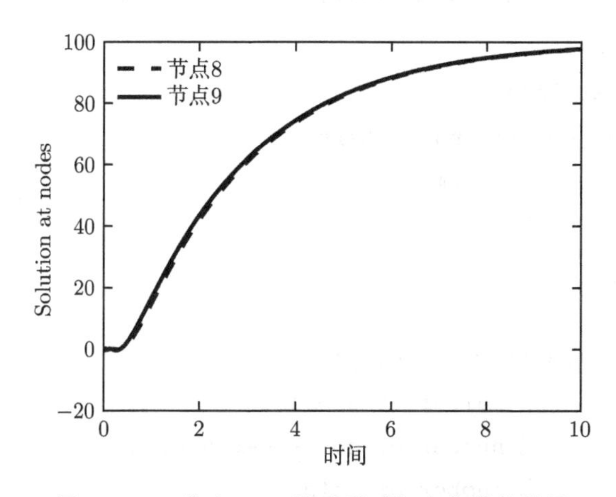

图 9.3.22 节点 8、9 温度随时间变化数值结果

【例题 9.3.5】

采用四边有限单元方法求解如下方程：

$$\begin{cases} 0.04\dfrac{\partial u}{\partial t}=\left(\dfrac{\partial^2 u}{\partial x^2}+\dfrac{\partial^2 u}{\partial y^2}\right), \quad 0<x<15,\ 0<y<10 \\ u(x,0,t)=0; \quad u(x,10,t)=10\left|\sin\left(\dfrac{\pi x}{5}\right)\right| \\ u(0,y,t)=0; \quad \partial_x u(15,y,t)=0 \end{cases}$$

【解】区域和边界条件与例题 9.3.2 类似，但所选的区域网格如图 9.3.23 所示，每个单元 4 个节点，节点编号和坐标同例题 9.3.1。计算程序为：exa_935.m。

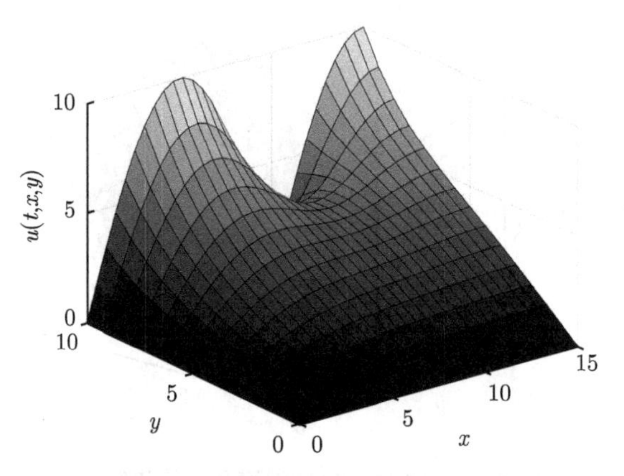

图 9.3.23　t 时刻空间分布数值结果

```
function exa_935
clear;clc; format long;
% input data for control parameters
xa=0; ya=0; xb=15; yb=10;um = 10; lx=39;
ly=24; dx = (xb-xa)/lx;
dy = (yb-ya)/ly;
nx=lx+1; ny=ly+1;
[xx,yy]=meshgrid(xa:dx:xb,ya:dy:yb);
nel=lx*ly;            % number of elements
nnel=4;               % number of nodes per element
ndof=1;               % number of dofs per node
nnode=nx*ny;          % total number of nodes in system
sdof=nnode*ndof;      % total system dofs
deltt=0.002;          % time step size for transient analysis
stime=0.0;            % initial time
ftime=0.3;            % termination time
ntime=fix((ftime-stime)/deltt); % number of time increment
a=0.04; % coefficient
% input data for nodal coordinate values
% gcoord(i j) where i-> node no. and j-> x or y
gcoord= zeros(nx*ny,2); nodes = zeros(lx*ly,4);
[gcoord nodes]=nodes4p2c(gcoord,nodes,xa,xb,ya,yb,lx,ly);
% 给出边界点的编号和取值
ub(1:nx) = zeros(nx,1);      % 下边界
```

```
ul(1:ny-1) = zeros(ny-1,1); % 左边界
x = xa+dx:dx:xb;
ut =um*abs(sin(pi*x/10));   % 上边界
[bcdof,bcval] = bc_blt(nx,ny,ub,ul,ut);
% initialization of matrices and vectors
ff=zeros(sdof,1);               % system vector
fn=zeros(sdof,1);               % effective system vector
fsol=zeros(sdof,1);             % solution vector
sol=zeros(1,ntime+1);           % time-history solution
kk=zeros(sdof,sdof);            % initialization of system matrix
mm=zeros(sdof,sdof);            % initialization of system matrix
kn=zeros(sdof,sdof);            % effective system matrix
index=zeros(nnel*ndof,1);       % initialization of index vector
% computation of element matrices and vectors and their assembly
for iel=1:nel   % loop for the total number of elements
nd(1)=nodes(iel,1); % 1st connected node for (iel)-th element
nd(2)=nodes(iel,2); % 2nd connected node for (iel)-th element
nd(3)=nodes(iel,3); % 3rd connected node for (iel)-th element
nd(4)=nodes(iel,4); % 4th connected node for (iel)-th element
x1=gcoord(nd(1),1); y1=gcoord(nd(1),2); % coord values of 1st node
x2=gcoord(nd(2),1); y2=gcoord(nd(2),2); % coord values of 2nd node
x3=gcoord(nd(3),1); y3=gcoord(nd(3),2); % coord values of 3rd node
x4=gcoord(nd(4),1); y4=gcoord(nd(4),2); % coord values of 4th node
xleng=x2-x1;    % element size in x-axis
yleng=y4-y1;    % element size in y-axis
index=feeldof(nd,nnel,ndof);      % extract system dofs for the element
k=felp2dr4(xleng,yleng);          % compute element matrix
m=a*felpt2r4(xleng,yleng);        % compute element matrix
kk=feasmbl1(kk,k,index);          % assemble element matrices
mm=feasmbl1(mm,m,index);          % assemble element matrices
end
% loop foi time integration
for in=1:sdof
fsol(in)=10.0;        % initial condition
end
```

```
sol(1)=fsol(50);     % sol contains time-history solution at node 13
kn=2*mm+deltt*kk;    % compute effective system matrix
%
figure(1);
for it=1:ntime
    fn=deltt*ff+(2*mm-deltt*kk)*fsol;          % compute effective vector
    [kn,fn]=feaplyc2(kn,fn,bcdof,bcval);       % apply boundary condition
    fsol2=reshape(fsol,nx,ny);
    surf(xx',yy',fsol2);set(gca,'FontSize',16);
    zlim([0 10]);xlabel('x');ylabel('y');zlabel('u(x,y,t)');
    pause(0.1);
    fsol=kn\fn;          % solve the matrix equation
    sol(it+1)=fsol(50); % sol contains time-history at node 50
end
set(gcf, 'PaperPositionMode','auto');
% plot the solution at node 13

figure(2);
time=0:deltt:ntime*deltt;
plot(time,sol);
xlabel('Time')
ylabel('Solution at the center')
end

function [k]=felp2dr4(xleng,yleng)
k(1,1)=(xleng*xleng+yleng*yleng)/(3*xleng*yleng);
k(1,2)=(xleng*xleng-2*yleng*yleng)/(6*xleng*yleng);
k(1,3)=-0.5*k(1,1);
k(1,4)=(yleng*yleng-2*xleng*xleng)/(6*xleng*yleng);
k(2,1)=k(1,2); k(2,2)=k(1,1); k(2,3)=k(1,4); k(2,4)=k(1,3);
k(3,1)=k(1,3); k(3,2)=k(2,3); k(3,3)=k(1,1); k(3,4)=k(1,2);
k(4,1)=k(1,4); k(4,2)=k(2,4); k(4,3)=k(3,4); k(4,4)=k(1,1);
end
function [m]=felpt2r4(xleng,yleng)
m=(xleng*yleng/36)*[4 2 1 2;2 4 2 1;1 2 4 2;2 1 2 4];
```

```
end
```

数值结果见图 9.2.24。图 9.3.24 是第 50 节点的函数值随时间演化的数值结果。

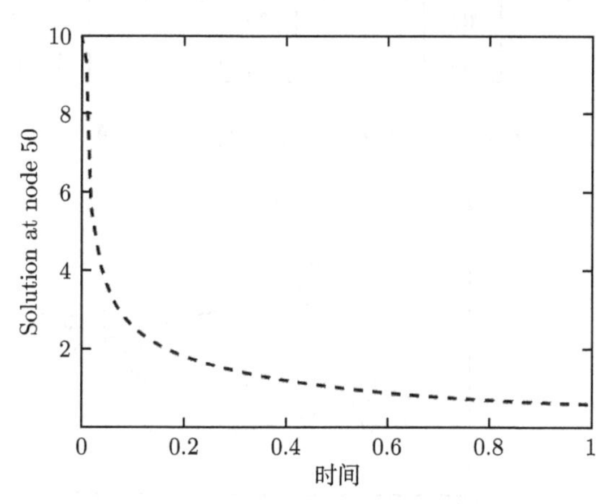

图 9.3.24 第 50 节点函数值随时间演化的数值结果

9.4 三维有限元方法

本节以泊松方程为例讨论三维有限元方法的应用。

9.4.1 基本方程

$$\frac{\partial^2 u}{\partial x^2}+\frac{\partial^2 u}{\partial y^2}+\frac{\partial^2 u}{\partial z^2}=f(x,y,z),\quad x,\ y,z\in \Omega \tag{9.4.1}$$

边界条件

$$u=\bar{u},\ x,\ y,z\in \Gamma_e,\quad \frac{\mathrm{d}u}{\mathrm{d}n}=\bar{q},\ x,\ y,z\in \Gamma_n \tag{9.4.2}$$

三维泊松方程的弱形式为

$$I=-\int_{\Omega}\left(\frac{\partial w}{\partial x}\frac{\partial u}{\partial x}+\frac{\partial w}{\partial y}\frac{\partial u}{\partial y}+\frac{\partial w}{\partial z}\frac{\partial u}{\partial z}\right)\mathrm{d}\Omega-\int_{\Omega}wf(x,y,z)\mathrm{d}\Omega+\int_{\Gamma_n}w\frac{\partial u}{\partial n}\mathrm{d}\Gamma \tag{9.4.3}$$

9.4.2 线性四面体单元

对于三维问题，通常选取 4 个节点的四面体有限单元，如图 9.4.1 和图 9.4.2 所示。

1. 型函数

试探的近似解取为二维线性插值，设

$$X=\begin{bmatrix}1\\x\\y\\z\end{bmatrix},\quad U=\begin{bmatrix}u_1\\u_2\\u_3\\u_4\end{bmatrix},\quad A=\begin{bmatrix}a_1\\a_2\\a_3\\a_4\end{bmatrix},\quad B=\begin{bmatrix}1&x_1&y_1&z_1\\1&x_2&y_2&z_2\\1&x_3&y_3&z_3\\1&x_4&y_4&z_4\end{bmatrix}$$

$$u=a_1+a_2x+a_3y+a_4z=X^{\mathrm{T}}A \tag{9.4.4}$$

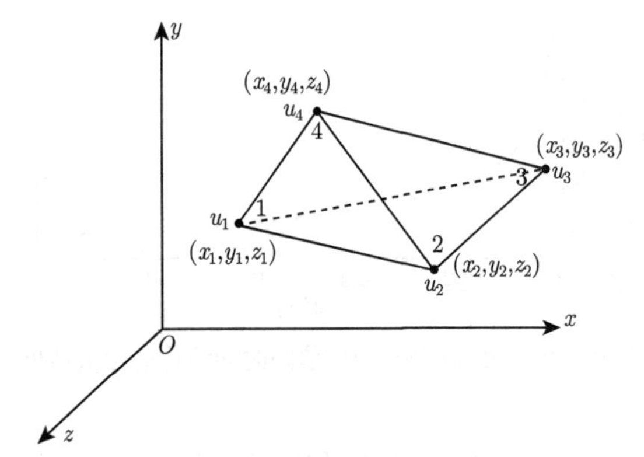

图 9.4.1　四面体单元示意图 (1)

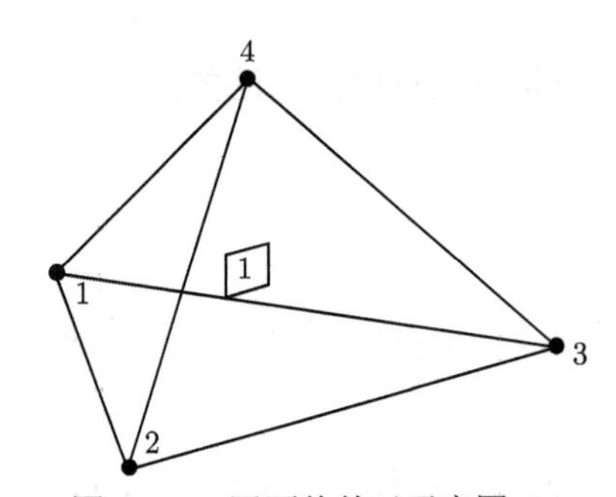

图 9.4.2　四面体单元示意图 (2)

待定的常数 a_i 可用单元的 4 个节点未知的函数值 u_i 表示，则有

$$U=BA,\quad A=SU \tag{9.4.5}$$

其中

$$S=\mathrm{inv}(B)=\frac{1}{6V}\begin{bmatrix}s_{11}&s_{12}&s_{13}&s_{14}\\s_{21}&s_{22}&s_{23}&s_{24}\\s_{31}&s_{32}&s_{33}&s_{34}\\s_{41}&s_{42}&s_{43}&s_{44}\end{bmatrix},\quad V=\frac{1}{6}\det(B) \tag{9.4.6}$$

V 是四面体单元的体积。

$$
\begin{cases}
s_{11}=x_2y_3z_4-x_2y_4z_3-x_3y_2z_4+x_3y_4z_2+x_4y_2z_3-x_4y_3z_2\\
s_{12}=x_1y_4z_3-x_1y_3z_4+x_3y_1z_4-x_3y_4z_1-x_4y_1z_3+x_4y_3z_1\\
s_{13}=x_1y_2z_4-x_1y_4z_2-x_2y_1z_4+x_2y_4z_1+x_4y_1z_2-x_4y_2z_1\\
s_{14}=x_1y_3z_2-x_1y_2z_3+x_2y_1z_3-x_2y_3z_1-x_3y_1z_2+x_3y_2z_1\\
s_{21}=y_3z_2-y_2z_3+y_2z_4-y_4z_2-y_3z_4+y_4z_3\\
s_{22}=y_1z_3-y_3z_1-y_1z_4+y_4z_1+y_3z_4-y_4z_3\\
s_{23}=y_2z_1-y_1z_2+y_1z_4-y_4z_1-y_2z_4+y_4z_2\\
s_{24}=y_1z_2-y_2z_1-y_1z_3+y_3z_1+y_2z_3-y_3z_2\\
s_{31}=x_2z_3-x_3z_2-x_2z_4+x_4z_2+x_3z_4-x_4z_3\\
s_{32}=x_3z_1-x_1z_3+x_1z_4-x_4z_1-x_3z_4+x_4z_3\\
s_{33}=x_1z_2-x_2z_1-x_1z_4+x_4z_1+x_2z_4-x_4z_2\\
s_{34}=x_2z_1-x_1z_2+x_1z_3-x_3z_1-x_2z_3+x_3z_2\\
s_{41}=x_3y_2-x_2y_3+x_2y_4-x_4y_2-x_3y_4+x_4y_3\\
s_{42}=x_1y_3-x_3y_1-x_1y_4+x_4y_1+x_3y_4-x_4y_3\\
s_{43}=x_2y_1-x_1y_2+x_1y_4-x_4y_1-x_2y_4+x_4y_2\\
s_{44}=x_1y_2-x_2y_1-x_1y_3+x_3y_1+x_2y_3-x_3y_2
\end{cases}
\tag{9.4.7}
$$

如果单元节点是逆时针编号，则它的值是正的。将式 (9.4.5) 代入式 (9.4.4)，得到

$$
u=X^{\mathrm{T}}A=X^{\mathrm{T}}SU=H^{\mathrm{T}}U \tag{9.4.8}
$$

$$
H=S^{\mathrm{T}}X=\begin{bmatrix}H_1\\H_2\\H_3\\H_4\end{bmatrix}=\frac{1}{6V}\begin{bmatrix}s_{11}&s_{21}&s_{31}&s_{41}\\s_{12}&s_{22}&s_{32}&s_{42}\\s_{13}&s_{23}&s_{33}&s_{43}\\s_{14}&s_{24}&s_{34}&s_{44}\end{bmatrix}\begin{bmatrix}1\\x\\y\\z\end{bmatrix} \tag{9.4.9}
$$

$H_i(x,y,x)$ 称为四面体单元型函数。注意：其中 s_{ij} 是将矩阵 B^{T} 中的 i 行 j 列去掉后的矩阵的行列式值与因子 $(-1)^{i+j}$ 的积。例如

$$
s_{11}=(-1)^{(1+1)}\det\begin{bmatrix}x_2&x_3&x_4\\y_2&y_3&y_4\\z_2&z_3&z_4\end{bmatrix},\quad s_{21}=(-1)^{(2+1)}\det\begin{bmatrix}1&1&1\\y_2&y_3&y_4\\z_2&z_3&z_4\end{bmatrix} \tag{9.4.10}
$$

型函数的性质为

$$
H_i(x_j,y_j,z_j)=\delta_{ij},\quad \sum_{i=1}^{4}H_i=1
$$

用伽辽金法，对第 e 单元，有

$$
w_1=H_1,\quad w_2=H_2,\quad w_3=H_3,\quad w_4=H_4
$$

2. 单元积分

(1) 第 e 单元矩阵为

$$
\begin{aligned}
[K^e]\{u^e\} &= \int_{\Omega^e}\left(\frac{\partial w}{\partial x}\frac{\partial u}{\partial x}+\frac{\partial w}{\partial y}\frac{\partial u}{\partial y}+\frac{\partial w}{\partial z}\frac{\partial u}{\partial z}\right)\mathrm{d}\Omega \\
&= \int_{\Omega^e}\left(\frac{\partial H}{\partial x}\frac{\partial H^{\mathrm{T}}}{\partial x}+\frac{\partial H}{\partial y}\frac{\partial H^{\mathrm{T}}}{\partial y}+\frac{\partial H}{\partial z}\frac{\partial H^{\mathrm{T}}}{\partial z}\right)\mathrm{d}\Omega\,\{u^e\}
\end{aligned}
\tag{9.4.11}
$$

其中单元矩阵为

$$
[K^e] = V\begin{bmatrix} k_{11} & k_{12} & k_{13} & k_{14} \\ k_{21} & k_{22} & k_{23} & k_{24} \\ k_{31} & k_{32} & k_{33} & k_{34} \\ k_{41} & k_{42} & k_{43} & k_{44} \end{bmatrix}
\tag{9.4.12}
$$

$$
\begin{cases}
k_{11} = (s_{21})^2 + (s_{31})^2 + (s_{41})^2 \\
k_{12} = s_{21}s_{22} + s_{31}s_{32} + s_{41}s_{42} = k_{21} \\
k_{13} = s_{21}s_{23} + s_{31}s_{33} + s_{41}s_{43} = k_{31} \\
k_{14} = s_{21}s_{24} + s_{31}s_{34} + s_{41}s_{44} = k_{41} \\
k_{22} = (s_{22})^2 + (s_{32})^2 + (s_{42})^2 \\
k_{23} = s_{22}s_{23} + s_{32}s_{33} + s_{42}s_{43} = k_{32} \\
k_{24} = s_{22}s_{24} + s_{32}s_{34} + s_{42}s_{44} = k_{42} \\
k_{33} = (s_{23})^2 + (s_{33})^2 + (s_{43})^2 \\
k_{34} = s_{23}s_{24} + s_{33}s_{34} + s_{43}s_{44} = k_{43} \\
k_{44} = (s_{24})^2 + (s_{34})^2 + (s_{44})^2
\end{cases}
\tag{9.4.13}
$$

单元矩阵具有逆时针和对称结构。计算程序：ke_3D_Possion.m。

```
% 四面体单元的单元矩阵装配
function [k]=ke_3D_Possion(x,y,z)
%-------------------------------------------------------------------
% element matrix for three-dimensional Laplace's equation
% using four-node tetrahedral element
% Variable Description:
% k - element matrix (size of 4x4)
% x - x coordinate values of the four nodes
% y - y coordinate values of the four nodes
```

```
% z - z coordinate values of the four nodes
%-----------------------------------------------------------------
 xbar= [ 1  x(1)  y(1)  z(1);
         1  x(2)  y(2)  z(2);
         1  x(3)  y(3)  z(3);
         1  x(4)  y(4)  z(4) ];
 xinv = inv(xbar);
 vol = (1/6)*det(xbar);   % compute volume of tetrahedral
% element matrix
 k(1,1)=xinv(2,1)*xinv(2,1)+xinv(3,1)*xinv(3,1)+xinv(4,1)*xinv(4,1);
 k(1,2)=xinv(2,1)*xinv(2,2)+xinv(3,1)*xinv(3,2)+xinv(4,1)*xinv(4,2);
 k(1,3)=xinv(2,1)*xinv(2,3)+xinv(3,1)*xinv(3,3)+xinv(4,1)*xinv(4,3);
 k(1,4)=xinv(2,1)*xinv(2,4)+xinv(3,1)*xinv(3,4)+xinv(4,1)*xinv(4,4);
 k(2,1)=k(1,2);
 k(2,2)=xinv(2,2)*xinv(2,2)+xinv(3,2)*xinv(3,2)+xinv(4,2)*xinv(4,2);
 k(2,3)=xinv(2,2)*xinv(2,3)+xinv(3,2)*xinv(3,3)+xinv(4,2)*xinv(4,3);
 k(2,4)=xinv(2,2)*xinv(2,4)+xinv(3,2)*xinv(3,4)+xinv(4,2)*xinv(4,4);
 k(3,1)=k(1,3);
 k(3,2)=k(2,3);
 k(3,3)=xinv(2,3)*xinv(2,3)+xinv(3,3)*xinv(3,3)+xinv(4,3)*xinv(4,3);
 k(3,4)=xinv(2,3)*xinv(2,4)+xinv(3,3)*xinv(3,4)+xinv(4,3)*xinv(4,4);
 k(4,1)=k(1,4);
 k(4,2)=k(2,4);
 k(4,3)=k(3,4);
 k(4,4)=xinv(2,4)*xinv(2,4)+xinv(3,4)*xinv(3,4)+xinv(4,4)*xinv(4,4);
 k=vol*k;
```

(2) 第 e 单元矢量为

$$[F^e] = \int_{\Omega^e} wg(x,y,z)\mathrm{d}\Omega = \int_{\Omega^e} \begin{pmatrix} H_1 \\ H_2 \\ H_3 \\ H_4 \end{pmatrix} g(x,y,z)\mathrm{d}\Omega \tag{9.4.14}$$

(3) 边界积分为

$$\int_{\Gamma_n} w\frac{\partial u}{\partial n}\,\mathrm{d}\Gamma = \sum \int_{\Gamma^e} w\frac{\partial u}{\partial n}\,\mathrm{d}\Gamma \tag{9.4.15}$$

对于三维问题的第二类边界条件的处理方法可参考专门的有限元方法教材。

3. 应用举例

【例题 9.4.1】

在如图 9.4.3 和图 9.4.4 所示金字塔形区域求解三维拉普拉斯方程。金字塔底面的节点值如图所示，侧面的通量为零 ($\partial u/\partial n=0$)。采用四面体单元。

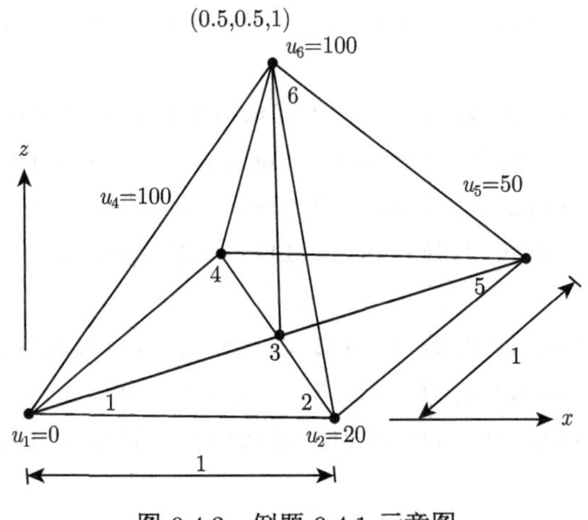

图 9.4.3　例题 9.4.1 示意图

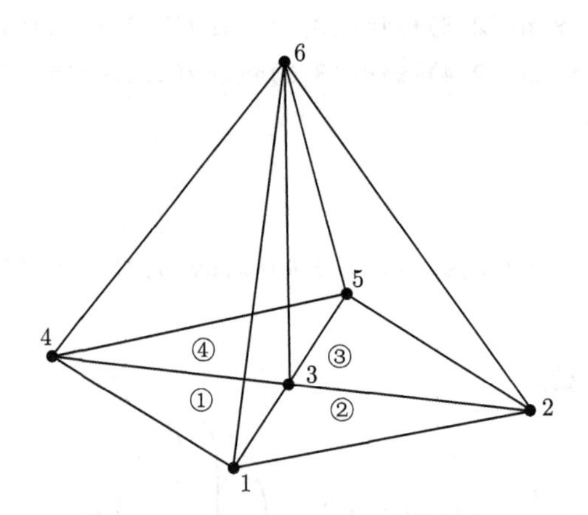

图 9.4.4　四面体单元示意图

【解】选取如图 9.4.4 所示单元网格求未知节点 3 的值。计算程序：exa_941.m。

```
nel=4;                          % 单元数
nnel=4;                         % 每个单元节点数
ndof=1;                         % 每个节点自由度数
```

```
nnode=6;                    % 系统总节点数
sdof=nnode*ndof;            % 系统总自由度数
%---------------------------------------------
%% 输入节点坐标:第i节点j坐标  (j=1--x,2--y,3--z)
%  nodes(i,j) where i->node no. and j->x or y
%---------------------------------------------
nodes =[0 0 0; 1 0 0; 0.5 0.5 0; 0 1 0; 1 1 0; 0.5 0.5 1];
%-------------------------------------------------------------
% 输入第i单元中第j节点的编号
% elems(i,j) where i-> element no. and j-> connected elems
%-------------------------------------------------------------
elems=[4 1 3 6; 1 2 3 6; 2 5 3 6; 5 4 3 6];
showmesh3(nodes,elems);
findelem(nodes,elems,'all','index','color','g');  % 写单元标号
findnode(nodes,'all','index','color','r');        % 写节点标号
%--------------------------------------
%  输入边界条件
%--------------------------------------
bcdof=[1 2 4 5 6];          % 边界节点
bcval=[0 20 100 50 100];    % 边界节点值
%------------------------------------------
ff=zeros(sdof,1);           % 初始化系统力矢量
kk=zeros(sdof,sdof);        % 初始化系统矩阵
index=zeros(nnel*ndof,1); % initialization of index vector
%---------------------------------------------------------------------
%  computation of element matrices and vectors and their assembly
%---------------------------------------------------------------------
for iel=1:nel        % loop for the total number of elements
nd(1:4)=elems(iel,1:4);
x(1:4)=nodes(nd(1:4),1);
y(1:4)=nodes(nd(1:4),2);
z(1:4)=nodes(nd(1:4),3);
index=feeldof(nd,nnel,ndof);
% extract system dofs associated with element
k =ke_3D_Possion(x,y,z)
```

```
kk=kk_3D_Tetrahedral(kk,k,index); % assemble element matrices
end
[kk,ff]=BD_3D_first(kk,ff,bcdof,bcval);
fsol=kk\ff;
num=1:1:sdof;
store=[num' fsol]
% 结果为:
%      节点       节点值
%     1.0000          0
%     2.0000    20.0000
%     3.0000    54.0000
%     4.0000   100.0000
%     5.0000    50.0000
%     6.0000   100.0000
```

9.5 习　　题

【9.1】求边值问题

$$\begin{cases} \dfrac{\mathrm{d}^2u}{\mathrm{d}x^2} = x, \quad 0 < x < 1 \\ u(0) = 0, \quad u(1) = 0 \end{cases}$$

设试探解为 $u(x) = ax(1-x)$，应用以下三种方法确定系数 a。

(1) 配置法 (配置点：$x = 0.5$)；

(2) 最小二乘法；

(3) 伽辽金法。

【9.2】考虑微分方程

$$\begin{cases} w''(x) + q(x) = 0, \quad 0 < x < L \\ w(0) = w_0, \quad -w'(L) + F_L = 0 \end{cases}$$

(1) 取 $\eta_j(x)$, $j = 1, 2, \cdots, N$ 为权函数，给出加权余量积分的弱形式;

(2) 如果取试探解 $w(x) = a_1N_1(x)$，$N_1(x) = \sin(\pi x/L)$，采用伽辽金法求方程的解，设边界条件 $w(0) = w(L) = 0$，q 为常量。

解析解为

$$w_{\text{ex}}(x) = \frac{qx(L-x)}{2}, \quad w\left(\frac{L}{2}\right) = 0.129qL^2, \quad w_{\text{ex}}\left(\frac{L}{2}\right) = 0.125qL^2$$

【9.3】求边值问题

$$\begin{cases} x^2\dfrac{\mathrm{d}^2u}{\mathrm{d}x^2}-2u=1, \quad 1<x<2 \\ u(1)=0, \quad u(2)=0 \end{cases}$$

设试探解为 $u(x)=a(x-1)(x-2)$，用以下两种方法确定系数 a。

(1) 最小二乘法；

(2) 伽辽金法。

【9.4】 微分方程：

$$-(ku')'=f,\ \ u(0)=0,\ u'(1)=\gamma,\ \ k=x,\ f=x^2,\ \gamma=-\frac{1}{3}$$

(1) 给出加权余量积分的弱形式；

(2) 采用伽辽金法和二次函数近似求解；

(3) 采用伽辽金法和三次函数近似求解；

解析解为：$-x^3/9$。

【9.5】采用伽辽金法求解一维泊松方程：

$$\frac{\mathrm{d}^2\varphi}{\mathrm{d}x^2}=-4\pi\rho(x)$$

假设边界条件是：$\varphi(0)=\varphi(1)=0$。将区间 [0，1] 分成 $n+1$ 个相等的区间，区间间隔 $h=1/(n+1)$，而且取 $\varphi_n(x)=\sum\limits_{i=1}^{n}c_iu_i(x)$，其中

$$u_i(x)=\begin{cases} \dfrac{(x-x_{i-1})}{h}, & x_{i-1}\leqslant x<x_i \\ \dfrac{(x_{i+1}-x)}{h}, & x_i\leqslant x\leqslant x_{i+1} \\ 0, \quad x<x_{i-1},\ x>x_{i+1} \end{cases}$$

然后取一个简单的电荷分布 $\rho(x)=0.25\pi\sin\pi x$。

参考文献

[1] 刘金远，段萍，鄂鹏. 计算物理学. 北京: 科学出版社, 2012

[2] 宫野. 计算物理. 大连: 大连工学院出版社, 1987

[3] 马文淦. 计算物理学. 北京: 科学出版社, 2005

[4] Pang T. An Introduction to Computational Physics (计算物理学导论). 北京: 世界图书出版公司, 2001

[5] 彭芳麟. 计算物理基础. 北京: 高等教育出版社, 2010

[6] 马东升, 雷勇军. 数值计算方法. 北京: 机械工业出版社, 2006

[7] 周煦. 计算机数值计算方法及程序设计. 北京: 机械工业出版社, 2004

[8] 马正飞, 殷翔. 数学计算方法与软件的工程应用. 北京: 化学工业出版社, 2002

[9] Moler C B. MATLAB 数值计算. 喻文健译. 北京: 机械工业出版社, 2006

[10] Chapra S C, Canale R P. Numerical Methods for Engineers (工程中的数值方法, 第三版，影印版). 北京: 科学出版社, 2000

[11] 郭纯孝. 计算化学. 北京: 化学工业出版社, 2004

[12] 龚纯, 王正林. MATLAB 语言常用算法程序集. 北京: 电子工业出版社, 2008

[13] 徐世良. Fortran 常用算法程序集. 2 版. 北京: 清华大学出版社, 1995

[14] Hwon Y W, Bang H. The Finite Element Method Using MATLAB. New York: CRC Press, 2000

[15] Danaila I, Joly P, Kaber S M, et al. An Introduction to Scientific Computing. New York: Springer, 2007

[16] Zalizniak V. Essentials of Computational Physics. Network: MATLAB Central, 2005

[17] Gonsalves R J. PHY 411-506 Computational Physics II. Lectures: University at Buffalo, the State University of New York, 2009

[18] 顾昌鑫，朱允伦，丁培柱. 计算物理学. 上海：复旦大学出版社，2010

[19] 吉庆丰. 蒙特卡罗方法及其在水力学中的应用. 南京：东南大学出版社，2014

[20] 刘金远，段萍，戴忠玲，等. 计算物理学习指导. 大连: 大连理工大学出版社, 2016

[21] Dongarra J J, Duff I S, Sorensen D C, et al. Numerical Linear Algebra on High-Performance Computers (影印版). 北京：清华大学出版社，2011

[22] 谢华生. 计算等离子体物理. 北京：科学出版社，2018

索　　引

M

N

O

P

Q

R

S

其他